Theorie der Wissenschaften

Wolfgang Balzer · Karl R. Brendel

Theorie der
Wissenschaften

 Springer VS

Wolfgang Balzer
München, Deutschland

Karl R. Brendel
München, Deutschland

ISBN 978-3-658-21221-6   ISBN 978-3-658-21222-3   (eBook)
https://doi.org/10.1007/978-3-658-21222-3

Die Deutsche Nationalbibliothek verzeichnet diese Publikation in der Deutschen National-
bibliografie; detaillierte bibliografische Daten sind im Internet über http://dnb.d-nb.de abrufbar.

Springer VS
© Springer Fachmedien Wiesbaden GmbH, ein Teil von Springer Nature 2019
Verantwortlich im Verlag: Frank Schindler

Springer VS ist ein Imprint der eingetragenen Gesellschaft Springer Fachmedien Wiesbaden GmbH
und ist ein Teil von Springer Nature
Die Anschrift der Gesellschaft ist: Abraham-Lincoln-Str. 46, 65189 Wiesbaden, Germany

Vorwort

Dieses Buch handelt von Wissenschaften und Wissenschaftstheorie. Ein Buchprojekt aus diesem Bereich verfolgen wir schon seit 30 Jahren. Allerdings steht die Frage im Raum, ob es sich denn lohnt, ein weiteres Buch zu diesem Thema zu schreiben. Es gibt ja bereits nicht wenige Bücher über Wissenschaftstheorie. Diese konnten in den letzten 30 Jahren allerdings wenig neue Einsichten in das Thema vermitteln. Wir sind überzeugt, dass ein Projekt der hier verfolgten Art von großem Nutzen ist und dass unsere Theorie einen wichtigen Impuls für die Forschung über Wissenschaften geben wird.

Dass sich tatsächlich eine neue Theorie über die Wissenschaften entwickeln könnte, halten wir aber für eher unwahrscheinlich. Auch unsere Theorie stützt sich auf originäre Vorgänger. Der in diesem Buch verfolgte Ansatz entwickelte sich hauptsächlich aus den beiden Werken von Sneed (Sneed, 1971) und Ludwig (Ludwig, 1978), deren zentrale Botschaften aus unserer Sicht langfristig Bestand haben werden. Bei diesen Autoren haben wir erstmals zwei neue, wichtige Einsichten gefunden, die man auf verschiedene Weise formulieren kann. Zuerst kann eine wissenschaftliche Theorie – eine wissenschaftliche Ansicht – nicht nur aus Satzsystemen bestehen, die allgemeine Sachverhalte vermitteln. Des Weiteren sollten bei der Darstellung von Theorien flexible Werkzeuge benutzt werden – und nicht nur die Prädikatenlogik erster Stufe. In einer anderen Formulierung trennen Ludwig und Sneed die allgemeinen von den „konkreten" Sachverhalten in aller Deutlichkeit. Zur Darstellung von Theorien reichen Modelle alleine nicht aus, „elementare" Daten oder Fakten spielen eine ebenso wichtige Rolle. Und neben Prädikatenlogik sind Mengenlehre, Wahrscheinlichkeitstheorie und Computersprachen genauso wichtig.

Zwei weitere Einsichten möchten wir in der Darstellung unserer Theorie als grundlegende Komponenten gleichwertig behandeln. Erstens können die Wissenschaften – jedenfalls im Prinzip – nicht mehr nur deterministisch formuliert werden. Sie müssen wahrscheinlichkeitstheoretisch neu durchdacht werden. Zweitens beruht jede wissenschaftliche Theorie auf einer lebendigen Gruppe von Forschern, welche die Inhalte der Theorie durch ihre Überzeugungen und Wissenschaftshandlungen individuell entwickeln und stützen. Diese Einsichten wurden in der Literatur schon lange diskutiert, aber sie konnten noch nicht mit den bis jetzt verwendeten Komponenten zu einer wirklichen Einheit verschmolzen werden. Wir müssen hier sehen, was die Zukunft bringt.

Uns ist bewusst, dass die in diesem Buch diskutierten Themen „zwischen" den verschiedenen wissenschaftlichen Disziplinen liegen. Sie betreffen die Natur-, die Sozial- und die Geisteswissenschaften ebenso wie die formalen Disziplinen. Die hier entwickelten Grundmodelle gelten für alle Theorien und alle wissenschaftlichen Fachbereiche. Wenn wir in diesem Buch vor allem naturwissenschaftliche Beispiele einsetzen, ist dies geschichtlich begründet. Bei jedem neuen Wirklichkeitsbereich stehen zu Beginn immer auch einige paradigmatische Beispiele.

Wir möchten aber betonen, dass wir eine ausführliche Darstellung aller Beispiele innerhalb des Buches absichtlich in den Hintergrund gestellt haben. Jedes Beispiel muss nicht nur rekonstruiert sein. Um Interesse für ein Beispiel zu wecken, muss das Umfeld des jeweiligen Fachs kurz beleuchtet werden, aus dem das Beispiel stammt. Dies können wir in diesem Buch nicht leisten. Stattdessen haben wir viele Beispiele auf die eingerichtete Website gestellt,

www.theory-of-science.com

die wir auch weiterhin pflegen und erweitern werden. Diese Internet-Ressource enthält neben Übungen zum Text auch weitere Informationen und Vertiefungen, welche den Inhalt dieses Buches ergänzen. Im Buchtext haben wir auf die Beispiele und Ergänzungen an den jeweiligen Stellen mit

(ÜX-Y)

hingewiesen. X bezeichnet dabei den Buchabschnitt und Y die Nummer für die vorgestellte Übung oder Ergänzung. Zusätzlich haben wir auf der Website eine offene Liste von formal rekonstruierten Theorien angelegt, die wir mit der Zeit vervollständigen werden. Eine Liste von weiteren Artikeln oder Texten, die für das Thema des Buches interessant sind, lässt sich dort ebenfalls finden.

Aus Gründen der besseren Lesbarkeit wird bei Personenbezeichnungen im Folgenden nur die männliche Form verwendet. Im Text sind aber stets Personen männlichen und weiblichen Geschlechts gleichermaßen gemeint.

Viele Anregungen für das Buch haben wir von Solveig Hofmann, Daniel Kurzawe, Klaus Manhart und Joseph Urban erhalten. Informationen zu unseren weiteren Projekten sind auf den folgenden Websites zu finden

www.munich-simulation-group.org
www.balzerprof-unimunich.de.

Schließlich danken wir Phillio Markou für die vielfältige Unterstützung, Hilfe und Diskussionen.

München, im August 2017

Inhalt

Einleitung

Größere Untersuchungen über die Wissenschaft und über die verschiedenen Wissenschaften begannen erst im letzten Jahrhundert. Warum geschah dies nicht schon früher? Das lag daran, dass die Anzahl von wissenschaftlichen Projekten und damit auch die der Wissenschaftler für systematische Untersuchungen vorher noch nicht ausreichend war. Natürlich haben sich die Menschen schon immer Gedanken zur Bildung von Begriffen, über Äußerungen und deren Anwendungen gemacht. Ob Äußerungen zutreffend oder wahr sind, wurde schon immer diskutiert. Aber erst in der Neuzeit entstanden Verfahren, Techniken und Methoden, um neue Dinge und Prozesse in größerer Zahl zu untersuchen und zu erfinden. Dies hing auch mit der explosionsartig größer werdenden Anzahl von Menschen zusammen. Erst in dieser Zeit wurde es möglich, viele verschiedenartige, wissenschaftliche Projekte systematisch zu vergleichen. Im letzten Jahrhundert entwickelten sich erste „Bewegungen", die zu Untersuchungen über verschiedene Wissenschaften und auch zu einem neuen wissenschaftlichen Fach, einer neuen *Disziplin* führten.

Wenn eine neue Disziplin entsteht, gibt es am Anfang das Problem der Namensgebung. Dieses Problem, das auch andere Fächer kennen, entsteht aus zwei Gründen. Erstens geht es um Reputation, ökonomische und politische Macht, die sich – unter anderem – durch die Festlegung und Verbreitung eines Namens für etwas Neues ausdrückt. Dies kann zu großem Streit führen. Im Moment werden solche Streitigkeiten oft mit Hilfe des juristischen Begriffs des Markennamens (Köhler, 2010) geschlichtet. Ein Markenname will nicht nur etwas bezeichnen; er will auch Wünsche und Gefühle hervorrufen. Zweitens verändern Ausdrücke, die etwas Neues benennen, auch die soziale Realität (Searle, 1995). Diese beiden Probleme treffen auch auf neue, wissenschaftliche Untersuchungen und auf neues Wissen zu. Der Namen für eine neue Disziplin sollte daher mit Bedacht gewählt werden.

Für die in diesem Buch erörterte Disziplin wird im deutschen Sprachraum unter anderem das Wort *Wissenschaftsforschung* verwendet, welches aus unserer Sicht genau das zum Ausdruck bringt, was mit obigen Formulierungen beschrieben wurde.

© Springer Fachmedien Wiesbaden GmbH, ein Teil von Springer Nature 2019
W. Balzer und K. R. Brendel, *Theorie der Wissenschaften*,
https://doi.org/10.1007/978-3-658-21222-3_1

1

Das Wort *Wissenschaft* will sagen, dass in normaler Bedeutung vorliegendes oder neues Wissen in eine vereinheitlichende und spezielle Form gebracht wird. Und *Forschung* bedeutet hier, metaphorisch gesprochen, dass der „Boden", in dem das Wissen liegt, umgefurcht[1] wird, um neues Wissen zu finden und „groß zu ziehen". In der englischen Sprache wird – unter anderem – der Ausdruck *science research* benutzt, welcher sich ziemlich genau durch *Wissenschaftsforschung* übersetzen lässt.

Wissenschaftsforschung untersucht die Wissenschaft im Allgemeinen und die verschiedenen Wissenschaften im Speziellen. Sie untersucht, beschreibt, verbessert und erklärt den „Gegenstand" Wissenschaft. In diesem Sinn wird Wissenschaft hauptsächlich als ein historischer Prozess betrachtet. Dieser Prozess benötigt Zeit; er verändert sich ständig – so lange es forschende Menschen gibt. Zu einem bestimmten Zeitpunkt lässt sich der Wissenschaftsprozess auch als ein Zustand dieses Prozesses ansehen. Wenn der Zustand durch dauerhafte Zeichen dargestellt wird, kann die Beschreibung in späteren Zeitpunkten weiter untersucht werden. Der wirkliche Zustand ist vergangen, aber seine Beschreibung existiert weiter. In einem Zustand der Wissenschaft sind bestimmte Fakten oder Hypothesen vorhanden, welche in einem späteren Zustand nicht mehr zu finden sind. Zum Beispiel wird ein Faktum, wie „dieser Wal ist ein Fisch", heute nicht mehr so benutzt, oder ein Labor wurde geschlossen oder eine Hypothese wurde widerlegt. In einem Zustand der Wissenschaft, der beschrieben wurde, lassen sich Fakten, Hypothesen, Modelle nachlesen, auch wenn einige dieser Fakten, Hypothesen und Modelle nur noch in der Geschichte existieren.

Die Wissenschaftsforschung befasst sich mit dem Prozess der Wissenschaft und damit, wie Menschen und Gesellschaften die Wissenschaft betreiben und voranbringen. Wissenschaftler sind damit beschäftigt, Fakten zu erheben, zu sammeln, zu produzieren und aufzubereiten. Sie konstruieren, verbessern, verwerfen Modelle und prüfen, in welcher Form die Fakten mit den Modellen zusammenpassen. Auf sozialer, technischer, politischer und ökonomischer Ebene untersuchen sie, wie Unterstützung für wissenschaftliche Projekte geleistet oder auch wieder entzogen wird. All dies wird im Rahmen einzelner wissenschaftlicher Disziplinen, aber auch für *die Wissenschaft* im Allgemeinen untersucht.

Aktuell wird Wissenschaftsforschung in heterogener Weise betrieben. Forscher, die Wissenschaften im Allgemeinen untersuchen, sind derzeit über verschiedene Disziplinen verstreut. Wir finden sie zum Beispiel in Philosophie, Soziologie, Politologie, Rechtswissenschaft oder Medizin. Es lassen sich aber zwei Teilbereiche der Wissenschaftsforschung unterscheiden, die sich auch in den gerade genannten

---

1   „Forschen" kommt etymologisch von „furchen", was auch mit „umgraben", oder „pflügen" ausgedrückt wird.

Fächern nachzeichnen lassen. Im ersten Teilbereich werden menschliche Handlungen beschrieben, die tatsächlich stattfinden. Dazu werden Fakten über Handlungen erhoben. Es wird beschrieben und systematisiert, wie Wissenschaftler, Zulieferer und Finanziers Projekte zusammen durchführen und so schließlich neues Wissen erzeugen. Im zweiten Teilbereich werden Fakten, Alltagswissen und formale, zum Beispiel mathematische Methoden benutzt, um neue Hypothesen und Modelle zu konstruieren. Im ersten Bereich werden erfahrungsbasierte und praktische Methoden verwendet, um Fakten zu erheben, zu sammeln und zu erzeugen; im zweiten Bereich werden theoretische Überlegungen angestellt und Modelle konstruiert.

Theoretische Überlegungen zur Konstruktion von Modellen sind aktuell hauptsächlich der Philosophie und der Informatik, den praktischen Methoden der Soziologie, und dem historischen Material der Wissenschaftsgeschichte zugeordnet. In der Soziologie wird fast immer von Wissenschaftsforschung gesprochen, in der Philosophie immer öfter von Wissenschaftsphilosophie und in der Geschichtswissenschaft von Wissenschaftstheorie.

Eine Unterteilung in praktische und theoretische Bereiche ist auch in anderen Fächern bekannt. In einem Fach bildet sich eine Teildisziplin aus, die sich mehr mit theoretischen, modellbildenden Fragen beschäftigt und eine weitere, die sich auf wirkliche Systeme und ihre Anwendungen spezialisiert. Im ersten Teilgebiet geht es um Begriffs-, Hypothesen- und Modellbildung: im Zweiten um Analyse, Konstruktion und Produktion von wirklichen Dingen und Sachverhalten. Zum Beispiel wird in der Physik der Bereich der experimentellen Physik von der theoretischen Physik unterschieden. In ähnlicher Weise gibt es in der Volkswirtschaft Spezialisten, die Mikro- und Makrodaten über eine Volkswirtschaft erheben und andere, die Modelle entwerfen und an die vorhandenen Fakten anpassen.

Diese Art von Unterscheidung innerhalb einer Disziplin entsteht, wenn die untersuchten Systeme so komplex werden, dass es mit normaler Sprache mühsam wird, verschiedene Modelle in allen Details darzustellen und zu vergleichen. Im theoretischen Bereich einer Disziplin – falls diese den Unterschied kennt – werden Modelle zunehmend mathematisch oder rechnergesteuert formuliert.

In der Wissenschaftsforschung wird der theoretische Bereich als *Wissenschaftstheorie* bezeichnet. Diesen Bereich beschreiben und erklären wir im vorliegenden Buch. Den zweiten Teilbereich der Wissenschaftsforschung, in dem soziale Handlungen, Personengruppen, Organisationen, Institutionen und wissenschaftliche Anwendungen die zentrale Rolle spielen, können wir hier nicht thematisieren.

Das Wort „Wissenschaftstheorie" verwenden verschiedene Autoren und Forschungsgruppen in unterschiedlichen Bedeutungsvarianten. Philosophen sehen Wissenschaftstheorie als ein Spezialgebiet der Philosophie an; wie bereits erwähnt, wird oft auch von Wissenschaftsphilosophie gesprochen. Naturwissenschaftler betrachten Wissenschaftstheorie meist als eine Art von Metatheorie – eine Theorie über Theorien des bestimmten Faches. In den Sozialwissenschaften wird Wissenschaftstheorie meist mit Wissenschaftsforschung gleichgesetzt. In den Lebenswissenschaften wird von Systemtheorie gesprochen, während in der Rechtswissenschaft das Wort Wissenschaftstheorie fast immer philosophisch benutzt wird. In den formalen Fächern wird Wissenschaftstheorie manchmal als ein Teil der Logik angesehen.

Schon in der Philosophie allein finden wir eine Vielzahl von unterschiedlichen Ansätzen zur Wissenschaftstheorie. Bei (Carnap, 1966) geht es allgemein um eine Klärung und Erklärung von Wissensbeständen, bei (Popper, 1966) um logische und sprachliche Strukturen von wissenschaftlichen Sätzen und Satzmengen, bei (Lorenzen, 1987) geht es um eine völlig eindeutige und zirkelfreie Konstruktion von Wissen, bei (Kuhn, 1970) und (Lakatos, 1982) um dynamische Prozesse in der Wissenschaft. In dem heute oft als *Strukturalismus* bezeichneten Ansatz, der von (Sneed, 1971)[2] initiiert wurde, geht es um Klärung von Wissenschaftsbereichen, bei (Kitcher, 1981) um sprachliche Figuren, bei (Cartwright, 1999) um eine Ansammlung von heterogenen Wirklichkeitsausschnitten und ihren Beschreibungen.

Diese Vielfalt vergrößert sich noch durch verschiedene, fachbezogene Wissenschaftstheorien. In der Soziologie gibt es den Sozialkonstruktivismus (Barnes, Henry & Bloor, 1996). Dort wird auch die Systemtheorie als eine Art von Wissenschaftstheorie verwendet, wie dies zum Beispiel in (Luhmann, 1997) wortreich erklärt wird. In der Anthropologie (Lévi-Strauss, 1963) werden Verwandtschaftsbeziehungen strukturell untersucht. In der Biologie gibt es selbsterzeugende und selbstanpassende Systeme (Maturana & Varela, 1980), in der Physik finden wird in (Ludwig, 1978) eine kurze und klar formulierte Wissenschaftstheorie der Physik.

Diese Bedeutungsvarianten finden sich auch in anderen Sprachen wieder. In der englischen Sprache wird von „philosophy of science", von „science of science" oder auch von „science research" gesprochen. Je nach Übersetzung dieser Terme befindet man sich im deutschen Sprachraum in einer anderen wissenschaftlichen Disziplin. „Philosophy of science" ist ein Spezialgebiet der Philosophie, „science research" bezeichnet meistens einen Bereich der Soziologie. „Science of science" wird in verschiedenen Fächern benutzt.

Im vorliegenden Buch wird *Wissenschaftstheorie* als eine Theorie der Wissenschaften beschrieben. Wissensbestände, Wissenschaftsbereiche und Wirklichkeitsausschnitte werden genauer gefasst und erklärt. Als Einstieg können wir

---

2   Autoren, wie (Stegmüller, 1986), (Moulines, 1979), (Gähde, 1983) und viele andere, sind in drei veröffentlichten Literaturlisten (Diederich, Ibarra & Mormann, 1989, 1994) und (Abreu, Lorenzano & Moulines, 2013) zu finden. Auch die Autoren dieses Buches gehören zu dieser Gruppe.

Wissenschaftstheorie kurz so charakterisieren: Es wird hier eine bestimmte Ansicht über realitätsbezogene Wissensbereiche untersucht, standardisiert, beschrieben, bestätigt, erklärt; einige wenige, gut eingeführte Begriffe werden benutzt und die verschiedenen Wissensbereiche werden rekonstruiert. Ein Wissensbereich wird als eine Gesamtheit von einigermaßen klar abgegrenzten Elementen gesehen, welche nicht nur kohärent zusammenpassen, sondern deren Beziehungen auch gut erkannt sind.

Elemente eines Wissensbereichs sind reale Systeme, die als zeitliche Prozesse oder als rein statische Gebilde beschrieben werden. Ein System der hier untersuchten Art baut einen bestimmten Wissensbestand auf, verändert, vergrößert und bewahrt diesen. In einem solchen System finden wir viele verschiedene „Objekte" und Bestandteile, die beschrieben werden müssen. Da verschiedene Wissensbereiche oft mit unterschiedlichen, sprachlichen Mitteln dargestellt werden, müssen die Beschreibungen je zweier Bereiche homogenisiert, „übersetzt", *rekonstruiert* werden, so dass die Wissensbereiche *einheitlich* dargestellt werden können. Die Rekonstruktion einer wissenschaftlichen Beschreibung ist oft mühsam. Jedes Wissenselement muss von der Person, die das Element beschreibt, auch *verstanden* werden. Nur so kann eine „Neubeschreibung" – eine Rekonstruktion – gelingen.

All die vielen Systeme, die in der Wissenschaftstheorie untersucht werden, haben aber eine ähnliche Struktur.

Es scheint zunächst, dass der erörterte Unterschied zwischen Bedeutungsvarianten von Wissenschaftsforschung und Wissenschaftstheorie nicht wirklich wichtig ist. Es zeigt sich aber, dass diese Nebensache direkt ins Zentrum der Wissenschaftstheorie führt. Diese Thematik lässt sich nämlich auch mit den Begriffen der Wissenschaftstheorie selbst in spezieller Weise formulieren. Erstens gibt es viele verschiedene wissenschaftliche Theorien, in denen *Ähnliches* durch ähnliche Begriffe und Formulierungen in verschiedenen Theorien ausgedrückt wird. Zweitens nimmt die Anzahl der Theorien zu. Dies kann zum Beispiel der Fall sein, wenn in einer Theorie ein Teilbereich so komplex wird, dass der Teil selbst auch die Form einer Theorie bekommt. Eine neue Theorie spaltet sich von der bereits vorhandenen ab. Drittens können sich die beiden Theorien überlappen. Auf der einen Seite enthalten beide Theorien Teile voneinander, auf der anderen Seite treten sie in einen gewissen Wettbewerb ein.

Dieser allgemeine Prozess kann direkt auch auf die Wissenschaftstheorie angewendet werden. Die Wissenschaftstheorie war lange Zeit – etwa 2000 Jahre – ein reines Teilgebiet der Philosophie; sie wurde unter die Erkenntnistheorie subsumiert. Inzwischen hat sie sich in verschiedene Felder aufgeteilt, so dass sie einerseits komplexer geworden ist, und andererseits bestimmte philosophische Inhalte nicht mehr diskutiert und untersucht. Aus dem Wissensbereich der Philosophie hat sich ein Teilgebiet – die Wissenschaftstheorie – entwickelt. In der Wissenschaftstheorie wurden auch schon mehrere Fälle untersucht, in denen sich eine Theorie von einer anderen Theorie abspaltet. Zum Beispiel hat sich vor etwa 200 Jahren die Ökonomie aus der Philosophie entwickelt (Ingrao & Israel, 1990) oder etwa zur selben Zeit die Chemie aus der Physik (Lockemann, 1953). Im Moment befindet sich eine neue Teildisziplin, die wir und andere Autoren *Wissenschaftstheorie* nennen *in statu nacsendi*. Wie dieser Bereich in Zukunft heißen wird, wissen wir nicht – und dasselbe gilt auch für den Bereich der Wissenschaftsforschung.

Grundbestandteile der Wissenschaft 1

Alles was in der Welt vorhanden ist und durch Menschen wissenschaftlich untersucht werden kann, lässt sich in einer natürlichen – in diesem Buch: in der deutschen – Sprache durch *Ereignisse* und durch ihre *Beziehungen* ausdrücken (Davidson, 1985), (Suppes, 1984). Ereignisse und Beziehungen werden oft weiter unterteilt, so dass es verschiedene Blickwinkel – Dimensionen – gibt, welche unterschieden werden können. So lassen sich in der Gesamtheit der Ereignisse und der Beziehungen verschiedene lokale, „relative" Mengen von Ereignissen und Beziehungen als Ebenen oder Dimensionen in die Menge aller Ereignisse einziehen. Neben der Sprache werden auch andere Darstellungsmittel, wie formale Sprachen, Bilder, Filme und Töne verwendet.

Wirkliche Ereignisse können aus anderen Ereignissen zusammengesetzt sein und jede Person kann mehrere Ereignisse gleicher Art als ein neues, zusammengefasstes Ereignis aus einer komplexeren Ebene betrachten. Eine Person kann aus einem Ereignis einen Teil des Ereignisses herausgreifen und diesen als ein anderes Ereignis betrachten. Durch die Sprache lassen sich auch alle Arten von Ereignissen und die dazugehörigen Unterschiede ausdrücken. Oft werden solche Unterschiede aber nicht benutzt, weil sie in einem schnellen und zielführenden Gespräch meist hinderlich sind.

Einige Ereignisse werden durch die Person verinnerlicht und wenn sie öfter wahrgenommen werden, bekommen sie für die Person und auch für eine Gruppe, zu der diese Person gehört, eine neue Form. Wird ein neues Wort in der Gruppe benutzt, wird dadurch eine neue, soziale Realität geschaffen (Searle, 1995), (Tuomela, 2013). Eine Person kann in Gesprächen sofort von einem Ereignis, das sie selbst wahrnimmt oder ihr von anderen mitgeteilt wurde, zu einer *Ereignisart* wechseln, die sprachlich vermittelt ist. Wir nennen Ereignisse ersterer Art *konkrete* Ereignisse und solche letzterer Art *abstrakte* Ereignisse. Arten von Ereignissen werden normalerweise sprachlich ausgedrückt (Ü1-1).

© Springer Fachmedien Wiesbaden GmbH, ein Teil von Springer Nature 2019
W. Balzer und K. R. Brendel, *Theorie der Wissenschaften*,
https://doi.org/10.1007/978-3-658-21222-3_2

Von einem bestimmten Blickwinkel aus gesehen, kann ein Ereignis selbst wieder als eine Menge von Teilereignissen betrachtet werden. Das Ereignis als Ganzes lässt sich weiter in kleinere Teile zerlegen. Dies kann so weit getrieben werden, bis diese letzten Teile nur noch mit großer Mühe weiter geteilt und beschrieben werden können. Diese zunächst nicht weiter unterteilbaren Komponenten werden *Elemente*, Grundbestandteile, „Urstoff" genannt. Auf diese Weise kann ein aus Teilereignissen zusammengesetztes Ereignis als eine Menge von Elementen angesehen werden. In der Mengenlehre (Fraenkel, 1961) besteht eine Menge aus Elementen. Ob die Elemente weiter unterteilbar sind oder nicht, spielt dabei theoretisch keine Rolle (Ü1-2).

Eine Beziehung kann innerhalb einer Menge von Ereignissen existieren, so dass sie nur mit Elementen aus dieser Menge zu tun hat, oder sie kann von der Ereignismenge zu einer anderen Ereignismenge führen. Eine Beziehung kann aber auch einfach mit Ereignisarten ausgedrückt werden (Ü1-3).

Elemente und Mengen stehen in der Wissenschaft immer in einer *relativen* Beziehung zueinander. Ein Element aus einer ersten Menge kann wieder eine – allerdings andere – Menge sein. Und eine Menge kann ein Element eines anderen Elementes sein. Dies klingt zunächst etwas verwirrend, aber diese Formulierung beschreibt – wissenschaftlich gesehen – die rationale Strategie des menschlichen Denkens (Ü1-4).

Diese mengentheoretische Herangehensweise entwickelte sich theoretisch erst in den letzten 150 Jahren,[3] nachdem sich in der Wissenschaft zwei neue Theorien etabliert hatten, nämlich die Wahrscheinlichkeitstheorie und die physikalische Relativitätstheorie. Zuvor wurde die Welt in philosophischer Sicht durch Worte wie *Ding, Tatsache, Eigenschaft* oder *Sachverhalt* beschrieben,[4] während sie nach diesen wissenschaftlichen Neuerungen durch die Begriffe *Ereignis* und *Menge* ausgedrückt wird. Wie sich zeigen wird, lassen sich Dinge, Eigenschaften, Tatsachen, und Sachverhalte mit dem heutigen Begriff des Ereignisses mühelos beschreiben.

Das Wort „Ereignis" soll sich von „eräugen", „vor Augen stellen" oder „sich zeigen" ableiten. Ob das Wort „Ereignis" auch etwas mit „eigen, eignen" zu tun hat, ist zwar nicht bekannt, wir würden es aber nicht ausschließen. Das deutsche Wort „Ereignis" wird in die englische Sprache bedeutungsgleich mit „event" übersetzt. Dieser Term wird heute in der Philosophie als Grundbegriff benutzt. Es ist schwer, das Wort „Ereignis" durch andere, deutsche Wörter oder Ausdrücke bedeutungsgleich zu ersetzen.

---

3   Bei Aristoteles gab es allerdings bereits den Term *Gattung*, den man heute als eine spezielle Art von Menge verstehen kann, zum Beispiel (Aristoteles & Wagner, 2004).

4   Zum Beispiel (Wittgenstein, 1963), (Carnap, 1928).

Einige wichtige Eigenschaften eines Ereignisses sind die folgenden. Ein Ereignis ist einmalig. Jedes Ereignis ist ein Original; es existiert genau einmal im Universum; es ist einzigartig. Viele Versuche, die Welt zu erklären, benutzen andere Worte wie zum Beispiel: Aktion, Ding, Entität, Existierendes, Handlung, Objekt, Prozess, Sachverhalt, Seiendes, System, Tat, Tatsache, Ursache. All diese Worte sind mit Ereignissen und deren Beziehungen und Bedeutungen dicht verwoben.

Ein Ereignis hat weiterhin die Eigenschaft, einen zeitlichen Bestandteil zu enthalten. Dies führt zu Prozessen und Systemen, zu Ursache und Wirkung und zu Aktion und Handlung. Auch Prozesse und Systeme, die sich mit der Zeit nicht ändern, werden heute in den Wissenschaften als Grenzfälle von Ereignissen angesehen. Dies gilt ebenso für Dinge. Auch Dinge können unter den vereinheitlichenden Begriff des Ereignisses gebracht werden. Zum Beispiel ist das Ding „dieses hier vor uns stehende Wasserglas" ein Grenzfall eines Ereignisses, welches aus der Sicht der Beobachter in vielen Zeitpunkten unverändert bleibt. Wir können zum Beispiel in jeder Sekunde ein neues Foto machen und sehen, dass all diese Fotos das Gleiche zeigen. Es ist daher nicht nötig, Dinge, Objekte, Seiendes etc. grundsätzlich von Ereignissen zu unterscheiden, auch wenn sich diese wissenschaftliche Vereinheitlichung in den natürlichen Sprachen noch kaum niederschlägt.

Eine dritte Eigenschaft eines Ereignisses besteht darin, dass Menschen es „besitzen" oder „sich aneignen". Wenn zum Beispiel das Ereignis „hier und jetzt geht die Sonne unter" von keinem einzigen Menschen wahrgenommen wird, ist es schwierig, über dieses Ereignis zu sprechen. Weiterhin muss ein Ereignis normalerweise von mehreren Leuten besessen werden. Wenn „Robinson Crusoe" nicht sprechen könnte, wäre es schwierig für ihn, ein bestimmtes Ereignis zu internalisieren, „zu besitzen". Ein zeitlich unveränderliches Ereignis kann eigentlich nur durch eine Personengruppe sprachlich ausgedrückt werden.

Beziehungen zwischen Ereignissen lassen sich in der deutschen Sprache durch Worte ausdrücken, wie: abgrenzen, ähnlich sein, beziehen auf, Element sein, gleichsetzen, in Relation stehen, Teil sein, unterscheiden, verbinden, verursachen. Auch diese Begriffe bilden einen Teil eines engmaschigen Sprachnetzes. Es werden zum Beispiel oft zwei Ursachen abgegrenzt, indem ein Teil der ersten Ursache kein Teil der zweiten Ursache ist – wobei die Ursachen als Ereignisse und genauer als Mengen von Elementen (Teilursachen) angesehen werden. Eine solche Abgrenzung hängt oft davon ab, wie ähnlich sich zwei Teilursachen sind. Zum Beispiel kann man eine Teilursache für eine demokratische Wahl auf verschiedene Weise formulieren. Man kann sagen, dass die Stimme jedes Wählers ohne Zwang und ohne Werbegeschenke abgegeben wird, oder mit anderen Worten, dass der Wähler frei wählen kann. Die beiden Formulierungen können unterschiedliche Teilursachen beschreiben und diese Teilursachen führen oft zu anderen Wahlresultaten.

Einige dieser Aspekte haben wir in Abbildung 1.1 graphisch dargestellt. Eine große, elliptisch geformte Menge enthält Elemente (schwarze Punkte) und einige Beziehungen (Linien) zwischen Elementen dieser Menge. Die Ellipse selbst stellt die Abgrenzung der Menge – ihren Umfang – dar. Genau diejenigen Elemente, die innerhalb der Ellipse liegen, gehören zur Menge dazu. Alle anderen Elemente, die außerhalb der Ellipse liegen, sind *keine* Elemente dieser Menge. Rechts oben sehen wir eine zweite, kleinere Menge, die nur zwei Elemente enthält. Zwischen beiden Mengen ist eine dicke Linie zu sehen, die nicht Elemente, sondern Mengen verbindet.

In Abbildung 1.1 sind fünf verschiedene Arten von Beziehungen zu sehen. Eine Linie von einem Punkt zu einem anderen Punkt kann horizontal, vertikal, diagonal oder gebogen sein. Je nach Form wird dadurch eine andere Beziehung dargestellt. Bei einer fünften Art von Beziehung sind die diagonalen Linien zwischen zwei Punkten länger. Drei weitere, wichtige Aspekte sind zu sehen. Ein Element (ein Punkt) kann in mehreren verschiedenen Beziehungen (Linien) stehen und ein Element kann auch mehrere Beziehungen (Linien) zur selben Art haben. Ellipsen grenzen hier die Mengen der sie enthaltenden Elemente eindeutig vom „Rest" ab. Dieser Rest besteht aus vielen anderen Mengen und ihren Elementen, die in dieser Abbildung jedoch nur ansatzweise dargestellt sind.

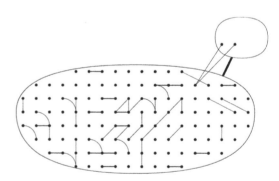

Abb. 1.1

Zwei Mengen mit
Elementen und
Beziehungen

Neben der so erörterten Bedeutung von Ereignissen, wird in der Wissenschaft auch eine zweite, komplementäre Bedeutung verwendet. Ereignisse werden zu Ähnlichkeitsklassen oder Äquivalenzklassen von Ereignissen zusammengefasst, die in der Wahrscheinlichkeitstheorie ebenfalls als Ereignisse bezeichnet werden. Wird eine Unterscheidung im Text wichtig, verwenden wir in der normalen, deutschen

Sprachbedeutung das Wort *Ereignis*. Bei wahrscheinlichkeitstheoretischen Überlegungen benutzen wir hingegen das Wort *Zufallsereignis*.[5] Diese Unterscheidung
drücken wir auch mit den Worten *konkret* und *abstrakt* aus. In einer Diskussion
kann es um ein konkretes Ereignis oder um ein abstraktes Ereignis – eine Ereignisart – gehen. In der Wahrscheinlichkeitstheorie werden Zufallsereignisse, das
heißt Ereignisarten, durch Mengen von konkreten Ereignissen dargestellt. Da diese
Unterscheidung nur relativ zu einer gegebenen Situation sinnvoll ist, sprechen wir
auch von zwei *mengentheoretischen Ebenen*. In der ersten mengentheoretischen
Ebene sind Ereignisse, in der zweiten, mengentheoretisch eine Stufe „höher" liegenden Ebene, Ereignisarten zu finden. Diese Unterscheidung übertragen wir auch
auf die sprachliche Beschreibung einer Situation.

Sowohl Ereignisse als auch Ereignisarten werden beim Menschen schon im
Kindesalter erlernt und auseinandergehalten. Ein Ereignis, in dem ein bestimmter
Peter seine Lebensgefährtin *Petra hier* und *jetzt sieht*, findet auf der konkreten
Ebene statt. Das Wort „sehen" wird in der deutschen Sprache aber auch für die
Beziehung „des Sehens" im Allgemeinen – als Ereignisart – benutzt. Was bedeutet
diese Ereignisart genauer? Wie lässt sie sich mit einem Ereignis wie *Peter sieht Petra
hier und jetzt* verbinden? Jedes Kind nimmt konkrete Ereignisse der gleichen Art
sehr oft auf ähnliche Weise wahr. Wenn diese Ereignisse für das Kind wichtig sind,
merkt es sich diese. Aber als intelligentes Wesen belastet es sich nicht mit vielen
verschiedenen, konkreten Ereignissen, Ausprägungen des Sehens, sondern bildet
für sich selbst einen neuen abstrakten Begriff, eine Art geistiges Bild, eben eine
Ereignisart, welche mit einem eigenen Wort „sehen" bezeichnet wird.

Zwei Ereignisebenen werden auch bei Beziehungen wichtig, so dass wir auch
Beziehungen und *Beziehungsarten* unterscheiden. Ein Kind liebt ganz konkret seine
Mutter. Es nimmt die Beziehung „des Liebens" sehr oft selbst wahr. Aus diesen
Erfahrungen und vielen anderen, jahrelang aufgebauten, ähnlichen Beziehungen
entwickelt sich in der Person nach einiger Zeit die Beziehungsart des Liebens.

In vielen verschiedenen Wissenschaftsdisziplinen hat sich gezeigt, dass eine
Ereignisart auf eine nicht völlig klar umrissene Gesamtheit von Ereignissen, das
heißt eine *Menge* von Ereignissen zurückgeführt werden kann. Diese Menge erhält
eine bestimmte *Bezeichnung*. Zum Beispiel bezeichnet Dämmerung alle Arten von
kurzen Perioden, in denen aus Nacht Tag wird. Die Beziehung zwischen *Tag* und
Nacht und die Beziehungsart *Dämmerung* lassen sich ohne Mühe unterscheiden. All
dies lässt sich mit Mengen und Elementen einfach beschreiben. Eine Ereignisart ist

---

5   In der Wahrscheinlichkeitstheorie wird auch von einem *zufälligen Ereignis* (im Englischen
    von *random event*) gesprochen. Im Englischen wird der Unterschied von Ereignis und
    Zufallsereignis (oder Ereignisart) durch *type* und *token* ausgedrückt (Goodman, 1955).

eine Menge, deren Elemente Ereignisse sind und ähnliches gilt für Beziehungsarten und Beziehungen (Ü1-5).

In Abbildung 1.2 haben wir aus einer gegebenen Menge oben mit ihren Beziehungen nur die als horizontale Linie dargestellte Beziehungsart unten herausgefiltert. Alle anderen Beziehungen *und* auch alle anderen Elemente aus der Menge oben wurden nicht übernommen. Das Resultat ist eine neue Menge, eine *Teilmenge* (Ü1-6), deren Elemente nur mit der horizontal gezeichneten Beziehung verknüpft sind. Die untere Menge stellt als Ganzes explizit die Menge derjenigen Beziehungen dar, welche durch die bestimmte Beziehungsart charakterisiert ist. Zum Beispiel könnten die Linien verschiedene Beziehungen zwischen Personen (Punkten) sein und die horizontal gezeichneten Linien wären zum Beispiel Beziehungen, bei denen sich zwei Personen begrüßen. Die Ereignisse des Begrüßens sind in der unten dargestellten Menge herausgefiltert. Die untere Menge stellt die Beziehungsart des Begrüßens dar.

Unter die Beziehungen lassen sich auch die *Eigenschaften* subsumieren, auch wenn dies der deutschen Alltagssprache etwas zuwiderläuft. Eine Eigenschaft eines bestimmten Objekts bezieht sich nur auf dieses Objekt. Ob andere Dinge, Ereignisse, Mengen etc. existieren oder mit dem Objekt in Beziehung stehen, ist für die Eigenschaft des Objektes meist irrelevant. Wenn eine solche Eigenschaft in einem

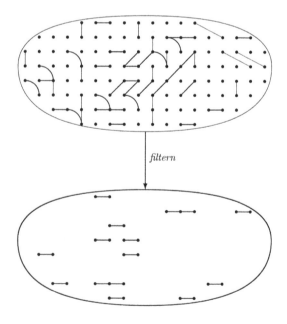

filtern

Abb. 1.2
Eine Beziehungsart
wird herausgefiltert

Gespräch interessant wird, kann auch der Beobachter ins Spiel kommen – eventuell ist der Beobachter und Gesprächspartner selbst das hier diskutierte Objekt. Auch eine Eigenschaft kann auf zwei Ebenen betrachtet werden. Sie kann einem konkreten Ereignis anhaften, sie kann aber auch nur zu einer Ereignisart gehören. Normalerweise findet der Beobachter viele ähnliche Ereignisse, die dieselbe Eigenschaft haben (Ü1-7). Zum Beispiel ist eine Person im Vergleich zu anderen Personen schön, auch wenn diese Eigenschaft in einem normalen Gespräch nur auf eine bestimmte Person zutrifft.

In den Wissenschaften wird eine Eigenschaft extensional durch eine Menge dargestellt. Diese Menge enthält genau diejenigen Elemente, die diese Eigenschaft haben. Alle anderen Elemente werden nicht zu dieser Menge gerechnet. In der Wissenschaft wird eine Eigenschaft oft als eine Menge von Ereignissen verstanden. Die Ereignisse aus einer solchen Menge haben in einer bestimmten Situation gerade diese Eigenschaft.

Eine Eigenschaft lässt sich durch spezielle Ereignisse weiter analysieren, zum Beispiel durch *Prozesse*, die in den Ereignissen stattfinden, oder durch *Bestandteile* oder *Komponenten*, die in den Ereignissen zu finden sind. Ein Prozess ist ein spezielles Ereignis, welches zumindest die Eigenschaft hat, sich mit der Zeit zu ändern. Ob weitere Eigenschaften für Prozesse wesentlich sind, führt häufig zu kontrovers geführten Diskussionen. Soll zum Beispiel ein Prozess immer einen Anfang haben? Ein Prozess lässt sich in Zeitabschnitte einteilen, die zusammengenommen den Prozess ausmachen. Eine Komponente ist ein Teil eines Ereignisses, der sich vom „Rest" des Ereignisses klar trennen lässt. Ein Bestandteil eines Ereignisses lässt sich aus den elementaren Teilen, das heißt aus den Elementen des Ereignisses auf vielfältige Weise konstruieren (Ü1-8).

Ein zentraler Bestandteil eines Prozesses ist der *Zustand* des Prozesses. Ein Zustand kann ein Zeitabschnitt des Prozesses sein, er kann aber auch nur ein Teil eines Zeitabschnittes oder ein Teilprozess sein, der mehrere Zeitpunkte umfasst. Ein Zustand besteht oft aus mehreren Komponenten. Zum Beispiel beschreibt die Ökonomie den Produktionsprozess als eine Folge von *Ist*-Zuständen der Produktion. Solche Zustände werden zum Beispiel in der Buchhaltung durch Kontenbewegungen oder in der Lagerhaltung durch Warenbestände beschrieben. Je nach Beschreibung wird auch die Produktion anders betrachtet. Ein buchhalterischer Prozess ist etwas anderes als ein Produktionsprozess, obwohl beide Prozesse Bestandteile „desselben" Ereignisses sind. Die Formung einer Dose aus Blech in einer Produktion kann als ein Ereignis begriffen werden, sie wird aber in der Buchhaltung auf andere Weise notiert.

Eine Grenzziehung zwischen Ereignissen, Mengen, Prozessen und Zuständen ist oft schwierig. In Abbildung 1.2 wurden oben die Grenzen klar und eindeutig gezogen. In Wirklichkeit gestaltet sich die Grenzziehung aber nicht so einfach. In den nicht-formalen Disziplinen ist die Abgrenzung eines Ereignisses oder der Umfang einer Menge von Ereignissen oft nicht genau zu bestimmen. Es gibt bei Mengen sowohl Grenzfälle für Elemente als auch für Beziehungen, in denen auch mit großer Mühe unklar bleibt, ob ein Element oder eine Beziehung zu einer gerade erörterten Menge gehört oder nicht. Genauso kann es Entscheidungsprobleme geben, ob ein Bestandteil eines Ereignisses oder eines Zustandes zum Ereignis hinzugerechnet wird oder nicht.

In den formalen Wissenschaften lässt sich klar definieren, in welchem Sinn zwei Mengen gleich sind. Sie sind gleich, wenn sie dieselben Elemente beinhalten. In den nicht-formalen – empirischen, erfahrungsbasierten – Wissenschaften kann diese Methode des Vergleichs von Mengen aber zu Problemen führen. Wenn ein Element aus einer Menge die Form eines realen Objekts hat, muss untersucht werden, ob eine bestimmte Eigenschaft dieses Objekts zu dieser Menge dazu gehört oder nicht. Dies kann zu langen Diskussionen führen. Gehört zum Beispiel der Himmelskörper, welcher „Pluto" genannt wird, zur Menge aller Planeten „unseres" Sonnensystems? Solche Fragen lassen sich durch formale Kriterien („Definitionen"), wie sie in den formalen Wissenschaften verwendet werden, alleine nicht lösen.

Wie wir sehen werden, kann die Abgrenzung einer Menge – und eines Ereignisses – in den empirischen Wissenschaften Schwierigkeiten machen. Wissenschaftstheoretisch gesehen entwickelt jede Disziplin eigene Methoden zur Abgrenzung von Mengen, Ereignissen und Beziehungen. In allen Disziplinen lassen sich aber wahrscheinlichkeitstheoretische und statistische Verfahren anwenden, welche – unter anderem – auch die Bestimmung erlauben, ob ein Element zu einer Menge gehört oder eben nicht. Solche Methoden kommen zur Anwendung, wenn eine Ereignisart viele konkrete Ereignisse umfasst. Da alle Ereignisse einer Ereignisart in einem bestimmten Sinn ähnlich sind, lässt sich durch Beobachtung und Experiment eine Wahrscheinlichkeit ermitteln, die besagt, wie wahrscheinlich es ist, dass ein Ereignis zu dieser Ereignisart gehört oder nicht. Zum Beispiel lässt sich eine Wahrscheinlichkeit bestimmen, die angibt, ob eine gerade stattgefundene, politische Wahl als eine freie Wahl bezeichnen werden kann.

Ohne Wahrscheinlichkeit lässt sich die Abgrenzung einer Menge in den empirischen Disziplinen nur auf ungefähre Weise – *approximativ* – bestimmen. Sie wird „aufgeweicht" und die Beziehungen zwischen den Elementen der Menge werden *verschmiert*.[6] Auf diese Weise lässt sich wissenschaftstheoretisch klar angeben, wie

---

6   Der Term *Verschmierung* wird in einem für die Wissenschaftstheorie einflussreichen Werk von (Ludwig, 1978) verwendet. In der englischsprachigen und auch in der deutschen Literatur wird von *Approximation* gesprochen.

wahrscheinlich es ist, dass ein Element zu einer gegebenen Menge gehört. Damit wird es möglich, einen *Kern* der Menge anzugeben, dessen Elemente mit Sicherheit zur Menge gehören und einen *Rand* zu bestimmen, in dem ein „Randelement" nur mit einer bestimmten Wahrscheinlichkeit zur Menge gehört (Ü1-9). In Abbildung 1.3 sind für eine Menge zwei Abgrenzungen eingezeichnet. Die erste Abgrenzung (eine durchgezogene Ellipse) stellt den Kern der Menge dar. Alle Punkte (Elemente) und Linien (Beziehungen) innerhalb dieses Bereiches sind schwarz eingezeichnet. Die größere, gepunktete Ellipse stellt eine zweite Abgrenzung dar. Innerhalb der gepunkteten Ellipse existieren weitere Elemente und Beziehungen, die als weiße Kreise und als gepunktete Linien eingezeichnet sind. Um den Kern herum gibt es also einen „unsicheren", möglichen Bereich. Ein Element gehört nur mit einer bestimmten Wahrscheinlichkeit zur Menge dazu und ähnliches gilt auch für die gepunkteten „Randbeziehungen". Eine Beziehung gehört nicht mehr zum Kern, wenn mindestens ein Element dieser Beziehung nicht zum Kern der Menge gehört (Ü1-10).[7]

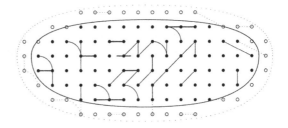

Abb. 1.3

Kern und Rand
einer Menge

Diese so skizzierte Sicht der Welt hat sich auch in der Wissenschaftstheorie bemerkbar gemacht. Noch vor 50 Jahren kamen Ereignisse in der Beschreibung einer Theorie nicht vor. Eine Theorie war lediglich eine Menge von Sätzen (Hempel, 1974), die in speziellen Beziehungen stehen. Diese Form werden wir im Folgenden aus zwei Gründen nicht verwenden. Erstens beschäftigen wir uns hier mit wissenschaftlichen Theorien im Allgemeinen. Das heißt unter anderem, dass eine wissenschaftliche Theorie nicht wesentlich von einer natürlichen Sprache abhängen kann. Chinesische und deutsche Wissenschaftler, die sich mit einer bestimmten

---

7   Die Unterscheidung zwischen Kern und Rand wurde zuerst in (Lakatos, 1982) bei Untersuchungen von Wissenschaften verwendet. Bei der Entwicklung einer Theorie hat Lakatos einen Kern (*core*) und einen Rand (*belt*) eingeführt.

Theorie befassen, verständigen sich auch ohne ihre jeweiligen Landessprachen zu benutzen. Zweitens lassen sich Ereignisse in Sprachform sowohl durch Sätze als auch durch andere Ausdrücke (wie Terme, Worte oder Phrasen) ausdrücken. Die Beschreibung einer Theorie *nur* durch Sätze, ist heute nicht mehr zeitgemäß. Eine Theorie enthält *gleichwertig* zu Sätzen auch andere Terme. In dem hier verwendeten Ansatz[8] besteht eine Theorie in erster Linie nicht aus einer Menge von Sätzen, sondern aus anderen, nicht-satzartigen Ausdrücken. Diese beschreiben Modelle, mögliche Modelle, intendierte Systeme und andere Entitäten. Nicht nur satzartige Ausdrücke – also Sätze – sondern auch nicht-satzartiger Ausdrücke können Ereignisse beschreiben. Aus wissenschaftstheoretischer Sicht wird der Unterschied zwischen Satz und Wort, der in den letzten Jahrhunderten in Philosophie und Logik zu einer grundsätzlichen Trennung hochstilisiert wurde, weniger zentral.

---

8   (Sneed, 1971), (Stegmüller, 1986), (Balzer, Moulines & Sneed, 1987).

Wissenschaftstheorie

2

In der Wissenschaftstheorie werden verschiedene Arten von Theorien über „die" Wissenschaft und über die Wissenschaften formuliert. Das altgriechische Wort *theoria* bedeutet auf Deutsch in erster Annäherung einfach eine Ansicht, eine wissenschaftliche *Betrachtung* (Drosdowski, 1997), eine Darstellung von etwas *anderem*. Eine Theorie besteht also aus zwei Komponenten (Ü2-1). Die erste Komponente ist eine Menge von Systemen, die in der Wirklichkeit zu finden sind, die zweite eine Menge von Modellen (Darstellungen), die solche Systeme abbilden. In der Wissenschaftstheorie ist es inzwischen üblich, zunächst die Modelle zu betrachten und erst in zweiter Linie die wirklichen Systeme. In der Wissenschaft finden sich viele verschiedene Theorien und Ansichten. All diese will die Wissenschaftstheorie untersuchen, beschreiben und erklären. Sie will aber noch mehr. Sie will zusätzlich untersuchen, beschreiben und erklären, was *alle* wissenschaftlichen Theorien zusammenhält, die aktuell von Forschern benutzt werden. Es sollen grundlegende Bestandteile und Eigenschaften untersucht werden, die in allen wissenschaftlichen Ansichten gleichbleiben. Gemeinsamkeiten werden erkannt, die für alle Theorien gelten. Die Wissenschaftstheorie möchte mit anderen Worten möglichst klar formulierte Theorien über alle wissenschaftlichen Ansichten finden: Theorien über wissenschaftliche Theorien. Eine solche Theorie stellen wir in diesem Buch vor.

Die Wissenschaft ist im Wissen der Menschheit begründet. Dieses Wissen wurde und wird durch Menschen gebildet, durch Sprache, Schrift, Bild und andere Medien weitergegeben und bewahrt, und auf verschiedene Weise zu einer Einheit zusammengefügt. Das Wissen der Menschen hat eine lange Geschichte; es existiert vielleicht nur mit der Menschheit zusammen.

Im Laufe der Zeit hat sich das Wissen – statistisch betrachtet – in den meisten Fällen vermehrt. Dies führt dazu, dass eine einzelne Person zu einem bestimmten Zeitpunkt den Gesamtbestand des Wissens nicht mehr überblicken kann. Heute lassen sich zwar bestimmte Teile des Wissens per Internet schnell auffinden, anschauen und anhören, trotzdem ist es für eine einzelne Person so gut wie unmöglich

© Springer Fachmedien Wiesbaden GmbH, ein Teil von Springer Nature 2019
W. Balzer und K. R. Brendel, *Theorie der Wissenschaften*,
https://doi.org/10.1007/978-3-658-21222-3_3

das ganze Menschheitswissen in sich zu vereinen. Das Wissen wird immer mehr, es wird sowohl spezieller als auch allgemeiner.

Die Untersuchung der Wissenschaft führt zu zwei in die Tiefe führende Schichten, die bis jetzt nicht in einer einheitlichen Ansicht zusammengeführt werden konnten. In der ersten Schicht werden Handlungen, menschliche Überzeugungen, Einstellungen, Ziele, aber auch Gruppen, Organisationen und Institutionen untersucht, die die Wissenschaft am Leben erhalten. In der zweiten Schicht geht es um Beschreibungen und Darstellungen von Resultaten und Methoden der menschlichen, wissenschaftlichen Aktivitäten. All dies wird als Wissen oder auch als *Repräsentation* bezeichnet. In diesem Buch wird aus guten Gründen besonders die Mengenlehre zur Darstellung des Wissens benutzt (Ü2-2), (Ü2-3).

Bei der Untersuchung von Handlungen, Überzeugungen, Zielen etc. entstand das Fach *Psychologie*, welches sich speziell auch mit Forschungshandlung und Wissenschaftshandlung befasst. Institutionell wird die Wissenschaft durch *Soziologie* (Krohn & Küppers, 1987, 1990), *Politologie* und *Rechtswissenschaft* untersucht. In der Soziologie hat sich eine Teildisziplin *Wissenschaftsforschung*, in der Politologie die *Wissenschaftspolitik*, in der Rechtswissenschaft das *Patent-, Namens-* und *Markenrecht* etabliert. Die wissenschaftlichen Organisationen und die wirtschaftlichen Aspekte erforscht die *Ökonomie*.

In der zweiten Schicht des Wissens entstand mit der Zeit eine Vielfalt von Theorien (Ansichten), die ganz verschiedene Wirklichkeitsbereiche abbilden. Wissen wird heute hauptsächlich durch Sprache aufbewahrt; es wird mit Ausdrücken *beschrieben*. Spezielle Ausdrücke (nämlich Sätze), die Wissen repräsentieren, werden als *Hypothesen* (Grundsätze, Urteile, Gesetze, etwas *Gesetztes*) bezeichnet. Theorien über Sprachen, Argumentationsformen, Formen überhaupt, über Rhetorik, über materielle Systeme, chemische Systeme, Lebensformen, Medizin und vieles andere mehr, gehören heute zum Wissensbestand. Es gibt Transformationsgrammatiken, logische Systeme, mathematische Theorien, politische Theorien, physikalische, chemische, biologische Theorien, medizinische Theorien und andere mehr.

Diese beiden Schichten sind voneinander nicht unabhängig. Eine Verbindung zwischen Handlung und Wissen ist durch Gruppen von Wissenschaftlern gegeben. Eine Personengruppe unterhält Beziehungen zwischen der Handlungs- und der Repräsentationsebene. Jede Gruppe befasst sich mit einer bestimmten Art von Phänomenen. Zum Beispiel untersucht eine erste Gruppe die Himmelskörper, eine zweite Gruppe erforscht eine bestimmte Art von menschlicher Krankheit. Die erste Gruppe möchte mehr über das Universum wissen, weil dies für die Menschheit in Zukunft wichtig werden könnte; die zweite will die ausgebrochene Krankheit schnell bekämpfen. Die Personen einer Gruppe verfolgen ähnliche Handlungen, Handlungsmuster und Methoden, weil sie ähnliche Ziele – Gruppenziele – haben. Es ist klar, dass es zwischen einer Handlung und einem Wissenselement (zum Beispiel einem Satz) Beziehungen gibt. Es fehlen aber bis jetzt wissenschaftstheoretische Hypothesen, welche beide Schichten zu einem Ganzen verbinden.

Die Wissenschaftstheorie wird im deutschen Sprachraum bis jetzt entweder als Teil der Philosophie oder als eine wenig bekannte Einzeldisziplin wahrgenommen. Eine Kommunikation zwischen Wissenschaftstheorie und anderen Disziplinen ist kaum zu erkennen. Aus diesen Gründen können wir die menschlichen Handlungsaspekte hier nicht angemessen darstellen, auch wenn wir dies gerne tun würden. Wir konzentrieren uns daher auf die zweite Ebene der Beschreibung von Resultaten und Methoden und erörtern Handlungs- und Gruppenaspekte nur beiläufig.

Die Wissenschaftstheorie untersucht wissenschaftliche Theorien. Abkürzend lassen wir das Adjektiv „wissenschaftlich" im Weiteren weg und sprechen von nun an einfach von *Theorien*. Theorien bilden die zentralen Objekte, die in der Wissenschaftstheorie untersucht werden. Theorien werden einerseits weiter analysiert und in immer kleinere Bestandteile zerlegt; die Analyse dringt ins Innere einer Theorie weiter vor. Andererseits werden die Beziehungen von Theorien erforscht; das Umfeld einer Theorie wird genauer betrachtet.

Je nachdem zu welcher wissenschaftlichen Disziplin eine Theorie gehört, benutzen Forscher andere Notationen, Darstellungstechniken und Beschreibungsstile. Da die Wissenschaftstheorie viele unterschiedliche Theorien untersucht, müssen verschiedene Theorien zunächst in eine vereinheitlichende Form gebracht werden. Meist führt dies zu einer einfacheren, klareren und vollständigeren Beschreibung der Theorien. Das Resultat einer solchen „Neubeschreibung" bezeichnet man als *Rekonstruktion* einer Theorie.

Eine Theorie enthält verschiedene Komponenten, die wir nicht alle zugleich einführen möchten. In einem ersten Schritt erörtern wir zunächst drei zentrale Bestandteile einer Theorie, die den „harten Kern" der Theorie ausmachen: die Mengen der *Modelle*, der *intendierten Systeme* und der *Faktensammlungen* der Theorie. Neben diesen drei Komponenten gibt es vier weitere, zentrale Bestandteile der Theorie, nämlich die *Struktur*, die *Zeitkomponente*, die *Faktenentwicklung* und den *Approximationsapparat* der Theorie. Diese vier Komponenten diskutieren wir erst später genauer. Wir erörtern die Struktur, den abstraktesten Teil einer Theorie, erst in Abschnitt 12. Die Zeitkomponente wird in Abschnitt 17 beschrieben, da sich erst dort der Begriff der Struktur etwas konkreter machen lässt und an Theorien auch exemplifiziert werden kann.

Weitere wichtige Komponenten einer Theorie sind: die Menge der sogenannten *potentiellen Modelle*, die Menge der *möglichen Systeme* und die *Querverbindungen* (auf Englisch: *constraints*). Neben diesen Komponenten gibt es andere Bestandteile, die für eine Theorie zwar wichtig, aber nicht wirklich wesentlichen sind: Begriffe,

Hypothesen, Paradigmen („leitende Beispiele"), Messmethoden und Bestimmungsmethoden, theoretische Terme, Typen, Definitionen und Probleme (Ü2-4). All diese
Komponenten werden wir entweder in diesem Abschnitt kurz erörtern oder später
in darauf folgenden Abschnitten behandeln.

Eine Theorie wird hier als eine Liste von *Komponenten* beschrieben. Eine Liste
ist nicht wahrheitsfähig. Wir können fragen, ob ein Satz wahr ist. Man kann aber
nicht sagen, dass eine Liste wahr ist. Allerdings lässt sich untersuchen, ob der Satz
„Diese Liste ist eine Theorie" richtig oder falsch ist. Die Art der Formulierung wie
über Theorien gesprochen wird, kann also nicht entscheidend sein.[9]

Wenn weitere Komponenten hinzukommen, bleiben die unverzichtbaren
Bestandteile einer Theorie im Wesentlichen unangetastet. Diese Strategie der
Darstellung ergibt sich auf natürliche Weise aus den Objekten, die untersucht
werden. Im Gegensatz zur Mathematik, in der eine Theorie zuletzt formal nicht
mehr verbessert werden kann, bleibt eine empirische Theorie – grundsätzlich
immer offen.[10] Wie schon gesagt, betonen wir, dass die Wissenschaftstheorie
empirische Ansichten vertritt, Ansichten, die von der Erfahrung geleitet und
damit eben Theorien sind. Eine empirische Theorie ist immer kritisierbar; sie
kann sich als falsch erweisen.

Oft werden einige Komponenten der Theorie hervorgehoben, so dass die Theorie
in bestimmter Weise *idealisiert* dargestellt wird. Die nicht thematisierten Teile
werden dann in einer Beschreibung der Theorie oft gar nicht erst weiter erwähnt.
Wir schreiben zum Beispiel eine Theorie T in idealisierter Form

(2.1) $T = \langle M, I, D \rangle$, wobei M, I, D die Mengen der Modelle,
          der intendierten Systeme und der Faktensammlungen sind.

Wenn es um formale Fragen geht, lassen wir manchmal auch die Komponente I weg.
Soll daran erinnert werden, dass die Theorie auch andere Komponenten enthält,
fügen wir manchmal in die Liste, welche die Theorie beschreibt, einfach Auslas-
sungszeichen, wie Punkte, ein, anstatt alle Komponenten explizit aufzuschreiben.

Die Bedeutungen der Komponenten einer Theorie lassen sich ohne weitere
Erklärung kaum eindeutig in die Alltagssprache „übersetzen".

Im Deutschen wird „Modell" in zwei diametral entgegengesetzten Bedeutungen
verwendet. Ein Modell kann ein Objekt sein, welches abgelichtet oder abgemalt

---

9   Im Gegensatz zum Beispiel zu (Stegmüller, 1979).

10   In der Physik wird auch von *abgeschlossenen* (physikalischen) Theorien (Heisenberg,
     1971) gesprochen. Dieser Unterschied wird aber auf der praktischen, nicht auf der
     formalen Ebene gemacht.

wird. Zum Beispiel wird das Bild einer Person ins Internet gestellt; die Person ist das Modell. Ein Modell kann aber auch ein Abbild für ein Objekt sein. Zum Beispiel wird eine Weltkugel als Abbild für unseren Planeten benutzt. In diesem Sinn ist das Abbild, die Weltkugel, ein Modell. Im Folgenden bedeutet ein *Modell* immer ein Bild, ein Abbild, eine Repräsentation, eine Darstellung von Etwas, das in der Wirklichkeit zu finden ist. Modelle werden dabei normalerweise durch Sätze – Hypothesen – beschrieben.

Ein *intendiertes System einer Theorie*[11] ist ein System, das eine Gruppe von Wissenschaftlern genauer untersuchen möchte. Ein System ist dabei ein einheitliches, geordnetes Ganzes, das verschiedene „Teile" zusammenstellt, zusammenfügt, vereinigt oder verknüpft (Drosdowski, 1997). Zum Beispiel gibt es Pendelsysteme, Produktions- und Reproduktionssysteme, politische Systeme, Internetsysteme etc. Das Wort „intendieren" bedeutet „beabsichtigen", eine „Einstellung haben". *Einstein* zum Beispiel beabsichtigte – intendierte – Ideen aus dem Bereich der Wellentheorie auf Raum und Zeit zu übertragen. In der Wissenschaftstheorie hat eine Gruppe von Forschern die Einstellung, ein bestimmtes, reales System jetzt zu untersuchen oder dies in absehbarer Zeit zu tun.

Eine *Faktensammlung* besteht aus einer geordneten Menge von Fakten für ein bestimmtes, intendiertes System. Ein *Faktum* lässt sich auf zwei Arten verstehen. Es kann als ein Element eines intendierten Systems betrachtet werden. Es ist ein wirklich vorhandenes Ereignis (oder ein Objekt oder ein Sachverhalt), welches in der gegebenen Theorie nicht weiter analysiert wird und das auf dieser Betrachtungsebene elementar bleibt. Ein Faktum kann aber auch als ein Ausdruck angesehen werden, der eine in sich abgeschlossene Bedeutung trägt, so dass der Ausdruck ein Ereignis bezeichnet, welches in einem intendierten System auftritt. Wenn wir eine realistische Ausdrucksweise verwenden, betrachten wir ein Faktum als ein wirkliches Ereignis. Wenn wir aber über die Beschreibung eines Ereignisses sprechen, geht es in erster Linie um einen sprachlichen Ausdruck.

Wissenschaftstheoretisch sind Fakten stets Fakten für eine bestimmte Theorie. Ein Faktum einer Theorie stammt aus einem intendierten System dieser Theorie. Da es in einer Theorie normalerweise mehrere intendierte Systeme gibt, werden Fakten, die aus einem einzigen intendierten System stammen, zu einer *Faktensammlung* zusammengefasst. Eine Faktensammlung besteht aus einer meist schon irgendwie

---

11 In der deutschsprachigen Literatur wird meist von *intendierten Anwendungen* gesprochen. In diesem Ausdruck liegt die Hauptbedeutung auf Aspekten des Handelns, was in einem Text zu vielen Assoziationen führen kann, die wir hier nicht aufkommen lassen möchten. Wir verwenden daher im Folgenden den etwas flachen, allgemeinen Term *intendiertes System*.

vorgeordneten und zusammengefassten Menge von Fakten – und aus einem Namen oder einer Bezeichnung für diese Faktensammlung (Ü2-5).

Die Menge der Faktensammlungen ändert sich normalerweise mit der Zeit ziemlich schnell. Dies geschieht vor allem dadurch, dass der Faktensammlung ein weiteres, neues Faktum hinzugefügt wird. Aber auch ein schon vorhandenes Faktum kann geändert oder auch aus der Sammlung entfernt werden. Zum Beispiel wird ein Massewert minimal verändert, weil ein neues, präziseres Messverfahren eingesetzt wird.

Realistisch betrachtet muss bei der Beschreibung einer Theorie auch der Begriff der Zeit verwendet werden. Im Prinzip können wir, wie in Abschnitt 1 erörtert, eine Theorie auch als ein Ereignis betrachten. Eine Theorie als Ereignis hat einen Anfang und ein Ende. Es besteht aus verschiedenen Zuständen, die sich mit der Zeit ändern. Um solche Änderungen, die vor allem auf der Ebene der Fakten statt-finden, auszudrücken, muss ein Bestandteil der Theorie vorhanden sein, der die Entwicklung von Faktensammlungen beschreibt. Diesen Bestandteil bezeichnen wir zusammenfassend als die *Faktenentwicklung der Theorie*. Die Faktenentwicklung enthält neben der Menge D der Faktensammlungen eine Menge Z von Zeitpunkten, eine *später als* Relation („$<$") und eine Funktion, die wir Faktengeschichte h nennen. Die Funktion h ordnet jedem Zeitpunkt z eine Menge $D[z]$ von Faktensammlungen zu: Fakten, die zum Zeitpunkt z in der Forschergruppe bekannt und intendiert sind. Die Faktenentwicklung hat also folgende Form: $\langle Z, D, <, h \rangle$.

Oft werden kleine, zeitliche Veränderungen einer Theorie nicht genauer be-schrieben. Die Identität der Theorie bleibt bei kleineren Änderungen gleich. In solchen Untersuchungen werden die Zeit und die Faktengeschichte überhaupt nicht erwähnt. In diesen Fällen wird die Theorie idealisiert dargestellt. Auch wir verfahren in diesem Buch auf diese Weise. Wir möchten aber erwähnen, dass sich ein Idealisierungsprozess mengentheoretisch präzise ausdrücken lässt. Zum Beispiel kann die Menge der Zeitpunkte Z so schrumpfen, dass die Theorie nur zu einem einzigen Zeitpunkt betrachtet wird.

Wir könnten eine Faktensammlung mit einem zugrundeliegenden intendier-ten System identifizieren. Es gibt aber zwei Argumente, dies nicht zu tun. Erstens besteht eine Faktensammlung nur aus Fakten und damit aus Termen, die mit irgendeiner wissenschaftlichen Methode bestimmt werden und in dem zugehöri-gen intendierten System vorhanden sind. Bei einem intendierten System dagegen brauchen die Fakten nicht alle explizit in Erscheinung zu treten. Es bleibt offen, wie das intendierte System genau abgegrenzt wird. Anders gesagt kann es für ein intendiertes System auch Ereignisse geben, die nicht wirklich bekannt sind (Ü2-6). Zweitens werden intendierte Systeme oft oder sogar meistens ohne Zeitkomponente beschrieben. Kleine Veränderungen auf der Faktenebene müssen daher nicht auch zu einer anderen Beschreibung der intendierten Systeme führen.

Zwischen einem Modell und einer Faktensammlung gibt es zu einem gegebenen Zeitpunkt eine zentrale Beziehung, die als *Passung* bezeichnet wird (Ludwig, 1978). Ein Modell *passt zu* einer Faktensammlung zum Zeitpunkt z – oder nicht. Der Term des Passens wird auch so verallgemeinert, dass er auf Mengen von Modellen und auf Mengen von Faktensammlungen angewendet werden kann.

In idealisierter Form lässt sich das Verhältnis von Modellen und Faktensammlungen einer Theorie wie folgt darstellen. Ein Modell *passt zu* einer Faktensammlung zum Zeitpunkt z, wenn das Modell der Faktensammlung zum Zeitpunkt z ähnlich ist. Dies lässt sich auf verschiedene Weise erklären. Grob formuliert, besteht ein Modell aus verschiedenen Objekten und einigen Beziehungen zwischen diesen Objekten, so dass all diese Objekte und Beziehungen durch Hypothesen zusammengehalten und vereinheitlicht werden können. Eine Faktensammlung entwickelt sich aus einem intendierten System, das zum ersten Mal wahrgenommen wird. Die meisten Objekte und Beziehungen, die in diesem System zu finden sind, klären sich im Weiteren erst während der Untersuchung, der „Anwendung".

Wenn ein neues System wahrgenommen wird, sind nur wenige – oder gar keine – Bestandteile des Systems bekannt. Einige wenige Ereignisse, Objekte oder Sachverhalte aus dem System können identifiziert werden; sie lassen sich direkt begreifen und verstehen. Bei einigen Personen entsteht die Absicht oder Einstellung, das System genauer zu untersuchen. Wir sprechen dann von einem intendierten System. Wenn für dieses System auch ein Gesamtbild – ein Modell – entworfen wurde, lassen sich die einzelnen, am Anfang noch nicht zusammenhängenden Bestandteile theoretisch zu einem Gesamtsystem zusammenfügen. Auf diese Weise entsteht aus dem intendierten System in einem ersten Schritt eine Faktensammlung.

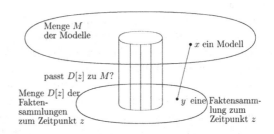

Abb. 2.1
Eine Theorie mit
Modellen und
Faktensammlungen
zum Zeitpunkt z

Um Passung von Modellen und Fakten auch formal klar zu beschreiben, muss die Menge der Modelle auf zwei Arten verallgemeinert werden. Erstens wird die Menge der Modelle zur Menge der *potentiellen Modelle* verallgemeinert. Ein potentielles Modell ähnelt einem Modell; ihm fehlt aber eine spezielle Eigenschaft, die ein Modell haben muss. Modelle werden durch Hypothesen charakterisiert. Die Darstellung eines potentiellen Modells kommt dagegen ohne Hypothesen aus. Die Menge der potentiellen Modelle wird mit M_p bezeichnet und es wird gefordert, dass jedes Modell auch ein potentielles Modell ist: $M \subseteq M_p$ (das heißt: M ist eine Teilmenge von M_p).

Zweitens kommt eine Menge S der *möglichen Systeme* hinzu. In einem möglichen System kann jede Art von Faktensammlung untergebracht werden. In einer Faktensammlung müssen nicht alle Begriffe der Theorie benutzt werden; in einem Modell müssen dagegen alle Begriffe präsent sein. Anders gesagt können in einem möglichen System mengentheoretische Bestandteile fehlen, die in einem potentiellen oder in einem echten Modell zwingend vorhanden sein müssen. Auch ein mögliches System ist einem Modell oder einem potentiellen Modell ähnlich – allerdings in abgeschwächter Weise.

Mit potentiellen Modellen und möglichen Systemen eröffnen sich neue Möglichkeiten. Andere Varianten von Systemen können durchdacht werden, die in den Modellmengen nicht vorhanden sind. Zum Beispiel ist es wichtig, Fakten zu untersuchen, die in jedem der Modelle der Theorie zu Widersprüchen führen. In den nicht-formalen Theorien finden sich fast immer solche widersprüchlichen Fakten.

Wenn wir dies genauer betrachten, werden drei weitere Komponenten einer Theorie wichtig: Hypothesen, Approximation und Querverbindungen. Eine *Hypothese* (Ü2-7) ist ein Satz, der Modelle charakterisiert. Die Menge aller Modelle einer Theorie wird – normalerweise – durch eine Menge von Hypothesen beschrieben.

Wie Hypothesen ein Modell (und eine Menge von Modellen) genauer beschreiben, können die Leser bei Interesse im Bereich der Logik genauer studieren.[12] Kurz gesagt werden in der Logik Wörter mit bestimmten Symbolen („Konstanten, Namen") und Sätze mit Symbolketten („formale Sätzen") in präziser Weise so in Verbindung gebracht, dass ein Wort lokal gesehen „richtig" *interpretiert* wird und dass ein Satz eindeutig *gültig* („lokal richtig") oder *ungültig* („falsch") ist. Mit diesem Begriffsapparat lässt sich formulieren, dass eine Hypothese (ein Satz) in einem Modell gültig ist, und dass ein Faktum in einer Faktensammlung zum gegebenen Zeitpunkt richtig interpretiert wird – „das Faktum ist vorhanden".

Approximation wird wichtig, weil sich eine Faktensammlung in einem gegebenen Zeitpunkt oft nicht vollkommen in ein Modell einpassen lässt. Die Faktensammlung

---

12 Zum Beispiel (Shoenfield, 1967), (Link, 2009, 2014).

kann völlig in das Modell eingebettet sein, sie kann teilweise in das Modell integriert sein, sie kann aber auch komplett „außerhalb" des Modells liegen. Passung lässt sich sowohl mengentheoretisch als auch in logischer Formulierung klar ausdrücken – die mengentheoretische Variante werden wir weiter unten genauer erörtern. In logischer Formulierung lässt sich die Passung einer Faktensammlung in ein Modell so ausdrücken: die Fakten zu einem gegebenen Zeitpunkt passen zur Hypothese.

Passung zwischen Modellen und Faktensammlungen zu einem Zeitpunkt wird wissenschaftstheoretisch zu einer *approximativen* Passung aufgeweicht, so dass Passung wirklichkeitsgetreuer beschrieben werden kann. Dies führt zu einer weiteren Komponente der Theorie: dem *Approximationsapparat*, welcher in der Anwendung zur Statistik führt. Dieser Apparat verallgemeinert die Beziehung des Passens zu einer nur näherungsweise gültigen, *approximativen* Passung. Modelle lassen sich formal präzise formulieren, so dass die Menge der Modelle eine vollkommen klare Grenze hat. Die Grenze zwischen Sachverhalten, die zu den Faktensammlungen dazugehören und als Fakten aufgelistet sind, und anderen Ereignissen lässt sich dagegen nur approximativ bestimmen.

Das Lehnwort „Approximation" bedeutet einfach „Ähnlichkeit". Ähnlichkeit und Approximation (Ü2-8) lassen sich rein qualitativ fassen (Tversky, 1977). Diese Begriffe werden heute durch Wahrscheinlichkeitstheorie und Statistik in beliebig feine Grade unterteilt. Prinzipiell lässt sich eine Ähnlichkeit genau so fein unterscheiden wie ein Zahlenabstand zwischen reellen Zahlen.

Eine Theorie besteht also in ihrem Kern aus einem Bereich von wirklichen, intendierten Systemen und den dazugehörigen Faktensammlungen, die sich mit der Zeit ändern, und aus einer Klasse von Modellen, die zu jedem Zeitpunkt diesen Bereich möglichst gut, richtig, *approximativ passend* beschreibt. Eine Theorie enthält zu einem gegebenen Zeitpunkt eine in sich geschlossene Darstellung eines realen Bereiches, die durch Wissenschaftler konstruiert und produziert wurde. Eine Theorie hat den Anspruch, den Wirklichkeitsbereich möglichst klar, präzise und passend durch Modelle abzubilden – was aber nur näherungsweise möglich ist.

Dieser Anspruch kann auch anders formuliert werden. Wir können aus einem anderen Blickwinkel fragen, wie sich die Grenze zwischen Passung und Nichtpassung und zwischen richtigen und falschen Hypothesen am besten ziehen lässt. Diese Grenze existiert. Für eine gegebene Theorie muss immer entschieden werden, ob ein wahrgenommenes Ereignis als Faktum für die Theorie tauglich ist oder nicht und ob – eine Ebene höher – eine Hypothese für die Theorie bestätigt wird oder nicht. Diese Grenze lässt sich aber nicht völlig scharf ziehen. Es gibt einen gewissen Spielraum zwischen richtig und falsch. Die Handlungsalternative „ja-nein", die für menschliche Handlungen so wichtig ist, führt in den empirischen Theorien nicht zur besten Strategie. Heute wird gefragt, mit welcher Wahrscheinlichkeit ein Ereignis als Faktum in Frage kommt oder wie wahrscheinlich eine Hypothese bestätigt werden kann.

In einer weiteren Theoriekomponente werden *Querverbindungen* (*constraints*) zwischen Systemen derselben Theorie *T* gelegt. Am besten lässt sich eine Querverbindung als ein Transport verstehen. Eine Querverbindung für die Theorie *T* transportiert eine Komponente eines Systems von *T* in ein zweites System (*Identitätsquerverbindung*). Oder ein drittes System entsteht aus zwei anderen Systemen, wenn eine Komponente des dritten Systems aus zwei Komponenten der beiden anderen Systeme zusammengefügt wird (*Konkatenationsquerverbindung*). Im einfachsten Fall wird bei einer Identitätsquerverbindung eine Komponente des ersten Systems mengentheoretisch völlig oder teilweise mit der Komponente des zweiten Systems identifiziert. Querverbindungen werden auf der Ebene der potentiellen Modelle dargestellt, so dass die Zeitkomponente der Theorie nicht benutzt wird.

Die Querverbindung für die Masse in der klassischen Mechanik liefert ein gutes Beispiel. In jedem Modell gibt es eine Massefunktion *m*, die jedem Objekt *p* aus dem System eine positive Masse $m(p)$ zuordnet. In der klassischen Mechanik wurde schnell erkannt, dass sich die Masse eines Objekts, welches von einem intendierten System zu einem anderen transportiert wurde, nicht ändert. Da die Hypothesen für Modelle so formuliert sind, dass sie nichts über Objekte aussagen, die außerhalb des Systems liegen, wird der Transport eines Objekts von einem System zu einem anderen durch die Hypothesen nicht abgedeckt. *Sneed* hat daher eine Hypothese – eine Art von *Metahypothese* – verwendet, die eine ganze Menge von Systemen zusammenbindet (Sneed, 1971).

Die Identitätsquerverbindung für die Masse lässt sich wie folgt formulieren. Für je zwei potentielle Modelle *x* und *y* der Theorie und für jedes Objekt *p*, welches in beiden potentiellen Modellen vorkommt, gilt, dass die Masse $m^x(p)$ von *x* und die Masse $m^y(p)$ von *y* identisch sind. Die Indizierung durch *x* und *y* macht deutlich, dass es sich um zwei verschiedene Systeme *x* und *y* handelt. Im System *x* gibt es unter anderem die Menge P^x von Partikeln und die Massefunktion m^x und im System *y* finden wir die Menge P^y von Partikeln und die Massefunktion m^y für *y*. Mengentheoretisch lässt sich diese Querverbindung dann kurz so ausdrücken (Ü2-9):

Für alle *x*, *y* aus $M_p(T)$ und für alle *p* aus $P^x \cap P^y$ gilt: $m^x(p) = m^y(p)$.

Inhaltlich wird in diesem Beispiel gesagt, dass bei einem Transport von Objekten ihre Massen erhalten bleiben.

Bei einer Konkatenationsquerverbindung wird ein neuer Begriff des *Zusammenbindens* von zwei Systemen verwendet. Aus den Systemen *x* und *y* der Theorie *T* wird ein drittes System *z*, welches aus den beiden anderen Systemen „irgendwie" entsteht. Dies wird meistens kurz so formuliert: $x \circ y = z$. Die Beziehung des Zusammenbindens von zwei Systemen und von zwei Funktionen lässt sich im Prinzip mengentheoretisch definieren (Ü2-10).

Wenn wir eine Theorie noch genauer betrachten, gehört zur Theorie auch eine Gruppe von Wissenschaftlern, welche diese Theorie vertritt. Diese Personen sind der starken Überzeugung, dass die Fakten und Hypothesen dieser Theorie zutreffen. Wenn sich die Faktenlage mit der Zeit ändert, ändern sich auch die Überzeugungen dieser Personen. Diese sind nicht einfach richtig oder falsch. Sie sind mit einer gewissen Wahrscheinlichkeit richtig und die komplementären Überzeugungen mit den dazugehörigen Wahrscheinlichkeiten falsch.

Fakten und Faktensammlungen für Theorien lassen sich mit individuellen Überzeugungen von Forschern verbinden. Fakten und Faktensammlungen können in verschiedene Arten eingeteilt werden. Ziemlich grob lassen sich zu einem gegebenen Zeitpunkt die Fakten in *gesicherte, teilweise gesicherte* und *vermutete* Fakten einteilen. Ein Faktum ist *gesichert*, wenn fast alle Forscher aus der Gruppe die Überzeugung haben, dass dieses Faktum aus dem betrachteten System mit großer Wahrscheinlichkeit richtig ist. Ein *teilweise gesichertes* Faktum hat für einen Forscher eine bestimmte Wahrscheinlichkeit. Wenn eine solche Wahrscheinlichkeit fast Null ist, wird man sagen, dass die Person das Faktum für falsch hält. Ein *vermutetes* Faktum wird aus den gesicherten Fakten und dem Modell erschlossen.

Diese Unterscheidungen können auch auf Faktensammlungen übertragen werden. Die Menge D aller Faktensammlungen einer Theorie lässt sich auf diese Weise in eine Menge D^s von gesicherten, in eine Menge D^p von teilweise gesicherten und in eine Menge D^v von vermuteten Faktensammlungen einteilen:

(2.2) $D = D^s \cup D^p \cup D^v$.

Da sich diese drei Mengen D^s, D^p und D^v mit der Zeit ändern, sollten wir im Prinzip auch Zeitpunkte hinzufügen: $D[z] = D^s[z] \cup D^p[z] \cup D^v[z]$. Neben diesen drei Faktenarten werden bei theoretischen Überlegungen manchmal auch rein hypothetische, *mögliche Fakten* ins Spiel gebracht. Ein mögliches Faktum ist zwar aktuell kein Faktum, es könnte aber eventuell dazu werden (Ü2-11).

Diese Unterscheidungen und die Anbindung von Fakten an Personen lässt sich auf der Handlungsebene weiter erklären, was zu Psychologie, Erziehungswissenschaft, Informatik und Kognitionswissenschaft führt. Wir könnten über die Entstehung von Überzeugungen, Absichten, Wünschen und Emotionen viel sagen. Das ökonomische Umfeld einer Forschergruppe spielt ebenfalls immer eine Rolle. Die Hauptrollen spielen aber weiterhin Beobachtung, Wahrnehmung, Experiment und theoretische Überlegung.

Neben diesen diskutierten Komponenten gehört zu einer Theorie auch ein komplementärer Aspekt. Ausgehend von einer Theorie kann es Faktensammlungen und Modelle geben, die *nicht* – auch approximativ nicht – zusammenpassen. Es gibt Personen außerhalb der Gruppe, welche die Theorie *nicht* vertreten. Eventuell haben solche Personen Überzeugungen, die zu den Überzeugungen der Forschergruppe konträr sind. Anders gesagt sollte eine Theorie auch widerlegt werden können (Popper, 1966). Historisch wurden bis jetzt noch immer alle „älteren" Theorien irgendwann durch bessere ersetzt („widerlegt"). Jede empirische Theorie stößt irgendwann an die Grenzen der Wirklichkeit.

Es ist auch folgendes zu bedenken: eine intelligente Person kann jede Ansicht vertreten und diese auch mit rhetorischen Mitteln stützen. Zum Beispiel kann eine Person eine Theorie über das Paradies formulieren. Ist die Gesamtheit „das Paradies" in der Wirklichkeit zu finden? Nur im positiven Fall wird eine Theorie über dieses System als wissenschaftlich bezeichnet. Was sich eine einzelne Person ausdenkt, wird oft durch Andere hinterfragt. Es gibt Gruppen, die Ansichten vertreten, die in den meisten anderen Gruppen als unwissenschaftlich bezeichnet werden. Oft bleiben solche Gruppen und ihre Ansichten aber stabil. Allerdings wächst in solchen Gruppen der Wissensbestand kaum, es werden auch kaum neue Verfahren benutzt.

Heute gibt es viele Theorien und diese stammen aus unterschiedlichen Disziplinen. In der Wissenschaftstheorie werden daher auch die Beziehungen zwischen Theorien untersucht und das Umfeld einer Theorie erforscht. Inzwischen werden auch komplexe, vernetzte Systeme dargestellt, die aus Theorien und ihren Beziehungen zusammengesetzt sind. In der Wissenschaftstheorie werden *zeitunabhängige* (*statische*) *Theoriennetze* (Ü2-12) und *zeitabhängige* (*dynamische*) *Theoriennetze* unterschieden. Bei der Beschreibung von Theoriennetzen müssen die Zeitkomponenten der verschiedenen Theorien zusammengeführt werden, so dass zwei Zeitpunkte aus zwei Theorien auch identifiziert werden können. Es muss ausgedrückt werden, dass zwei Faktensammlungen aus zwei Theorien zum selben Zeitpunkt existieren – Genaueres ist in Abschnitt 17 zu finden.

Ein *einfaches* statisches Theoriennetz[13] besteht idealisiert dargestellt aus mehreren Theorien, die nur durch Modelle und Faktensammlungen beschrieben werden. Dabei spielen die Zeitkomponenten der Theorien keine große Rolle. In dieser idealisierten Form lassen sich einfache Theoriennetze wie folgt definieren. Eine Theorie $T_2 = \langle M_2, D_2 \rangle$ ist eine Spezialisierung der Theorie $T_1 = \langle M_1, D_1 \rangle$, wenn jedes „Spezialmodell" aus M_2 auch ein Modell von M_1 und wenn jede Faktensammlung

---

13 In (Balzer & Sneed, 1977, 1978) und (Balzer, Moulines & Sneed, 1987) spielen intendierte Anwendungen eine wichtige Rolle. In diesem Buch werden statt intendierten Systemen und intendierten Anwendungen Faktensammlungen in den Vordergrund gerückt.

aus D_2 zum Zeitpunkt z von T_2 auch eine Faktensammlung aus D_1 von T_1 ist, so dass die Faktensammlungen in beiden Theorien zum selben Zeitpunkt z existieren. Ein einfaches Theoriennetz besteht aus einigen Theorien, welche sich baumartig anordnen lassen. Anders gesagt lässt sich aus einer Menge von mehreren Theorien ein einfaches Theoriennetz konstruieren, wobei eine eindeutig bestimmte, „erste" Theorie als Basistheorie des einfachen Theoriennetzes ausgezeichnet ist. Zum Beispiel entsteht aus der Basistheorie der Mechanik, die durch das sogenannte zweite *Newton*sche Axiom: „Kraft ist gleich Masse mal Beschleunigung" charakterisiert wird, ein Netz von Spezialisierungen.

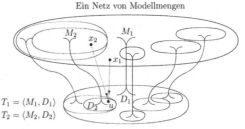

Abb. 2.2

Ein statisches Theorien-
netz mit Modellen und
Faktensammlungen zu
einem Zeitpunkt

In Abbildung 2.2 sind einige Theorien und Spezialisierungen dargestellt. Bei zwei Theorien wurden auch die zugehörigen Symbole eingezeichnet: $T_1 = \langle M_1, D_1 \rangle$ und $T_2 = \langle M_2, D_2 \rangle$. Von einer Modellmenge führt ein Transfer zu der zugehörigen Menge von Faktensammlungen, zum Beispiel von M_2 zu D_2. Ein bestimmtes Modell hat den Zweck, ein gegebenes intendiertes System und die Fakten davon, zu modellieren. Hier wurden zwei Modelle x_2 und x_1 herausgegriffen; von x_2 führt ein Pfeil zu einer passenden Faktensammlung u. Modell x_2 stellt die Faktensammlung u passend dar. In diesem Beispiel kann man erkennen, dass sich u auf verschiedene Weise modellieren lässt. All dies ist auf einen gegebenen Zeitpunkt relativiert.

Auf der Modellebene sind mehrere Spezialisierungen abgebildet. Ein Modell x_2 aus der Modellmenge M_2 ist immer auch ein Modell aus der „großen" Modellmenge M_1, *wenn* die Theorie T_2 eine Spezialisierung von T_1 ist. Dies ist in Abbildung 2.2 der Fall. x_2 ist auch ein Modell der allgemeineren Theorie T_1.

In der Wissenschaftstheorie werden neben der Spezialisierungsrelation auch andere Arten von Beziehungen zwischen Theorien, wie *Theoretisierung* oder *Reduktion* untersucht. Durch Theoretisierung wird einer schon vorhandenen Theorie

T_1 eine weitere, *theoretische* Komponente hinzugefügt, die sich zunächst in der Realität nicht wahrnehmen lässt. So entsteht eine neue Theorie T_2. Zum Beispiel lässt sich in der klassischen Mechanik die Kraft, die ein Partikel bewegt, nicht direkt wahrnehmen. Bei einer Reduktion werden im Wesentlichen die Hypothesen für die Modelle der Theorie T_1 aus allgemeineren Hypothesen für die Theorie T_2 abgeleitet. Es wird festgestellt, dass die Faktensammlungen beider Theorien sehr ähnlich sind und beide Theorien approximativ zu den zugehörigen Faktensammlungen passen. In beiden Theorien müssen die Faktensammlungen zur gleichen Zeit existieren. Zum Beispiel werden aus den Gesetzen der relativistischen Mechanik die älteren, klassischen Formen approximativ abgeleitet.

In einem Theoriennetz können im Allgemeinen verschiedene Arten von Beziehungen auftreten.[14] Zum Beispiel lässt sich eine Theorie aus der Quantenmechanik mit einer Theorie aus der Elektrodynamik in Beziehung setzen oder die Thermodynamik mit der statistischen Mechanik.

Durch Auffächerung einer Theorie zu einem einfachen Theoriennetz können sich auch Untergruppen von Wissenschaftlern bilden, die sich zum Beispiel mit einer spezielleren Theorie oder mit dem Vergleich von zwei Theorien befassen. Auf diese Weise können sich auch in der Handlungsebene neue Netzwerke zwischen Personen, Gruppen und Methoden bilden.

Die in den statischen Theoriennetzen kaum wahrnehmbaren Zeitaspekte werden in den dynamischen Theoriennetzen explizit gemacht (Ü2-13). Bei der bisher am meisten verwendeten Herangehensweise werden die zeitabhängigen, dynamischen Theoriennetze so beschrieben, dass zunächst ein statisches Theoriennetz N_v (*v*, wie *vorher*) betrachtet wird. Anschließend wird ein weiteres statisches Theoriennetz N_n (*n*, wie *nachher*) betrachtet, welches sich nach einiger Zeit aus dem vorherigen Netz weiterentwickelt hat. Die Schwierigkeit solcher Untersuchungen liegen weniger im begrifflichen Bereich, sondern in der zeitaufwendigen Recherche und Beschreibung von echten, statischen Theoriennetzen in einer Form, die für einen solchen Vergleich angemessen wäre.

Aus dem Studium mehrerer zeitlicher Einzelvergleiche von statischen Theoriennetzen lässt sich eine Sequenz von statischen Theoriennetzen konstruieren, die als *Theorienentwicklung* (oder *Theorienevolution*) bezeichnet wird. Einige solcher Theorienentwicklungen wurden zum Beispiel für die klassische Mechanik und die Thermodynamik untersucht.[15]

---

14   (Balzer, Moulines & Sneed, 1987), (Stegmüller, 1986), (Balzer, 1982b).
15   (Moulines, 1979), (Balzer, Moulines & Sneed, 1987), auch (Balzer, 1982a, Übung 21).

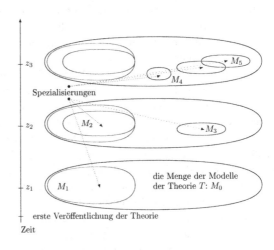

Abb. 2.3
Theorienentwicklung
nur mit Modellen

In Abbildung 2.3 wird eine Theorienentwicklung dargestellt, wobei die intendierten Systeme und Faktensammlungen der Übersicht halber weggelassen wurden. Hier sind drei Zeitperioden z_1, z_2, z_3 einer Theorienentwicklung dargestellt, wobei die Zeitperioden selbst wieder aus weiteren Zeitpunkten bestehen können. In Zeitperiode z_1 wurde ein Grundmodell M_0 aufgestellt. In der gleichen Periode entstand auch schon eine Spezialisierung M_1. Oft enthält das Grundmodell nur einen Rahmen, der so allgemein ist, dass empirische Widerlegungen aus begrifflichen Gründen nicht möglich sind. Es wird deshalb nach spezielleren Hypothesen gesucht, die sich empirisch nicht nur bestätigen, sondern auch möglicherweise widerlegen lassen. Oft werden solche Hypothesen sofort widerlegt, so dass sie in der Wissenschaftsgeschichte erst gar nicht auftauchen.

In der zweiten Periode z_2 kamen zwei weitere Spezialisierungen hinzu. M_2 ist eine Spezialisierung „zweiten Grades" der Basismodelle. Ein Modell aus M_2 erfüllt die Hypothesen von M_2 und erfüllt die Hypothesen von M_1. Es erfüllt aber auch die Hypothesen von M_0. In der dritten Periode z_3 kamen Modelle aus M_5 hinzu, die sich teilweise mit denen aus M_3 überlappen. Schließlich kam eine von den anderen Spezialisierungen „unabhängige" Modellmenge M_4 hinzu. Inhaltlich gibt es in diesem gesamten Wirklichkeitsbereich drei Arten von Phänomenen, die teilweise unabhängig voneinander sind. Es gibt drei „Äste", die nur durch die Grundhypothesen zusammengehalten werden. Dies trifft sowohl auf die klassische Mechanik als auch auf die Thermodynamik zu.

Historisch teilen sich auf der Handlungsebene Wissenschaftlergruppen wie Zellen weiter in Untergruppen auf, die speziellere Phänomene und Systeme untersuchen. Eine Untergruppe erforscht nur noch einen Teilbereich und dies mit spezielleren Methoden. Mit anderen Worten wächst die Wissenschaft an bestimmten Stellen. Die Wirklichkeitsbereiche, die in der Wissenschaft untersucht werden, bekommen mit der Zeit eigene Namen, wie zum Beispiel Physik, Medizin, Biologie, Soziologie. Auch die Personen aus einer Wissenschaftlergruppe erhalten den dazu passenden Namen, wie zum Beispiel Physiker, Biologin, Mediziner oder Soziologin. Auch diese Bezeichnungen werden spezieller. In der Medizin gibt es heute zum Beispiel Innere Medizin, Dermatologie, Biomedizin und die dazugehörigen Berufsbezeichnungen: Internist, Dermatologin, Biomediziner.

Neben dem Aspekt des Wachstums gibt es auch den der Konsolidierung von Resultaten und Theorien. Wissensbestände werden nicht einfach vermehrt und es werden nicht nur neue wissenschaftliche Verfahren entwickelt, sondern es werden auch Wissensbestände vereinfacht und bestehende Verfahren verbessert. Wissensbestände werden zum Beispiel neu angeordnet und umstrukturiert, so dass ein solcher Bestand besser verständlich wird; er kann dann auch besser angewandt und weitergegeben werden. Ein Teil des Wissens – eine Theorie – wird einfacher dargestellt. Ähnliches gilt auch für wissenschaftliche Verfahren. Ein Verfahren wird verbessert, so dass es besser verstanden, angewandt und weitergegeben werden kann.

Wissenschaftlergruppen und ihre Theorien haben sich durch Wachstum ausdifferenziert und konsolidiert.[16] Eine Ausdifferenzierung in den Gruppen erfolgt auch durch neue Herangehensweisen. Systeme lassen sich *theoretisch* oder *praktisch* untersuchen. Einige Personen konzentrieren sich mehr auf praktische Aktivitäten und andere mehr auf theoretische Arbeiten. Das Praktische beschränkt sich nicht nur auf wissenschaftliche Methoden. Es gibt auch Aufgaben, bei denen ökonomische oder politische Hilfestellung geleistet wird. Diese haben das Ziel, bestimmte wissenschaftliche Projekte sowohl auf praktischer als auch auf theoretischer Ebene erst möglich zu machen oder effektiver durchzuführen.[17]

Dieser so kurz und informell beschriebene, geschichtliche Prozess der letzten 7000 Jahre bildet den in der Wissenschaftstheorie untersuchten Wirklichkeitsbereich. In der Wissenschaftstheorie werden Modelle erfunden und konstruiert, die approximativ diejenigen Theorien abbilden, die in der Wissenschaft und in ihrer Geschichte tatsächlich zu finden sind. Solche Mengen von Theorien bilden selbst intendierte Systeme für eine in Abschnitt 17 beschriebene Theorie der Wissen-

---

16 Siehe auch (Böhme, Daele & Krohn, 1973).

17 Wobei es leider auch zu einer gewissen Verschwendung von Forschungsmitteln kommen kann.

schaften – eine Theorie über Theorien. Inzwischen hat sich auch die Erforschung von Theorien und Netzen weiter ausdifferenziert. Es gibt verschiedene Gruppen, die unterschiedliche Themen mehr praktisch oder mehr theoretisch angehen. Die Wissenschaftstheorie ist dabei, sich in den normalen Wissenschaftsprozess einzugliedern. Wir meinen, dass sich Wissenschaftstheorie ebenso wie andere wissenschaftliche Theorien betreiben lässt und auch so betrieben werden sollte. Das heißt, wir beschäftigen uns hier im Folgenden mit der Wissenschaft *nicht* philosophisch, sondern in einer spezielleren, wissenschaftlichen Art und Weise, wie sie in vielen Wissenschaftlergruppen benutzt wird.

Zusammenfassend verstehen wir Wissenschaftstheorie auf die folgende Weise: Die Wissenschaftstheorie untersucht sowohl statisch also auch dynamisch Theorien, Strukturen, Modelle für Wirklichkeitsbereiche, die dazugehörigen Bestimmungs- und Messmethoden und allgemeinere Methoden und Prozesse, die in den Theorien benutzt werden. Solche Untersuchungen gehen von wissenschaftlichen Theorien als intendierte Systeme für die Wissenschaftstheorie aus.

Wechsel zwischen Beschreibungsebenen 3

Ereignisse, die sich mit der Zeit verändern, die „vorwärts schreiten", werden auch als *Prozesse* bezeichnet. Ein Prozess lässt sich gedanklich in Zeitschnitte zerlegen und diese Zeitschnitte können in derselben Weise wieder zum Gesamtsystem zusammengefügt werden. Ein Zeitschnitt oder ein Teil davon wird als *Zustand* des Prozesses oder Teil davon bezeichnet. Prozesse und Zustände lassen sich auf verschiedene Weise beschreiben. Dies kann dazu führen, dass zwei Beschreibungen eines Ereignisses so weit voneinander entfernt liegen, dass man von verschiedenen Beschreibungsebenen spricht. Zum Beispiel kann ein Prozess makroskopisch oder mikroskopisch beschrieben werden. Oft lassen sich diese Ebenen auch in der Wirklichkeit ontologisch unterscheiden.

Wir haben in Abbildung 3.1 einige Prozesse, Teilprozesse, Zustände und Teilzustände aus derselben Ebene dargestellt.

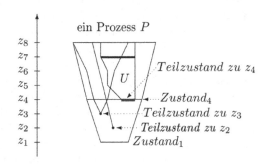

Abb. 3.1
Ein Prozess mit
Zeitschnitten und
Zuständen

© Springer Fachmedien Wiesbaden GmbH, ein Teil von Springer Nature 2019
W. Balzer und K. R. Brendel, *Theorie der Wissenschaften*,
https://doi.org/10.1007/978-3-658-21222-3_4

In Abbildung 3.1 sehen wir einen Prozess P, der vom Zeitpunkt z_1 bis zum Zeit-
punkt z_8 andauert. Die horizontal eingezeichnete Linie zum Zeitpunkt z_1 stellt den
Zustand des Prozesses P zu z_1 dar. Ein weiterer Zustand von P zum Zeitpunkt z_4 ist
als Linie zu sehen. Zum Zeitpunkt z_2 sehen wir einen hervorgehobenen, schwarzen
Punkt, einen minimalen Teilzustand von P. Die an dieser Stelle nach oben führende
Linie stellt einen Unterprozess von P dar, dessen Zustände alle minimal sind. Zum
Zeitpunkt z_3 ist ein weiterer Unterprozess entstanden, der sich mit der Zeit konisch
ausbreitet. Schließlich ist zu z_4 der Anfangszustand des Teilprozesses U durch eine
dicke, horizontale Linie eingezeichnet. Dieser Zustand des Prozesses U zu z_4 ist
gleichzeitig ein Teil des Gesamtzustandes des Prozesses P. Zum Zeitpunkt z_7 ist
ein zweiter Zustand von U zu sehen.

Die so abstrakt dargestellten Formen lassen sich auf verschiedene Weise mit
konkretem Inhalt füllen. Zum Beispiel könnte der Prozess einen Wasserstrom am
Ende eines Flusses beschreiben. Die Anfangs- und Endzustände wären gedachte
Ebenen durch den Strom des Flusses und die vertikalen linken und rechten Grenzen die Flussufer. Der minimale Teilprozess besteht darin, dass zum Zeitpunkt
z_2 zum Beispiel ein Blatt in den Fluss gefallen ist. Der Unterprozess zu z_3 könnte
zum Beispiel durch eine Farbbombe entstanden sein; die Farbe breitet sich auf dem
Fluss aus. Der Teilprozess U könnte durch ein Stromhindernis ausgelöst worden
sein – zum Beispiel durch ein aufgelaufenes Schiff.

Der in Abbildung 3.1 gezeichnete Prozess könnte aber auch einen Teil eines Theoriennetzes darstellen. Ein Zustand wäre eine Menge von Fakten aus verschiedenen
Theorien im Netz, so dass all diese Fakten zum gleichen Zeitpunkt existieren. Die
horizontale Linie zu z_1 würde zum Beispiel die Fakten einer Theorie T_1 zum Zeitpunkt z_1 beschreiben. Zum Zeitpunkt z_3 gibt es einen schwarzen Punkt, welcher
ein Faktum der Theorie T_1 zur Zeit z_3 darstellt. Dieses Faktum wird zur Zeit z_3 zur
Konstruktion einer speziellere Theorie T_2 benutzt. Im Zeitpunkt z_3 beginnt ein
Unterprozess, dessen Fakten sowohl für die Theorie T_1 als auch für die neue Theorie T_2 relevant sind. In z_4 könnte eine Menge von Fakten für eine dritte, spezielle
Theorie T_3 eingeführt sein. Diese Faktenmenge ändert sich mit der Zeit; es entsteht
ein Prozess U, der ein Teilprozess von P ist (Ü3-1).

Prozesse, Zustände und Ereignisse lassen sich auf verschiedenen Ebenen beschreiben. Zum Beispiel lässt sich eine chemische Reaktion – ein Prozess – makroskopisch
beschreiben, indem die Quantitäten der Substanzen vor und nach der Reaktion
bestimmt werden. Man kann diese Substanzen und die Änderungen aber auch auf
der Mikroebene untersuchen. Je nach Beschreibungsebene erhält ein chemischer
Prozess eine andere Form. Auf der Makroebene besteht ein Zustand – zum Beispiel
vor der Reaktion – aus einer Liste von Quantitäten der involvierten Substanzen.

Auf der Mikroebene wird ein Zustand dagegen (unter anderem) durch eine Menge von Molekülen beschrieben.

Zwei Beschreibungen in zwei verschiedenen Ebenen desselben realen Systems werden meist klar auseinandergehalten. Wenn zum Beispiel ein Ereignis in zwei Prozessen beschrieben wird, die auf zwei verschiedenen Ebenen liegen, bekommen die beiden Prozesse andere Bezeichnungen („Namen"), um in der Kommunikation keine Missverständnisse entstehen zu lassen. Gleichzeitig werden die zwei Prozesse, die zunächst dieselbe, wie oben in Abbildung 3.1 dargestellte Form haben, weiter durch spezielle Formulierungen der jeweiligen Ebene angereichert.

In der Wissenschaft spielen zwei Verfahren eine zentrale Rolle, bei denen in der Beschreibung eines Systems die Ebenen gewechselt werden. Im ersten Verfahren wird ein gegebenes Ereignis als eine Menge beschrieben. Das Ereignis enthält verschiedene Bestandteile. Ein bestimmter Teil wird nun in diesem Verfahren weiter betrachtet und untersucht. Dies lässt sich ohne Mühe auch auf Zustände anwenden. Ein Zustand kann aus einer Menge von Elementen bestehen, so dass im Weiteren jedes Element aus der Menge genauer untersucht wird.

Beim zweiten Verfahren ist ein Ereignis durch eine Liste von *Komponenten* beschrieben. Das Ereignis lässt sich sowohl als Ganzes auf einer abstrakten Ebene darstellen. Es kann aber auch weiter analysiert werden, so dass sich eine Komponente auf einer konkreten Ebene befindet. Dieses Verfahren funktioniert auch für Prozesse und Zustände.

Es ist daher im Allgemeinen möglich, Ereignisse, Prozesse und Zustände in verschiedene Ebenen einzuteilen. Dabei kann bei der Untersuchung von einer Ebene zu einer anderen gesprungen werden. Wie gesagt ist diese Einteilung in Ebenen hauptsächlich für Beschreibungen gedacht. Das reale Ereignis wird mehr „von der Ferne" oder mehr im Detail untersucht und beschrieben. Je nach Blickwinkel wird eine andere Beschreibungsebene verwendet. Manchmal gibt es weitere Aspekte, die zusammen dazu führen, in der Sprache ein Ereignis auf zwei Seinsarten – *ontologisch* – zu betrachten.

Die Ebenen werden in der Wissenschaft meist nicht absolut gesetzt. Normalerweise wird von einer bestimmten Ebene aus begonnen und dann je nach Ziel eine Ebene nach unten oder nach oben gegangen. Die Unterscheidung zwischen konkret und abstrakt haben wir schon kennengelernt. Auf konkreter Ebene finden wir konkrete Ereignisse, auf der abstrakten Ebene abstrakte Entitäten. Diese Unterscheidung macht nur Sinn, wenn wir eine gegebene Situation vor Augen haben. Erst dann können wir sagen, dass für diese Situation die Beschreibung konkret oder abstrakt ausfällt (Ü3-2).

All dies gilt für alle Wissenschaften und natürlich auch für die Wissenschaftstheorie. Eine Theorie lässt sich auf verschiedenen Ebenen betrachten. Wenn wir von einer Theorie „einen Schritt nach oben" gehen, kommen wir zu einem Theoriennetz und in einem weiteren Schritt zu einer Theorienentwicklung. Jede dieser drei Entitäten liegt in einer anderen Ebene. Ein Theoriennetz ist komplexer als eine Theorie, eine Theorie ist ein Teil eines Theoriennetzes. Von einer gegebenen Theorie aus gesehen liegt ein Theoriennetz eine Ebene höher als eine Theorie. Eine Theorienentwicklung ist komplexer als ein Theoriennetz, ein Theoriennetz ist ein Teil einer Theorienentwicklung. Die Ebene der Netze liegt aus der Sicht einer Theorienentwicklung einen Schritt weiter unten. Umgekehrt befindet sich aus der Sicht eines Theoriennetzes die Ebene der Theorienentwicklung einen Schritt weiter oben. Wir haben in dieser Situation drei Ebenen: die der Theorien, der Theoriennetze und der Theorienentwicklungen.

Ausgehend von einer Theorie können wir zu weiter unten liegenden Ebenen kommen. Eine Theorie ist aus Entitäten zusammengesetzt, die in einer Ebene weiter unten zu finden sind. In dieser Ebene gibt es Modellmengen, Mengen von intendierten Systemen und weitere Mengen. Von einer Modellmenge können wir zu einer weiteren Ebene „nach unten" gehen, wenn wir aus der Modellmenge ein Modell herausnehmen und genauer analysieren. Das Modell wird durch eine Liste beschrieben und die Komponenten aus dieser Liste bezeichnen Grundmengen und Relationen. Ein Modell besteht dann aus Mengen und Relationen. Von der Modellebene aus gesehen ist ein Modell aus vielen anderen Entitäten zusammengesetzt.

Wie geschieht ein Wechsel in der Beschreibung von einer zu einer anderen Ebene genauer? Wir beginnen mit einem alltäglichen Beispiel. Ein Sonnenuntergang kann als ein Zustand beschrieben werden. In diesem Zustand verschwindet die Sonne gerade hinter dem Horizont; es wird dunkel. Dieser kurze Zustand ist unter anderem ein Teil eines Prozesses, der unser Planetensystem beschreibt. Der Prozess umfasst die Bahnen unseres Planetensystems, den Beobachter des Sonnenuntergangs und einige andere Dinge. Eine Person kann einen Sonnenuntergang in verschiedenen Variationen, je nach Ort, Jahreszeit und Gemütszustand erleben. Diese Sonnenuntergänge lassen sich sprachlich völlig konkret ausdrücken, zum Beispiel „ich erlebe gerade hier und jetzt diesen Sonnenuntergang". Die Beschreibung dieses Zustands enthält verschiedene, hinweisende Bestandteile. Wenn all diese explizit durch Namen ersetzt werden, erhalten wir eine Beschreibung, die auf genau einen konkreten Zustand (hier einen Sonnenuntergang) zutrifft.

Es kann aber auch über „den" Sonnenuntergang im Allgemeinen gesprochen werden, zum Beispiel „Peter hat Sonnenuntergänge erlebt". In diesem Fall spielt der Zeitpunkt keine Rolle. Die Zustände werden abstrakter beschrieben. In dieser Form lässt die Beschreibung offen, um welche konkreten Zustände es genau geht. Alle konkreten Zustände, in deren Beschreibungen Zeitpunkte zu finden sind, werden zu einer Menge von konkreten Zuständen zusammengefasst. All diese Zustände haben in der Beschreibung denselben Typ. Sie unterscheiden sich nur durch die Zeitpunkte. Diese Formulierung ist allerdings nur richtig, wenn wir detailliertere Aspekte aus der Beschreibung heraushalten. Wir könnten zum Beispiel das Wetter ins Spiel bringen. Wenn der Himmel bedeckt ist, lässt sich der Sonnenuntergang nicht sehen. Ob ein Zustand konkret ist, hängt stark von der Beschreibungsebene ab. Wir können *immer* weitere Details in die Beschreibung aufnehmen, so dass das Adjektiv „konkret" nur relativ zu einer gerade benutzten Beschreibungsebene sinnvoll ist.

Die Zusammenfassung von Zuständen zu einer Menge lässt sich sprachlich ohne Mühe wieder als Zustand ausdrücken. Der Ausdruck „Sonnenuntergang" kann dann auch für einen abstrakten Zustand benutzen werden. Man kann so über etwas sprechen, das begrifflich eine Ebene höher angesiedelt ist, nämlich über den Sonnenuntergang im Allgemeinen, über den Begriff „Sonnenuntergang". Dieser Begriff beinhaltet vieles. Zum Beispiel ist ein Sonnenuntergang ein physikalischer Prozess, der wahrgenommen wird, im Deutschen durch ein Wort mit 15 Buchstaben beschrieben wird etc. Eine Gesamtheit oder Menge von Sonnenuntergängen funktioniert gewissermaßen wie ein *Behälter*, den man öffnen kann und aus dem man konkrete Untergänge herausnehmen kann. Für eine Person wird dieser Behälter auch im Gedächtnis angelegt und mit konkretem Inhalt gefüllt. Oft erinnert sich eine Person an einen bestimmten Sonnenuntergang, der ihr emotional sehr naheging.

In der natürlichen Sprache lässt sich ausdrücken, dass ein konkreter Zustand durch eine Person wahrgenommen wurde, dass ein abstrakter Zustand in der Beschreibung keine Einzelheiten enthält und dass ein abstrakter Zustand alle Ausdrücke für konkrete Zustände eines bestimmten Typs zusammenfasst, die in einem Gesamtbehälter eingeschlossen werden. Für abstrakte Zustände werden normalerweise auch neue Ausdrücke verwendet.

In der Wissenschaft wird die Abstraktion von Zuständen aus einer konkreten Ebene zu einer abstrakten Ebene auf zwei Arten beschrieben. Viele konkrete Zustände können zu einer Menge oder zu einer Liste zusammengefasst werden. In den formalen Disziplinen werden dazu als Notation verschiedene Klammern verwendet. Ein Paar von Klammern grenzt eine Menge oder eine Liste von Zeichen – Bezeichnungen für Ereignisse, konkrete Zustände – ab. In der Mengenlehre gibt es neben den runden Klammern, die spitzen Klammern $\langle \; \rangle$, welche Listen beschreiben und die Mengenklammern $\{ \; \}$, die viele Elemente zu einer Menge vereinigen.

Welche Elemente einer Menge von konkreten Zuständen zu einem abstrakten Zustand genau gehören, ist oft schwer abzugrenzen. Gehören etwa auch mögliche Zustände dazu, die sich eine Person nur vorgestellt hat?

Den psychologischen Prozess, in dem eine Person über einen konkreten Zustand spricht und zu einer abstrakten Ebene umschwenkt und umkehrt, haben wir in

Abschnitt 1 schon erwähnt. Dieser Prozess findet in Menschen ständig und sehr schnell statt. Derartige Prozesses werden auch in der Wissenschaft intensiv erforscht. Nachdem der Begriff der Menge für die Wissenschaft wichtig geworden war, dauerte es nicht lange, um diese psychologischen Prozesse des Wechsels von konkreter zu abstrakter Ebene (und zurück) auch in verschiedenen Disziplinen zum Beispiel in der Psychologie, der Mathematik (speziell: der Mengenlehre), in der Kognitionswissenschaft und in der Computerwissenschaft durch Mengen darzustellen.

Heute kennt fast jeder den Prozess, auf einer Website von einer Ebene zur nächst-inneren Ebene zu springen und zurück. Eine Person öffnet ihr Handy und betrachtet, was auf dem Bildschirm gerade zu sehen ist. Sie findet zum Beispiel ein farblich unterlegtes Wort oder einen hervorgehobenen Punkt oder ein bestimmtes Bild und drückt eine Taste oder führt eine Wischgeste aus. Eine neue Seite öffnet sich. Dieser Prozess entspricht dem Wechsel von einem abstrakten zu einem konkreten Zustand. Zum Beispiel wird ein Gesamterlebnis auf der ersten Seite (abstrakt) dargestellt und die Bestandteile, die auf der neu geöffneten Seite zu sehen sind, entsprechen den konkreten Erlebnissen. Auch ein Internetnutzer kann sehr schnell von einer Seite – von einer Informationsebene – zur nächsten springen und zurück.

Wir haben diese Prozedur in Abbildung 3.2 formal dargestellt. Zwei Zustände aus unterschiedlichen Ebenen sind eingezeichnet.

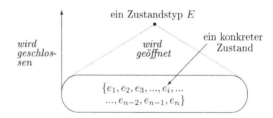

Abb. 3.2

Ein Zustandstyp E wird analysiert

Ein abstrakter Zustand, ein Zustandstyp, welcher durch E bezeichnet ist, wird in seine Bestandteile zerlegt. Im unteren Oval sieht man, dass der Zustandstyp E zu einer Menge von konkreten Zuständen geworden ist. In dieser Situation werden die Zustände zu einer Menge zusammengefasst.

Wir betonen, dass sich diese Prozedur beliebig oft in beiden Richtungen wiederholen lässt, so lange die Sprache Ausdrucksmittel zur Verfügung stellt. Und dies tut sie.

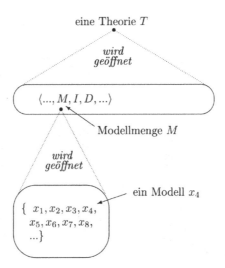

Abb. 3.3

Eine Theorie und die
Modellmenge werden
geöffnet.

Der Wechsel der Beschreibungsebene ist auch in der Wissenschaftstheorie wichtig. Bei einer Untersuchung wurde in Abschnitt 2 eine Theorie zum Beispiel durch eine Liste $\langle M, I, D \rangle$ (2.1) von Komponenten M, I, D beschrieben. Auf der Beschreibungsebene bezeichnet die Liste eine Gesamtheit: hier eine Theorie. Wie in Abbildung 3.3 weiter zu sehen ist, lässt sich jede Komponente wieder öffnen. In diesen Fällen wird die Komponente nicht als eine Liste weiter analysiert, sondern als eine Menge. Die Modellmenge M im Beispiel wird nicht als eine Liste betrachtet, sondern wie auch in der Bezeichnung zu sehen, als eine Menge.

Von der anderen Richtung her gesehen ist eine Theorienentwicklung ein Prozess, bestehend aus zeitlich geordneten Zuständen. Ein Zustand zu einem Zeitpunkt stellt ein Theoriennetz dar. Teile des Netzes sind Knoten, welche Theorien darstellen. Auch ein Knoten kann wieder als ein Zustand „lokaler Art" betrachtet werden: ein Teil der Theorienentwicklung. Die Theorienentwicklung wird also in zwei Schritten analysiert und in kleinere Teile zerlegt. Die Entwicklung besteht aus Netzen und ein Netz aus Knoten. Ein Netz kann durch einen ersten Zustand und der Knoten durch einen zweiten Zustand anderer, kleinerer, lokalerer Art beschrieben werden. Auch ein Knoten beschreibt einen Teil einer Entwicklung.

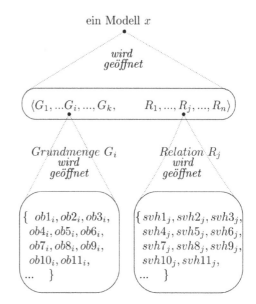

Abb. 3.4

Ein Modell, eine Grund-
menge und eine Relation
werden geöffnet

In Abbildung 3.3 wird zuerst die Theorie, die immer auch einen Namen hat (hier
einfach: T), geöffnet. Wir dringen ins Innere der Theorie vor, indem wir die Bestandteile der Theorie im unteren Oval genauer betrachten. Insgesamt sind diese
Bestandteile zu einer Liste zusammengefasst. In einem zweiten Schritt wird eine
bestimmte Komponente, die Menge M der Modelle von T geöffnet. Hier sind
die Bestandteile der Modellmenge die Modelle, die hier einfach durch x_1, x_2,...
bezeichnet sind (Ü3-3).

In Abbildung 3.4 wird ein bestimmtes Modell weiter analysiert.

Sprachen und Ausdrücke

4

Wissenschaft und Wissenschaftstheorie werden durch Sprachen mitgeteilt und beschrieben. Ohne Sprache gibt es keine Wissenschaftstheorie. Aber sind Sprachen auch zentrale Bestandteile der Wissenschaftstheorie?

Es gibt drei Arten von Sprachen: natürliche, universale und formale Sprachen. In einer Sprache werden viele verschiedene Arten von Ausdrücken benutzt, die je nach Situation bestimmten Bereichen zugeordnet werden.

Eine natürliche Sprache hat viele Zwecke. Ein Zweck ist, dass eine Person bestimmte Eindrücke aus ihrer Umgebung wahrnehmen und durch ihre Sprache vermitteln kann. Solche Eindrücke können aus der Natur, von einem anderen Menschen, von Äußerungen desselben, von einer Gruppe von Menschen (und ihren Äußerungen), und auch vom eigenen Körper oder von der eigenen Psyche der wahrnehmenden Person stammen. Eine Person hört zu, liest, begreift, merkt sich sprachlichen Inhalt, erinnert sich, sie übernimmt Gehörtes in ihre Gedanken, sie versteht. Ein zweiter Hauptzweck der Sprache ist, etwas zu äußern. Eine Person sagt ein Wort oder einen Satz, sie gibt einen Befehl, sie spricht, sie unterhält sich mit anderen, sie schreibt, sie schickt E-Mails, sie twittert, sie malt ein Bild. In einer Sprache wird ständig wahrgenommen und geäußert. Ein dritter Zweck ist, durch die Sprache die Welt darzustellen. In all diesen Fällen werden Wörter, Sätze und Ausdrücke benutzt.

Unter den sprachlichen Aktivitäten gibt es eine spezielle Klasse von Äußerungen und Wahrnehmungen, in denen es nur um Sprache geht. Ich sage etwas zu einer anderen Person und höre gleichzeitig, dass ich ziemlich laut rede und ich verstehe, dass meine Äußerung missverstanden wird. Ich höre einen Satz von einer anderen Person und ich denke, dass dieser Satz grammatisch falsch ist. In solchen Situationen wird sowohl eine bestimmte Sprache benutzt, als auch gleichzeitig *über* diese Sprache gesprochen. Die Sprecher und Hörer reden dann nur über die Sprache. Anders gesagt gibt es Äußerungen und Wahrnehmungen zweiter Stufe: Personen sprechen in ihrer Sprache über ihre Sprache und deren Verwendung an sich.

© Springer Fachmedien Wiesbaden GmbH, ein Teil von Springer Nature 2019
W. Balzer und K. R. Brendel, *Theorie der Wissenschaften*,
https://doi.org/10.1007/978-3-658-21222-3_5

43

Dieser Punkt ist auch für die Wissenschaftstheorie wichtig. Wissenschaftler schreiben und lesen. In einem Text wird oft über ein System gesprochen, das beim Lesen normalerweise nicht direkt, sondern nur vermittelt wahrgenommen wird. Manchmal wird betont, was genauer beschrieben wird und manchmal wie etwas genauer beschrieben wird. Im zweiten Fall lässt sich fragen, ob das Beschriebene ein Gedanke oder ein wahrgenommenes Ereignis ist. Erörtern wir in einer Textpassage, wie unser Planetensystem aufgebaut ist oder ob das Wort „Planet" aus sechs oder sieben Buchstaben besteht?

Die meisten Entitäten, die in der Wissenschaftstheorie beschrieben werden, liegen von der sinnlichen Wahrnehmungsebene weit entfernt. Eine Theorienentwicklung zum Beispiel lässt sich nicht mit der Hand greifen. Was wir von einer Theorie wirklich sehen können, sind Namen, Wörter, Symbole, Ausdrücke, die ein komplexes System zusammenfassen und beschreiben. Erst im Inneren eines intendierten Systems und der dazugehörigen Faktensammlungen einer Theorie entdecken wir unter Umständen Objekte oder Ereignisse, die mit den menschlichen Sinnen wahrgenommen werden können. Solche Objekte oder Ereignisse lassen sich mit einer natürlichen Sprache weiter beschreiben. Im Bereich der Logik werden Ausdrücke (Terme, Namen) für Objekte oder Ereignisse eingeführt und dann interpretiert. Sofern möglich, kann durch einen Term auf ein bestimmtes, reales Objekt oder auf ein reales Ereignis hingedeutet werden. Das Objekt oder das Ereignis erhält in diesem Fall einen Namen; es wird durch ein Wort oder einen anderen – eventuell auch längeren – Ausdruck bezeichnet. So gibt es zum Beispiel im intendierten System der Theorie von *Kopernikus* das reale Objekt, welches durch den Ausdruck der *Mond* bezeichnet wird und das Ereignis, welches durch *der zum Zeitpunkt 23.3.2016 stattfindende Vollmond* ausgedrückt wird.

An diesem Punkt verlässt eine wissenschaftstheoretische Äußerung die reine Sprachebene. Es wird über menschliche Aktivitäten gesprochen, die in der Wirklichkeit stattfinden. Personen nehmen ganz bestimmte Objekte und Ereignisse wahr, wie zum Beispiel den Mond und den Vollmond. Viele davon werden von den Beobachtern als real existent eingestuft. Dieser komplexe Einordnungsprozess wird durch die Sprache in unterschiedlicher Form dargestellt. Auf einer „unteren", realen Ebene gibt es Objekte und Ereignisse, die durch einfache, „atomare", sprachliche Ausdrücke wiedergeben und eventuell im Gedächtnis abgelegt werden.

In den natürlichen Sprachen werden Ereignisse durch Worte und Sätze mitgeteilt. Ein Ereignis kann aber auch durch andere sprachliche *Ausdrücke* wiedergegeben werden, die in einem Bereich zwischen Wort und Satz liegen. Solche Ausdrücke werden in der Linguistik (Bünting, 1981) als *Phrasen* und in der Informatik (Deransart, Ed-Dbali & Cervoni, 1996) und Mengenlehre (Levy, 1979) als *Terme* bezeichnet. Eine Phrase ist eine Sequenz von Wörtern, die zusammengenommen einen gewissen

Sinn ergeben. Ein Term lässt sich auf ähnliche Weise verstehen, allerdings muss ein Term zuerst „entpackt" werden. Der Term wird in seine Komponenten zerlegt. Erst dann lässt sich aus diesen Komponenten ein für die Menschen verständlicher Sinn erkennen. Wir verwenden im Folgenden das Wort *Ausdruck* so, dass es ein Objekt oder ein Ereignis bezeichnet.

Mit zwei Beispielen lässt sich dies einfach erläutern. Das Ereignis, dass Peter gerade geht, lässt sich als Satz darstellen: *Peter geht gerade*, es kann aber auch durch nicht-satzartige Ausdrücke wie *der gerade gehende Peter* oder *Peter, der gerade geht* beschrieben werden. In einem komplexen Beispiel geht es um das Ereignis, dass eine Wirtschaftskrise gerade beginnt. Dies lässt sich durch den Satz *Eine Wirtschaftskrise beginnt gerade* darstellen. Aber genauso gut können wir dieses Ereignis durch den Ausdruck *eine Wirtschaftskrise, die gerade beginnt* ausdrücken. Diese Beispiele gehen jeweils von einer für die Sprecher und Hörer bekannten Situation aus.

Unter welchen Umständen ist ein Satz, ein Wort oder ein Ausdruck richtig verwendet? Der Ausdruck für ein Ereignis wird richtig, korrekt verwendet, wenn er in der passenden Situation geäußert oder gehört wird und wenn andere Personen der Äußerung oder dem Gehörten zustimmen. Andernfalls ist der Ausdruck falsch verwendet oder falsch verstanden. Zum Beispiel ist der Ausdruck *der Vollmond im Jahre 2016 in der Nacht vom 23.3.* richtig verwendet, wenn dieses Ereignis tatsächlich stattgefunden hat. Ebenso kann das Ereignis auch durch einen Satz, wie *Im Jahre 2016 gibt es in der Nacht vom 23.3. Vollmond* ausgedrückt werden.

Die natürlichen Sprachen sind für die Wissenschaftstheorie durchaus relevant. Es ist aber auch klar, dass eine natürliche Sprache kein zentraler Bestandteil der Wissenschaftstheorie sein kann. Das schlagende Argument hierfür lautet: die meisten Wissenschaftler können die anderen Sprachen, in denen viele der Menschen über Wissenschaft sprechen, nicht verstehen. Anders gesagt herrscht unter den natürlichen Sprachen ein babylonisches Sprachgewirr.

Dies führte bei wissenschaftstheoretischen Ansätzen zur Idee, eine für alle Wissenschaftler verständliche Universalsprache zu verwenden. Allerdings ist diese Idee bis jetzt nicht in die Tat umgesetzt worden. Historisch wurde immer die Sprache desjenigen Landes genommen, welches über einen längeren Zeitraum den meisten Machteinfluss auf Wissenschaftlergemeinschaften hatte. Im Moment gilt dies für die US-Variante der englischen Sprache.

Eine etwas realistischere Variante dieser Idee führte zu den formalen „Sprachen", die inzwischen in großer Zahl existieren. Eine formale Sprache hat die Aufgabe, bestimmte, spezielle Inhalte einfach und konsistent zu formulieren. Sie ist dagegen ineffizient, wenn es um die vielen Inhalte geht, die die Menschen umtreiben. Hier ist nicht genügend Zeit vorhanden, jede Äußerung in einen formal normierten Rahmen zu stecken, bevor weitergesprochen wird. Eine für die Wissenschaftstheorie besonders wichtige Familie von formalen Sprachen stammt aus der Mengenlehre (Fraenkel, 1961), (Levy, 1979).

Die formalen Sprachen haben zwei Hauptprobleme. Das erste Problem ist, wie in einer formalen Sprache mit Widersprüchen verfahren wird. Der Standardausweg besteht darin, sich einfach nicht mit inkonsistenten Satzmengen zu beschäftigen. Diese Strategie ist aber realitätsfern. Jeder Mensch kennt und erzeugt Widersprüche, auch solche die sprachlich formuliert werden müssen.

Bei zwei verschiedenen Satzmengen, die im selben Wirklichkeitsbereich interpretiert werden, kann es immer vorkommen, dass ein Satz, der in beiden Mengen liegt, aus der ersten Menge korrekt abgeleitet wird, aber mit den restlichen Sätzen der zweiten Menge inkonsistent ist. Zum Beispiel treten in verschiedenen, akzeptierten physikalischen Theorien die Wörter „Zeit" und „Masse" auf, was in Anwendungen zu Widersprüchen führen kann, wenn wir in einer ersten Anwendung die klassische Theorie und in der zweiten eine relativistische Theorie benutzen. In diesem Fall lässt sich das Problem noch lösen (Scheibe, 1997, 1999), (Balzer, 1985a). Es gibt aber auch Theorien für völlig verschiedene Wirklichkeitsbereiche, in denen dasselbe Wort mit einer anderen Bedeutung benutzt wird. Zum Beispiel wird im englischen Sprachraum das Wort „force" sowohl in der Physik als auch in der politischen Krisentheorie mit einer jeweils anderen Bedeutung verwendet.

Inzwischen werden in der Logik auch formale Sprachen erfunden und untersucht, die zwar Widersprüche zulassen, aber trotzdem korrekte Ableitungen ermöglichen, zum Beispiel *parakonsistente Logiken* (Bremer, 2005) oder sogenannte *Default-Logiken* (Reiter, 1980).

Das zweite Problem entsteht durch die „Beschränktheit" einer formalen Sprache – relativ zu einer natürlichen Sprache gesehen. Viele Ausdrücke, die zum Beispiel in der deutschen Sprache möglich sind, lassen sich in einer formalen Sprache nicht darstellen. Die formalen Regeln der Bildung von Wörtern, Sätzen und Ausdrücken lassen kaum Platz für dichterische oder werbewirksame Ausdrücke, wie sie in der heutigen Medienwelt ständig neu erfunden werden. Je nach formaler Sprache ist der Anwendungsspielraum für Ausdrücke mehr oder weniger begrenzt.

Diese Probleme lassen sich nicht wirklich lösen. Für die Wissenschaftstheorie ist daher eine Strategie sinnvoll, bei der zwei sprachliche Ebenen theoretisch unterschieden werden. In der universellen Ebene wird ein Sprachfragment nur für abstrakte *Formen* benutzt. Erst in der Ebene der vielen verschiedenen Wissenschaften und Theorien wird jeweils eine spezielle formale Sprache verwendet – je nach Anwendungsfall einer Theorie. So wird es möglich, den *transzendentalen Horizont* (Kant, 1966) Schritt für Schritt zu vergrößern und damit die Konsistenz zwischen Wissenschaften zu verbessern.

Für diese Strategie sind die mengentheoretischen Sprachen besonders gut geeignet. Der mengentheoretische Rahmen lässt einerseits Platz für alle wissenschaftlichen Inhalte. Dieser Rahmen kann für die Mathematik ebenso gut verwendet werden, wie für Politologie oder Hermeneutik. Auf der anderen Seite kann bei der Beschreibung eines bestimmten intendierten Systems mengentheoretisch immer weiter sowohl in abstraktere als auch in konkretere Ebenen vorgestoßen werden.

In der Mengenlehre lässt sich alles mit wenigen Grundbeziehungen und Bezeichnungen ausdrücken. Aus meist praktischen Gründen werden als Grundbeziehungen die logischen Standardbegriffe verwendet: *und, oder, nicht, wenn-dann, genau-dann-wenn, es-gibt, für-alle*, die speziellen mengentheoretischen Begriffe *Menge* („{ }"), *Gleichheit* („="), *Elementschaft* („∈"), *Liste* („⟨ ⟩") und spezielle Bezeichnungen (*„Relationszeichen*") für ein zu beschreibendes System. Einige dieser Symbole könnten theoretisch auch eliminiert werden, was aber zu Ausdrücken führen würde, die nur schwer lesbar wären. Weitere Zeichen für wichtige, mengentheoretische Entitäten lassen sich je nach Anwendung einführen, wie zum Beispiel Zeichen für reelle Zahlen, Wahrscheinlichkeiten oder Überzeugungen.

Aus solchen Grundbegriffen lassen sich Ausdrücke bilden, die Dinge, Ereignisse aber auch Sätze darstellen können (Ü4-1). In der Mengenlehre spielt nicht *Wort* und *Satz* die Hauptrolle, sondern der Begriff des *Terms*. Ein Term bezeichnet in der Mengenlehre zunächst immer eine Menge. Diese Menge wird in der Anwendung einerseits zwar sehr komplex, aber andererseits über viele Definitionsketten immer noch verständlich beschrieben. Dieser Punkt ist erst in den letzten Jahrzehnten klarer geworden, als die Funktion und Struktur des Gehirns besser verstanden wurde. Menschen bilden im Gehirn ständig Mengen, so dass die komplexe Form der äußeren Welt teilweise im Gehirn abgebildet wird (Roth & Strüber, 2014). Diese psychologische Tatsache hat sich auch in den wissenschaftlichen Disziplinen verbreitet, so dass Modelle als Mengen konzipiert werden. Jedes Modell einer wissenschaftlichen Theorie, so komplex sie auch sein möge, lässt sich letztendlich immer auch durch eine Menge beschreiben – durch eine Menge, die mit vielen abkürzenden Definitionen noch gut zu verstehen ist.

Zum Beispiel können wir ein intendiertes System durch einen einzigen Ausdruck beschreiben, in dem nur mengentheoretische und logische Grundbegriffe und einige Relationszeichen verwendet werden (Ü4-2). Das Gesamtsystem und bestimmte Teile daraus werden sprachlich als Objekte betrachtet – und damit für die Wissenschaftler in bestimmten Ebenen auf einfache Weise durchschaubar. Der Gesamtausdruck würde ohne abkürzende Hilfsdefinitionen so komplex, dass er nicht mehr lesbar, und erst recht nicht zu verstehen wäre. Durch viele Definitionen „aufbereitet", entsteht ein Ausdruck, der einfach aufgebaut und verständlich ist.

Mengentheoretische Terme sind inzwischen auch oft in der Wissenschaftstheorie anzutreffen.[18] Terme für Entitäten wie: Modelle, intendierte Systeme, Fakten, Theorienentwicklungen, reelle Zahlen und vieles mehr – werden immer durch atomare Bestandteile konstruiert. Einige dieser atomaren Ausdrucksformen haben wir in Tabelle 4.1 zusammengestellt.

Tab. 4.1   Einige typische, atomare Ausdrucksformen

$a \in G$ (oder $a_i \in G_j$)	das Objekt a liegt in der Menge G
$\alpha \in H$ (oder $a_i \in H_j$)	eine Zahl α liegt in der Menge H
$a \in \{ x \,/\, E(x) \}$	ein Element a liegt in der Menge, deren Elemente x die Eigenschaft E haben
$\langle a,b,c \rangle \in A \times B \times C$ (oder: $\langle \alpha_1, \alpha_2, \alpha_3 \rangle \in A_1 \times A_2 \times A_3$)	die Liste $\langle a,b,c \rangle$ liegt in der Menge $A \times B \times C$ (dem kartesischen Produkt der Mengen A, B und C)
$\langle a, \alpha \rangle \in A \times H$, oder ($\langle a_i, \alpha_i \rangle \in A_r \times H_s$)	die Liste aus dem Objekt a und der Zahl α liegt in der Menge $A \times H$
$\langle a_1, \dots, a_n \rangle \in R$	Relation R drückt einen Sachverhalt zwischen $a_1, \dots, a_n$ aus
$f(a) \in B$ (oder $f(a_i) \in B$)	der Funktionswert $f(a)$ liegt in der Menge B
$c \in K$	die Konstante c liegt in der Menge K
$p(E) = \alpha$	die Zahl α drückt aus, wie wahrscheinlich das Ereignis E ist

Nach dieser kurzen Diskussion über die Sprachen werden einige dieser Punkte allgemein und durch ein Beispiel noch einmal zusammengefasst. Ein Ereignis lässt sich auf viele verschiedene Weisen und in verschiedenen Sprachen ausdrücken. In Abbildung 4.1 auf der nächsten Seite sind Ausdrücke aus zwei natürlichen Sprachen S_1, S_2 zu sehen. Einige hervorgehobene Ausdrücke, die aus verschiedenen Beschreibungsebenen stammen, bezeichnen alle dasselbe reale Ereignis e. Zwei Rechtecke stellen zwei Sprachen dar, die in drei Beschreibungsebenen unterteilt sind. Die Punkte in den Rechtecken stellen Ausdrücke dar. Punkte im Oval in Abbildung 4.1 sind graphisch dargestellte, reale Ereignisse. Diese Ereignisse werden normalerweise nicht wahrgenommen. Ein bestimmtes Ereignis e ist durch einen schwarzen Punkt hervorgehoben. In den Rechtecken sind einige Ausdrücke ebenfalls durch schwarze Punkte dargestellt und mit Symbolen $a^i_j(e)$ bezeichnet. Der untere Index j

18 Zum Beispiel (Suppes, 2002), (Balzer, 2009) oder (Balzer, Kurzawe & Manhart, 2014).

läuft über die beiden Sprachen, der obere Index *i* über Ausdrucksebenen. Der rechts eingezeichnete, dick gepunktete Pfeil deutet an, dass weitere Sprachen hinzugefügt werden können. Auf ähnliche Weise besagt der dick gepunktete Pfeil oben links, dass weitere Ausdrucksebenen vorhanden sein könnten. Die dünn gepunkteten Pfeile bedeuten, dass ein Ausdruck $a^i_j(e)$ ein bestimmtes Ereignis *e* bezeichnet. Im Beispiel deuten alle schwarz hervorgehobenen Ausdrücke $a^i_j(e)$ auf dasselbe reale Ereignis *e*. Das Ereignis *e*, welches durch die drei symbolischen Ausdrücke $a^1_1(e)$, $a^2_1(e)$, $a^3_1(e)$ bezeichnet wird, lässt sich in der deutschen Sprache auf verschiedene Weise ausdrücken. Auf einer ersten, technischen Ebene könnte zum Beispiel der Ausdruck *Umwandlung von Kohle in Energie* benutzt werden. Auf einer ökonomischen Ebene wäre der Ausdruck *Produktion von Strom durch das Unternehmen RWE* treffend und auf ökologischer Ebene könnte der Ausdruck *Einbringen von Schadstoffen in die Atmosphäre* verwendet werden. Auf ähnliche Weise lassen sich die Ausdrücke $a^1_2(e)$, $a^2_2(e)$, $a^3_2(e)$ in der englischen Sprache formulieren. Ein Beispiel für einen überlappenden Ausdruck $a^1_2(e)$ wäre zum Beispiel *googeln*.

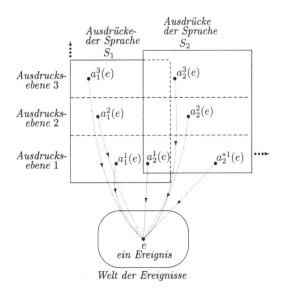

Abb. 4.1

Ausdrücke für ein Ereignis auf verschiedenen Ebenen

Diese linguistische Situation wird durch eine wissenschaftliche Anwendung genauer erläutert. In Abbildung 4.2 ist im unteren Bereich ein reales System aufgeführt –

ein mechanischer Stoß – wie er in der klassischen Mechanik untersucht wurde.[19] Man sollte sich hierbei den gezeichneten Stoß als tatsächlich stattfindend vorstellen und ihn direkt wahrnehmen. Ein schwarz dargestelltes, „schweres" Partikel stößt mit einem weißen, „leichten" Partikel auf einer geraden Linie zusammen. Diese experimentelle Anordnung ist in der Literatur oder im Internet oft zu finden. Um die räumlichen Abstände zu messen, steht ein Stab, ein Metermaß, parallel zur Stoßebene und eine per Hand startbare Uhr bereit. Diese Uhr ist durch eine t-Achse repräsentiert.

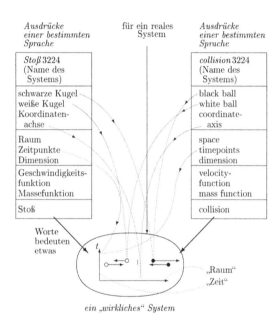

Abb. 4.2

Ausdrücke aus zwei Sprachen für Teile eines intendierten Systems der Stoßmechanik

Links oben sind die wichtigsten Ausdrücke, mit denen dieses Ereignis physikalisch beschrieben werden kann, in deutscher Sprache notiert. Rechts oben ist eine ähnliche Liste mit Ausdrücken in englischer Sprache zu sehen. Von einigen Ausdrücken führen gepunktete Pfeile zu den entsprechenden Teilen oder Teilprozessen, die im ablaufenden Stoß vorhanden sind. So deutet beispielsweise der Ausdruck *schwarze Kugel* auf die im Stoß zu sehende schwarze Kugel hin: der Ausdruck bezeichnet

---

19 Die relativistische Variante dieser Theorie wird noch heute verwendet.

einen materiellen Gegenstand. Der Ausdruck *Stoß* deutet auf ein Ereignis. Der Ausdruck *Dimension* kann nicht direkt auf etwas Konkretes hindeuten. Ein Ausdruck dieser Art wird sprachlich normalerweise auf andere Ausdrücke zurückgeführt. Der in Abbildung 4.2 eingezeichnete Pfeil unten links besagt, dass die Ausdrücke im realen System eine bestimmte Bedeutung haben.

Wir möchten noch einen letzten, sprachlichen Punkt erwähnen, der in wissenschaftlichen Texten kaum zu finden ist, aber in einem wissenschaftstheoretischen Zusammenhang berücksichtigt werden sollte. In welchem Stil sollte ein solcher Text geschrieben werden – mehr realistisch oder mehr technisch-wissenschaftlich? Ein wissenschaftstheoretisches Buch wird sicher in einer natürlichen Sprache verfasst. Die Frage ist, wie weit technisch-wissenschaftliches Vokabular zusätzlich verwendet werden sollte. Oft bestehen wissenschaftliche, in deutscher Sprache verfasste Texte, aus einer Reihe von Anglizismen und technischen Termen. Auf diese Weise können oft auch nicht Deutsch sprechende Leser dem Text folgen. Wenn ein Text nur den deutschen Wortschatz verwendet, kann dies dazu führen, dass andere Interessierte mit einem anderen Sprachhintergrund die Untersuchung oder spezielle Unterscheidungen oft nur schwer verstehen können.

In diesem einführenden, in deutscher Sprache verfassten Buch möchten wir den Anteil an technischen, künstlichen, englischen, lateinischen und altgriechischen Wörtern und Symbolen in Grenzen halten. Wir formulieren den Text meistens in normaler, deutscher Sprache, bieten aber den Lesern zusätzlich Übungen an, mit denen unter anderem erste Schritte für mengentheoretische Formulierung getan werden können.

Wir beschreiben im Folgenden Ereignisse meistens in realistischem Stil, so als ob wir sie gerade erleben würden. Zum Beispiel schreiben wir über eine Theorie so, als ob die Leser diese Theorie vor Augen hätten. Wenn wir zum Beispiel über die Gravitationstheorie sprechen, setzen wir voraus, dass wir uns den Inhalt dieser Theorie in groben Umrissen vorstellen können. Was Leser in ihrem Geist abrufen können, ist in diesem Fall keine Menge von Sätzen, sondern verschiedene Entitäten, die wir im weiteren Verlauf des Buches genauer erörtern werden. Im Gravitationsbeispiel wird oft an eine Bildsequenz (ein Video-Clip oder ein Zeitschnitt eines Modells) gedacht, in der ein Planet um die Sonne kreist. Eventuell können auch noch einige weitere Terme wie *Partikel, Teilchen, Bahn, Ort, Geschwindigkeit, Kraft, Gravitation* etc. im Gedächtnis zu finden sein. Schließlich werden sich einige wenige Leser an die zentrale Gleichung für die Gravitationskräfte erinnern.

Begriffe

5

Begriff – etymologisch vom Stammwort *greifen* abgeleitet – bedeutet in erster Näherung eine Vorstellung einer Sache, die zum Greifen nahe ist und die durch Sprache ausgedrückt werden kann. In zweiter Näherung, bevor die Mengenlehre auf den Plan trat, wurde der Begriff in Umfang und Inhalt unterteilt und in dritter Näherung wurden schließlich auch Mengen benutzt. Der Umfang eines Begriffs wird als eine Menge vorgestellt; die Elemente dieser Menge fallen unter diesen Begriff. Auch beim Inhalt eines Begriffs werden weitere Bestandteile, wie syntaktische, paradigmatische und semantische Elemente unterschieden (Putnam, 1979). Hauptsächlich durch psychologische Untersuchungen wurde klar, dass dem Begriff ein begrifflicher Raum (*conceptual space*) zugeordnet werden muss (Gärdenfors, 2000), der auch mehrere Dimensionen haben kann. Zum Beispiel werden beim Begriff des Raumes normalerweise drei räumliche Dimensionen unterschieden. Bei einem anderen Ansatz,[20] wird der Inhalt eines Begriffs durch sprachliche Ausdrücke und Konstrukte dargestellt. Wir beschränken uns im Folgenden auf Begriffe, die in der Wissenschaftstheorie gebraucht werden und die – noch weitergehend – jeweils mindestens zu einer Theorie gehören.

Im „Tripelansatz" von *Kuznetsov* besteht ein Begriff **B** aus drei Komponenten, nämlich aus dem *Wirklichkeitsbereich* **W** des Begriffs, aus einer Gesamtheit **K** von *Konstrukten* des Begriffs und aus einer Menge **E** von sprachlichen *Ausdrücken* (englisch: expression) für den Begriff:

(5.1) $\mathbf{B} = \langle\, \mathbf{W}, \mathbf{K}, \mathbf{E}\, \rangle$

---

20 (Kuznetsov, 1997), siehe auch (Balzer & Kuznetsov, 2010).

© Springer Fachmedien Wiesbaden GmbH, ein Teil von Springer Nature 2019
W. Balzer und K. R. Brendel, *Theorie der Wissenschaften*,
https://doi.org/10.1007/978-3-658-21222-3_6

Diese drei Komponenten liegen in verschiedenen Dimensionen: die Ausdrücke in
der Sprachdimension, die wirklichen Ereignisse in der Wirklichkeitsdimension
und ein Konstrukt in der Dimension der Mengen.

Eine Menge ist philosophisch gesehen eine Art Zwitter. Sie enthält einen
Sprachanteil und einen „natürlichen" Anteil, der unabhängig von menschlicher
Wahrnehmung existiert. Die Menge der Planeten zum Beispiel wird einerseits
von einer Person mental erfasst und durch Worte ausgedrückt. Andererseits sind
die meisten Menschen der Meinung, dass es viele verschiedene Planeten, wie zum
Beispiel unsere Erde und die Venus – also eine Art von Gesamtheit – auch geben
würde, wenn die Menschheit nicht existieren würde.

Der Wirklichkeitsbereich **W** des Begriffs besteht aus einer sehr großen Menge
von Ereignissen („Phänomenen"), über die ohne Sprache nichts ausgesagt werden
kann. Ein solches Ereignis ist etwas, das letztlich nur durch eine Person wahrgenommen wird oder zu einem früheren Zeitpunkt wahrgenommen wurde. Weitere
abstrakte, konstruierte oder rein gedachte Phänomene lassen sich immer von den
direkt wahrgenommenen Ereignissen ableiten. Zum Beispiel nimmt eine Person
zu einem Zeitpunkt und an einem bestimmten Ort ein Ereignis wahr, welches sie
durch den Ausdruck *die Venus geht gerade auf* äußert.

Ein Konstrukt aus **K** ist eine Komponente eines Modells einer Theorie *T*, wobei
das Konstrukt zu einem bestimmten Begriff der Theorie *T* gehört. Ein Modell hat
die Form

$$\langle G_1, \ldots, G_\kappa, A_1, \ldots, A_\mu, R_1, \ldots, R_\nu \rangle$$

wobei $G_1, \ldots, G_\kappa$ die Grundmengen, $A_1, \ldots, A_\mu$ die Hilfsbasismengen und $R_1, \ldots, R_\nu$ die
Relationen des Modells sind (Abschnitt 6). Ein Konstrukt kann die Form einer
Grundmenge oder einer Relation des Modells haben, es kann aber auch durch die
Grundmengen und Relationen definiert sein – in einfacher oder komplexer Weise.

Die dritte Komponente **E** eines Begriffs enthält einerseits Ausdrücke, die auf
Ereignisse deuten, welche unter den Begriff fallen. Ein solcher Ausdruck kann ein
Name oder eine ausführlichere Beschreibung eines Objekts oder eines Phänomens
sein. Andererseits enthält **E** Ausdrücke, die den Begriff „als Ganzes" bezeichnen. Die
Ausdrücke der letztgenannten Art bezeichnen abstrakte, allgemeine Sachverhalte.
Ein solcher Ausdruck enthält zwingend auch mindestens eine Variable, nämlich
für die Ereignisse, die unter diesen Begriff fallen. Unter den Ausdrücken finden
wir normalsprachliche Terme, Sätze und Phrasen, wie *Hartz IV*; *Die Erde kreist
um die Sonne*; oder *der helle Abendstern*. In wissenschaftlichen Beschreibungen
spielen zusätzlich Variablen eine wichtige Rolle, mit denen verschiedene mögliche,
in Wirklichkeit aber nicht stattfindende Ereignisse erörtert und beschrieben wer-

den. Bei einem Term, einem Satz und einem Ausdruck kann man ein Substantiv eventuell an mehreren Stellen durch eine Variable ersetzen. Aus einem Satz entsteht auf diese Weise eine sogenannte *Formel.*

Eingeschränkt auf eine bestimmte Theorie und einen bestimmten Begriff, der zu dieser Theorie gehört, lässt sich ein Ausdruck angeben, welcher die Menge aller Konstrukte des Begriffs beinhaltet. Die einzelnen Konstrukte des Begriffs sind Teile von Modellen dieser Theorie. Der so abstrakt umschriebene Bereich charakterisiert somit den Inhalt des Begriffs durch ein mengentheoretisches Prädikat.

Zum Beispiel fallen die Ausdrücke *Venus, Mars* etc. unter den Begriff *Planeten* oder *die Planeten* und sie deuten auf die entsprechenden Lichtpunkte am Nachthimmel. Ereignisse werden in vielen Sprachen und in vielen grammatischen Varianten ausgedrückt, zum Beispiel *the planets, toutes les planètes.* Es gibt auch Ausdrücke, die für einen Begriff nicht wichtig sind, etwa Füllwörter wie *gleichwohl* oder *nun ja.* Andere Ausdrücke deuten auf gar nichts hin. Zum Beispiel finden wir für einen *viereckigen Kreis* oder eine *positive Zahl, die kleiner als -2 ist* in der Wirklichkeit nichts Entsprechendes. Es gibt aber einen Begriff, der dieses Nichts als Ganzes bezeichnet. Im Deutschen wird zum Beispiel vom Begriff des Unsinns gesprochen.

In den natürlichen Sprachen gibt es viele Arten, ein Ereignis auszudrücken. Dies hängt unter anderem von der jeweiligen Situation und von der Beschreibungsebene ab. Zum Beispiel kann man in einer real wahrgenommenen Situation, in der es um eine psychische Verletzung geht, sagen: *Peter bekommt eine kalte Dusche.* Dagegen lässt sich in derselben Situation nicht sagen, *dass Peter die kalte Dusche aufgedreht hat,* weil es in der Situation um eine metaphorische Redewendung und nicht um ein wirkliches Duschen geht.

Die drei Komponenten eines Begriffs werden durch drei Beziehungen zusammengehalten. Bei der ersten Beziehung *deutet* ein Ausdruck auf ein wirkliches Ereignis. Bei der zweiten Beziehung *bezeichnet* ein Ausdruck – situationsabhängig – ein Konstrukt. Bei der dritten Beziehung *passt* ein Konstrukt *zu* dem Wirklichkeitsbereich. Alle drei Beziehungen werden in vielen Disziplinen, wie zum Beispiel Philosophie, Psychologie, Kognitionswissenschaft, Linguistik und Informatik genauer untersucht.

Die Formulierung, dass ein Ausdruck ein Konstrukt bezeichnet, lässt sich natürlich auf menschliche Handlungen zurückführen. Ein Ausdruck kann eigentlich selbst gar nichts bezeichnen. Dazu ist eine Person nötig, die etwas äußert. Die Äußerung wird dann als ein Zeichen benutzt und die Person bezeichnet das Konstrukt durch einen Ausdruck.

Auch das Hindeuten braucht in der Stammbedeutung eine Person, die auf Etwas hindeutet. In einem Gespräch, in dem es um ein flüchtiges Ereignis geht, ist der Ausdruck für das Ereignis einfach eine sprachliche, phonetische Äußerung.

Manchmal ist aber das Ereignis für die Person wichtig. Sie kann ein dauerhafteres Symbol, eine Art Name für das Ereignis, verwenden. Dadurch kann ein Ereignis zusammen mit einem gerade benutzten Ausdruck in einer Person körperlich und/ oder geistig „verschmelzen". Die Person lernt. Wie sich diese Verbindung oder Verschmelzung genauer vollzieht, ist für uns hier nicht zentral.

In der Wissenschaftstheorie lässt sich der Prozess des Lernens mit Mengen beschreiben. Eine Person hat es – irgendwie – geschafft, das wirkliche Ereignis mit einer Menge zu verbinden, so dass die Menge – irgendwie – von der Person aufgenommen wurde. Die Menge kann ziemlich komplex sein. Der Lernprozess, in dem von einem Ausdruck zu einem Konstrukt und dann zu einem Ereignis übergegangen wird, lässt sich durch diese hintereinander geschalteten Beziehungen beschreiben. Von einem Ausdruck kommen wir zu einem Konstrukt und dann zu einem real existierenden Ereignis. Oft führen Ausdrücke, die zu einem Begriff gehören, in der menschlichen Praxis sogar *eindeutig* zu einem Ereignis.

Wenn es um Sprachverhalten geht, ist es nicht notwendig, ständig die Personen zu erwähnen, welche die Handlungen des Bezeichnens und des Hindeutens tatsächlich ausführen. Bei solchen Formulierungen kann der Bezug auf Personen unterbleiben. Der Sachverhalt wird abstrakt und vermittelt dargestellt. Dadurch wird die Kommunikation effektiv und schneller.

Im Beispiel des Begriffs *die Planeten* deutet etwa der Ausdruck *unsere Erde* auf verschiedene Phänomene, wie: Berge, See, Meer, Mond etc. hin, die Personen tatsächlich wahrgenommen haben, und die Planeten *Venus*, *Mars* etc. deuten auf Lichtpunkte am Nachthimmel. Was der Ausdruck *die Planeten* genauer bezeichnet, hängt von der Situation und von der wissenschaftlichen Anwendung der benutzten Theorie ab. Wenn dieser Begriff so verwendet wird, dass er zur Theorie von *Kopernikus* gehört, bezeichnet der Ausdruck *die Planeten* ein Konstrukt, welches aus einer Menge von Elementen besteht. Diese Elemente werden in der deutschen Sprache durch Namen wie *Erde*, *Venus*, *Mars* etc. benannt. Das Gesamtmodell der Theorie von *Kopernikus* enthält auch andere Entitäten: Sphären, Bahnen von Lichtpunkten, „unsere" Erde, Abstände, Winkel, Zeitpunkte. Das Pronomen „unser" sagt aus, dass Personen all diese Phänomene durch passende Gesten und durch Äußerungen wie „hier" gerade wahrnehmen.

Die Beziehung des Passens lässt sich in der Grundbedeutung nicht direkt als menschliche Aktivität verstehen. Die Passung eines Konstrukts zu einer Menge von realen Phänomenen findet auf einer höheren Ebene der Abstraktion statt, da beide Entitäten: Konstrukt und Wirklichkeitsbereich, nicht von einer bestimmten Person abhängig sind. Diese Beziehung hat, anders gesagt, einen theoretischen Charakter. Ein Konstrukt passt relativ zum Wirklichkeitsbereich des Begriffs. Wenn wir von einem Konstrukt ausgehen, finden wir wirkliche Ereignisse (Phänomene) und von diesen kommen wir zu einem Konstrukt – wir *konstruieren*. Es gibt Konstrukte, die so realitätsfern sind, dass wir in einem ersten Schritt keine entsprechenden, wirklichen Ereignisse finden können. Auch den umgekehrten Fall gibt es. Für ein reales Phänomen findet man zunächst kein entsprechend passendes Konstrukt. Der Wirklichkeitsbereich **W** muss zu einem Konstrukt passen, was meistens nur approximativ möglich ist. Diesen Punkt haben wir bereits in Abschnitt 2 beim Thema der Theorien erörtert. Auch eine Faktensammlung muss zu einem Modell approximativ passen. Daher kann ein Begriff ähnlich wie eine Theorie aufgefasst werden. Die Menge der Faktensammlungen der Theorie entspricht dem Wirklichkeitsbereich des Begriffs und die Menge der Modelle der Theorie der Menge der Konstrukte des Begriffs. Das Thema Passung, das in einer Theorie eine zentrale Stellung einnimmt, finden wir in ähnlicher Weise auch bei einem Begriff.

Diese allgemeinen Erörterungen lassen sich in Abbildung 5.1 zusammenfassen. Links in Abbildung 5.1 werden vier natürliche Sprachen *Sprache*$_1$, ..., *Sprache*$_4$ als Rechtecke dargestellt. Die Punkte in einem Rechteck sind die Ausdrücke einer Sprache, wobei der untere Index die Sprachen durch Nummern unterscheidet. Der obere Index hält Ausdrücke auseinander, die zum selben Begriff gehören. Zum Beispiel kann in bestimmten Situationen ein Begriff sowohl durch das Wort *beobachten* als auch durch das Wort *wahrnehmen* ausgedrückt werden. Rechts wurde ein einzelnes Konstrukt dargestellt. Ein Begriff **B** wird normalerweise mehrere Konstrukte enthalten. Zum Beispiel gibt es für den Begriff der Bahn von Partikeln kreisförmige, ellipsoide oder geradlinige Bahnen. Unten rechts ist der oval gezeichnete Wirklichkeitsbereich **W** des Begriffs **B** zu sehen. Dieser Bereich besteht aus vielen tatsächlich wahrgenommenen Ereignissen. Sie können aber nur durch eine Sprache oder durch ein sprachähnliches System weitergegeben werden. Hier wurden nur zwei der vielen, real wahrgenommenen Ereignisse eingezeichnet. Vom Begriff **B** führen drei gepunktete Linien zu den jeweiligen Komponenten. Die linke dieser Linien führt weiter nach unten zu den Ausdrücken, die zum Begriff **B** gehören. Neben diesen schwarz eingezeichneten Punkten gibt es weitere Ausdrücke in den Sprachen, die *nicht* unter den Begriff **B** fallen – sondern unter andere Begriffe. Zwei dieser Ausdrücke sind durch weiße Kreise dargestellt. Zwischen den drei Begriffskomponenten sind die drei zentralen Beziehungen abgebildet. Ein Ausdruck *bezeichnet* ein Konstrukt, ein Ausdruck *deutet auf* ein wahrgenommenes Ereignis und das Konstrukt *passt* zu dem Wirklichkeitsbereich des Begriffs.

Relativ zu einer Sprache gibt es normalerweise mehrere Ausdrücke, die dasselbe Konstrukt bezeichnen. Zum Beispiel kann das Konstrukt H_2O als *Wasser* oder in bestimmten Situationen als *der Inhalt des Sees* bezeichnet werden. Der nicht eingezeichnete Fall, in dem ein Ausdruck zwei Konstrukte bezeichnet, ist ebenfalls möglich. Zum Beispiel kann ein Stoß durch ein Konstrukt der klassischen

Stoßmechanik oder durch ein Konstrukt der relativistischen Mechanik bezeichnet werden. Die Beziehung des *Deutens auf* ist in beiden Richtungen mehrdeutig. Zwei Ausdrücke können auf zwei verschiedene Phänomene hindeuten: der *Ausdruck*$^1_1$ auf das Quadrat und der *Ausdruck*$^2_1$ auf den Kreis. In der anderen Richtung kann ein *Ausdruck*$^2_1$ bei anderer Interpretation auf zwei verschiedene Phänomene hindeuten. Zum Beispiel deutet der Ausdruck *Figur* sowohl auf einen Kreis als auch auf ein Quadrat hin. Oft gibt es auch Ausdrücke, die in zwei Sprachen identisch sind. Zum Beispiel wird das Wort *Windows* nun auch im Deutschen benutzt. Ausdruck$_4$ deutet das kreisförmige Phänomen mit Hilfe einer anderen Sprache.

Schließlich ist ein Bereich von Ausdrücken links eingezeichnet, die sowohl grammatisch als auch wissenschaftstheoretisch eine gewisse Sonderstellung einnehmen. Ein solcher Ausdruck wird entweder als Name oder wissenschaftlich als eine Konstante verwendet. Dieser Ausdruck deutet genau auf ein einziges Objekt hin. Alle Phänomene, auf die durch den Ausdruck hingedeutet wird, betreffen dasselbe reale Objekt. Als Beispiel wäre in der *kopernikanischen* Theorie der Ausdruck *unsere Erde* ein solcher Fall. Alle Phänomene, die wahrgenommen werden, beziehen sich auf dasselbe Objekt – eben auf unsere Erde. Ein anderes Beispiel ist die *Planck*'sche Konstante in der Quantenmechanik.

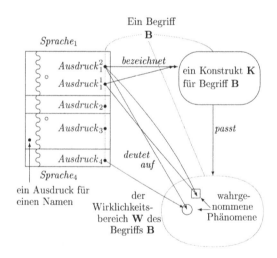

Abb. 5.1

Ein Begriff **B** und seine drei Komponenten **W**, **K** und **E**

In Abbildung 5.1 können sprachliche Ausdrücke sowohl als Ausprägungen (tokens) von Ausdrücken als auch als abstrakte Ausdrücke (types, Arten) verstanden werden.

Abstrakte Ausdrücke lassen sich durch Zeit-, Orts- und andere unterscheidende Angaben konkret machen. Wenn wir die in Abbildung 5.1 in den Rechtecken zu sehenden Punkte als abstrakte Ausdrücke betrachten, können wir diese Punkte als Äquivalenzklassen auffassen.

Die Ausdrücke für einen bestimmten Begriff **B** bilden eine offene Menge, die über viele verschiedene Sprachen verteilt ist. Zum Beispiel finden wir beim Begriff des Gehens Ausdrücke wie *gehen*, *walk* oder *aller*. Ein Begriff ist fast immer sprachübergreifend. Es ist auch schwierig, Begriffe, die etwa in deutscher Sprache mit *blau*, *zwischen* oder *Nutzen* ausgedrückt werden, in anderen natürlichen Sprachen *nicht* zu finden. Die Menge der Ausdrücke eines Begriffs ist noch in einem zweiten Sinn offen, da sich jede Sprache mit der Zeit verändert.

Begriffe lassen sich in verschiedene Arten einteilen. Die Einteilung selbst ist dabei kein fester Bezugspunkt. Es gibt verschiedene Ansätze, wie Begriffe klassifiziert werden können, zum Beispiel logisch, grammatisch oder stilistisch. Dieses Thema wird noch komplexer durch die jeweiligen natürlichen Sprachen. In jeder Sprache werden bestimmte Betonungen anders gelegt.

Eine in den meisten Sprachen zu findende Einteilung unterscheidet Begriffe durch das Wesen des Wirklichkeitsbereiches. Ein Begriff trifft entweder auf einen materiellen Gegenstand, oder auf eine Gesamtheit von Gegenständen, oder auf eine amorphe Masse, oder auf eine Eigenschaft, oder auf eine Beziehung zu. Zum Beispiel trifft das Wort *Planet* auf einen materiellen Gegenstand zu, *Planeten* auf eine Menge von materiellen Gegenständen, *Wasser* auf eine amorphe Masse, *rot* auf eine Eigenschaft und *zwischen* auf eine Beziehung. Dies verkompliziert sich weiter, da sich Ausdrücke in natürlichen Sprachen unkontrolliert weiterentwickeln. Sie halten sich hierbei meist an ein im Nachhinein geschaffenes, wissenschaftliches Regelwerk (Ü5-1).

Ob ein Ausdruck für einen Begriff, für einen bestimmten Gegenstand, für eine Menge von Dingen, für ein Ereignis oder für mehrere Ereignisse bestimmt ist, lässt sich nicht immer durch den Ausdruck alleine herausfinden. Im Deutschen kann *Planet* je nach Kontext auf zwei Arten verwendet werden. Wenn es um einen bestimmten Planeten geht, wird über ein ganz bestimmtes Objekt gesprochen. Bei astronomischen Themen wird *Planet* aber abstrakt verwendet. Es geht in einer Mitteilung oft nicht um einen bestimmten Planeten, sondern um eine bestimmte Art von Himmelskörpern, die sich von anderen Himmelskörpern unterscheidet.

Den Zusammenhang zwischen den drei Komponenten des Begriffs *die Planeten* haben wir in Abbildung 5.2 für ein bestimmtes Konstrukt genauer beschrieben und graphisch dargestellt.

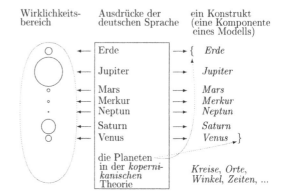

Abb. 5.2

Der Begriff *die Planeten*
in der *kopernikanischen*
Theorie

In der Mitte sind einige deutsche Ausdrücke und auf der linken Seite einige Kreise
eingezeichnet, welche die Planeten symbolisieren sollen. In Wirklichkeit können
wir diese Objekte nur durch unsere Sinne erfassen. Der Wirklichkeitsbereich für
den Begriff *die Planeten* umfasst gerade die Planeten unseres Sonnensystems. Auf
der rechten Seite ist ein Konstrukt eingezeichnet, welches approximativ zum Wirklichkeitsbereich passt. Das Konstrukt ist hier eine Menge von Elementen (eben: von
Planeten). Diese Menge ist in ein Modell der *kopernikanischen* Theorie eingebettet;
sie ist eine Komponente des Modells. Die Bezeichnungen *Erde, Mars* etc. für die
Planeten sind rechts vertikal angeordnet und zu einer Menge zusammengefasst.
Diese Bezeichnungen sind, mengentheoretisch gesprochen, Namen für Elemente
aus dieser Menge. Unterhalb dieser Menge sind die anderen Komponenten des
Modells kurz angedeutet.

Ein anderes Beispiel ist der Begriff des Nutzens. Dieser Begriff liegt in der Wissenschaft weit weg von der Beobachtungsebene. Einen Nutzen können wir nicht
direkt wahrnehmen. Trotzdem spielt er in der heutigen Weltsicht eine zentrale
Rolle; alle Handlungen der Menschen werden so gedeutet, dass sie einen möglichst
großen Nutzen haben sollen. Der Begriff des Nutzens ist von einem anderen Typ
als zum Beispiel der der Sonne. Nutzen ist in der Grundbedeutung eine relationale Beziehung zwischen einer Person und den Gegenständen, die sie besitzt oder
besitzen möchte. Je mehr Dinge eine Person besitzt, desto mehr Nutzen kann die
Person (normalerweise) aus diesen ziehen – desto mehr Nutzen hat sie. Dieser Begriff wird heute in vielen verschiedenen Bedeutungsvarianten verwendet. Sowohl
der Wirklichkeitsbereich als auch das Konstrukt sind nicht einfach zu beschreiben.

In der deutschen Sprache werden Ausdrücke verwendet wie: *Nutzen, Nutzenfunktion, Nutzenfunktion einer Person in einer Situation*, und viele weitere. Das

Substantiv *Nutzen* bezeichnet ein schwer verständliches, wirkliches Objekt. Über den Wirklichkeitsbereich des Begriffs lässt sich ohne Worte wenig sagen. Der Begriff bekommt mehr Inhalt, wenn wir durch die Sprache mehr über die Wirklichkeit und über ökonomische Modelle erfahren.

In der Mikroökonomie wird dieser Begriff so spezialisiert, dass Waren in Warenarten eingeteilt und mengenmäßig genauer untersucht werden. Wie groß sind die Mengen $a_1,\ldots,a_n$ von Waren bestimmter Arten („Güterbündel"), die eine Person p zum Zeitpunkt t gerade besitzt? Der Nutzen von p zu t für das Bündel $\langle a_1,\ldots,a_n \rangle$ wird im einfachsten Fall durch eine reelle Zahl β ausgedrückt. Der Nutzen wird als Wert der Nutzenfunktion U durch die gerade beschriebenen Argumente bestimmt. Ein bestimmter Nutzen hat dann die folgende Form:

$$U(p, t, a_1,\ldots,a_n) \text{ oder } U(p, t, a_1,\ldots,a_n) = \beta.$$

Auf diese Weise finden wir ein komplexes und abstraktes Konstrukt, mit dem der Begriff des Nutzens inhaltlich dargestellt wird.

Um der Wirklichkeit näher zu kommen, müssen in diesem Beispiel all die Objekte und Zahlen an bestimmten Situationen festgemacht werden. In einer bestimmten Situation zu einem Zeitpunkt t wird beobachtet, dass Person p das Güterbündel $\langle a_1,\ldots,a_n \rangle$ besitzt. Um dies inhaltlich zu überprüfen, müssen die Warenarten und Quantitäten, die p besitzt, mengenmäßig bestimmt werden, was nicht einfach ist. Wie sollen wir aber den Nutzen für dieses ganze Bündel ermitteln? Dies führt zu vielen weiteren wissenschaftlichen Themen, wie zum Beispiel Messmethoden, psychologische Zustände und Charaktereigenschaften.

In der klassischen Mikroökonomie kann der Wirklichkeitsbereich des Nutzenbegriffs sprachlich durch eine Liste von Ausdrücken der Form $U(p,t,a_1,\ldots,a_n) = \beta$ dargestellt werden. Jeder Ausdruck dieser Form ist ein Teil einer Faktensammlung – und auch ein Teil eines Modells, wenn all diese Symbole Bezeichnungen für konkrete Personen, Zeitpunkte und Quantitäten sind und wenn die so aufgelisteten Fakten zu einem Modell passen.

Im Allgemeinen lassen sich wissenschaftstheoretische Hypothesen über die Komponenten und die Beziehungen von Begriffen formulieren, die approximativ richtig sind. Eine solche Hypothese geben wir hier kurz an. Sie besagt, dass die Passungsrelation *passt* bei einem Begriff den Wirklichkeitsbereich bijektiv in ein Konstrukt (zum Beispiel: in ein Modell) abbildet.

Allgemein gesprochen lassen sich Ausdrücke durch die Relation *bezeichnet* in Äquivalenzklassen einteilen. Zwei Ausdrücke sind äquivalent, wenn sie dasselbe Ereignis bezeichnen. Eine solche Klasse lässt sich auch auf eine bestimmte Sprache beschränken. Auf diese Weise lassen sich Hypothesen durch Äquivalenzklassen beschreiben. Eine Hypothese wäre zum Beispiel, dass sich die Ausdrücke in unterschiedlichen Sprachen, die sich überlappen, durch *bezeichnet* und durch *passt zu* Äquivalenzklassen zusammenfassen lassen (Ü5-2).

Begriffe werden auch durch bestimmte Beziehungen zu Gruppen von Begriffen zusammengefasst. In den letzten Jahrzehnten wurde eine interessante Gruppe von Begriffen untersucht: *semantische Netze* oder *Begriffsnetze*.[21]

Von einem „Ursprungsbegriff" werden oft Unterbegriffe gebildet. All diese Unterbegriffe haben die gleiche Netzstruktur, wie sie auch bei Theorien vorliegen (Abschnitt 2). Zum Beispiel wird der Begriff des *mechanischen Newtonschen Systems* durch viele Unterbegriffen spezialisiert: es gibt Begriffe des *Newtonschen Gravitationssystems*, des *Hookeschen Systems*, des *konservativen Systems* etc. Solche Begriffsnetze sind zunächst statisch zu verstehen. In solchen Netzen werden die Begriffe selbst zeitunabhängig betrachtet.

Neben diesen so erörterten Komponenten für Begriffe gibt es zwei weitere, nämlich *Zeit* und *Veränderung*, welche auch für Begriffe wichtig sind. Ein Begriff und ein statisches Begriffsnetz verändern sich in der Wirklichkeit ständig. Die natürlichen Sprachen ändern sich, weil sich die Menschen ständig ändern. Neue Wörter und Ausdrücke, wie zum Beispiel das bereits erwähnte neue Substantiv *Windows*, kommen zur deutschen Sprache hinzu, andere wie zum Beispiel *Schäffler*, sind untergegangen. Sie werden nicht mehr gebraucht. Wir möchten nicht ausschließen, dass sich auch ein wirkliches Objekt ändern kann. Zum Beispiel wird in der Quantenphysik diskutiert, ob sich „*Schrödinger*s Katze" als wirkliches Objekt durch einen passiven Beobachter verändert (Haken & Wolf, 2000).

Diese zeitliche Komponente lässt sich am einfachsten beschreiben, indem wir einen statischen Begriff **B** durch eine zeitliche Folge von Phasen des Begriffs B_z ersetzen. Der Index z läuft dabei über Zeitpunkte. Wir gehen davon aus, dass die Wissenschaft ein historischer Prozess ist, welcher auch wieder zu einem Ende kommt.

Die Veränderung eines Begriffs **B** lässt sich bei zwei aufeinander folgenden Zeitpunkten beobachten, wenn die Begriffsphasen B_z und B_{z+1} nicht völlig identisch bleiben. Zum Beispiel kommt das Substantiv *Windows* und die zugehörigen, grammatischen Varianten zur deutschen Sprache hinzu. Den Ausdruck gab es in der englischen Sprache schon lange. Im letzten Jahrhundert wurde im Englischen dieses Wort auch für ein Betriebssystem verwendet – und kurze Zeit später auch in der deutschen Sprache. Das deutsche Substantiv *Schäffler* gibt es nicht mehr, weil diese Zunft – und auch der zugehörige Beruf – untergegangen sind.

---

21 In der Informatik hat sich aus diesen Netzen eine ganze Sichtweise gebildet: der objektorientierte Ansatz.

Wissenschaftlich lassen sich viele Begriffsänderungen genauer beschreiben. Zum Beispiel wird gesagt, dass ein Begriff im Wesentlichen gleichbleibt, wenn sich sein Konstrukt kaum ändert. Andererseits lassen sich auch die zeitlichen Auswirkungen studieren, die von einer Veränderung eines bestimmten Begriffs ausgehen und zu einem Netz von Veränderungen bei anderen Begriffen führen. Zum Beispiel kam beim Nutzenbegriff ein neuer Aspekt bei Konstrukten hinzu, als die formale Spieltheorie (Neumann & Morgenstern, 1944) erfunden wurde, zur Einführung (Diekmann, 2009). Dadurch wurde der Nutzenbegriff immer weiter auf individualistische Dimensionen eingeschränkt.

Aus statischen Begriffsnetzen werden schließlich ganze *Begriffsentwicklungen*, die sich auf ähnliche Weise wie Theorienentwicklungen darstellen lassen. Zu jeder Periode existierte ein Begriffsnetz, welches zur nächsten Periode an irgendeiner Stelle verändert wurde. In dieser Form lassen sich wissenschaftstheoretische Pfade der Veränderung eines bestimmten Begriffs genauer studieren.

Wir sehen, dass Theorien und Begriffe strukturell ähnlich sind. Die Menge der Faktensammlungen einer Theorie entspricht dem Wirklichkeitsbereich eines Begriffs, die Modelle entsprechen den Konstrukten. Nur spielen bei den Begriffen die normalen Sprachen eine größere Rolle als bei den Theorien.

Modelle 6

Wie bereits in Abschnitt 2 diskutiert, wird das Wort *Modell* doppeldeutig verwendet. Auf der einen Seite ist ein Modell ein Abbild (zum Beispiel das Bild „Mona Lisa") eines Originals (einer Frau in Italien in der Zeit der Renaissance), auf der anderen Seite wird aber auch das Original (die Frau selbst) als Modell bezeichnet.

In den formalen Disziplinen, in der Wissenschaftstheorie und im Simulationsbereich wird das Wort *Modell* übereinstimmend auf erstere Art verwendet. Wir verstehen also ein Modell im Folgenden immer als ein Abbild, eine Repräsentation eines realen Systems. Im einfachsten Fall ist das Original ein in der wirklichen Welt existierendes System, das auch existieren würde, wenn es keine Sprachen gäbe.

In der Wissenschaftstheorie verwenden wir das Wort *Modell* immer relativ zu einer Theorie. Ein Modell ist immer ein Teil einer Theorie und es hat einen Namen, eine Bezeichnung – auch wenn dieser Name nicht ständig artikuliert wird. Meist wissen die beteiligten Personen, um welches Modell und um welche Theorie es sich handelt, so dass es nicht nötig ist, ständig den Namen dieses Modells und dieser Theorie zu äußern.

Ein reales System ist durch ein Modell abgebildet. Das System und das Modell werden prinzipiell immer sprachlich dargestellt. Ein reales System lässt sich aber auf unterschiedliche Art und Weise beschreiben. In einer völlig informell gehaltenen Theorie wird das reale System einfach durch die natürliche Sprache beschrieben, in der die Personen sprechen. Auch das Modell, welches das reale System abbildet, kann durch eine Menge von Sätzen wiedergegeben werden.

Wenn das reale System zu einer Theorie gehört, die auch nicht gebräuchliche Ausdrücke – theoretische Terme – benutzt, wird das Modell für das System durch eine Menge von teilweise formalen Sätzen dargestellt (Carnap, 1966), (Sneed, 1971). Ein komplexer Sachverhalt kann zum Beispiel symbolisch abgekürzt werden, so dass er durch mathematische Formeln oder Gleichungen beschrieben werden kann. Die Spezialisten einer bestimmten Disziplin, die über das reale System diskutieren, werden normalerweise keine voll-formalisierte Sprache benutzen. Dies geschieht

© Springer Fachmedien Wiesbaden GmbH, ein Teil von Springer Nature 2019
W. Balzer und K. R. Brendel, *Theorie der Wissenschaften*,
https://doi.org/10.1007/978-3-658-21222-3_7

erst, wenn es nicht mehr um die Details des realen Systems, sondern um formale oder wissenschaftstheoretische Fragen des Modells geht.

In der Wissenschaftstheorie ist dies zum Beispiel angebracht, wenn man unterschiedliche Modelle verschiedener Theorien formal vergleichen will. Im letzten Jahrhundert hat sich in der Wissenschaftstheorie eine besonders einfache, formale „Sprache" – die Sprache der Mengenlehre – etabliert, mit der Anwendungen aus verschiedenen Disziplinen in homogener und doch verständlicher Weise beschrieben werden können. Die speziell mengentheoretischen Beziehungen sind auch im Gehirn wichtig.

Ein Modell eines realen Systems lässt sich mengentheoretisch so darstellen, dass umgangssprachliche Sätze, die in der Beschreibung benutzt werden, nicht mehr die Hauptrolle spielen. Das Modell wird nicht durch eine Liste von Sätzen beschrieben, sondern durch Ausdrücke, die als *Terme* bezeichnet werden. Terme müssen nicht die Form von Sätzen haben, sie können auch andere Formen besitzen. Das Modell besteht bei diesem Ansatz aus einer Liste von Mengen, die durch Terme bezeichnet werden. Auch ein mengentheoretisches Modell wird letzten Endes immer sprachlich, aber nicht durch Sätze, sondern durch Terme beschrieben. Dadurch können umgangssprachliche Ausdrucksweisen minimiert oder sogar eliminiert werden.

Ein Modell besteht aus Mengen, die sich mit den Bestandteilen eines realen Systems identifizieren lassen, wobei diese Identifizierung sprachlich vermittelt wird. Wir lassen im Folgenden beim Ausdruck *mengentheoretisches Modell* zur Abkürzung das Adjektiv „mengentheoretisch" weg. In Abbildung 6.1 haben wir auf allgemeine Weise die Konstruktion eines Modells dargestellt.

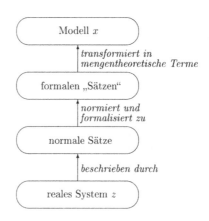

Abb. 6.1
Von einem realen System
zum Modell

Ein Modell wird in zwei Schritten genauer beschrieben. Im ersten Schritt werden die Bestandteile des Modells in ihre elementaren Teile zerlegt. In einem zweiten Schritt lassen sich aus den elementaren Bestandteilen einfache und komplexe Teile des Modells zusammensetzen. Einfache Bestandteile eines Modells werden Fakten und komplexe Teile Hypothesen genannt. Diese Unterscheidung wird auch auf der Beschreibungsebene getroffen. Alle Bestandteile eines Modells werden durch Terme beschrieben: Fakten durch einfache Terme und Hypothesen durch komplexe Terme. Fakten bilden in der Wirklichkeit vorhandene Ereignisse ab, die in der gerade untersuchten Situation Grundbestandteile des Modells sind und die nicht weiter analysiert werden. Hypothesen repräsentieren Gesamtheiten von Ereignissen, die in einem Modell eine Einheit bilden.

In Abbildung 6.2 haben wir in einem ersten Schritt die einzelnen Bestandteile eines Modells auf Mengen und auf deren Elemente heruntergebrochen. Dabei benutzen wir folgende Abkürzungen:

G_i sind die Grundmengen des Modells ($i = 1,...,\kappa$)
A_j sind die Hilfsbasismengen des Modells ($j = 1,...,\mu$)
R_u sind die Relationen des Modells ($u = 1,...,\nu$)

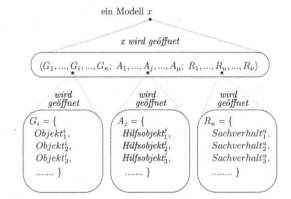

Abb. 6.2

Ein Modell besteht aus Mengen und Elementen

Ein Modell besteht in einem ersten Analyseschritt aus einer Liste von Mengen oder, allgemein gesprochen, aus einer Liste von Komponenten. Neben den Komponenten spielt auch die Anordnung der Komponenten eine zentrale Rolle. Zwei Listen $\langle x,y,z \rangle$ und $\langle y,x,z \rangle$ sind zum Beispiel nicht identisch, weil zwei Komponenten x und y vertauscht wurden.

Eine Komponente eines Modells, eine Menge, enthält meistens sowohl einige (wenige) Elemente, die sich direkt mit wirklichen Ereignissen aus einem realen System in Verbindung bringen („identifizieren") lassen, als auch viele mögliche, unbestimmte Elemente, die aus theoretischen Gründen in einer Menge vorhanden sind.

Jede Komponente eines Modells ist auch ein Bestandteil eines Begriffs. Wie bereits in Abschnitt 5 diskutiert, enthält ein Begriff ein Konstrukt, das zum Beispiel mengentheoretisch gefasst werden kann. Eine Komponente eines Modells führt so direkt zu einem dazugehörigen Begriff; die Komponente ist ein Konstrukt des zugehörigen Begriffs.

Um die weitere Analyse der Modellbestandteile nicht vollkommen abstrakt zu halten, benutzen wir zur Erklärung ein einfaches Modell unseres Sonnensystems, das durch die Theorie von *Kepler* im Buch *Harmonices Mundi* im Jahr 1619 beschrieben wurde (Diederich, 2014). Da es in diesem Beispiel nur um ein einziges reales System – unser Sonnensystem – geht, können wir die Modellkomponenten sprachlich gut und eindeutig kennzeichnen.

Die erste Grundmenge G_1 „des" Modells ist *die Menge der Planeten*, die zweite Grundmenge G_2 *die Menge der Zeitpunkte* und die dritte Grundmenge G_3 *die Menge der Orte* – all diese von „unserem Sonnensystem" aus betrachtet. Zeitpunkte und Orte, die bei Messungen tatsächlich benutzt wurden, lassen sich nicht klar von anderen Zeitpunkten und Orten trennen, die nur möglicherweise verwendet sein könnten oder erst in Zukunft benutzt würden. Das heißt, es gibt von Anfang an Elemente aus den Modellkomponenten, die zwar möglich sind, aber nur rein theoretisch existieren.

Die Elemente aus der Menge der Planeten, die in Abbildung 6.2 allgemein durch Variable *Objekt^i_j* beschrieben werden, lassen sich im Beispiel durch die bekannten Namen der Planeten ersetzen: *Mars, Venus, Erde* etc. Die Elemente der Mengen von Zeitpunkten und Orten lassen sich durch „normale Namen" nicht gut ausdrücken. Es gibt einfach zu viele solcher Objekte. Die eindeutige Kennzeichnung von Zeitpunkten und Orten lässt sich nur mit Standardmethoden der Messung bewerkstelligen, die wir in den nächsten Abschnitten genauer erörtern. Zunächst geht es nur darum, die verschiedenen Elemente aus den Grundmengen bedeutungsmäßig angemessen zu erfassen und zu unterscheiden. Um die Bezeichnungen für Zeitpunkte und Orte in eine verständliche Ordnung zu bringen, werden in wissenschaftlichen Anwendungen meist Indizes benutzt. Oft wird ein Wort für einen Begriff mit Indizes versehen. Zum Beispiel wird das Wort *Zeitpunkt* benutzt, an dem Indizes angehängt werden. *Zeitpunkt$_1$*, *Zeitpunkt$_2$*, *Zeitpunkt$_3$* etc. stehen dann für eindeutige Bezeichnungen („Namen") für gemessene Zeitpunkte. Ähnlich lassen sich untersuchte Orte in der Form *Ort$_1$*, *Ort$_2$*,…, *Ort$_{11}$*, *Ort$_{12}$*,…,*Ort$_{21}$*, *Ort$_{22}$*,… notieren.

Aus Ausdrücken für Elemente der Grundmengen und der Bezeichnungen für diese Grundmengen lassen sich atomare Sätze – konstruieren, wie *Mars ist ein Planet, Zeitpunkt*$_{13}$ *ist ein Zeitpunkt* oder *Ort*$_{325}$ *ist ein Ort,* wobei sich alle Bezeichnungen auf unser Sonnensystem beziehen. Ein Satz ist nicht atomar, wenn er auch Junktoren, wie *und, oder, nicht* etc. oder Quantoren, wie *für alle, es gibt* etc. enthält. Wenn in einem Ausdruck explizit eine Variable vorkommt, wird in der deutschen Grammatik nicht von einem Satz gesprochen. Zum Beispiel ist der Ausdruck „*x ist ein Zeitpunkt*" kein Satz; er wird in wissenschaftlichen Anwendungen als eine Formel bezeichnet. Auch Formeln werden in atomare und nicht-atomare Formeln unterschieden.

Man sieht, dass durch Interpretation einer Formel ein atomarer Satz entsteht, der aus Namen für Elemente und aus Mengentermen zusammengesetzt ist. Zum Beispiel entsteht der Satz (1)

(1)   *Mars ist ein Planet*
(2)   das Objekt des Namens *Mars* ist ein Element der *Menge der Planeten*
(3)   *Objekt*$_2$ ist ein Element aus G_1
(4)   *Objekt*$_2 \in G_1$

aus der Formel (4).

Bei der Beschreibung von Modellen spielen drei Arten von Termen eine Rolle: atomare, einfache und komplexe Terme. Ein atomarer Term kann ein hybrider Name, eine Liste von hybriden Namen oder eine Formel atomarer Form sein. Ein hybrider Name ist ein Name, dem auch Zahlen beigefügt wurden.[22] Ein einfacher Term kann atomar sein oder Junktoren (aber keine Quantoren) enthalten. Ein komplexer Term muss dagegen mindestens einen Quantor enthalten. Unter den atomaren Termen sind für uns die variablenfreien Terme wichtig und unter den komplexen Termen diejenigen, die Variablen enthalten.

Atomare, variablenfreie Terme, also Ausdrücke (zum Beispiel Sätze), die keine Junktoren und Quantoren enthalten, nennen wir *Fakten.* Anders gesagt sind Fakten Terme, die keine Variablen enthalten und eine atomare Form haben. Terme mit Variablen, die Junktoren oder Quantoren enthalten, nennen wir *Hypothesen.*[23] Ein Faktum bildet ein wirklich vorhandenes, wahrgenommenes Ereignis aus einem diskutierten realen System ab – auch wenn das Ereignis eine sehr statische Form haben kann. Wie bereits in Abschnitt 1 erörtert, kann ein Zeitpunkt oder ein Ort als

---

22 Siehe (Balzer, Kurzawe & Manhart, 2014, Abschnitt 1.2).

23 In dieser Formulierung haben wir einen Grenzbereich zugelassen, in dem es Terme gibt, die weder Fakten noch Hypothesen sind.

ein Grenzfall eines Ereignisses aufgefasst werden, auch wenn solche Formulierungen in der normalen Sprache kaum verwendet werden.

Bei den Zeitpunkten und Orten kommen Hilfsobjekte ins Spiel. Im Beispiel werden Zahlen als Hilfsobjekte benutzt, in anderen Theorien werden auch andere mathematische Objekte verwendet, die in Wahrscheinlichkeitsräumen, topologischen Räumen, Hilbert-Räumen, Verbänden und anderen mathematischen Räumen zu finden sind.

Sowohl Zeitpunkte als auch Orte wurden schon vor mehreren tausend Jahren durch Zahlen oder Zahlenlisten kodiert. Zum Beispiel kann ein Zeitpunkt durch eine Liste

$$[\textit{Jahr} : \textit{Monat} : \textit{Tag} : \textit{Stunde} : \textit{Minute} : \textit{Sekunde}]$$

dargestellt werden. Wenn diese Wörter mit einer wissenschaftlichen Methode durch Zahlen ersetzt werden, erhalten wir zum Beispiel einen konkreten Zeitpunkt

$$[\,1453 : 8 : 13 : 2 : 32 : 24\,].$$

Ähnlich lässt sich auch mit Orten verfahren. Durch wissenschaftliche, oft langwierige Methoden lässt sich ein bestimmter Ort in einem mathematischen Raum abbilden (Ü6-1). Dem Ort wird als Endresultat eine Liste von Zahlen („Koordinaten") zugeordnet, die den Ort völlig präzise beschreibt. Neben den Koordinaten spielt bei einem Begriff auch die Dimension des Konstrukts eine wichtige Rolle. Zum Beispiel hat der Raum drei Dimensionen, dagegen hat ein Konstrukt des Begriffs *Zeit* nur eine Dimension.

Im Allgemeinen bilden Grundmengen und Hilfsbasismengen einen begrifflichen Rahmen für ein Modell, in dem *alles* andere stattfindet. Einer Grundmenge ist oft eine Hilfsbasismenge zugeordnet. Über der Hilfsbasismenge wird ein (meist mathematischer) Raum konstruiert, so dass die Elemente aus der Grundmenge bestimmten „Punkten" aus diesem Raum zugeordnet werden.

Im Beispiel gilt das für alle drei Grundmengen. Der Menge der Planeten wird ein Raum – eine sogenannte *Nominalskala* (Ü6-2) – zugeordnet. Inhaltlich wird jedem Planeten einfach eine natürliche Zahl (damals 1,...,6) zugeordnet. „Nominal" bedeutet, dass diese Zahlen als Namen verwendet werden, die sonst keine weitere Ordnungsinformation beinhalten. Der Menge der Zeitpunkte wird ein 1-dimensionaler Zahlenraum – eine dichte, lineare Ordnung – zugeordnet. Diese Ordnung besagt, dass eine Zahl α größer ist als eine Zahl β (β < α), wenn der Zeitpunkt, der durch α dargestellt wird, später als der Zeitpunkt liegt, der durch β bezeichnet wird. Der dritten Grundmenge, der Menge der Orte, wird ein 3-dimensionaler Raum zugeordnet. In den Naturwissenschaften wird oft der 3-dimensionale, reelle Zahlenraum verwendet, der einen Koordinatenursprung und drei Koordinatenachsen hat. Ein Ort wird auf diese Weise durch einen aus drei Komponenten bestehenden Vektor dargestellt.

Die Gesamtzahl der Dimensionen der in einem Modell benutzten Begriffe führt zu einem speziell wissenschaftstheoretischen Thema. Im Modell von *Kepler* hatten wir oben drei Grundmengen G_1, G_2, G_3 benutzt. Den Grundmengen G_1 und G_2 werden jeweils 1-dimensionale Räume als Hilfsbasismengen und der dritten Grundmenge G_3 ein 3-dimensionaler Raum als Hilfsbasismenge zugewiesen. Bei Rekonstruktionen (Balzer, Moulines, Sneed, 1987), (Balzer, Sneed, Moulines, 2000) wird meist die Menge der Zeitpunkte durch ein reelles Zahlenintervall (ein 1-dimensionaler „Raum") und die Menge der Orte durch einen 3-dimensionalen reellen Zahlenraum dargestellt. Insgesamt gibt es im Beispiel 3 unabhängige Wirklichkeitsbereiche (Planeten, Zeitpunkte, Orte), die insgesamt durch 5 Dimensionen dargestellt werden.[24]

Die dritte Art von Komponenten eines Modells sind die in Abbildung 6.2 dargestellten Relationen R_u. Mengentheoretisch ist eine Relation zunächst eine Menge. In Abbildung 6.2 sind die Elemente einer Relation des Modells, die *Sachverhalte*, zu sehen. Das Wort „Relation" bedeutet im Deutschen einfach eine „Beziehung". Mengentheoretisch ist damit ein Sachverhalt ein Element einer Relation des Modells.

Ein solcher Sachverhalt besteht zwischen Ereignissen (Objekten, Dingen, Tatsachen oder anderen Entitäten) die in den Grund- und Hilfsbasismengen des Modells liegen oder die aus elementaren Ereignissen (Objekten, Dingen, Tatsachen oder anderen Entitäten) konstruiert werden können. Auch der Sachverhalt selbst ist ein Ereignis. Um solche Sachverhalte auseinander zu halten, verwenden wir auch hier Indizes; wie zum Beispiel *Sachverhalt*$_i$, *Sachverhalt*$_{ij}$ oder *Sachverhalt*$_j^i$. Um zwei verschiedene Relationen mit zwei dazugehörigen Sachverhalten zu unterscheiden, müssen wir sowohl obere Indizes für die beiden Relationen als auch untere Indizes für die beiden Sachverhalte selbst verwenden. Der Ausdruck *Sachverhalt*$_j^i$ besagt, dass es sich um den Sachverhalt Nummer j aus der Relation mit der Nummer i handelt: j-ter *Sachverhalt*$_j^i$ als Element von R_i.

Zum Beispiel gibt es einen Sachverhalt zwischen zwei Planeten; beide haben einen bestimmten Abstand voneinander – relativ zu einem bestimmten Zeitpunkt. Dieser Sachverhalt wird durch einen Satz beschrieben: *Planet a hat den Abstand zu Planet b, der durch die Zahl α ausgedrückt wird*, wobei a und b Namen für zwei

---

24 Neben dem hier verwendeten, strukturalistischen Ansatz, gibt es in der wissenschaftstheoretischen Literatur einen dezidiert logisch-modelltheoretischen Ansatz, bei dem
die Dimensionen und die begrifflichen Räume als Grundbegriffe benutzt werden, zum
Beispiel (Gärdenfors, 2000).

Planeten sind und α eine bestimmte, reelle Zahl ist. Der Abstand wird durch eine Funktion *d* festgelegt, wobei *a* und *b* Argumente der Funktion *d* und die Zahl α den Funktionswert der Funktion darstellt. Dies wird meist funktional oder mit Listen dargestellt:

$d(a,b) = α$ oder $\langle d, a, b, α \rangle$.

In den natürlichen Sprachen sind funktionale Sätze oder Listen als Ausdrücke nicht üblich. Ein normaler deutscher Satz, wie *Uta und Udo sind beide 30 Jahre alt*, würde funktional zu *ist_gleich_alt(Uta,Udo,30,Jahre)* oder zu einer Liste $\langle$*ist_gleich_alt,Uta,Udo,30,Jahre* $\rangle$ führen.

Ein anderer Sachverhalt besteht zwischen einem Planeten, einem Zeitpunkt und einem Ort. Erst wenn alle drei Bestandteile vorhanden sind, kann man sagen, dass sich der Planet zu einem Zeitpunkt an einem bestimmten Ort befindet. Der Ort lässt sich als Grenzfall eines Ereignisses begreifen; er ist ein minimales Teilstück der Bahn des Planeten, der seinen Weg am Himmel zieht. Als Satz wird dieser Sachverhalt etwa so geschrieben: *Der Ort des Planeten a zum Zeitpunkt t ist durch den Vektor $\langle α_1, α_2, α_3 \rangle$ dargestellt.* Den Begriff *Ort* beschreiben wir durch eine Funktion *o*. Dabei sind der Planet *a* und der Zeitpunkt *t* die Argumente der Funktion *o* und der Vektor $\langle α_1, α_2, α_3 \rangle$ der Funktionswert. Dies wird funktional oder mit einer Liste kurz so geschrieben

$o(a,t) = \langle α_1, α_2, α_3 \rangle$ oder $\langle o, a, t, α_1, α_2, α_3 \rangle$.

Mengentheoretisch lässt sich ein Satz der Form

Prädikat(Argument$_1$,..., Argument$_n$)

zu einer Liste, einem Term, umformen:

$\langle$*Prädikat, Argument$_1$,...,Argument$_n$*$\rangle$.

Dabei ändert sich nur die Klammerung. In der Prädikatenlogik wird nach dem Prädikat die Liste der Argumente in runden Klammen angegeben, während in einigen Programmiersprachen ein Term, der sowohl ein Prädikat als auch Argumente enthalten kann, in spitze Klammern gesetzt wird, so dass der Term von anderen Termen, die eventuell noch links und rechts von dem betrachteten Term stehen, abgetrennt wird. Klammern wie $\langle$ $\rangle$ oder ( ) funktionieren wie Operatoren. Der Listenoperator $\langle$ $\rangle$ für Terme wird auf die Liste von Komponenten angewendet. Die mengentheoretische Umformulierung, bei der ein Satz zu einer Liste transformiert wird, führt in der Wissenschaftstheorie dazu, dass Sätze, Formeln, Mengen, Elemente, Listen und Terme einheitlich behandelt werden können. Dies gilt insbesondere auch für Computeranwendungen.

Eine Relation R_u, deren Elemente die Form $Prädikat(Argument_1,\ldots, Argument_n)$ haben – also Sachverhalte sind – wird *n-stellig* genannt. Die Relation hat genau *n-Stellen*. Dabei kann *n* auch 0 sein. Die Eigenschaft *n*-stellig zu sein, gilt auch für Terme. Der Term $\langle Prädikat, Argument_1,\ldots, Argument_n\rangle$ ist $(n + 1)$-stellig.

Unter den Relationen gibt es zwei spezielle Unterarten, die *Funktionen* und die *Konstanten*. Relationen, die nicht diese speziellen Eigenschaften haben, nennen wir *echte Relationen*.

In den Naturwissenschaften spielen die Funktionen eine Hauptrolle. Eine Funktion ist erstens eine Relation; sie besteht aus einer Menge von Listen. Zweitens erfüllt eine Funktion zwei zusätzliche Bedingungen. Sie bildet ein Argument eindeutig auf einen Wert ab, und sie bildet normalerweise alle Elemente aus einem gegebenen Bereich in Werte ab. Von einem *Argument* oder von einer *Liste von Argumenten* der Funktion führt – graphisch gesehen – ein Pfeil zu einem *Wert* der Funktion (Ü6-3). Von einem Argument (oder von einer Liste von Argumenten) kann nur ein einziger Pfeil ausgehen.

Konstanten sind Relationen, die keinerlei Beziehung zu anderen Entitäten unterhalten. Eine Konstante bezieht sich nur auf sich selbst. Anders ausgedrückt, funktioniert eine Konstante wie ein Name. Sie weist in der Anwendung auf eine bestimmte Entität in einem Modell hin. Zum Beispiel wird in politischen und soziologischen Theorien der Ausdruck *der deutsche Bundeskanzler* als eine Konstante benutzt. Modelltheoretisch wird eine Konstante meist als eine 0-stellige Funktion dargestellt. Eine solche Funktion hat kein einziges Argument und sie hat damit auch keinen Funktionswert. Stattdessen wird die Konstante als ein 0-stelliges Prädikat behandelt. Grammatisch gesehen braucht ein solches Prädikat kein Substantiv. Der Term $\langle Konstante\rangle$ stellt gewissermaßen einen Satz dar, der nur aus dem Prädikat des Namens *Konstante* besteht. Solche satzartigen Formen gibt es auch in der natürlichen Sprache. Zum Beispiel kann man einen deutschen Satz bilden, der nur aus einem Prädikat besteht, zum Beispiel „Geh!" (Ü6-4).

Die Sachverhalte, die in den Relationen, Funktionen oder in Konstanten eines Modells vorkommen, lassen sich durch atomare, variablenfreie Terme beschreiben. Wenn ein solcher Term ein Satz ist, besteht er grammatisch gesehen aus einem Prädikat (einem Verb) und aus einem (oder keinem) Argument oder auch mehreren Argumenten (Substantiven) (Ü6-5).

Wie bereits erörtert, gibt es neben Atomsätzen die einfachen und die komplexen Sätze – und allgemeiner die einfachen und komplexen Terme. Mit logischen Regeln werden aus atomaren Termen einfache und komplexe Terme zusammengesetzt (Wegener, 2003) – insbesondere auch alle Sätze. In den natürlichen Sprachen gibt es viele, aber nicht immer klare Regeln mit denen man Sätze aus Atomsätzen zusammensetzen kann, siehe zum Beispiel (Chomsky, 2002). In den formalen Sprachen sind diese Regeln dagegen immer eindeutig. Dort werden komplexe Terme – speziell Sätze – durch Regeln induktiv („regelgeleitet") aus atomaren Termen – speziell atomaren Sätzen – aufgebaut. So wird zum Beispiel aus zwei Sätzen ein neuer Satz gebildet, aus diesem und einem weiteren Satz ein nächster, und so weiter.

Für die Wissenschaftstheorie haben wir in Tabelle 6.1 einige zentrale, komplexe Satzformen zusammengestellt, die häufig verwendet werden. Komplexe Sätze und Satzformen werden benötigt, um verschiedene Relationen – einfache Terme – in einem Modell zu einer Einheit zu verbinden.

Tab. 6.1   Komplexe Satzformen

Satz$_1$ und Satz$_2$ – kurz: $S_1 \wedge S_2$	eine *und* -Verbindung
Satz$_1$ oder Satz$_2$ – kurz: $S_1 \vee S_2$	eine *oder* -Verbindung
wenn Satz$_1$, dann Satz$_2$ – kurz: $S_1 \rightarrow S_2$	eine *wenn-dann* -Verbindung
offene Formel: $S(x)$	eine Satzform mit Variable x
es gibt ein x, so dass $S(x)$ gilt – kurz: $\exists x S(x)$	eine Existenzaussage
für alle x_i, gilt $S(x_i)$ – kurz: $\forall x_i S(x_i)$	eine Allaussage

Im *Kepler*-Modell werden die Orte eines Planeten mit der Zeit in einer ganz bestimmten Form verändert. Dazu werden drei komplexe Ausdrücke verwendet, die diese Formen beschreiben. Der erste Ausdruck besagt, dass alle Orte eines Planeten p zu allen Zeitpunkten t auf einer Ellipse liegen. Dies lässt sich zum Beispiel durch den Abstand d des Ortes eines Planeten zu verschiedenen Zeiten formulieren (Ü6-6). Die Ellipsenform lässt sich wie folgt ausdrücken. *Es gibt eine Ellipse E mit großer Halbachse H_g und kleiner Halbachse H_k, so dass alle Orte o(p,t) des Planeten auf der Ellipse mit Halbachsen H_g und H_k liegen.* Dieser Ausdruck ist zwar komplex, aber nur in Maßen. Er lässt sich am Einfachsten formulieren, wenn (1) die Begriffe der Ellipse und der Halbachsen H_g, H_k in einem geometrischen Raum definiert werden, der über einer Hilfsbasismenge errichtet wird. In einem nächsten Schritt müssen wir die atomare Formel (2) *der Ort o(p,t) des Planeten p liegt zu t auf der Ellipse mit den Halbachsen H_g und H_k* definieren (Ü6-7), in der die Symbole p, t, E, H_g, H_k als Variablen verwendet werden. Damit können wir aus (2) komplexe Ausdrücke bilden. Wir formulieren eine Allaussage (3) *für alle Zeitpunkte t gilt: o(p,t) liegt auf der Ellipse E mit den Halbachsen H_g und H_k* und bilden aus (3) eine

Existenzaussage (4) *es gibt eine Ellipse E mit den Halbachsen H_g und H_k, so dass für alle Zeitpunkte t gilt: o(p,t) liegt auf der Ellipse E mit den Halbachsen H_g und H_k.* Schließlich wird (4) noch einmal in eine Allaussage gepackt (5): *für alle Planeten p gibt es eine Ellipse E mit den Halbachsen H_g und H_k, so dass für alle Zeitpunkte t gilt: o(p,t) liegt auf der Ellipse E mit den Halbachsen H_g und H_k.* Man sieht, dass die Konstruktion solcher Formulierungen einen gewissen Arbeitsaufwand erfordert. Um inhaltlich den Überblick nicht zu verlieren, ist es unvermeidlich, weitere Abkürzungen einzuführen. Wir erhalten als Resultat zum Beispiel den Ausdruck

> *Für alle p existieren E, H_g und H_k so dass, für alle t gilt:*
> *o(p,t) liegt auf der Ellipse E mit den Halbachsen H_g und H_k.*

In einem zweiten Beispiel wird ein Modell für die klassische Stoßmechanik durch folgenden komplexen Ausdruck beschrieben: Die Summe aller Geschwindigkeiten mal Massen der Partikel vor dem Stoß ist gleich der Summe aller Geschwindigkeiten mal Massen der Partikel nach dem Stoß. Durch Einführung der Grund- und Hilfsbasismengen und der zwei Funktionen: Geschwindigkeit v (kurz: $v(p,t) = α$) und Masse m (kurz: $m(p) = β$) lässt sich dies so ausdrücken (Ü6-8)

> Für alle p gilt: $\Sigma_p \, v(p,t_{vorher}) \cdot m(p) = \Sigma_p \, v(p,t_{nachher}) \cdot m(p)$,

wobei t_{vorher} der Anfangspunkt und $t_{nachher}$ der Endpunkt des Stoßes ist.

Die Ausdrücke, die ein Modell charakterisieren und die normalerweise auch Variablen enthalten sollten, sind Hypothesen.[25] Im *kopernikanischen* Modell werden drei Hypothesen benutzt, um die Relationen des Modells zu einer Einheit zusammenzufassen (Ü6-9). Im Stoßmodell lässt sich dies mit einer einzigen Hypothese realisieren, in der *alle* Relationen des Modells zusammenwirken.

Die Hypothesen sind in den beiden Beispielen so formuliert, dass die Variablen, die über die Grund- und Hilfsbasismengen laufen, in einer Hypothese nicht weiter thematisiert werden. Dies ist bei Anwendung einer Hypothese in einem bestimmten Modell so üblich. Wenn wir in einer Diskussion über zwei Modelle aus verschiedenen Wirklichkeitsbereichen sprechen, gibt es wissenschaftstheoretisch aber ein Problem. In diesen Fällen müssen die Grund- und Hilfsbasismengen in jedem Modell genauer spezifiziert werden. Dies lässt sich am einfachsten wie folgt bewerkstelligen: für jede Grund- und Hilfsbasismenge des Modells wird das zugehörige Symbol in der Beschreibung der Hypothesen an der richtigen Stelle benutzt.

---

25 In der Literatur wird auch von Gesetzen, Grundgesetzen, Grundsätzen und Axiomen gesprochen. Hypothese bedeutet im eigentlichen Sinn „Grundmeinung".

Dies erklären wir am besten mit zwei Beispielen. Im ersten Beispiel bezeichnen wir als Grundmengen die Menge der Planeten kurz mit P und die Menge der Zeitpunkte kurz mit T, führen die Menge ME der Ellipsen und die Mengen MH_g und MH_k der großen und der kleinen Halbachsen durch Definitionen ein und fügen sie an den richtigen Stellen ein

> Für alle p aus P existiert E aus ME und H_g aus MH_g und H_k aus MH_k so dass, für alle t aus T gilt: $o(p,t)$ liegt auf E mit H_g und H_k.

Im zweiten Beispiel schreiben wir die entsprechenden Grund- und Hilfsbasismengen und die Definitionen (Summe: Σ, Multiplikation: $\cdot$) in das Innere des Ausdrucks

> Für alle p gilt: wenn $p \in P$, dann:
> $\Sigma_p\, v\, (p,t_{\text{vorher}}) \cdot m(p) = \Sigma_p\, v\, (p,t_{\text{nachher}}) \cdot m(p)$.

In Tabelle 6.2 sind für die Darstellung von Hypothesen oft verwendete und wichtige logische Formen auf der nächsten Seite aufgeführt.

Diese so standardisierten Formen von Hypothesen sind zu der umgebenden natürlichen Sprache und zu anderen Modellen völlig neutral formuliert. Aus derartigen Hypothesen entsteht ein Muster, das in allen Modellen und in allen Theorien verwendet werden kann.

Aus den Hypothesen einer Hypothesenliste lässt sich ein sogenanntes *mengentheoretisches Prädikat* konstruieren (Stegmüller, 1986), so dass dieses Prädikat genau alle diejenigen mengentheoretischen Systeme umfasst, die diese Hypothesen erfüllen.

Die Standarddefinition eines mengentheoretischen Prädikats **P** lautet wie folgt:

> **P** ist ein *mengentheoretisches Prädikat* genau dann, wenn für alle x gilt:
> $x \in$ **P** genau dann, wenn es Mengen $u_1,...,u_s$ gibt, so dass $x = \langle u_1,...,u_s \rangle$ und
> *Hypothese*$_1(u_1,...,u_s)$ und ... und *Hypothese*$_n(u_1,...,u_s)$.

(Ü6-10). In dieser abstrakten Form werden alle Variablen $u_1,...,u_s$ in jeder Hypothese aufgeführt, was aber nicht bedeutet, dass in einer Hypothese auch alle diese Variablen verwendet werden müssen. Die hier verwendete Form ist so zu verstehen, dass eine bestimmte Hypothese *höchsten* die Variablen $u_1,...,u_s$ enthält, die in einer Hypothese auch öfter vorkommen können.

Tab. 6.2 Typische Teilformen von Hypothesen

wenn (Satz$_1$ und Satz$_2$), dann Satz$_3$	$(S_1 \wedge S_2) \rightarrow S_3$
wenn (Satz$_1$ oder Satz$_2$), dann Satz$_3$	$(S_1 \vee S_2) \rightarrow S_3$
für alle x $\in$ P gibt es y $\in$ Q, so dass ...	$\forall x \in P \exists y \in Q(...)$
es gibt ein x $\in$ P, so dass für alle y $\in$ Q gilt ...	$\exists x \in P \forall y \in Q(...)$
für alle x $\in$ P gibt es ein y $\in$ Q, so dass für alle z $\in$ Z ...	$\forall x \in P \exists y \in Q$, so dass $\forall z \in Z(...)$

Wenn wir die variabel gehaltenen Mengen $u_1,...,u_s$ in einem mengentheoretischen Prädikat in Grund- und Hilfsbasismengen und in Relationen unterteilen, und die strukturellen Bedingungen (siehe Abschnitt 12) erfüllt sind, kann das mengentheoretische Prädikat zur Definition einer *Menge der Modelle einer Theorie T* eingesetzt werden. Dabei bekommt das mengentheoretische Prädikat einen eigenen Namen, nämlich den Namen *die Menge der Modelle der Theorie T*. Inhaltlich wird die Form der Modelle einer bestimmten Theorie *T* definiert. Das Besondere einer Theorie liegt in der charakteristischen Struktur der Theorie und in den charakteristischen Hypothesen der Theorie. Die Variable *T* wird in einer solchen Definition durch den entsprechenden Namen dieser Theorie ersetzt. Zum Beispiel definiert ein mengentheoretisches Prädikat *die Menge der Modelle der Theorie der klassischen Stoßmechanik* oder *die Menge der Modelle der Theorie von Kepler*.

Wissenschaftstheoretisch kann in dieser Form die Menge aller Modelle einer Theorie *T* kompakt und allgemein dargestellt werden.

M ist die Menge aller Modelle der Theorie *T* genau dann, wenn für alle *x* gilt:
$x \in M$ genau dann, wenn es Mengen $G_1,...,G_\kappa$, $H_1,...,H_\mu$, $R_1,...,R_\nu$ gibt, so dass gilt:
$x = \langle G_1,...,G_\kappa, H_1,...,H_\mu, R_1,...,R_\nu \rangle$ und
$R_1,...,R_\nu$ sind Relationen, die über den Mengen $G_1,...,G_\kappa$ und $H_1,...,H_\mu$ konstruiert sind und die *Hypothese*$_1(G_1,..., R_\nu)$ und ... und *Hypothese*$_n(G_1,..., R_\nu)$ gelten.

Genauso kompakt lässt sich ein Modell einer Theorie beschreiben.

x ist *ein Modell der Theorie T* genau dann, wenn
x ein Element der Menge aller Modelle der Theorie *T* ist.

Neben den Modellen spielen auch andere Arten von mengentheoretischen Systemen eine Rolle. Die Modellmenge kann auf verschiedene Weise verallgemeinert werden.

Bei einer ersten Verallgemeinerung werden bei der Definition der Modellmenge *alle* Hypothesen der Theorie weggelassen. Das Resultat wird die Menge der *potentiellen Modelle der Theorie T*, kurz: $M_p(T)$, genannt. Formal ist die Menge $M(T)$ eine Teilmenge von $M_p(T)$:

$$M(T) \subseteq M_p(T).$$

Eine Grenzziehung zwischen potentiellen Modellen und Modellen ist damit zwar formal klar (Ü6-11), sie wird aber in der Literatur auch auf andere Weise gezogen und bei Rekonstruktionen von verschiedenen Theorien oft nicht genau diskutiert.[26] Normalerweise wird diese Grenze oft nur approximativ gezogen. Zum Beispiel wird offengelassen, ob eine Grundmenge leer sein kann. Normalerweise spielt dies bei der Anwendung einer empirischen Theorie auch keine Rolle. Man untersucht normalerweise keine nicht-existierenden Systeme. Ein anderes Beispiel stammt aus dem Bereich der Hilfsbasismengen. Oft wird die Menge der positiven (oder der nicht-negativen) reellen Zahlen benutzt. Soll die Einschränkung auf positive Zahlen als eine eigene Hypothese der Theorie angesehen werden (Ü6-12)?

Aus einem potentiellen Modell wird ein so genanntes *partielles potentielles Modell*, wenn einige der Relationen aus dem potentiellen Modell entfernt werden. Dies führt zum Problem der *theoretischen Terme* (Carnap, 1966), (Sneed, 1971). Formal gehen wir von der Liste der Grundbegriffe für die Relationen von T aus und betrachten die Relationen, die an einer bestimmten Stelle u ($1 \leq u \leq v$) in den potentiellen Modellen stehen. Die Relation R_u in den potentiellen Modellen von T gehört zum entsprechenden Grundbegriff von T. Die Menge all dieser Relationen R_u, die bei potentiellen Modellen an der u-ten Stelle stehen, bezeichnen wir durch den Term $\vartheta(R_u)$. Dieser Term $\vartheta(R_u)$ ist (*relativ zu T*) *T-theoretisch*, wenn, kurz gesagt, eine Relation R_u aus $\vartheta(R_u)$ nur genauer bestimmt werden kann, wenn dabei alle Hypothesen der Theorie T benutzt werden müssen.

Bei einem potentiellen Modell können einige der Komponenten verkleinert oder vergrößert werden. Mengentheoretisch wird eine Komponente (eine Menge) aus dem potentiellen Modell x durch eine Teilmenge oder durch eine Obermenge ersetzt. Zum Beispiel können einige Grundmengen G_i, einige Hilfsbasismengen H_j und einige Relationen R_u von x durch Teilmengen G_i', H_j' und R_u' ersetzt werden:

---

26 In (Sneed, 1971) werden für die Menge der potentiellen Modelle der Theorie auch Hypothesen verwendet. Diese enthalten aber nur nicht-theoretische Begriffe. Da wir in diesem Buch die theoretischen Begriffe im Hintergrund lassen, möchten wir die entstehenden Probleme nicht weiter erörtern.

$G_i' \subseteq G_i, H_j' \subseteq H_j$ und $R_u' \subseteq R_u$,

so dass ein kleineres System $G_1',...,G_\kappa', H_1',..., H_\mu', R_1',..., R_\nu'$ entsteht. Auf ähnliche Weise lässt sich ein potentielles Modell auch vergrößern.

Bei einer Verkleinerung können einige Grundelemente, einige Elemente aus den Hilfsbasismengen und/oder einige Sachverhalte aus den Relationen entfernt werden. Um dies mit Bedacht zu tun, muss überprüft werden, ob alle nicht entfernten Sachverhalte weiterhin die strukturellen Bedingungen erfüllen. Bei einem Sachverhalt, der als eine Liste dargestellt ist, muss geprüft werden, ob alle Komponenten aus dieser Liste auch in den verkleinerten Grund- und Hilfsbasismengen zu finden sind. Ist dies nicht der Fall, darf dieser Sachverhalt in der verkleinerten Relation nicht mehr benutzt werden (Ü6-13). Auf ähnliche Weise lässt sich verfahren, wenn wir einige Komponenten durch größere Mengen ersetzen.

Verkleinerungen und Vergrößerungen können auch kombiniert werden. Bei einem potentiellen Modell können einige Komponenten verkleinert, andere vergrößert und einige Komponenten auch völlig weggelassen werden. Die Menge aller derartigen Systeme nennen wir im Folgenden den *Möglichkeitsraum der Theorie T*, kurz: $S(T)$, und die Elemente dieses Raumes nennen wir *Systeme für T*.[27]

Eine Theorie T enthält also neben der Menge $M(T)$ der Modelle und der Menge $M_p(T)$ der potentiellen Modelle auch den Möglichkeitsraum $S(T)$. Formal gilt, dass die Modellmenge $M(T)$ eine Teilmenge der Menge $M_p(T)$ der potentiellen Modelle ist und $M_p(T)$ eine Teilmenge des Möglichkeitsraums $S(T)$:

$$M(T) \subset M_p(T) \subset S(T).$$

Der Möglichkeitsraum für eine Theorie enthält alle Systeme, die für die Theorie T relevant sein könnten (Ü6-14). Dieser Raum lässt sich sowohl bei statischen als auch bei dynamischen Untersuchungen benutzen. Auch die Faktensammlungen für T liegen im Möglichkeitsraum der Theorie T: $D(T) \subset S(T)$.

Die eingeführten Verkleinerungen und Vergrößerungen von Systemen der Theorie T spielen in der Wissenschaftstheorie eine zentrale Rolle. Wir definieren diese Begriffe auf formale Weise und bezeichnen sie als Einbettung und Einschränkung. Wir gehen von zwei Systemen x und x^* aus dem Möglichkeitsraum $S(T)$ der The-

---

27 In (Balzer, Lauth & Zoubek, 1993) werden die Anzahlen von Grund- und Hilfsbasismengen und die Anzahl von Relationen aus praktischen Gründen beibehalten. Statt eine Komponente zu eliminieren, wird dort die jeweils diskutierte Komponente durch die leere Menge ersetzt.

orie T aus und sagen, dass x^* *in* x *eingebettet* und x *zu* x^* *eingeschränkt* wird. Die entsprechenden Beziehungen nennen wir *Einbettung* (*ebt*) und *Einschränkung* (*esg*). Genauer definieren wir, dass das System x^* *in* das System x *eingebettet* (oder x *zu* x^* *eingeschränkt*) wird, genau dann, wenn es Zahlen κ^*, μ^*, ν^* mit $\kappa^* \leq \kappa$, $\mu^* \leq \mu$ und $\nu^* \leq \nu$ gibt, so dass gilt

1) $x = \langle G_1, \ldots, G_\kappa, H_1, \ldots, H_\mu, R_1, \ldots, R_\nu \rangle$ und

$x^* = \langle G^*_1, \ldots, G^*_{\kappa^*}, H^*_1, \ldots, H^*_{\mu^*}, R^*_1, \ldots, R^*_{\nu^*} \rangle$ sind Systeme von T und

2) es gibt injektive und ordnungstreue Funktionen ψ^1, ψ^2, ψ^3, so dass, $\psi^1 : \{1, \ldots, \kappa^*\} \to \{1, \ldots, \kappa\}$, $\psi^2 : \{1, \ldots, \mu^*\} \to \{1, \ldots, \mu\}$, $\psi^3 : \{1, \ldots, \nu^*\} \to \{1, \ldots, \nu\}$ und für alle $i^* \leq \kappa^*$ gilt $G^*_{i^*} \subseteq G_{\psi1(i^*)}$, für alle $j^* \leq \mu^*$ gilt $H^*_{j^*} \subseteq H_{\psi2(j^*)}$ und für alle $u^* \leq \nu^*$ gilt $R^*_{\nu^*} \subseteq R_{\psi3(u^*)}$,

(6.1) kurz: $x^* \sqsubseteq x$.

Eine Funktion $\psi : X \to X^*$ zwischen Zahlen X und X^* heißt *ordnungstreu* genau dann, wenn für je zwei Zahlen $a, b \in X$ gilt: wenn $a < b$, dann auch $\psi(a) < \psi(b)$.

Es ist leicht zu sehen, dass eine Einbettung mehrfach durchgeführt werden kann. Die Beziehung der Einbettung ist transitiv (Ü6-15) und dasselbe gilt für Einschränkung.

All diese Arten von Systemen haben wir in Abbildung 6.3 auf allgemeine Weise abgebildet.

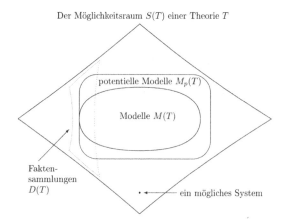

Abb. 6.3

Mengen von Modellen, potentiellen Modellen, Faktensammlungen und möglichen Systemen

Intendierte Systeme und Faktensammlungen

7

In einer Theorie werden durch Wissenschaftler bestimmte reale Systeme untersucht und mit Modellen beschrieben und erklärt. Im hier verwendeten strukturalistischen Ansatz der Wissenschaftstheorie werden diejenigen Systeme, die Wissenschaftler interessant finden, als *intended applications* (intendierte Anwendungen) bezeichnet. Der Ausdruck „application" betont den dynamischen, aktiven Aspekt. Oft wird ein wirkliches System aber nur passiv betrachtet und untersucht; das System wird nicht angewendet. Zum Beispiel kann in der Gravitationstheorie ein schwarzes Loch nicht verändert werden. Wir verwenden daher einen neutraleren Term und sprechen in diesem Buch von *intendierten Systemen*.

Modelle werden in der Logik dazu verwendet, um Sätze in Modellen zu interpretieren und als gültig zu erweisen. Wenn ein Satz im Modell gültig ist, haben wir ein Indiz, was der Satz bezogen auf eine bestimmte Situation ausdrücken soll. Wenn dieser Satz in allen Modellen, welche die Hypothesen einer Theorie erfüllen, gültig ist, hat sich das, was im Satz ausgedrückt wird, weiter verfestigt. Sätze legen auf diese Weise die Modelle der Theorie fest. Allerdings kommen wir damit der Wirklichkeit kaum näher; wir bleiben im Grunde auf der Sprach- und Gedankenebene.

Die Wissenschaftstheorie möchte aber nicht nur über Sprachsysteme und Gedanken sprechen, sondern auch über andere, wirkliche Systeme. Der Bezug zu realen Ereignissen wird in der Wissenschaftstheorie nicht nur den Sprach- und Humanwissenschaften überlassen. In der Wissenschaftstheorie wird der Bezug zu einem wirklichen System in die jeweilige Theorie verlegt, die es gerade zu untersuchen gilt. Dazu wird neben den Modellen eine weitere Komponente der Theorie benutzt. Diese Komponente verankert die Theorie in wirklichen Ereignissen; sie besteht aus einer Menge von intendierten Systemen und einer dazugehörigen Menge von Faktensammlungen.

Die Menge $I(T)$ der intendierten Systeme der Theorie T stellt einen direkten Bezug zu wirklichen Systemen dar, welche die Forscher aus dem Blickwinkel der Theorie untersucht haben, gerade untersuchen oder in Zukunft untersuchen möch-

© Springer Fachmedien Wiesbaden GmbH, ein Teil von Springer Nature 2019
W. Balzer und K. R. Brendel, *Theorie der Wissenschaften*,
https://doi.org/10.1007/978-3-658-21222-3_8

ten. Welche Funktion haben die intendierten Systeme im Zusammenspiel mit den Modellmengen einer Theorie?

Wie bereits erörtert, möchten Forscher einen Teil der Wirklichkeit durch Modelle abbilden und damit auch erklären. Modelle werden durch Sätze charakterisiert und wirkliche Systeme werden sprachlich durch Wörter, Sätze und Terme beschrieben. Ein Satz mit einer gebundenen Variablen, der für alle Modelle zutrifft, kann normalerweise kein konkretes Ereignis bestimmen das in einem intendierten System vorkommt, weil ein solcher Satz auch für die Beschreibung nur möglicher und fiktiver Ereignissen in den Modellen gültig ist.

Ein intendiertes System wird durch atomare Terme beschrieben. Dabei bekommt ein intendiertes System immer auch einen Namen oder eine Bezeichnung. Ein intendiertes System kann ähnlich wie ein Modell weiter in elementare Bestandteile zerlegt werden. Bei einer Beschreibung werden auch alle Bestandteile durch atomare Terme repräsentiert. Dabei können die verwendeten atomaren Terme in Grundobjekte, Hilfsobjekte und Sachverhalte und die Sachverhalte weiter in verschiedene Relationen eingeteilt werden. Eine Relation wird dabei als eine Menge von Sachverhalten gesehen und jeder Sachverhalt liegt genau in einer der Relationen der Theorie. Bei der Beschreibung eines intendierten Systems gibt es aber sowohl bei den Grundmengen als auch bei den Relationen ein Problem. Oft ist es schwierig zu entscheiden, ob ein Ereignis zu einer Grundmenge des intendierten Systems hinzugenommen werden soll oder nicht. Soll zum Beispiel ein Objekt in unserem Sonnensystem, das eindeutig identifiziert werden konnte, zu den Planeten hinzugenommen werden oder nicht? Soll ein bestimmter Sachverhalt in eine Relation einbezogen werden oder nicht? Liegt zum Beispiel der Abstand des Objekts zum Planeten *Jupiter* in einem genau angebbaren Bereich? Wenn ja, könnte ein Ort des Objekts bei der Ortsfunktion hinzugenommen werden, wenn das Objekt als ein Planet identifiziert wurde. Das Problem liegt nicht nur in der approximativen Grenzziehung, sondern auch in der zeitlichen Veränderung der Faktenlage. Durch jede Beobachtung, durch jedes Experiment, vergrößert (oder verkleinert) sich das intendierte System. Anders gesagt, ändert sich ein intendiertes System ständig. Aber es soll gleichzeitig auch „das" reale System darstellen, das bei den Forschern Interesse findet und einen klar bestimmten Namen hat.

In Abschnitt 2 wurde bereits der Ausdruck „intendiertes System" in zwei Bedeutungen verwendet. Einerseits wird ein intendiertes System eindeutig mit einem wirklichen System in Beziehung gesetzt, welches sich mit der Zeit im Großen und Ganzen nicht ändert. Es soll eine Form haben, die den Modellen der Theorie ähnelt und die sich aber mit der Zeit nicht ändert. Andererseits ändert sich das intendierte System mit der Zeit, wenn durch die laufenden Untersuchungen ständig neue Fakten über das System bekannt werden. Um diese Zweideutigkeit zu vermeiden, haben wir jedem intendierten System eine zweite Seite gegeben. Zu jedem intendierten System gehört eine Faktensammlung.

Eine Faktensammlung besteht lediglich aus Fakten. In der oben beschriebenen Einteilung kann ein Faktum drei Formen haben. Es kann durch einen atomaren, variablenfreien Satz oder durch eine Liste mit (hybriden) Namen (Ü7-1) oder durch einen Namen beschrieben werden. Bei allen drei Möglichkeiten soll ein Satz oder ein Name ein wirkliches Ereignis bezeichnen. Meist wird ein Faktum durch ein Prädikat und ein Argument (oder mehrere Argumente) beschrieben.

An diesem Punkt kommt bei der Beschreibung einer Faktensammlung die Zeit ins Spiel. Ein intendiertes System bleibt zeitlich im Großen und Ganzen gleich. Aber die Menge der Fakten, die aus der Erforschung eines bestimmten intendierten Systems stammt, ändert sich mit der Zeit ständig. Genau die Fakten, die zur Zeit z bekannt und (teilweise) gesichert sind und vom gegebenen System kommen, bilden eine Menge von Fakten. Diese Menge nennen wir die *Faktensammlung (der Theorie T zum Zeitpunkt z)*. Eine Faktensammlung bezieht sich immer auf einen gegebenen Zeitpunkt der Theorie T; sie existiert zu einem bestimmten Zeitpunkt.

Wissenschaftstheoretisch muss die Beziehung zwischen intendierten Systemen und den dazugehörigen Faktensammlungen explizit gemacht werden (Balzer, Lauth, Zoubek, 1993). Dies lässt sich durch eine Funktion ϕ darstellen. Zu jedem Zeitpunkt z aus der Menge der Zeitpunkte Z der Theorie T und jeder Faktensammlung y wird ein intendiertes System u zugeordnet: $\phi : Z \times D \to I$, $\phi(z, y) = u$. Dabei kann eine Faktensammlung y zu zwei verschiedenen Zeitpunkten z und z' demselben intendierten System u zugeordnet werden: $\phi(y, z) = u$ und $\phi(y, z')$ $= u$. Und in ähnlicher Weise können zwei Faktensammlungen zum Zeitpunkt z demselben intendierten System u zugeordnet werden: $\phi(z, y) = u$ und $\phi(z, y') = u$. Ausgehend von einer Faktensammlung zu einem Zeitpunkt wird ein Name oder eine Bezeichnung eingeführt, die das wirkliche System, das intendierte System, das untersucht wird, benennt.

Das Beispiel unseres Sonnensystems kennen wir bereits. In der Gravitationstheorie gibt es zu einem gegebenen Zeitpunkt eine Faktensammlung, welche die Fakten für unser Sonnensystem enthält. Das Gesamtsystem, das untersucht wird, bekommt die Bezeichnung „unser Sonnensystem". Damit ist das intendierte und untersuchte System eindeutig benannt.

Faktensammlungen haben wie Modelle die Form von Listen von Mengen. Eine Faktensammlung wird durch eine Liste von Komponenten dargestellt und jede Komponente ist selbst eine Menge von atomaren, variablenfreien Sätzen, Listen oder Namen.

Finden einige Personen eine Faktensammlung interessant, bekommt sie normalerweise einen eigenen „Namen", um in der Kommunikation keine Verwirrung entstehen zu lassen. Ein solcher Name kann ein echter Name, ein normales Substantiv, aber auch ein hybrider Name sein. Zum Beispiel bezeichnet *China* ein intendiertes System für eine Politiktheorie. *Unser Sonnensystem* bezeichnet ein intendiertes System der Gravitationstheorie oder *Experiment 1433 im Labor von Monsanto* ein intendiertes System für die Zellbiologie.

Neben dem Namen verfügt die Faktensammlung über variablenfreie, atomare Ausdrücke, die bestimmte Ereignisse, Objekte, Sachverhalte und andere Aspekte bezeichnen, die innerhalb des Systems bis zu einem bestimmten Zeitpunkt zu finden sind oder dort ablaufen. Alle Bezeichnungen für die Entitäten, die bis zum Zeitpunkt z im Inneren des intendierten Systems liegen oder stattfinden und der Name des Systems bilden zusammengenommen die Fakten einer Faktensammlung.

Formal können wir eine Faktensammlung zu einem gegebenen Zeitpunkt z so schreiben:

$$\langle G_1{}^z,\ldots, G_\kappa{}^z, H_1{}^z,\ldots, H_\mu{}^z, R_1{}^z,\ldots, R_\nu{}^z \rangle.$$

Die Komponenten $G_1{}^z,\ldots, G_\kappa{}^z, H_1{}^z,\ldots, H_\mu{}^z, R_1{}^z,\ldots, R_\nu{}^z$ sind – wie in einem Modell – letztlich Mengen. Nur sind diese Mengen hier Komponenten einer Faktensammlung, keine Komponenten eines Modells. Auch hier nennen wir die Mengen $G_1{}^z,\ldots,G_\kappa{}^z$ Grundmengen, $H_1{}^z,\ldots,H_\mu{}^z$ Hilfsbasismengen und $R_1{}^z,\ldots,R_\nu{}^z$ Relationen. Wir möchten hier die formale Notation noch kurz einen Schritt weiterführen[28] (Ü7-2). Eine Relation $R_j{}^z$ wird als eine Menge so

$$R_j{}^z = \{\ Faktum_1{}^j,\ldots, Faktum_u{}^j\ \}$$

geschrieben. Dabei werden die Fakten $Faktum_r{}^j$, $1 \leq r \leq u$, als Listen so repräsentiert

$$Faktum_r{}^j = \langle\ Name^j, Objekt_1{}^j,\ldots,Objekt_s{}^j\ \rangle.$$

$Name^j$ ist der Name der Relation $R_j{}^z$ – wir könnten genauso gut das Symbol $R_j{}^z$ als Name verwenden – und die Objekte $Objekt_1{}^j,\ldots,Objekt_s{}^j$ sind Bezeichnungen für Dinge oder Ereignisse, die durch die Relation $R_j{}^z$ in Beziehung gesetzt werden. In dieser Form lässt sich ein Faktum sofort zu einem atomaren, variablenfreien Ausdruck transformieren:

---

28 Eine formale Notation hat unter anderem auch den Zweck, wissenschaftstheoretische Anwendungen auf Computersystemen nutzbar zu machen.

$\langle Name^j, Objekt_1^j, \ldots, Objekt_s^j \rangle$

$Prädikat\ (Objekt_1^j, \ldots, Objekt_s^j)$,

wobei $Name^j$ dieselbe Funktion wie das $Prädikat$ hat (Ü7-3).

Wenn formal ein Modell $\langle G_1, \ldots, G_\kappa, H_1, \ldots, H_\mu, R_1, \ldots, R_\nu \rangle$ und eine Faktensammlung $\langle G_1^z, \ldots, G_{\kappa^*}^z, H_1^z, \ldots, H_{\mu^*}^z, R_1^z, \ldots, R_{\nu^*}^z \rangle$. mit $\kappa^* \leq \kappa$, $\mu^* \leq \mu$, $\nu^* \leq \nu$ gegeben sind und wenn die Faktensammlung in das Modell eingebettet – und damit das Modell eine Ergänzung der Faktensammlung – ist, können wir sagen, dass jede Grundmenge $G_{i^*}^z$ eine Teilmenge von $G_{\psi 1(i^*)}$ und jede Relation $R_{u^*}^z$ eine Teilmenge von $R_{\psi 3(u^*)}$ ist. Dies lässt sich kurz so darstellen:

$$G_1^z, \ldots, G_{i^*}^z, \ldots, G_{\kappa^*}^z, \ldots, R_1^z, \ldots, R_{u^*}^z, \ldots, R_{\nu^*}^z$$
$$(7.1) \quad \subseteq \quad \subseteq \quad \subseteq \quad \subseteq \quad \subseteq \quad \subseteq$$
$$G_{\psi 1(1)}, \ldots, G_{\psi 1(i^*)}, \ldots, G_{\psi 1(\kappa^*)}, \ldots, R_{\psi 3(1)}, \ldots, R_{\psi 3(u^*)}, \ldots, R_{\psi 3(\nu^*)}$$

Die Grundelemente aus der Grundmenge $G_{i^*}^z$ lassen sich direkt wahrnehmen oder durch wissenschaftliche Methoden bestimmen („messen"). Das Beispiel *unsere Erde* haben wir schon kennengelernt. Ähnlich kann ein Faktum – ein Element der Relation $R_{u^*}^z$ – direkt wahrgenommen oder durch andere Methoden bestimmt werden. Der Aufgang des Planeten *Venus* wäre ein Beispiel. Wenn in einer Situation eine direkte Wahrnehmung nicht möglich ist, können solche Ereignisse (Elemente einer Relation) durch andere Methoden – wie wir bald sehen werden – bestimmt und beschrieben werden.

Um eine Faktensammlung als Teil eines Modells zu betrachten, müssen nicht alle Modellkomponenten in der Faktensammlung vorhanden sein. Es kann vorkommen, dass eine Grundmenge $G_{i^*}^z$, die aus der Sicht eines Modells existieren sollte, keine Fakten enthält. Oft weiß man bereits, dass Fakten für die Grundmenge dieses Systems nicht bestimmt werden können. In einem solchen Fall wird die Grundmenge bei der Auflistung auch ausgelassen. Wenn aber abzusehen ist, dass später auch Fakten aus dieser Grundmenge bestimmt werden können, kann man schon vorausschauend eine leere Zeile oder Spalte einrichten. Wurden dann Fakten gefunden und bestimmt, können sie im vorgesehenen Bereich eingefügt werden. Auf dieselbe Weise wird auch mit Relationen verfahren. Solange es für eine Relation $R_{u^*}^z$ keine Fakten für Sachverhalte gibt, können wir diese Relation bei der Beschreibung einer Faktensammlung auch weglassen. Wenn wir mit Computerprogrammen arbeiten möchten, ist es allerdings besser, auch solche leeren Zeilen oder Spalten („Mengen") mitzuführen.

Wissenschaftstheoretisch lassen sich Faktensammlungen und Modelle ziemlich klar trennen. Hypothesen beschreiben Gemeinsamkeiten aller Modelle, während es bei Fakten um einzelne, elementare Bestandteile eines bestimmten Systems geht. Ein Faktum erfasst einen elementaren Bestandteil eines intendierten Systems, der direkt wahrgenommen oder in einem konstruktiven Sinn auf wahrnehmbare Ereignisse zurückgeführt werden kann. Eine Hypothese dagegen beschreibt größere Zusammenhänge vieler Ereignisse. Eine Hypothese enthält meist Ausdrücke wie *es gibt* oder *für alle*, welche sich auf variable Weise auf viele verschiedene Dinge und Ereignisse beziehen. Zum Beispiel ist in der Gravitationstheorie eine Mondfinsternis zu einem bestimmten Zeitpunkt ein Faktum, dagegen ist eine Gleichung, die alle Zeitpunkte und Orte der Partikel zusammenbringt, eine Hypothese.

Wie bereits in Abschnitt 2 eingeführt wurde, können wir Fakten aus einer Theorie T grob in drei oder mehr Arten einteilen. Ein Faktum ist für T gesichert, wenn es eine hohe Wahrscheinlichkeit hat, richtig zu sein. Das Ereignis wurde wahrgenommen und gut geprüft. Ein teilweise gesichertes Faktum wurde zwar wahrgenommen, es wurde aber nicht genau geprüft. Bei vermuteten Fakten müssen andere positive Indizien vorliegen. Diese Einteilung lässt sich ohne Mühe auch auf Faktensammlungen übertragen. Eine mögliche Faktensammlung oder ein mögliches Faktum wird nur gedanklich bei rein theoretischen Überlegungen über Form und Ähnlichkeit benutzt.

Je nachdem, wie eine Faktensammlung in einer Theorie gerade eingesetzt wird, liegt der Schwerpunkt auf *gesichert*, *teilweise gesichert* oder nur *vermutet*. Wenn wir die Passung einer Faktensammlung zu Modellen bestätigen wollen, werden wir uns auf eine gesicherte Faktensammlung beschränken. Wenn wir vor einer Entscheidung stehen, ob ein intendiertes System praktisch angewendet werden soll, kann es auch interessant sein, eine teilweise gesicherte Faktensammlung zu verwenden. Rein mögliche Faktensammlungen kommen in Betracht, wenn wir neue Möglichkeiten erkunden wollen. Dies geschieht, wenn wir zum Beispiel Grenzbereiche austesten wollen. All dies führt zu Spezialthemen, die wir hier nicht erörtern können. Sollen wir zum Beispiel die Möglichkeit vorsehen, mehrere Faktensammlungen im gleichen intendierten System und zum selben Zeitpunkt zu verwenden?

Die so beschriebene Beziehung zwischen Faktensammlungen und Modellen lässt sich verallgemeinern, wenn wir „Modelle" durch „potentielle Modelle" und „Faktensammlungen" durch „Systeme" ersetzen. Diese Beziehungen haben wir auf abstrakter Ebene in Abbildung 7.1 graphisch dargestellt.

Die Grundmengen eines potentiellen Modells oder eines Modells sind auf der linken Seite von oben nach unten eingezeichnet. Die Elemente dieser Grundmengen sind durch schwarze Kreise dargestellt. Auf der rechten Seite sind die entsprechenden Grundmengen einer Faktensammlung zu sehen. So sind zum Beispiel bei der ersten *Grundmenge*₁ einige Grundelemente weggelassen worden. Durch den Pfeil *esg* (wie: *einschränken*) kommen wir zur reduzierten Menge von Grundelementen für die Faktensammlung y. Diese Menge von Grundelementen ist eine Teilmenge der entsprechenden Menge aus dem Modell x. Inhaltlich bezeichnen die Kreise rechts wirkliche Dinge oder Ereignisse, die in der Faktensammlung tatsächlich wahrgenommen oder auf eine andere, methodische Weise bestimmt wurden. Die rechts weggelassenen Kreise, die links zu sehen sind, können entweder rein hypothetisch im Modell existieren. Sie können aber auch real existieren, jedoch noch nicht gefunden, wahrgenommen oder bestimmt worden sein. All dies gilt entsprechend für alle anderen Grundmengen. Der Fall, bei dem *alle* Grundelemente einer Grundmenge entfernt werden, ist auch vorgesehen. Wie auf der rechten Seite zu sehen ist, enthält die *Grundmenge*$_{k-1}$ kein einziges Element. Auch bei den Hilfsbasismengen können Elemente entfernt werden.

Genauso wird mit den Relationen des Modells verfahren. Zum Beispiel werden bei der *Relation*$_3$ viele ihrer Elemente weggelassen, was rechts gut zu sehen ist. Die weißen Kreise rechts bezeichnen genau diejenigen Fakten, die in der Faktensammlung tatsächlich wahrgenommen oder auf eine andere wissenschaftliche Art bestimmt wurden. Die zusätzlichen, auf der linken Seite zu sehenden Kreise stellen entweder rein mögliche oder noch nicht gefundene, wahrgenommene oder in anderer, wissenschaftlicher Weise bestimmte Fakten dar.

Die Grundelemente einer bestimmten Art aus einem System zum Zeitpunkt z werden zu einer Menge G_i^z zusammengefasst; sie werden als eine Komponente der Faktensammlung aus dem System betrachtet. Diese Grundelemente bezeichnen wir wie folgt: $Obj_r^{z,i}$.

> $Obj_r^{z,i}$ ist das r-te Objekt aus der Grundmenge Nr. i der Faktensammlung zum Zeitpunkt z.

Wir haben also folgende Arten von Objekten und Mengen: Grundmengen G_i von Modellen, Grundmengen G_i^z von Faktensammlungen, Objekte Obj_r^i aus einem Modell und Objekte $Obj_r^{z,i}$ aus einer Faktensammlung. Terme der Form $Obj_r^{z,i}$ bezeichnen dabei wirkliche Grundelemente aus einem intendierten System zum Zeitpunkt z und Terme der Art G_i^z die Grundmengen dieser wirklichen Elemente. Terme Obj_r^i bezeichnen reale oder nur mögliche Objekte, und Terme G_i stellen reale oder nur mögliche Grundmengen dar, die in Modellen oder potentiellen Modellen liegen.

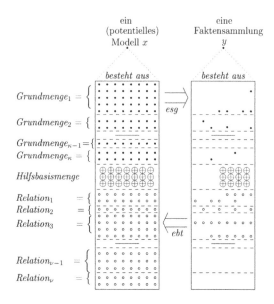

Abb. 7.1

Eingeschränkte
Komponenten
eines Modells

Die Grundmengen G_i und G_i^z schließen sich nicht aus. Im Gegenteil: die Menge G_i^z der realen Objekte ist eine Teilmenge der Menge G_i der Grundobjekte aus einem (potentiellen) Modell (Ü7-4). Eine Grundmenge G_i können wir in zwei Teilmengen zerlegen. Die erste Teilmenge G_i^z enthält gerade diejenigen Objekte, die in der gegebenen Faktensammlung zum Zeitpunkt z untersucht wurden und die zweite Teilmenge G_i^{rest} die „restlichen" Objekte. Die Objekte aus G_i^{rest} wurden noch nicht untersucht, sie existieren aber hypothetisch.

Diese formalen Unterscheidungen kommen zur Anwendung, wenn viele Objekte einer bestimmten Art in einem intendierten System existieren und aufgeführt werden. Zum Beispiel werden in einem Biologielabor in einem Experiment – das heißt in einem intendierten System – die gezüchteten Zellkulturen als „Objekte" notiert. Eine Zellkultur Obj_i^1 besteht meist aus einer mit Flüssigkeit gefüllten Petrischale, in der sich viele Zellen ständig teilen. Zusammengenommen bilden all diese Petrischalen zum Zeitpunkt z eine Grundmenge Obj_i^z mit der Nummer i. Bei der Indizierung für Obj_r^i besagt i, dass es sich um Zellen der Art Nummer i handelt und der untere Index r besagt, dass es sich um eine ganz bestimmte Petrischale Nr. r handelt: $Obj_r^i \in Obj_i^z$. r ist gewissermaßen ein Name für diese Schale (das „Objekt"). Da in einem Experiment oft tausende Zellkulturen gezüchtet werden, müssen diese alle ordentlich auseinandergehalten werden.

Insgesamt werden die Grundmengen für eine Faktensammlung etwa so geschrieben:

$$G^z_i = \{ Obj_1{}^i, ..., Obj_r{}^i, ..., Obj_u{}^i \}, r = 1, ..., u.$$

Ob ein Grundelement, wie etwa ein materielles Objekt, real ist oder wie zum Beispiel nur als Gedanke rein möglich ist, hängt letzten Endes von den Personen, den Wissenschaftlern ab, die sich mit dem System beschäftigen. Erst aus deren Kommunikationen lässt sich sagen, ob sich ein mögliches Grundelement mit der Zeit in den Personen und auch in der Sprache verfestigt.

Ähnlich wird bei Relationen verfahren. Im Allgemeinen notieren wir Relationen aus einem Modell und aus einer Faktensammlung unterschiedlich. Rel_j bezeichnet eine Relation aus einem Modell, während $Rel_j{}^z$ eine Relation aus einer Faktensammlung zum Zeitpunkt z repräsentiert.

Eine Relation aus einem Modell enthält einerseits Elemente, die wirkliche Ereignisse betreffen, andererseits Elemente, die nur rein theoretisch verwendet werden. Die Elemente der ersten Art sind gleichzeitig in Faktensammlungen zu finden. Anders gesagt kann eine Relation aus einem Modell auch Elemente enthalten, die in Faktensammlungen existieren. Diese Elemente sind dann auch Fakten.

Aus verschiedenen Gründen werden bei einer Faktensammlung oft nicht immer *alle* realen Grundelemente und Fakten benutzt. Einige reale Objekte werden in der Beschreibung des Systems nicht erwähnt, weil die Forscher die Anwendung aus Zeit- oder Geldgründen beenden müssen. Dasselbe gilt für relationale Fakten. Bei vielen Systemen gibt es einfach zu viele reale Ereignisse und Fakten, so dass es nicht möglich ist, all diese zu identifizieren.

Insgesamt hat eine Faktensammlung die Form

$$\langle\, G_1{}^z, ..., G_\kappa{}^z, H_1{}^z, ..., H_\mu{}^z, R_1{}^z, ..., R_\nu{}^z \,\rangle.$$

Wir haben diesen formalistischen Punkt in Abbildung 7.2 mit einem Beispiel graphisch dargestellt.

In der Wissenschaftstheorie werden auch nur *mögliche* Systeme benötigt. Ausgehend von intendierten Systemen und Fakten denken sich die Forscher potentielle Modelle aus, die sich weiter vergrößern oder verkleinern lassen. Die Mengen eines solchen gedachten Systems können unspezifizierte Elemente enthalten.

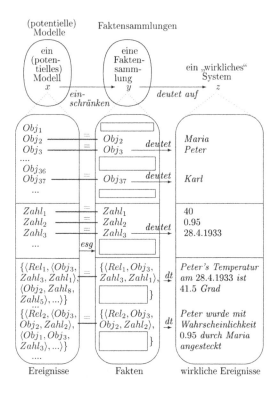

Abb. 7.2

Modelle, Faktensamm-
lungen und Wirklichkeit

Den Möglichkeitsraum einer Theorie haben wir schon kennengelernt. In diesem Raum können alle Grundbestandteile der Theorie untergebracht werden, und zwar so, dass nicht nur reale Ereignisse, sondern auch rein mögliche Ereignisse behandelt werden können (Ü7-5):

$$M_p(T) \subseteq S(T), M(T) \subseteq S(T), D(T) \subset S(T), I(T) \subset S(T).$$

Zum Beispiel lassen sich die in Abbildung 7.1 dargestellten Beziehungen der Einbettung *ebt* und der Einschränkung *esg* so beschränken, dass eine Faktensammlung in ein Modell eingebettet wird und dass das Modell zu einer Faktensammlung eingeschränkt wird. In diesen Prozeduren werden in vielen Theorien alle *theoretischen Terme* der Theorie – und nur diese – weggelassen, was oft zu komplizierten Problemen führt (Schurz, 1990). Wenn die Einschränkung durch Weglassen der theoretischen Terme geschieht, lässt sich die Einschränkung als eine Funktion beschreiben. In solchen Fällen lässt sich ein gegebenes Modell nur auf eine einzige Weise einschränken. Den allgemeinen Fall haben wir in Abbildung 7.2 auf der vorherigen Seite dargestellt. Man sieht dort, dass die Einschränkung nicht durch eine bestimmte Funktion erfolgt. Einige Bestandteile aus dem Modell sind einfach weggelassen worden. Das Modell kann mit anderen Worten auf verschiedene Weise eingeschränkt werden. Einschränkungen lassen sich auch auf potentielle Modelle und auf Systeme generell ausweiten.

Im Allgemeinen schreiben wir für die Einschränkungsbeziehung und für die Einbettungsbeziehung auch:

$$esg \subset S(T) \times S(T) \text{ und } ebt \subset S(T) \times S(T).$$

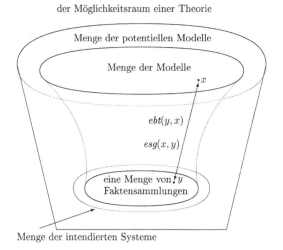

Abb. 7.3

Einbettung und Einschränkung im Möglichkeitsraum

In Abbildung 7.3 sind einige dieser Punkte allgemein und etwas idealisiert dargestellt. Die Grenze der Menge der Faktensammlungen müsste realistisch betrachtet unscharf gehalten werden. Dieser Punkt lässt sich im mengentheoretisch konzipierten Möglichkeitsraum durch einen Approximationsapparat präzise darstellen.

In einer anderen Richtung müssen die Faktensammlungen weiter verallgemeinert werden. Neben den „positiven" Fakten, die realen Ereignissen entsprechen, gibt es für die Theorie auch unbequeme, mögliche Fakten (Balzer, 2009, Abschnitt 3.7). Ein *negatives* Faktum erfüllt zwei Bedingungen. Ein Ereignis stellt erstens ein negatives Faktum dar, wenn das Ereignis tatsächlich untersucht wurde. Das heißt, das negative Faktum wurde schon erhoben, gemessen oder methodisch bestimmt. Zweitens muss ein negatives Faktum zu einem Passungsproblem führen. Auf der Sprachebene muss ein negatives Faktum aus den Hypothesen und den positiven Fakten einen Widerspruch erzeugen können. Aus den Hypothesen, den positiven Fakten und dem negativen Faktum lassen sich *alle* Sätze ableiten. Zum Beispiel lässt sich der Satz „Das negative Faktum und das negierte, negative Faktum sind gültig" aus jedem Satz ableiten.

Solche Widersprüche lassen sich bei einer Theorienentwicklung nicht vermeiden. Um diese wissenschaftstheoretisch darzustellen, müssen die Faktensammlungen auch Platz für negative Fakten bieten. Dazu können auf der Sprachebene neben atomaren Ausdrücken auch negierte, atomare Ausdrücke benutzt werden. Je nach Fall können wir bei der Beschreibung der Faktensammlung eine weitere Komponente, eine Menge von negativen Fakten hinzufügen. In mengentheoretischer Darstellung kann neben einer Relation Rel_j eine zusätzliche Relation Rel_j^{neg} hinzugenommen werden. Die Elemente dieser Relation sind negative Fakten für die Theorie T. Ein negatives Faktum aus Rel_j^{neg} lässt sich zum Beispiel so schreiben: $\langle -, Prädikat^j, Obj_1^j, \ldots, Obj_u^j \rangle$, wobei das Minussymbol „ – " die Negation ausdrückt: *nicht-Prädikat* $^j(Obj_1^j, \ldots, Obj_u^j)$.

Wissenschaftlicher Anspruch 8

Wissenschaftliche Ansprüche werden von Wissenschaftlern geäußert, erhoben, kundgetan, und auf gemeinschaftlicher Ebene wird davon gesprochen, dass „die Wissenschaft" Ansprüche erhebt. In englischer Sprache wird der Term „empirical claim" benutzt. Ein Anspruch – ein claim – fordert etwas ein. In der politischen und juristischen Welt gibt es den Ausdruck „einen Anspruch befriedigen". Dabei betrifft der Anspruch nicht nur andere Personen, sondern auch diejenige Person, die den Anspruch selbst erhebt.

In der Wissenschaftstheorie ist der Term „empirische Behauptung" üblich,[29] der von der Bedeutung her nur geringfügig von einem „wissenschaftlichen Anspruch" abweicht. Während das Wort „Behauptung" dem sprachlichen Bereich zuzuordnen ist, hat ein Anspruch eher eine praktische Seite. Ein Goldsucher beansprucht eine abgegrenzte Fläche, auf der er Gold schürfen darf. Wir verwenden das Wort „Anspruch" und nicht „Behauptung", um die praktische Seite der Wissenschaft zu betonen. Wissenschaftliche Aktivitäten bestehen nicht nur aus Kopfarbeit.

Im Weiteren sparen wir uns das Adjektiv „wissenschaftlich" und sprechen einfach von Ansprüchen. In der Wissenschaftstheorie werden Ansprüche hauptsächlich auf Theorien – Ansichten – bezogen. Eine bestimmte Ansicht erhebt einen Anspruch auf Wahrheit und wenn es eine zweite, ähnliche Ansicht gibt, wird um die Wahrheit gestritten.

Was bedeutet es, dass eine Theorie einen Anspruch erhebt? Eine Gruppe von Wissenschaftlern erhebt den Anspruch, dass „ihre" Theorie richtig oder wahr ist. Durch eine Theorie wird dieser Anspruch sprachlich formuliert. Der Anspruch lässt sich auf unterschiedliche Weise ausdrücken. Es wird gesagt, dass die Theorie richtig ist und dass die Sätze dieser Theorie richtig sind. Genauer sind diese Sätze für alle intendierten Systeme der Theorie richtig und noch klarer formuliert sind

---

29 (Stegmüller, 1986).

© Springer Fachmedien Wiesbaden GmbH, ein Teil von Springer Nature 2019
W. Balzer und K. R. Brendel, *Theorie der Wissenschaften*,
https://doi.org/10.1007/978-3-658-21222-3_9

sie für die Faktensammlungen der Theorie richtig. Und wenn wir die natürliche Sprache in den Hintergrund stellen und die Worte „richtig" und „wahr" ohne Bezug auf eine bestimmte, natürliche Sprache ausdrücken möchten, besagt der Anspruch der Theorie, dass die Faktensammlungen der Theorie zu den Modellen der Theorie passen. Da eine Theorie eine Zeitkomponente hat, heißt dies:

(8.1)   Zu jedem Zeitpunkt z, zu dem die Theorie existiert, passt die Menge der Faktensammlungen zu z zur Menge der Modelle der Theorie.

Wenn wir die Modelle weiter auflösen, lässt sich der Anspruch einer Theorie noch genauer fassen. In Abbildung 2.1 wurde dargestellt, dass eine Menge von Modellen zu den Faktensammlungen passt. Diese Passung wurde in Abbildung 1.3 durch den Umgebungsbegriff aufgeweicht. In Abbildungen 3.3 und 3.4 werden Modelle und in Abbildungen 7.1 und 7.2 Faktensammlungen weiter analysiert. Sowohl ein Modell als auch eine Faktensammlung haben strukturell eine ähnliche Form. Beide bestehen aus Grundmengen und Relationen, beide haben eine ähnliche Anzahl von Grundmengen und Relationen und beide verfügen über ähnliche Typen.

Der Anspruch einer Theorie wird durch Passung formuliert, wobei wir die Hilfsbasismengen in allen Systemen der Theorie implizit lassen. Ein Anspruch lässt sich in mehreren Schritten beschreiben. Wenn ein Modell x = $\langle G_1,\ldots,G_\kappa,R_1,\ldots,R_\nu \rangle$ und eine Faktensammlung y = $\langle G_1{}^z,\ldots,G_\kappa{}^z, R_1{}^z,\ldots, R_\nu{}^z \rangle$ zu einem festen Zeitpunkt z der Theorie gegeben sind, passt y zu x, wenn für alle Grundmengen und Relationen von y folgendes gilt:

(8.2)   Jede Grundmenge $G_r{}^z$ ist eine Teilmenge der „entsprechenden" Grundmenge $G_{\psi1(i^*)}$ (siehe Abschnitt 6) und jede Relation $R_u{}^z$ ist eine Teilmenge der „entsprechenden" Relation $R_{\psi3(u^*)}$.

In einem ersten Schritt wird in Abbildung 8.1 die Passung von einzelnen Systemen in Idealform beschrieben, wobei wir die Zeitpunkte nicht berücksichtigen. Das dort dargestellte Minimodell besteht aus einer Grundmenge G und einer zweistelligen Relation R. Die Grundelemente des Modells werden durch Kreise und die Relation R durch das Oval dargestellt. Das Rechteck enthält genau diejenigen Kreise, die zum Modell gehören. Die Hypothesen lassen sich graphisch nur sehr schwer einzeichnen.

ein Modell der Form $\langle G, R \rangle$

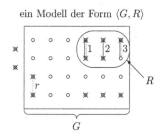

Abb. 8.1

Eine Faktensammlung
passt zu einem Modell

In einem Beispiel könnten etwa Gewichte in physikalisch-technischen Bereichen modelliert werden. Die Beziehung aRb würde bedeuten, dass a schwerer ist als b – und damit auch, dass a nicht leichter als b ist. In der Abbildung enthält die Relation R mengentheoretisch gesehen genau drei Grundereignisse, die durch schwarze, durchgezogene Linien eingezeichnet sind. Oben und unten ist an jeder Linie ein Kreis eingezeichnet. Das „obere" Gewicht ist leichter als das „untere".

In dieses Minimodell ist eine Faktensammlung $y = \langle G^z, R^z \rangle$ integriert. Die Grundmenge G^z der Faktensammlung enthält 12 Elemente, die durch 12 „×"-Symbole dargestellt sind. Die ×-Symbole überlagern die Kreise, was graphisch ausdrückt, dass alle Grundelemente der Faktensammlung auch Grundelemente des Modells sind. Diese Überlagerung bedeutet mit anderen Worten, dass ein wirklich untersuchtes und durch × dargestelltes Ereignis zugleich auch Grundelement des Modells ist, das durch einen Kreis symbolisiert wird. Die Teilmengenbeziehung lässt sich auf diese Weise auch graphisch betrachten. Die Relation R^z der Faktensammlung wurde hier nur durch zwei Sachverhalte mit gepunkteten Linien kenntlich gemacht.

Im ersten Schritt der Passung einer Faktensammlung in ein Modell wird überprüft, ob alle ×-Grundelemente in der Grundmenge des Modells liegen: $G^z \subseteq G$. Dann wird untersucht, ob alle festgestellten, „realen" Sachverhalte auch im Modell zu finden sind. In Abbildung 8.1 ist keine der Bedingungen erfüllt. Es gibt zwei wirklich untersuchte Elemente aus dieser Faktensammlung, die nicht in der Grundmenge G des Modells liegen; sie befinden sich in Abbildung 8.1 auf der linken Seite außerhalb des Rechtecks, das heißt es gilt: ($nicht\ G^z \subseteq G$). Weiterhin sehen wir innerhalb des Rechtecks links unten einen real untersuchten Sachverhalt r, der durch eine gepunktete Linie dargestellt ist. Der Sachverhalt r ist kein Bestandteil des Modells; er ist kein Element der Modellrelation R, das heißt: ($nicht\ r \in R$). Bei Sachverhalt Nr. 3 fehlt auch das „untere" Grundelement: der „untere" Kreis ist nicht durch ein ×-Symbol überlagert. Schließlich wird der Sachverhalt Nr. 3 so dargestellt, dass er zur Faktensammlung gehört; er wurde mit einer gepunkteten

Linie eingezeichnet. Sachverhalt Nr. 3 kann aber formal in dieser Form nicht existieren. Ein Sachverhalt kann nur existieren, wenn auch alle Bestandteile existieren,
aus denen der Sachverhalt zusammengesetzt ist. Merkwürdigerweise wurde aber
dieser Sachverhalt Nr. 3 in der Beschreibung der Faktensammlung aufgeführt; eine
gepunktete Linie wurde eingezeichnet. Aber das „untere" Element (im Beispiel: ein
Gewicht) wurde nicht notiert.

In all diesen beschriebenen Fällen kann die Faktensammlung y nicht ideal in
das Modell x eingepasst werden. Im ersten Fall gibt es untersuchte Elemente, die
keine Grundelemente des Modells sind. Im Gewichtsbeispiel sind etwa zwei Elemente aufgeführt, die zerplatzen; sie haben kein eindeutiges Gewicht. Im zweiten
Fall wird ein Sachverhalt beobachtet, der im Modell nicht vorgesehen ist; er liegt
nicht in der theoretisch gegebenen Relation R. Zum Beispiel wird ein Schwamm
als Objekt je nach Zustand schwerer oder leichter. Im dritten Fall fehlt in der Faktensammlung ein Element, das für die Beschreibung eines Sachverhalts benötigt
wird. Ein Objekt hat kein Gewicht. Im vierten Fall wird ein Sachverhalt notiert,
der so aus rein formalen Gründen nicht möglich ist.

Diese so allgemein beschriebenen Fehler entstehen, wenn Grundelemente und
Ereignisse oder Sachverhalte fehlerhaft notiert oder in der Wirklichkeit so nicht
anzutreffen sind oder wenn verschiedene Ereignisse durch Hypothesen fehlerhaft
miteinander verknüpft sind.

Wir unterscheiden zwei Arten von Hypothesen. Eine Hypothese der ersten Art
bezieht sich nur auf Ereignisse desselben Typs. Mengentheoretisch gesagt, sind alle
Ereignisse Elemente derselben Relation. In Abbildung 8.1 können nur Hypothesen
dieser Art in Frage kommen, weil es im Modell nur eine einzige Relation gibt. Zum
Beispiel werden beim Begriff des Gewichts normalerweise Hypothesen verwendet,
mit denen Gewichte in eine Ordnung gebracht werden. Eine erste Hypothese besagt,
dass für je zwei Gewichte g_1, g_2 gilt: entweder ist g_1 schwerer als g_2 oder g_2 schwerer
als g_1. Diese Hypothese lässt sich in Abbildung 8.1 verifizieren. Die an einer Linie
oben eingezeichneten Gewichte sind schwerer als die unten gezeichneten. Bei dieser Interpretation wären die meisten Gewichte nicht vergleichbar; sie sind weder
schwerer noch leichter als andere.

Bei Hypothesen der zweiten Art werden Ereignisse verschiedener Arten verknüpft. Diese Hypothesen nennen wir *Verknüpfungshypothesen* (*cluster laws*). In
einer solchen Hypothese werden mindestens zwei Grundrelationen verwendet.
Im Gewichtsbeispiel ist neben dem Begriff „schwerer als" auch der der Gleichheit
wichtig. Zwei Gewichte – zwei materielle, sich nicht verändernde Objekte – sind
gleich oder verschieden. Eine Hypothese, die beide Relationen verknüpft, besagt,
dass je zwei Gewichte entweder gleich sind oder das erste Gewicht schwerer oder
leichter als das zweite ist (Ü8-1). Oft gibt es in einer Theorie eine einzige, zentrale

Verknüpfungshypothese, in der alle Grundrelationen der Theorie benutzt werden. Das klassische Beispiel ist hier das zweite *Newton*sche Axiom, in dem Ort, Zeit, Geschwindigkeit, Beschleunigung, Masse und Kraft zu einer unauflösbaren Einheit werden. Wenn die Fakten in einem gegebenen Zeitpunkt vorhanden sind, wird die Passung einer Faktensammlung zu einem gegebenen Modell über die Hypothesen überprüft. Dies kann auf vielerlei Weisen geschehen.

Alle Fakten sind auch Elemente aus Relationen. Fakten werden durch variablenfreie, atomare Ausdrücke beschrieben; Hypothesen durch Ausdrücke mit Variablen und Quantoren.[30] So wird es möglich, Hypothesen aus den Fakten abzuleiten und Hypothesen durch Fakten zu bestätigen. In der Logik wird gefragt, ob eine Hypothese in einem Modell gültig ist. In anderer Formulierung werden Hypothesen auf Fakten zurückgeführt. Inhaltlicher gedacht, werden komplexe Ereignisse auf Elementarereignisse zurückgeführt. Die komplexen Ereignisse sind durch Hypothesen beschrieben und die Elementarereignisse durch Fakten. In Theorien sind nicht nur Hypothesen wichtig, sondern eben auch Fakten.

Eine Faktensammlung passt zu einem Modell, wenn alle Hypothesen und die Fakten zu einem gegebenen Zeitpunkt im Modell gültig sind.

In der Logik werden Atomsätze nicht weiter analysiert. Ob Atomsätze gültig sind oder nicht, wird bei logischen Überlegungen meist nur interessant, wenn sie durch Hypothesen abgeleitet werden. In empirischen Anwendungen müssen aber gerade die Fakten atomarer Form unabhängig von den Hypothesen überprüft werden. Sind die Fakten, für sich genommen, richtig oder nicht? Einige Fakten der Theorie lassen sich auch aus Hypothesen und einigen anderen Fakten ableiten. Solche Ableitungen bilden aber nicht das Zentrum einer *empirischen* Anwendung. Einige Fakten der Theorie müssen ohne Ableitung bestimmt oder gemessen werden können. Wenn kein Faktum „direkt" bestimmt werden kann, befinden wir uns entweder in einer rein formalen Anwendung oder in der Metaphysik (Ü8-2).

In empirischen Anwendungen wird geprüft, ob eine Hypothese durch die Fakten bestätigt wird. Dieses Bestätigungsverfahren ist immer ein Teil der Passung. Ein solches Verfahren liegt oft weit von einer logischen Ableitung entfernt. Eine Hypothese benötigt oft viele Fakten zur Bestätigung. Es kann aber sein, dass einige für eine Überprüfung notwendige Fakten in einer Faktensammlung einfach nicht vorhanden sind. Oder es kann sein, dass ein atomarer Ausdruck, der ein Faktum beschreibt, den falschen Wahrheitswert hat. Bei Prüfung einer Hypothese muss

---

30 Variablenfreie, atomare Ausdrücke, die mit Junktoren verknüpft sind, liegen daher in einem offen bleibenden Bereich. Sie werden weder den Fakten noch den Hypothesen zugerechnet.

zum Beispiel ein bestimmter Ausdruck falsch sein, um die Hypothese zu bestätigen
(Ü8-3). In anderen Fällen muss ein Faktum mindestens einmal vorhanden sein,
um mit der Prüfung der Hypothese weiterzukommen.

Besonders heikel wird die Überprüfung einer Hypothese, wenn es zu diesem
Zeitpunkt keine Messmethoden für eine bestimmte Relation (für einen bestimmten
Begriff) in den Modellen gibt. In diesen Fällen ist ein Grundbegriff der Theorie
entweder sehr abstrakt oder der zentrale Grundbegriff der Theorie hat die Funktion,
alle Begriffe und Hypothesen zu einem Ganzen werden zu lassen. Zum Beispiel gilt
dies für den Begriff der Kraft in der Newtonschen Mechanik oder für den Begriff
des Nutzens in der Mikroökonomie. Zumindest in der Anfangsphase bestimmter,
sehr umfassender Theorien, gibt es keine Mess- oder Bestimmungsmethoden für
einen zentralen Begriff. Daher gibt es in diesem Fall nur eine einzige Möglichkeit,
bestimmte Werte für diesen Begriff zu erhalten: der Wert muss durch Hypothesen
und Fakten abgeleitet werden. Wobei die benutzten Fakten aber nicht mit dem
zentralen Begriff formuliert werden dürfen.

Dieser Punkt wurde wissenschaftstheoretisch ausführlich diskutiert (Carnap,
1966), (Sneed, 1971). Einen Begriff, der in der Theorie nur durch die Hypothesen
der Theorie weiter bestimmt werden kann, nennt man *theoretisch*. Zunächst waren
einige Wissenschaftstheoretiker der Ansicht, dass man mit einem theoretischen
Begriff der Realität überhaupt nicht näherkommen kann. Die Entität, die durch
einen theoretischen Begriff bezeichnet wird, ist zu weit von der sinnlichen Welt
entfernt. Es war die Idee, Theorien auf Grundfesten von Beobachtungssätzen zu
errichten. Inzwischen ist die Wissenschaftstheorie etwas realistischer und offener
geworden. Dass eine Theorie für immer gültig bleibt, glauben die meisten Forscher
heute nicht mehr. Im Modell von *Sneed* wird ein Begriff auf eine bestimmte Theorie
T relativiert (Sneed, 1971). Ein Begriff wird von einem theoretischen Begriff zu
einem T-theoretischen Begriff.

Sneed formuliert ein Kriterium für T-Theoretizität. Ein Begriff der Theorie T
ist *T-theoretisch* genau dann, wenn *jede* Bestimmungsmethode, mit der Werte des
Begriffs genauer bestimmt werden, die Hypothesen der Theorie T benutzen muss
(Ü8-4). Das Beispiel der Bestimmung der Kraft in der Mechanik hatten wir gerade
angesprochen. Jede Bestimmungsmethode für einen Wert der Kraftfunktion f, die
wir genauer ermitteln möchten, benutzt „irgendwie" die Hypothese (das zweite
*Newton*sche Axiom). Wie dies genauer begründet wird, führt in einen wissenschaftstheoretischen Spezialbereich, den wir hier nicht weiter erörtern.[31]

Die verschiedenen Fehlerquellen bei der Überprüfung der Hypothesen führen
aber nicht gleich dazu, die gerade benutzten Hypothesen zu verwerfen. Solche Fehler

---

31 Siehe zum Beispiel (Schurz, 1990), (Balzer, 1996).

werden mit Bedacht zur Kenntnis genommen und dann genauer untersucht. Eine Faktensammlung zur Zeit z passt zwar nicht in Idealform zu einem Modell, sie passt aber oft *fast* dazu. Oft macht es Sinn, eine Faktensammlung nur approximativ mit einem Modell zur Passung zu bringen. Diese Methode führt zur Statistik, mit der sich die Wissenschaftler heutzutage beschäftigen und beschäftigen müssen.

Im Allgemeinen wird Passung so erweitert, dass eine ganze Umgebung des Modells methodisch benutzt wird. Oft genügt es, ein potentielles Modell zu finden, das nahe am gegebenen Modell liegt. Es wird eine Umgebung des Modells definiert und nach einem potentiellen Modell aus dieser Umgebung gesucht, das zur Faktensammlung passt. Im einfachsten Fall lässt sich eine solche Umgebung durch eine einzige Zahl definieren. Es gibt topologische Methoden, mit denen aus einer Zahl und einem potentiellen Modell eine ganze Umgebung konstruiert werden kann (Ü8-5).

In Abbildung 8.1 wurde eine Faktensammlung in ein Modell eingebettet. Die Bestandteile der Faktensammlung finden sich im Modell wieder. Faktensammlung und Modell lassen sich auf der graphischen Darstellungsebene nicht ohne weiteres trennen. In der strukturalistischen Literatur werden Faktensammlungen (oder intendierte Systeme) von Modellen der Form nach klar unterschieden. Auch in Abbildung 7.3 ist diese Unterscheidung zu erkennen. Diese Trennung lässt sich aber nicht in allen Anwendungen sauber durchführen.

Im extremsten Fall kann im Möglichkeitsraum ein Modell mit einer Faktensammlung identisch sein (Ü8-6). Alle Modelle, potentiellen Modelle und eine zu z gegebene Faktensammlung liegen im Möglichkeitsraum. Nicht immer ist es möglich, eine klare, formale Grenze zwischen der Modell- und der Wirklichkeitsebene zu ziehen. Wenn wir dies trotzdem tun, geschieht dies um andere, für dieses Buch wichtigere Gründe, klarer hervorheben zu können.

In Abbildung 8.2 stellen wir die drei Hauptfälle der Passung dar. In a) ist die Situation dargestellt, in Passung angewendet werden kann. Die Menge der Modelle ist als schwarzes Oval und eine Umgebung dieser Modelle als ein gepunktetes Oval dargestellt. x ist ein gegebenes Modell und y ist eine Faktensammlung zu einem gegebenen Zeitpunkt. Die Frage ist, ob y zu x passt. In b) wird diese Frage durch die Einbettungsbeziehung *ebt* positiv beantwortet. Hier ist die Faktensammlung gegeben, während das Modell x erst gesucht wird. Ist die Suche erfolgreich, wurde ein Modell x gefunden, so dass y ein Teilmodell des Modells x ist. y lässt sich in x einbetten. Wenn es kein Modell x gibt, das die in b) dargestellte Beziehung erfüllt, wird in c) eine Umgebung der Modelle mit einbezogen. In der Umgebung wurde ein potentielles Modell x' gefunden, das zu y passt. Die Hypothesen sind für das potentielle Modell nur approximativ richtig. Das heißt, in der Umgebung des gegebenen Modells x, das nicht zu y passt, wurde ein potentielles Modell x' gefunden, das

ideal zu *y* passt und das einen für die Forschergruppe erträglichen Abstand δ zum
Modell *x* hat. Im dritten Fall in d) gibt es weder ein Modell noch ein potentielles
Modell, das in der Umgebung der Modelle liegt und das zur Faktensammlung *y*
passt. In diesem Fall gibt es keine annehmbare Passung.

Abkürzungen:
  $S(T)$ ist der Möglichkeitsraum der Theorie T
  M ist die Menge aller Modelle der Theorie T
  ebt ist die Einbettungsbeziehung

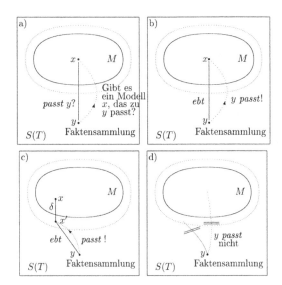

Abb. 8.2

Drei Passungs-
möglichkeiten

Wir betonen, dass bei dieser Ausgangslage die Faktensammlung zu einem Zeitpunkt fest vorgegeben ist. In b) wird ein Modell *x* aus *M* gesucht und gefunden. In
c) wird nur ein potentielles Modell und ein Modell gefunden und in d) gibt es gar
kein System, das zur Passung gebracht werden kann.

Damit ist die Passung für eine gegebene Theorie aber noch nicht beendet. Nicht
eine Faktensammlung zu einem gegebenen Zeitpunkt wird betrachtet, sondern alle
Faktensammlungen der Theorie zu diesem Zeitpunkt müssen zu den Modellen
passen. Dies eröffnet drei Möglichkeiten. Erstens kann es sein, dass jede Faktensammlung zu einem Modell passt: die Theorie ist völlig richtig. Bei der zweiten

Möglichkeit wird jede Faktensammlung mit einem potentiellen Modell zur Passung gebracht, das nahe bei einem Modell liegt: die Theorie ist mit einer gewissen Wahrscheinlichkeit richtig. Bei der dritten Möglichkeit gibt es Faktensammlungen, die weder ideal noch approximativ zu Modellen oder potentiellen Modellen passen: die Theorie ist falsch. Der zweite Fall stellt für anwendungsbezogene Disziplinen den Normalfall dar. Der dritte Fall führt dazu, dass die Theorie verändert wird.

Da die Beziehung der Einbettung *ebt* einer Faktensammlung in ein Modell im Allgemeinen nicht die Funktionseigenschaft hat, kann es vorkommen, dass verschiedene Faktensysteme in dasselbe Modell eingebettet werden oder dass eine Faktensammlung in verschiedene Modelle eingebettet wird. Es kann auch vorkommen, dass es sehr viele Modelle gibt, die zur Passung nicht herangezogen werden. Um diese Punkte zu klären, beginnen wir mit der Menge der Faktensammlungen zu einem gegebenen Zeitpunkt, die in ein Modell eingebettet werden kann. Wir verallgemeinern dann diese Beziehung auf potentielle Modelle und auf mögliche Systeme. Wenn eine Menge X von potentiellen Modellen und eine Menge Y von Systemen gegeben ist, definieren wir, dass die Menge Y von Systemen in die Menge X von potentiellen Modellen eingebettet ist (kurz: Y *ebt** X) genau dann, wenn es für alle Systeme $y \in Y$ ein potentielles Modell x gibt, so dass y in x eingebettet ist. Abgekürzt geschrieben:

(8.3) (Y *ebt** X) genau dann, wenn es für alle $y \in Y$ ein $x \in X$ gibt, so dass (y *ebt* x) gilt.

Die erste Art der Einbettung (*ebt*) findet zwischen Systemen statt, die zweite Art (*ebt**) zwischen Mengen von Systemen.

Nach dieser Definition können zum Beispiel zwei verschiedene Mengen Y, Y' von Systemen in die Menge M aller Modelle eingebettet werden. Es ist daher sinnvoll, auch maximal große Mengen von Systemen zu betrachten. In (8.3) ersetzen wir im Allgemeinen die Menge Y durch die eindeutig bestimmte Menge *aller* Systeme, die in eine Menge von potentiellen Modell X eingebettet werden kann. Speziell können wir zu einem gegebenen Zeitpunkt die Menge von Faktensammlungen in die Menge der Modelle der Theorie einbetten. In der Mengenschreibweise lässt sich dies folgendermaßen definieren:

Der *Gehalt*(X) von X wird als die Vereinigung aller Y definiert,
(8.4) die die Einbettung (Y *ebt** X) erfüllen:
Gehalt(X) = $\cup$ {Y / (Y *ebt** X)}.

Wenn der Operator *Gehalt* speziell auf die Menge der Modelle der Theorie angewendet wird, nennt man die Menge *Gehalt(M)* den *Gehalt der Theorie* (*theory's content*). Der Gehalt der Theorie umfasst alle Systeme, die sich in Modelle einbetten lassen. Den Anspruch der Theorie erhält man, wenn man fragt, ob die Menge der Faktensammlungen, die zu einem Zeitpunkt z gegeben ist, im *Gehalt(M)* liegt.

In Abbildung 8.3 werden mit diesen Definitionen in a) die Ausgangssituation und in b) – d) die drei Passungsmöglichkeiten dargestellt, wobei die Menge D jeweils auf einem gegebenen Zeitpunkt z relativiert ist: $D[z]$.

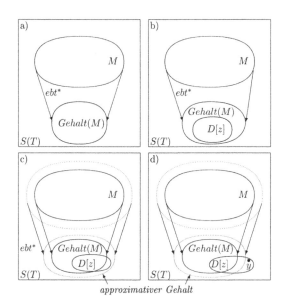

Abb. 8.3

Ausgangssituation und drei Positionen der Menge $D[z]$ von Faktensammlungen

approximativer Gehalt

In Abbildung 8.3 a) wird der Gehalt *Gehalt(M)* der Theorie graphisch dargestellt, der mengentheoretisch in (8.3) und (8.4) formuliert wurde. In b) ist der Idealfall zu sehen, in dem die Menge $D[z]$ der zu einem Zeitpunkt z gegebenen Faktensammlungen vollständig im Gehalt der Theorie liegt. Im Fall c) liegt $D[z]$ teilweise außerhalb des Gehalts. In c) wird der Approximationsapparat eingesetzt, der den idealen Gehalt der Theorie zu einem *approximativen Gehalt* vergrößert. In diesem Fall liegt die Menge $D[z]$ nicht im idealen Gehalt, sondern im approximativen Gehalt der Theorie. Jede Faktensammlung zu z lässt sich zumindest näherungsweise in ein Modell einbetten. Genauer wird dabei ein Annäherungsgrad benutzt, so dass ein bestimmter Grad eine Umgebung der Modellmenge erzeugt. Im letzten Fall d) liegen einige der Faktensammlungen so weit vom approximativen Gehalt entfernt, dass sie beim gegebenen Näherungsgrad nicht approximativ in die Modelle eingebettet werden können.

Real gesehen wird der Anspruch einer Theorie durch verschiedene, sich ergänzende Methoden bestätigt. Die Modelle einer Theorie sollten keine formalen Widersprüche enthalten. Sie sollten einfach und wenigstens für einige Menschen verständlich sein. Einige Wissenschaftler sollten Interesse an dieser Theorie haben; sie sollten sich zumindest über die grundlegenden Bestandteile der Theorie einig sein. Wenigstens eine gesellschaftliche Gruppe sollte dieser Theorie nicht ablehnend gegenüberstehen. Es sollten wirklich existierende Systeme bekannt sein, die einige Wissenschaftler auch untersuchen. Der wichtigste Aspekt ist aber, dass einigen Wissenschaftlern Fakten, also zu einem gewissen Grad bestätigte Ereignisse (Tatsachen, Sachverhalte, Dinge) aus intendierten Systemen und ihren Faktensammlungen dieser Theorie bekannt sein müssen.

Im Idealfall b) in Abbildung 8.3 kann der Anspruch einer Theorie mit Hilfe des Gehalts der Theorie kurz so ausgedrückt werden

Die Menge $D[z]$ der Faktensammlungen der Theorie zum Zeitpunkt z bildet einen Teil des Gehalts der Theorie, $D[z] \subseteq Gehalt(M)$.

Diese Aussage wird als *der empirische Gehalt der Theorie* bezeichnet (*the theory's empirical claim*). Dieser Anspruch kann verallgemeinert werden. Dazu wird der $Gehalt(M)$ der Theorie mengentheoretisch zum *approximativen Gehalt*$^{appr}(M)$ der Theorie vergrößert: $Gehalt(M) \subset Gehalt^{appr}(M)$. Inhaltlich ist der approximative Gehalt schwächer als der Gehalt. Wenn der empirische Gehalt der Theorie gültig ist, lässt sich logisch ableiten, dass auch der approximative empirische Gehalt der Theorie gültig ist.

Mit den Begriffen des Gehalts und des empirischen Gehalts einer Theorie können zwei oft diskutierte Begriffe: Erklärung und Bestätigung, auf andere Weise formuliert werden. Bei einer ersten Bedeutung geht es um die Erklärung eines intendierten Systems y einer Theorie T. In unserem Modellrahmen sagen wir, dass das intendierte System y durch die Theorie T *erklärt* wird, wenn y im $Gehalt(M)$ der Theorie liegen kann. Approximativ wird y durch T *erklärt*, wenn y im *approximativen Gehalt*$^{appr}(T)$ der Theorie liegen kann. Zum Beispiel wird unser Sonnensystem erklärt, indem eine Faktensammlung aus diesem System zu einem Modell der Gravitationstheorie passt. Dies lässt sich auch approximativ fassen.

Es gibt auch Erklärungen mit einer zweiten Bedeutung, bei denen nicht ein bestimmtes intendiertes System erklärt wird, sondern ein allgemeines, ein abstrakt formuliertes System oder Phänomen. Im gerade verwendeten Beispiel wird nicht unser Sonnensystem erklärt, sondern alle bekannten Sonnensysteme. Das „Phänomen" der Bewegung der Planeten um eine Sonne in einer bestimmten Form wird im Allgemeinen erklärt. Bei uns führt dies zu folgender Erklärung. Die Menge I der intendierten Systeme und der dazugehörigen Faktensammlungen $D[z]$ zu einem Zeitpunkt z für die Gravitationstheorie T wird erklärt, indem $D[z]$ im *Gehalt*(M) der Theorie liegt. Anders gesagt wird erklärt, dass $D[z]$ in eine Modellmenge von T einbettet wird, oder noch anders ausgedrückt, dass der empirische Gehalt von T zum Zeitpunkt z richtig ist. Auch dies lässt sich ohne weiteres zu approximativen Erklärungen verallgemeinern.[32]

Auch der Begriff der Bestätigung wird in mehreren Varianten verwendet (Balzer, 2009). In einer ersten Art von Bestätigung wird ein Faktum und in einer zweiten Art eine Faktensammlung bestätigt. Mehr dazu findet sich in Abschnitt 7 und 13. Bei einer dritten Art wird eine Hypothese bestätigt und in der vierten Art eine Theorie. In diesen beiden Formen wird der Anspruch oder ein partieller Anspruch, der durch eine Hypothese erhoben wird, genauer untersucht. Mehr dazu wird in den Abschnitten 9 – 11 gesagt. In all diesen Varianten gelten Theoriebestandteile durch Wissenschaftler in einem gewissen Grad als bestätigt. Die Bestätigung der Hypothesen der Theorie wird zum größten Teil auf die Bestätigungen von Fakten zurückgeführt. Ein wirkliches System wird meist in elementare Bestandteile zerlegt, die in einem gewissen Grad richtig oder wahrscheinlich sind. Eine Theorie T als Ganzes ist *bestätigt*, wenn der empirische Gehalt von T richtig ist. Auch dieser Begriff wird approximativ verwendet.

In Abbildung 8.3 d) ist ein Fall dargestellt, bei dem zum Zeitpunkt z die Menge von Faktensammlungen $D[z]$ *nicht* in den approximativen Gehalt der Theorie eingebettet werden kann. Eine dieser Faktensammlungen y wird dort abgebildet.

Aber auch in diesem Fall muss dies noch nicht bedeuten, dass die Passung wirklich scheitert. Ob die Theorie zu den Faktensammlungen passt, hängt auch vom benutzten Annäherungsgrad ab, der eine Umgebung für die Modelle festlegt. Wenn ein Umgebungsbegriff verwendet wird, in dem die Umgebung eines Modells durch einen Abstand – oder noch einfacher durch eine einzige, positive Zahl – festgelegt wird, sieht man sofort, dass es wichtig wird, eine irgendwie der Realität angemessene Zahl zu verwenden. Wenn der Grad sehr klein gewählt ist, wird eine „außerhalb liegende" Faktensammlung auch weiterhin außerhalb bleiben. Wenn

---

32 Neben diesen beiden Varianten von Erklärung gibt es noch zwei weitere: kausale Erklärung (Salmon, 1984) und statistische Erklärung (Glymour, Scheines, Sprites & Kelly, 1987). Eine weitere Bedeutung von Erklärung wird in Abschnitt 15 behandelt.

der Grad hingegen zu groß gewählt ist, können unter Umständen auch Systeme im approximativen Gehalt liegen, die Forscher darin keinesfalls akzeptieren würden.

In Abbildung 8.4 haben wir den Abstand zwischen einem Modell x und einem potentiellen Modell y, einen Einheitsabstand δ, die Mengen M der Modelle und eine kreisrunde Umgebung U von x dargestellt. Aus dem Abstand δ – einer Zahl – lässt sich die Umgebung U des Modells explizit definieren. Diese Prozedur kann auch mit größeren oder kleineren Zahlen ausgeführt werden, so dass größere oder kleinere Umgebungen von x entstehen können – was hier aber nicht dargestellt ist. Anders gesagt gibt es viele verschiedene Umgebungen desselben Systems x. Es gibt auch Umgebungen, die sich nicht durch eine einzige Zahl definieren lassen. Eine Umgebung dieser allgemeineren Art haben wir schon in Abbildung 1.3 kennengelernt.

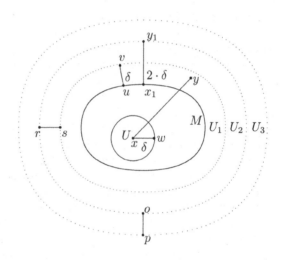

Abb. 8.4

Verschiedene
Modellumgebungen

In Abbildung 8.4 sind drei weitere, ovale Umgebungen U_1, U_2, U_3 von Modellmengen eingezeichnet, die sich nicht durch eine einzige Zahl definieren lassen. Diese Umgebungen lassen sich teilweise weiter ordnen. Zum Beispiel ist die zweite Umgebung U_2 auch eine Umgebung der ersten Umgebung U_1. Es gibt aber auch Umgebungen, bei denen eine erste Umgebung kein Teil einer zweiten Umgebung ist – und *vice versa* (Ü8-7). y ist ein System, welches noch im Inneren der Umgebung U_1 von x liegt, es liegt aber nicht mehr in der Menge M der Modelle.

Bei allen Systempaaren x-y, u-v, r-s und o-p haben die Systeme jeweils den gleichen Abstand. Dieser ist als eine Linie eingezeichnet. Relativ zur Umgebung

U liegt w maximal weit entfernt von x. Das System v hat den minimalen Abstand δ zum Modell u. Man sieht auch, dass der Abstand zwischen y_1 und x_1 doppelt so groß ist, wie zum Beispiel der zwischen u und v. Wenn der Einheitsabstand größer gewählt wird, werden die kreisrunden Umgebungen größer und dadurch wird auch der approximative Gehalt Gehalt(M) der Theorie größer (Ü8-8).

Zu einer Theorie gehört normalerweise auch ein Approximationsapparat mit dem Abstände und/oder Umgebungen bestimmt werden können. Die Bestimmung und Untersuchung von Abständen und Umgebungen wird in jeder wissenschaftlichen Disziplin anders gehandhabt.

Für die Wissenschaftstheorie kommt hinzu, dass Abstände und Umgebungen auch wissenschaftsübergreifend untersucht werden müssen. Es reicht nicht aus, den Approximationsapparat einer bestimmten Theorie zu kennen und anwenden zu können. Wir müssen beim Vergleich zweier Theorien auch die eventuell verschiedenen statistischen Begriffe und Methoden beachten. Daher sind die Begriffe des Abstands und der Umgebung so zu beschreiben, dass sie für alle Theorien verwendet werden können. Die speziellen Abstands- und Umgebungsmethoden einer bestimmten Theorie lassen sich dann unter die in der Wissenschaftstheorie allgemein behandelten Begriffe subsumieren.

Abstand und Umgebung werden mathematisch innerhalb der *Topologie* auf unterschiedliche Weise untersucht. Eine Umgebung kann auch ohne Abstandsbegriff beschrieben werden. In (Balzer, Moulines & Sneed, 1987, Chap. VII) wird ein sogenannter *uniformer Raum* verwendet.[33] Dieser Raum ist besonders gut geeignet, die Umgebung von stetigen Funktionen (Ü8-9) zu untersuchen. Beim „normalen" Umgebungsbegriff wird die Umgebung nur auf einen bestimmten Punkt bezogen. Bei diesem Begriff geht es dabei um die Umgebung eines einzelnen Punktes.

Wir stellen kurz das einfachste Umgebungssystem für einen Punkt x_0 dar, bei dem weder Abstände noch Uniformitäten benutzt werden. Dieses System besteht aus drei Komponenten, aus einer Menge P von *Punkten*, aus einem ausgezeichneten „Ursprungspunkt" x_0 und aus einer Menge U von *Umgebungen* von x_0: $UR = \langle P, x_0, U \rangle$ Eine Umgebung u aus U besteht aus einer Menge von Punkten, die alle in einer Umgebung des Ursprungspunkts x_0 liegen. Solche Umgebungen haben wir bereits in Abbildung 8.4 kennengelernt. Ob eine Menge von Punkten u eine Umgebung von x_0 ist, hängt entscheidend davon ab, ob u zur Menge U aller Umgebungen von x_0 gehört oder nicht. Das heißt, ein Umgebungssystem enthält nur eine bestimmte Auswahl von Umgebungen, die durch folgende Hypothesen sehr allgemein charakterisiert wird (Schubert, 1964, Abschnitt 13):

---

33 Siehe (Bourbaki, 1968) oder (Schubert, 1964).

U1   Jede Obermenge einer Umgebung von x_0 ist Umgebung von x_0.

U2   Der Durchschnitt endlich vieler Umgebungen von x_0 ist eine Umgebung von x_0, und P ist eine Umgebung von x.

U3   Jede Umgebung von x_0 enthält x_0.

U4   Ist u Umgebung von x_0, so gibt es eine Umgebung v von x_0 derart, dass u Umgebung jedes Punktes von v ist.

Der Umgebungsbegriff kann auch durch eine Abstandsfunktion d definiert werden. Durch diese Funktion bekommen je zwei Punkte a und b aus P eine nicht-negative, reelle Zahl α zugeordnet: $d(a,b) = \alpha$. Die Menge $\mathfrak{R}^+_0$ dieser nicht-negativen, reellen Zahlen wird dabei als bekannt vorausgesetzt. Das bedeutet, dass die verschiedenen Hypothesen, welche die Menge der reellen Zahlen charakterisieren, nicht explizit angegeben werden. Für die Abstandsfunktion d werden folgende Hypothesen verwendet (Schubert, 1964, Abschnitt 10):

D1   Es ist stets $d(a,a) = 0$, und aus $d(a,b) = 0$ folgt $a = b$.

D2   Für je zwei Punkte a,b gilt $d(a,b) = d(b,a)$.

D3   Für je drei Punkte a,b,c gilt: $d(a,c) \leq d(a,b) + d(b,c)$.

Ausgehend von einem Punkt a_0 und einer nicht-negativen, reellen Zahl α wird mit Hilfe der Abstandsfunktion d eine Umgebung u wie folgt definiert:

$$u = \{b \mid b \in P \text{ und } d(a_0,b) \leq \alpha \}.$$

Wie gesagt werden Abstände und Umgebungen in der Wissenschaftstheorie auch ganz allgemein für Erörterungen von Theorien verwendet. Dies wurde bereits in Abbildung 8.3 dargestellt. Durch den Approximationsapparat kann genauer erörtert werden, in welchem Grad die Modelle zu den Faktensammlungen der Theorie passen.

Die zeitliche Änderung von Faktensammlungen wurde in der Wissenschaftstheorie bis jetzt nur grob beschrieben. In der Literatur wurde in (Kuhn, 1970) der Begriff des *Paradigmas* benutzt, in (Stegmüller, 1986) der Begriff der *Autodetermination* ins Spiel gebracht.

Über mehrere Zeitperioden hinweg kommen bei einer Theorie sowohl neue intendierte Systeme und Faktensammlungen als auch einzelne Fakten hinzu, die jeweils aus einem schon existierenden, intendierten System stammen. Auch das Entfernen eines einzelnen Faktums, eines intendierten Systems oder einer Faktensammlung findet in seltenen Fällen statt.

In der ersten Entstehungsphase einer Theorie wird eine kleine Menge von Beispielen benutzt, die gewissermaßen eine Ankerfunktion für die Theorie hat.

Diese Beispiele sind leicht zu identifizieren, sie bekommen auch hervorgehobene Bezeichnungen (Namen). Derartige Systeme werden als Paradigmen („Beispiele mit Ankerfunktion") bezeichnet. Neben diesen Paradigmen kommen schnell weitere Systeme in die Diskussion, die den Paradigmen in einigen Aspekten ähnlich sind. Wenn aus einem solchen System Fakten geliefert werden, die zu den Hypothesen der Theorie „ein wenig" passen, kann ein solches System in die Menge I der intendierten Systeme aufgenommen werden.

Den Ausdruck „mögliche Faktensammlungen" benutzen wir, wenn wissenschaftstheoretisch über mögliche Theorien und ihre Veränderungen diskutiert wird. Solche Möglichkeiten lassen sich kaum vermeiden. Es sollte aber klar sein, dass Unterscheidungen von Systemen letzten Endes nicht rein theoretisch begründet werden, sondern von der Menge der Fakten abhängen, die zu jedem Zeitpunkt in der Theorie vorhanden sind. Ein nur gedanklich mögliches System, das noch keinen eigenen Namen besitzt, sollte kein Teil einer Theorie werden. Ein intendiertes System für T, das nur einen Namen hat, aber für welches bis jetzt noch überhaupt keine Fakten bekannt sind, kann man nicht in die Menge der Paradigmen aufnehmen.

Autodetermination lässt sich im hier relevanten Umfeld wie folgt erklären. Forscher stehen vor der Entscheidung, ein real wahrgenommenes System zur Menge I der intendierten Systeme der Theorie T hinzuzufügen oder nicht. Meistens läuft dies auf die Erhebung von neuen Fakten und Bestätigungsprozessen hinaus, mit denen schließlich entschieden wird, ob das System, insbesondere die Liste der dazugehörigen Fakten, für diese Theorie intendiert wird. Entwickelt sich in den Forschern eine Einstellung, dieses System genauer zu untersuchen? Wenn keine klare Entscheidung durch neue Fakten und zugehörige Bestätigungen (Ü8-10) möglich scheint, kommt die Autodetermination („Selbstbestimmung") ins Spiel. Wenn das neue System und seine neuen Fakten ausreichend zu den Hypothesen der Theorie passen, wird das System ohne weiteres Dazutun in die Menge der intendierten Systeme aufgenommen. Die Theorie T selbst bestimmt, ob ein neues System als intendiert hinzugenommen wird oder nicht.

Durch all diese Formen von bestätigtem Anspruch einer Theorie werden wirkliche Ereignisse erkannt.

Messung

9

Messung ist ein unverzichtbarer Bestandteil der Wissenschaft. Eine konkrete, wirklich stattfindende Messung lässt sich immer durch ein „dazugehöriges" Modell, ein *Messmodell* darstellen. Messmodelle sind im Vergleich zu Modellen in drei Aspekten spezieller. Erstens beschreibt ein Messmodell immer ein System, in das Wissenschaftler – in welcher Form auch immer – eingreifen. Das reale System wird durch Experimentatoren verändert. Das System kann marginal oder in Maßen verändert werden, es kann aber auch zerstört werden. Eine Raumsonde verändert den Planeten kaum, in einem Stoßexperiment wird in die Bahnen von Teilchen eingegriffen und bei einer chemischen Verpuffung wird eine Substanz zerstört.

Zweitens enthält ein Messmodell, neben den bereits in Abschnitt 6 erörterten Bedingungen, für jedes Modell die spezielle Bedingung der Eindeutigkeit. Ein hervorgehobener Bestandteil, welcher im Modell vorhanden sein muss, wird durch Hypothesen und durch einige andere gegebene Teile des Modells eindeutig bestimmt.

Drittens enthält ein Messmodell immer – implizit oder explizit – eine oder mehrere *Maßeinheiten*, ohne die eine praktische Durchführung der Messung nicht möglich ist.

Wir beginnen mit einem einfachen Beispiel. In einem Labor wird das Volumen eines Aquariums gemessen, in welchem Fische gezüchtet werden sollen. Dabei wird erstens ein Messwerkzeug, zum Beispiel ein Metermaß, benutzt, welches ein Teil des Messmodells ist. Zweitens wird das Volumen, genauer die Größe des Volumens (eine Zahl) eindeutig bestimmt, indem die bekannte Formel: Volumen = Breite × Länge × Höhe benutzt wird. Drittens hat das Metermaß eine festgelegte Längeneinheit: im deutschen Sprachraum etwa den *Meter*, der im Original als „Urmeter" in Paris zu sehen ist.

Für viele Messmodelle ist eine weitere Bedingung erfüllt: Einige Teile des Messmodells sind Fakten für eine gegebene Theorie und das Messmodel ist auch ein Modell dieser Theorie. Wie vorher beschrieben, bilden Fakten Teile von Faktensammlungen, von Modellen und vom gerade betrachteten Messmodell der Theorie.

© Springer Fachmedien Wiesbaden GmbH, ein Teil von Springer Nature 2019
W. Balzer und K. R. Brendel, *Theorie der Wissenschaften*,
https://doi.org/10.1007/978-3-658-21222-3_10

Die einfachsten Objekte oder Ereignisse, die gemessen werden, sind auf irgendeine Weise stabil. Oft lässt sich ein Objekt wiederholt messen oder Ereignisse desselben Typs lassen sich wiederholen. Solche Ereignisse sollten – jedenfalls in der Anfangsphase einer wissenschaftlichen Disziplin – in ausreichender Zahl vorhanden sein, so dass es sprachlich und gedanklich möglich wird, auch von Ereignistypen zu reden. Erst dann kann auch von Eigenschaften eines Ereignisses gesprochen werden. Ein stabiler Ereignistyp hat eine Eigenschaft, die sich mit der Zeit kaum ändert. Auf diese Weise wird es möglich, eine bestimmte Eigenschaft genauer zu betrachten und zu untersuchen.

Eine der ersten Eigenschaften, die in der Wissenschaft untersucht und oben gerade benutzt wurde, ist die *Größe*. Viele verschiedene Ereignisse und spezielle Entitäten wie Dinge, Objekte, Sachverhalte haben die Eigenschaft auf irgendeine Weise groß zu sein.[34] In der Wissenschaft wird die Eigenschaft *groß* normalerweise auf eine der vielen speziellen Ereignisarten eingeschränkt. Über eine spezielle Eigenschaft wird dann mehr und Genaueres gesagt. Sie passt zu den anderen Teilen eines Modells, sie ist stabil, sie lässt sich systematisch hervorheben. Zum Beispiel sind materielle Dinge, deren Formen sich nicht ändern, relativ zu anderen ähnlichen Dingen groß, größer oder kleiner. Große Dinge passen zu anderen großen Dingen, sie sind stabil, sie lassen sich von anderen Entitäten leicht unterscheiden. Die Eigenschaft groß zu sein, lässt sich durch viele Methoden genauer bestimmen, messen. Solche Methoden werden *Bestimmungs-* oder *Messmethoden* genannt. Bei einer Messmethode kommt ein konkretes Messmodell ins Spiel.

Wenn wir zum Beispiel eine Menge von Flächen verschiedener Form betrachten, können wir nicht nur qualitativ untersuchen, welche Fläche groß, nicht groß („klein") oder mittelgroß ist. Die Größen der Flächen lassen sich auch miteinander in Beziehung setzen. Welche Fläche ist größer als eine andere? In Abbildung 9.1 haben wir einige, verschieden große Flächen dargestellt.

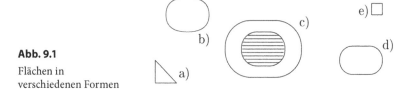

Abb. 9.1

Flächen in
verschiedenen Formen

34 In englischer Sprache wird in der Wissenschaft hauptsächlich das Wort *quantity* verwendet, welches im Vergleich zu *Größe* viel spezieller ist.

In diesem Beispiel lässt sich bei einigen Flächen mit bloßem Auge erkennen, dass eine bestimmte Fläche größer als eine andere ist. Die schraffierte Fläche in c) stellt einen freien Bereich dar, der nicht zur Fläche gehört. Die mit a) bezeichnete Fläche ist größer als die mit e) bezeichnete. b) ist größer als a), c) ist größer als a) und d) ist größer als a). Dagegen ist nicht klar zu erkennen, ob es zwischen b), c) und d) eine Beziehung des Größer-Seins gibt.

Eine solche Beziehung kann aber für menschliche Belange ziemlich wichtig werden. Die Fläche eines Ackers hat eine bestimmte, normalerweise stabile Größe. Ein anderes Beispiel ist das Volumen, das auch schon vor 5000 Jahren in Mesopotamien benutzt wurde. Nahrungsmittel wurden eingelagert, so dass Größen, Mengen und Quantitäten von Waren genauer bestimmt und damit Streitigkeiten vermieden wurden. So konnte zum Beispiel Weizen in vielen verschiedenen Gefäßen wie Körben, Säcken, Schalen, Krügen etc. gelagert werden. Es konnte aber schnell zu einem Streit führen, wenn es um den Wert der Ware in einem bestimmten Gefäß ging. Wenn beispielsweise Wein in einer Amphore gelagert wurde, gab es ein Verfahren, mit dem die Amphore geleert wurde. Damit lässt sich das Volumen (eine Größe) bestimmen. In diesem Beispiel wird eine Maßeinheit zum Beispiel ein Messbecher, benutzt. Es wird gezählt, wie oft der Becher gefüllt wird, um die Amphore völlig zu leeren. Das Volumen der Amphore wird als die Anzahl der gefüllten Messbecher festgesetzt.

Viele andere Verfahren lassen sich auf ähnliche Weise beschreiben. Im Allgemeinen wird eine bestimmte Eigenschaft eines hervorgehobenen Ereignisses gemessen, dessen Ereignisart bekannt ist. Das Ereignis ist ein Teil eines größeren Systems. Zur Messung wird die Eigenschaft dieses und anderer Ereignisse der gleichen Art benötigt. Bei der einfachsten Methode wird das zu messende Ereignis mit einer Folge von Maßeinheiten, die ebenfalls diese Ereignisart besitzen, verglichen. Dabei werden je zwei Maßeinheiten nach einer bestimmten Regel korrekt zusammengefügt.

In Abbildung 9.2 haben wir dieses Verfahren mit Flächen und Kreisen dargestellt. Man sieht, dass eine Fläche größer als eine zweite ist, wenn in der ersten Fläche mehr Kreise Platz haben als in der zweiten. Der Vergleich von Flächen wird also mit Zahlen (Anzahl von Kreisen) einfach und präzisiert systematisch beschrieben. Die Kreise sollen sich nicht überschneiden. In diesem Beispiel können zwei Kreise auf verschiedene Weise zusammengefügt werden; sie sollen aber disjunkt zueinander sein.

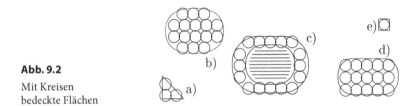

Abb. 9.2

Mit Kreisen
bedeckte Flächen

In Abbildung 9.3 unten ist das Resultat einer zweiten Anwendung derselben Methode
aber diesmal mit kleineren Kreisen als Maßeinheiten dargestellt.

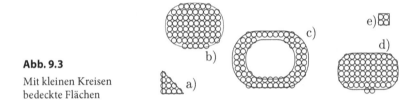

Abb. 9.3

Mit kleinen Kreisen
bedeckte Flächen

In Abbildung 9.2 sind sie Kreise größer als in Abbildung 9.3. Man sieht sofort,
dass die Größe einer Fläche von der Größe der benutzten Kreise – der Einheiten
– abhängt. In den Abbildungen stimmen die Summen all der Kreisflächen nicht
ganz mit den jeweils zu messenden Flächen überein. Einen solchen *Messfehler* sieht
man hier auf den ersten Blick.

Diese und ähnliche Messfehler lassen sich beim Messen in empirischen Anwendungen kaum vermeiden. In Abbildungen 9.2 und 9.3 lassen sich drei Messfehler
identifizieren. Erstens sind die verwendeten Kreise als Maßeinheiten zu grob. Sie
können eine zu messende Fläche nicht ganz genau durch eine natürliche Zahl angeben. Die Größe einer Fläche ist normalerweise entweder etwas kleiner oder etwas
größer als die Summe der benutzten Kreisflächen. Zweitens führt die disjunkte
Zusammenlegung der Kreise dazu, dass viele Punkte in den Flächen außerhalb
der Kreise liegen. Ein Teil der Gesamtgröße wird in dieser Methode daher nicht
berücksichtigt. Drittens kann die Größe eines Objekts oder eines Ereignisses viele
verschiedene Formen haben, welche oft nicht mit einer einzigen Messmethode
vollständig ermittelt werden können. Wenn wir sowohl rechteckige als auch kreis-

und halbkreisförmige Maßeinheiten benutzen, wird die Gesamtfläche oft schneller und genauer berechnet.

Der letzte Punkt führt zu einem grundlegenden, in der Wissenschaft altbekannten Problem der *Inkommensurabilität*. Die Fläche eines Kreises und die eines Rechtecks lässt sich zwar durch verschiedene Methoden messen. Resultate, die aus zwei verschiedenen Methoden stammen, werden aber nur *fast (approximativ)* übereinstimmen (Ü9-1).

Alle Messfehler haben auch etwas mit der Entwicklung der Zahlen zu tun (Schmandt-Besserat, 1984), welche vor vielen tausend Jahren stattfand. Zu dieser Zeit wurden sowohl geometrische Phänomene als auch zeitliche, periodische Veränderungen auf der Erde und am Himmel untersucht (Heath, 1981). Erste große Bauwerke entstanden und die Lagerung von ökonomischen Waren wurde systematisiert.

Messfehler der hier erörterten Art entstehen, wenn ein zu messendes Objekt relativ zu den Maßeinheiten, die benutzt werden, zu groß oder zu klein ist. Die Anzahl der benutzten Maßeinheiten wurde in vielen Anwendungen so groß, dass eigens Zahlensysteme erfunden wurden, um solche Anzahlen in den Griff zu bekommen. Heute verwendet man ein Dezimal- oder ein Binärsystem, in dem Zahlen notiert und manipuliert werden können. Schon in Abbildung 9.3 ist es nicht ganz einfach, die Anzahl der Kreise zum Beispiel für die Fläche in c) wirklich zu zählen.

Dies führt zur Mathematik, wo die Begriffe der *Funktion* und der *Gleichheit* eine zentrale Rolle spielen. Eine Funktion ist eine Beziehung. Sie *ordnet* den Elementen einer ersten Menge Elemente einer zweiten Menge *zu*. Eine solche Zuordnung wird oft durch Pfeile dargestellt. Gleichheit besagt idealerweise, dass zwei Ereignisse genau dann gleich sind, wenn sie die gleichen Elemente besitzen und mit allen anderen Ereignissen in denselben Beziehungen stehen.

In Abbildung 9.4 ist eine elliptisch geformte Menge X mit ihren Elementen – Kreisen – dargestellt. Von jedem Element führt ein Pfeil zu einem Strich. Aus Gründen der Übersichtlichkeit haben wird nicht alle Pfeile eingezeichnet. Auf der rechten Seite sehen wir zwei Kreise, von denen jeweils ein Pfeil nach oben zu dem gleichen Strich führt. Diese Konstellation ist bei Funktionen erlaubt. Dagegen ist es nicht erlaubt, dass von einem Element zwei Pfeile zu zwei verschiedenen Strichen führen. Eine solche Anordnung ist aber rechts oben zu sehen. Sie steht im Widerspruch zu den zwei fundamentalen Eigenschaften, die für jede Funktion gelten müssen und die wir wie folgt ausdrücken – wobei wir die Menge der Striche allgemein als eine zweite Menge Y von Elementen bezeichnen:

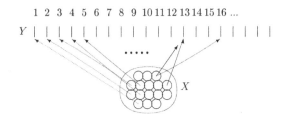

Abb. 9.4

Ein Zählvorgang

(9.1)   Von jedem Element der Menge X führt ein Pfeil zu einem Element der Menge Y.

(9.2)   Zwei verschiedene Pfeile vom gleichen Element von X zu verschiedenen Elementen aus Y sind nicht erlaubt.

Bedingung (9.1) wird auch in etwas schwächerer Form benutzt: Nur einige Elemente aus X bekommen Pfeile. Die restlichen Elemente werden bei der Zuordnung nicht beachtet. Bedingung (9.2) drückt aus, dass die Werte der Funktion *eindeutig bestimmt* (Ü9-2) sind. Die Elemente aus X, von denen ein Pfeil ausgeht, werden *Argumente* (der Funktion) genannt. Ausgehend von einem Argument x aus X wird ein Element y aus Y, welches zu einem Pfeil führt, der *Funktionswert für das Argument x* genannt.

Eine Funktion kann zusätzlich eine der beiden folgenden Eigenschaften besitzen: sie kann *injektiv* oder *bijektiv* sein. Die Pfeile, die in Abbildung 9.4 nach links zeigen, verfügen über beide Eigenschaften. Zwei verschiedene Elemente aus X bekommen verschiedene Elemente aus Y (injektiv) zugeordnet. Wenn die Funktion injektiv ist und ein Element von Y nur zu einer Pfeilspitze gehören kann, ist sie bijektiv (Ü9-3). Außer der ersten Bedingung (9.1) spielt die Gleichheit in allen anderen Bedingungen eine nicht eliminierbare Rolle.

Durch die Begriffe der Funktion und der Gleichheit ist es möglich, Zahlensysteme zu konstruieren. Ein Modell des primitivsten Zahlensystems ist in Abbildung 9.4 dargestellt. Es besteht aus einer Liste von Strichen, die mit einer bestimmten Schreibtechnik zu Papier gebracht werden. *Jeder* dieser Striche bekommt ein eigenes Wort zugeordnet. In der deutschen Sprache erlernen die Schüler heutzutage pflichtgemäß diese Liste von Wörtern in der Schule: Eins, Zwei, Drei,…,eine Million, zwei Millionen, zwei Millionen und eins, und so weiter. Vor vielen tausend Jahren wurden in anderen Gegenden andere Wörter benutzt. Die Zahlen wurden zum Beispiel auf Tontäfelchen geschrieben, eingeritzt. Dadurch wurde es zum ersten Mal möglich, zu sagen, in welcher Menge eine Ware eingelagert und entnommen wurde, oder wie groß ein Acker vor und nach einer Flut war. Ohne diese Zahlen und ohne eine Messmethode, mit der eine Quantität genau festgelegt wird, kann es, wie schon gesagt, unter den Menschen zu einem Streit kommen: ist eine Quantität vorher und nachher gleich oder nicht.

Neben den

> *natürlichen Zahlen* entwickelten sich die
> *ganzen Zahlen*: ...-3,-2,-1,0,1,2,3..., die
> *rationalen Zahlen*: ...-2...-3/2...-1...-2/3...-1/2...-1/3...0...1/4...1/3...1/2...
> 1...17/9...2...5/2...3... und die
> *reellen Zahlen*,

unter denen sich auch alle vorher genannten Zahlen befinden, und die zusätzlich noch Zahlen enthalten, die durch unendlich lange Folgen von Symbolen, oder durch Verfahrensbeschreibungen ausgedrückt werden.

Um Funktionen, Zahlen und ihre Beziehungen einfach und klar darzustellen, hat sich die Mengenlehre entwickelt. In der Mengenlehre lässt sich all dies durch zwei Grundbegriffe – Gleichheit und Elementbeziehung – und ein Konstruktionsverfahren für Listen von Mengen ausdrücken. Zwei Mengen sind gleich, wenn sie dieselben Elemente enthalten und eine Menge ist ein Element einer anderen Menge, wenn einige wenige Hypothesen der Mengenlehre erfüllt sind (Fraenkel, 1961).

Nach dieser Exkursion über Zahlen kehren wir zum Flächen-Beispiel in Abbildung 9.2 und 9.3 zurück. Zwei oder mehr Ereignisse einer Ereignisart können gleich groß sein. Dies ist für Maßeinheiten evident. In Abbildung 9.3 sind aber auch die verschieden geformten Flächen c) und d) – jedenfalls für praktische Zwecke und durch die benutzte Messmethode – gleich groß. Beide Flächen werden mit derselben Anzahl (im Beispiel: 62) an Maßeinheiten bedeckt. Wenn wir im Beispiel in Abbildung 9.3 eine feinere Maßeinheit verwenden würden, kämen unterschiedliche Messwerte bei c) und d) heraus.

All dies bedeutet, dass es in den empirischen Disziplinen immer notwendig ist, Messfehler einzukalkulieren. Es wird versucht, die Fehlerquellen zu eliminieren oder zu minimieren. Wenn dies wegen Inkommensurabilität nicht vollständig möglich ist, lassen sich statistische Verfahren nicht vermeiden. In der heutigen komplexen Welt und Wissenschaft müssen solche Methoden aus den bereits in Abschnitt 1 diskutierten Gründen verwendet werden. Wissenschaftliche Modelle aus Nano-, Mikro- und Makroebene werden durch Wahrscheinlichkeitstheorie und Statistik begründet. Inzwischen gibt es statistische Verfahren, die zwar nicht einfach zu verstehen sind, mit denen aber der Bereich der Messfehler *ganz genau* bestimmt werden kann.[35] Eine Größe lässt sich wirklichkeitsgetreu eben oft nur approximativ bestimmen.

Für die Naturwissenschaften sind die Größen des räumlichen und des zeitlichen Abstandes zentral. Raum und Zeit wurden lange Zeit unabhängig untersucht und gemessen. Erst vor etwa 100 Jahren wurden diese beiden Begriffe von *Einstein* in der Relativitätstheorie vereinigt. Diese Entwicklung gab einen letzten Schub zur Vereinigung von Tatsachen und Sachverhalten zu Ereignissen, was wir bereits in Abschnitt 1 erörtert haben.

Bei der Messung der „klassischen" Länge werden Methoden verwendet, bei denen eine bestimmte Form wichtig ist. Bei einer solchen Methode werden die Maßeinheiten ohne Umwege, direkt an das Objekt angelegt, so dass sie zusammengefügt (*konkateniert*) werden können. Durch das Zusammenfügen wird eine gerade Linie konstruiert. Es gibt verschiedene Messverfahren dieser Form, die in der Literatur ausführlich behandelt werden, zum Beispiel (Pfanzagl, 1968), (Krantz, Luce, Suppes & Tversky, 1971). Wir haben eine solche Messmethode in Abbildung 9.5 dargestellt, indem wir die Regeln des Vergleichs und der Zusammenfügung stenographisch notiert und ein konkretes Messmodell graphisch dargestellt haben.

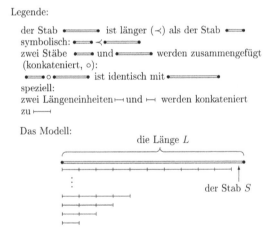

Abb. 9.5

Abstandsmessung
mit Metermaß

---

35 Zum Beispiel: (Bauer, 1974, Kap. IX).

In Abbildung 9.5 ist ein Stab S zu sehen, dessen Länge L gemessen werden soll. Eine Menge von Längeneinheiten – hier Linien einer bestimmten Länge – wird bereitgestellt. In Abbildung 9.5 sieht man, wie Schritt für Schritt von unten nach oben eine neue Linie (ein „Stab") konstruiert wird, indem ausgehend von der untersten, ersten Längeneinheit jeweils eine weitere Einheit hinzugefügt wird, so dass all diese Längeneinheiten eine gerade Linie bilden – und zwar so, dass die Linie direkt neben dem Stab zu liegen kommt. In jedem Schritt wird die schon konstruierte Linie mit einer neuen Längeneinheit *zusammengefügt*. Die so konstruierte Linie wird immer länger und wenn wir diese Schritte öfter ausführen würden, könnte sie auch länger als der Stab S werden. Die Konstruktion wird beendet, wenn die konstruierte Linie ähnlich lang wie der Stab S ist. In jedem Schritt wird verglichen, ob die bis jetzt konstruierte Linie kürzer als der Stab ist oder nicht. Als „Grenzfall" kann die konstruierte Linie auch wirklich dieselbe Länge wie der Stab aufweisen. Wir sprechen von einem Grenzfall, weil in Wirklichkeit dieser Fall nur selten eintritt – auch wenn theoretisch in der Literatur oft nur über diesen Grenzfall diskutiert wird.

Am Ende der Konstruktion wird die Anzahl der Längeneinheiten und damit der ausgeführten Schritte gezählt. Ihre Anzahl, hier: 10, wird als die Länge des Stabes S festgelegt. Diese Anwendung ist sehr grob. In Abbildung 9.5 lässt sich sofort erkennen, dass der wirklich benutzte Stab etwas länger ist als die 10 konkatenierten Einheiten. Zwischen dem gemessenen Resultat (10) und der Länge des echten Stabs gibt es einen Grenzbereich von rationalen Zahlen, die größer oder gleich 10 und kleiner als 11 sind, und die als Messwerte bei dem hier benutzten Verfahren besser wären. Das Problem ist, dass in diesem Beispiel keine kleineren Längeneinheiten zur Verfügung stehen. Dieses Problem ist generisch; es kann im Nano-, im Mikro- und im Makrobereich auftreten.

Dieses informell beschriebene Messmodell benutzt eine Menge OB von materiellen Stäben. Einer der Stäbe ist der hier zu messende Stab S. Eine zweite Menge LE enthält viele Längeneinheiten: Stäbe der Länge 1. Weitere Stäbe lassen sich aus den bereits genannten zusammenfügen. Zwischen den Stäben gibt es drei Arten von Beziehungen: eine *Vergleichsrelation* $\prec$, eine *Zusammenfügefunktion* o und eine Längenfunktion λ. Bei der Beschreibung des Modells werden weitere mathematische Entitäten, wie die Additionsfunktion $+$, die Kleiner-Relation $<$ für Zahlen, und die Zahl 1 implizit benutzt. Diese Praxis ist in der Wissenschaft und der Wissenschaftstheorie inzwischen üblich, um die vielen mathematischen Bestandteile eines Modells aus den empirischen Untersuchungen herauszuhalten. Ein elementares, mathematisches Grundwissen wird in vielen wissenschaftlichen Anwendungen einfach vorausgesetzt.

Wir kürzen die drei für dieses Modell benötigten Beziehungen symbolisch wie folgt ab:

$X \prec Y$ bedeutet, dass der Stab Y länger als der Stab X ist,
X o Y bedeutet, dass die Stäbe X und Y zum Resultat X o Y zusammengefügt wurden.
$\lambda(X)$ bezeichnet die Länge des Stabes X, wobei $\lambda(X)$ eine nicht-negative Zahl ist.

Das so diskutierte Messmodell lässt sich dann in die bereits in Abschnitt 6 beschriebene Form eines Modells bringen:

$\langle OB, LE, S, \prec, o, \lambda \rangle$.

Wenn nur theoretisch gerechnet werden soll, kann $\lambda(X)$ im Allgemeinen eine reelle Zahl sein, im Praktischen muss dagegen für $\lambda(X)$ immer eine rationale Zahl benutzt werden. Aus praktischen Gründen wird ein Stab oft durch ein Paar von Orten ersetzt. Der Stab hat einen Anfangspunkt und einen Endpunkt.

Um das Modell zu vervollständigen, müssten die Hypothesen angegeben werden, die für die drei Relationen gültig sein müssen (Ü9-4). Einige dieser Hypothesen werden schon in der Schulzeit gelernt. Für uns sind hier die drei folgenden Hypothesen wichtig, die nicht immer zum Schulwissen gehören. Sie sollten aber ohne weitere Erklärung verständlich sein (Ü9-5).

Für alle a und b gilt:

(9.3) $a \prec b$ genau dann, wenn $\lambda(a) < \lambda(b)$,

(9.4) $\lambda(a \text{ o } b) = \lambda(a) + \lambda(a)$,

(9.5)   für alle Längeneinheiten e gilt: $\lambda(e) = 1$.

Der wissenschaftstheoretisch interessante Punkt bei diesem Messmodell betrifft die eindeutige Bestimmtheit, die am Anfang des Abschnitts abstrakt erörtert wurde. Was ist in diesem Beispiel die Entität, die eindeutig bestimmt wird? Es ist eine Größe: die Länge des realen Stabes. Wie bereits in Abschnitt 1 diskutiert, lässt sich ein Stab als ein Grenzfall eines Ereignisses betrachten. Der Stab S hat die Eigenschaft der Länge, die durch ein Messmodell eindeutig bestimmt wird. Im Messmodell wird die Länge L als ein Wert der Funktion λ beschrieben, das heißt durch den Funktionswert von λ. Dem Argument S, dem Stab, wird durch λ die Zahl $\lambda(S)$ zugeordnet. Damit ist die Zahl $\lambda(S)$ als Funktionswert aber per Festlegung schon eindeutig bestimmt. Jede Funktion hat die Eigenschaft den Funktionswert eindeutig festzulegen. Dies ist eine rein mathematische Feststellung. Wie soll aber inhaltlich die Zahl $\lambda(S)$ genau – eindeutig – festgelegt werden? Soweit bleibt diese Erklärung auf der abstrakten Ebene ziemlich inhaltsleer.

Um die Bedeutung der Eindeutigkeit mit Inhalt zu füllen, muss erklärt werden, wie eine bestimmte Funktion aus einem Argument den Funktionswert ganz genau festlegt. In der Mathematik geschieht dies durch eine formale Definition, mit der aus jedem Argument ein Wert eindeutig berechnet werden kann. Was heißt dies aber konkret? Im Beispiel werden Zusammenfügefunktion und Vergleichsrelation zu Operationen, bei denen Längeneinheiten und Stäbe konkret hin und her geschoben werden. Und bei der Längenfunktion wird bei einem Argument der Funktionswert „berechnet", indem Längeneinheiten konkret gezählt werden.

Zeitliche Längen von Ereignissen werden auf ähnliche Weise gemessen. Bei einem Ereignis ist es meist zweckmäßig, den Anfangs- und den Endzustand des Ereignisses zu finden, da seine raum-zeitliche Form oft schwierig festzulegen ist. Wir gehen davon aus, dass sich der Anfangs- und Endzustand des zu messenden Ereignisses auszeichnen lässt. Bei einer Zeitmessung ist es oft nicht einfach, brauchbare Zeitmaßeinheiten zu finden. Neben den groben Einheiten: Tag, Monat und Jahr, wurde früher zu praktischen Zwecken der Herzschlag benutzt. Erst im 14. Jahrhundert wurden Sanduhren und noch später Pendeluhren erfunden. Heute wird die Maßeinheit für die Zeit durch eine internationale wissenschaftliche Kommission festgelegt. Die heute verwendete Zeitmaßeinheit basiert auf einer bestimmten Art von Schwingung im Atombereich. Alle früheren und heutigen Maßeinheiten sind Ereignisse. Ein Tag, ein Herzschlag und eine atomare Schwingung enthalten sowohl Raum als auch Zeit. Aber erst durch die Relativitätstheorie wurde klar, dass Raum und Zeit voneinander abhängig sind. Auch ohne die Details der Relativitätstheorie zu erörtern, können wir eine Zeitmessung in einem Raum-Zeit-Koordinatensystem kurz beschreiben, wenn sich die Uhr und das zu messende Ereignis nicht relativ zueinander bewegen. Als Maßeinheit stellen wir eine Schwingung in einer Atomuhr mathematisch durch eine Sinuskurve dar.

In Abbildung 9.6 wird eine Zeitmessung bei einem Stoß zweier Teilchen dargestellt. Links sind die beiden, gepunkteten und mit Pfeilen versehenen Teilchenbahnen zu sehen und rechts eine Sequenz von sinusförmigen, vertikalen Schwingungen, das heißt einige aneinandergereihte Ticks einer Atomuhr. Diese Schwingungen bilden eine Bahn; die Bahn des „atomaren Pendels". Diese Bahn verläuft von unten nach oben. Es gibt zwei raumzeitliche Koordinaten; die horizontale erfasst die Raumdimension und die vertikale die Zeitdimension. Ein Ereignis besteht aus einer Menge von Punkten, wobei ein Punkt als ein idealisierter Teil des Ereignisses angesehen wird. Und auch eine Bahn besteht aus einer Menge von Punkten.

Das linke Ereignis ist auf der Makroebene abgebildet, während rechts die Ticks auf der Nanoebene dargestellt werden. Das heißt, dass die Koordinaten links und rechts mit unterschiedlichen Einheiten versehen sind. Links sehen wir unten ein „schweres", im Ruhezustand befindliches Teilchen (ein schwarzer Kreis) und ein

„leichtes", schnell auf das schwere zufliegende Teilchen (ein weißer Kreis). Durch Analyse der beiden Bahnen und der Geschwindigkeiten erkennt man, dass sich das schwere Teilchen bis zum Stoß nicht und dann sehr langsam „nach links" bewegt. Das leichte Teilchen hat dagegen vor und nach dem Stoß hohe Geschwindigkeiten. Diese Geschwindigkeiten können wir durch die Steigungen beider Bahnen mit bloßem Auge erkennen. Beim Stoßereignis sind die Anfangs- und Endzustände als dicke, horizontale Linien eingezeichnet. Von einem Punkt aus, dem Anfangszustand, führt ein Lichtsignal (eine gepunktete Linie) nach rechts zu dem untersten Stern *, welcher den Anfangszustand der Schwingung der Atomuhr darstellt. Auch dieses Lichtsignal wird als eine Teilchenbahn angesehen. Vom Stern * führt eine Reihe von zusammengefügten Schwingungen sinusförmig in einer Bahn nach oben. Diese Schwingungen (Ticks) sind die Maßeinheiten bei der Messung der Zeit. Die zeitliche Dauer eines Ereignisses wird durch den Abstand von Anfangs- und Endzuständen des Ereignisses gemessen. Die hier abgebildete Atomuhr schwingt in einer Periode vom ersten Stern * zum nächst oben liegenden Stern *. Rechts von den Sinusschwingungen haben wir diese Abstände noch einmal durch eine vertikale Linie angedeutet. Der Abstand von einer zur nächsten Schwingung drückt gerade die zeitliche Größe einer Zeiteinheit, also einer Schwingung, aus. Obwohl das Stoßereignis viele Millionen Schwingungen einer Atomuhr andauert, haben wir nur drei Schwingungen eingezeichnet; der Rest wurde durch Punkte abgekürzt. Von der „letzten" Schwingung führt ein Lichtsignal zum Endzustand des Makroereignisses zurück.

Die zeitliche Dauer des zu messenden Ereignisses wird nun durch die maximale Anzahl an Schwingungen festgelegt, die zwischen dem Anfangs- und dem Endzustand des Stoßes liegen. Hier muss ebenfalls verglichen werden, ob die Sequenz der zusammengefügten Schwingungen zeitlich noch „kleiner" ist als der zeitliche Abstand zwischen Anfangs- und Endzustand. Auch hier ist dieser Vergleich zentral. Erst wenn eine zusätzliche Schwingung dazu führt, dass das Lichtsignal nicht mehr den Endzustand des Makroereignisses erreichen kann, muss die Sequenz gestoppt werden. Die maximale Anzahl von Schwingungen der Uhr wird als Dauer des Stoßes angesehen: der zeitliche Abstand von Anfangs- und Endzustand des Ereignisses. Der Zustand wurde in Abbildung 9.6 durch einen Punkt festgelegt, an dem das schwere Teilchen eine Wand berührt. Diese Wand ist ganz links durch eine doppelte, vertikale Linie eingezeichnet.

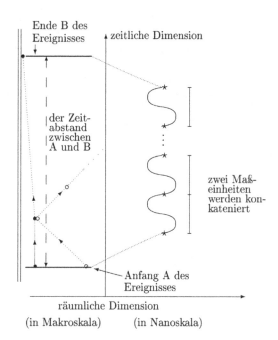

Abb. 9.6

Zeitmessung eines
Ereignisses mit Atomuhr

Auch in diesem Beispiel sind die beiden Beziehungen des Vergleichs und der Zusammenfügung für eine wichtige Unterart von Messmethoden zentral. Diese Art von *fundamentalen Messmethoden* stand historisch am Anfang der Entwicklung wissenschaftlicher Messung. Eine fundamentale Messmethode besteht aus einer Klasse von fundamentalen Messmodellen.

Ein *fundamentales Messmodell* ist ein Modell, welches über folgende, zusätzliche Eigenschaften verfügt. Erstens enthält ein fundamentales Messmodell eine Menge *E* von Ereignissen (speziell auch von Objekten) und eine Untermenge von Maßeinheiten (auch die Maßeinheiten sind Ereignisse). Zweitens enthält das Modell die natürlichen oder die reellen Zahlen und einige „einfache", mathematische Operationen, wie zum Beispiel die Addition und den Vergleich von Zahlen. Drittens enthält das Modell mindestens drei Beziehungen: eine Vergleichsrelation ≺, eine Zusammenfügerelation o und eine Funktion φ, welche den Ereignissen *e* aus *E* eine Zahl zuordnet. Für diese Beziehungen sollen unter anderem die drei folgenden Bedingungen gelten (Ü9-6).

1)   φ ordnet jeder Maßeinheit die Zahl 1 zu.

2)   Für je zwei Ereignisse a und b gilt: $a \prec b$ genau dann, wenn $\phi(a) < \phi(b)$.

3)   Für je zwei Ereignisse a und b gilt: $\phi(a \circ b) = \phi(a) + \phi(b)$.

Modellgeleitete Bestimmung

10

Fundamentale Messmethoden stoßen schnell an ihre Grenzen, wenn die Objekte relativ zu den „normalen Dingen" zu groß oder zu klein sind. Bei zu großen Objekten ist es schwierig, genug Einheiten zu produzieren, die neben das Objekt gelegt werden können. Dies führt zu Messmethoden und zu Messketten (Balzer, 1985b, IV), die teilweise durch Theorien vermittelt werden und die oft mehrere Messmodelle beinhalten.

Eines der einfachsten Beispiele einer Messmethode ist die Messung der Abstände von Punkten auf unserer Planetenoberfläche (Triangulation). Bereits vor 3000 Jahren wurden Abstände von Punkten gemessen, zwischen denen ein Hindernis lag, so dass die normale Zusammenfügemethode nicht benutzt werden konnte. In Abbildung 10.1 liegt zwischen den beiden Punkten a und b eine Art Wolke als Hindernis; es könnte sich hierbei zum Beispiel um eine Wasserfläche oder um einen schroffen Berg handeln. Trotzdem ist es möglich, den Abstand zu bestimmen, wobei allerdings eine Theorie, nämlich die Geometrie („die Messung auf der Erde") benutzt wird. Die Modelle dieser Theorie enthalten einerseits Teile, die in empirischen Anwendungen benutzt werden, andererseits Teile, die ins Unendliche – in die Welt des nur Möglichen – reichen. Der interessante Punkt ist hier, dass das Mögliche nicht nur in immer größere Bereiche, sondern auch in immer kleinere Dimensionen vorstoßen kann.

In einem realitätsnahen Beispiel liegen drei Punkte a, b, c in einer Ebene. Die Abstände dieser Punkte werden mit einer Funktion d (wie *Distanz, distance*) ausgedrückt. Der Abstand zweier Punkte x, y ist $d(x,y)$, wobei x, y die beiden Argumente der Funktion d genannt werden und $d(x,y)$ der Funktionswert von d. Der Funktionswert ist eine reelle, nicht-negative Zahl. Um Abstände zu messen, müssen gerade Linien existieren, so dass zwei Punkte auf einer geraden Linie liegen. Wenn dies nicht so wäre, könnte ein biegsames „Metermaß" zu jedem gewünschten Resultat führen, was genau das Gegenteil einer Messung wäre. In realen Anwendungen fallen bei einer Linie allerdings die unendlichen Teile weg, so dass eine endliche Linie entsteht,

© Springer Fachmedien Wiesbaden GmbH, ein Teil von Springer Nature 2019
W. Balzer und K. R. Brendel, *Theorie der Wissenschaften*,
https://doi.org/10.1007/978-3-658-21222-3_11

die einen Anfangs- und Endpunkt hat. Solche endlichen Linien werden *Strecken* genannt und können durch Paare von Punkten dargestellt werden: *str(x,y)* ist die Strecke mit Anfangspunkt *x* und Endpunkt *y*. Die Menge *P* der hier diskutierten Punkte enthält neben den drei Punkten *a*, *b*, *c* noch viele weitere Einheitsstrecken, also Punktepaare $\langle x, y \rangle$, deren Punkte den Abstand 1 haben: $d(x,y) = 1$.

Das so beschriebene System könnte ein intendiertes System für die Geometrie sein, wenn es historisch belegt wäre. Um große Messfehler zu vermeiden, müsste dieses System in ein Modell der Geometrie eingebettet werden. Die Beschreibung solcher Modelle lässt sich zum Beispiel in (Borsuk & Szmielew, 1960) genauer studieren. Aus den Hypothesen der Geometrie lässt sich der bekannte Satz von *Pythagoras* ableiten:[36] Für alle Punkte *a*, *b*, *c* gilt: wenn die Strecken *str(a,c)* und *str(c,b)* einen rechten Winkel bilden, ist $d(a,b)^2 = d(a,c)^2 + d(c,b)^2$.

Ausgerüstet mit diesem theoretischen Apparat, lässt sich im Beispiel der Abstand der Punkte *a* und *b* wie folgt messen: Zuerst wird ein dritter Punkt *c* aufgesucht, so dass die Längen der Strecken *str(a,c)* und *str(b,c)* durch Zusammenfügung von Einheiten gemessen werden können. Dann werden diese drei Abstände: *str(a,c)*, *str(b,c)*, *str(a,b)* in einem kleinen Modell studiert. Zum Beispiel kann jeder im Sand ein Dreieck aufzeichnen. Durch Konstruktion sieht man, dass die drei Strecken quadriert den Satz von *Pythagoras* erfüllen, wenn die Strecken *str(a,c)* und *str(b,c)* einen rechten Winkel bilden. Der Begriff des rechten Winkels wird dabei vorausgesetzt. Weiter werden bei diesem Satz die drei Bezeichnungen der Strecken eingesetzt und mathematisch umformuliert, was zu folgendem Resultat führt:

(10.1) $d(a,b) = \sqrt{(d(a,c)^2 + d(c,b)^2)}$.

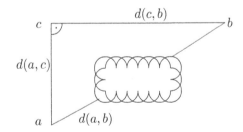

Abb. 10.1

Eine geometrische
Triangulation

---

36 Dieser Satz wird bis heute in allen fundamentalen Theorien der Naturwissenschaft verwendet. So zum Beispiel in der Quantenmechanik oder der Wahrscheinlichkeitstheorie, auch wenn der Satz in diesen Theorien „nur" durch die zentralen Hypothesen der Theorien abgeleitet wird.

Dieses Messmodell enthält alle Bestandteile (außer dem Hindernis natürlich), die auch in einem Modell der Geometrie vorhanden sind.

Im Allgemeinen lässt sich ein Messmodell auf dieselbe Weise wie ein „normales" Modell beschreiben. Ein Messmodell x hat dieselbe Form wie ein Modell. Zusätzlich werden bei einem Messmodell zwei spezielle Teile des Modells hervorgehoben, die wir den *vorausgesetzten Teil* und den *zu bestimmenden Teil* des Messmodells nennen. Der vorausgesetzte Teil enthält Fakten, die implizit im Messmodell vorhanden sind und bei der Bestimmung benutzt werden müssen. Der zu bestimmende Teil des Messmodells soll dagegen erst bestimmt oder gemessen werden. Da es nicht einfach ist, jeweils einen der beiden Teile alleine zu beschreiben, wählen wir einen anderen Ansatz. Wir fügen dem Messmodell x den zu bestimmenden Teil bt noch einmal explizit hinzu und schreiben $x[bt]$. Auf ähnliche Weise verfahren wir mit dem vorausgesetzten Teil vt und schreiben $x\{vt\}$. So können wir flexibel beide Bestandteile kenntlich machen: $x\{vt\}[bt]$.

Aus einem Messmodell lässt sich durch Abstraktion eine Menge von Messmodellen bilden, die als eine *Messmethode* bezeichnet wird. Eine Messmethode ist eine Menge von Modellen einer Theorie. Oft ist eine Messmethode eine echte Teilmenge einer Modellmenge einer Theorie. In solchen Fällen ist ein Messmodell ein Modell einer Theorie, aber die Messmethode beschreibt nur einen kleinen Teil der Gesamtmenge von Modellen der Theorie. Es gibt aber auch Messmethoden, die keinen Teil einer „größeren" Theorie bilden. Eine solche Messmethode kann als eine eigenständige Theorie angesehen werden. Wir nennen solche Messmethoden auch *Messtheorien*.

Im Vergleich zu einem Modell erfüllt ein Messmodell darüber hinaus weitere Bedingungen. Erstens sind der vorausgesetzte und der zu bestimmende Teil des Messmodells disjunkt (Ü10-1). Zweitens und zentral ist der zu bestimmende Teil eindeutig durch den vorausgesetzten Teil und durch die Hypothesen des Messmodells bestimmt. Mit diesen allgemeinen Formulierungen können wir die vielen verschiedenen Messmethoden in einheitlicher Form beschreiben. Damit können wir auch die Eindeutigkeitsforderung einfach formulieren. Bei gegebenem, vorausgesetzten Teil sind alle zu bestimmenden Teile ϑ, ϑ' identisch:

(10.2)   für alle ϑ, ϑ' gilt: $x[\vartheta] = x[\vartheta']$.

Beide Bedingungen lassen sich durch ein Beispiel besser verstehen. In der vorangegangenen Abbildung 10.1 wurde ein Teil eines geometrischen Modells abgebildet, welches aus Grundmengen von Punkten P, Geraden G und Ebenen E, der Hilfsmenge $\mathfrak{R}$ der reellen Zahlen und aus einer Abstandsfunktion d zwischen Punkten besteht: $d : P \times P \to \mathfrak{R}$. Neben einigen Hypothesen, die auch bei „normalen", geometrischen

Modellen benutzt werden, gibt es beim Messmodell eine „Hypothese", nämlich eine explizite Definition der Menge der rechten Winkel (Ü10-2). Das Messmodell hat in diesem Beispiel die Form $\langle P, G, E, \Re, d \rangle$, wobei die Menge der definierten Winkel nicht explizit aufgeführt ist. Bei der Darstellung eines Modells ist es üblich, explizit definierte Mengen nicht als Komponenten zu notieren.

Der Abstand zweier Punkte a und b wird durch eine Zahl α ausgedrückt. Diese Zahl ist den Argumenten a und b durch die Funktion d zugeordnet: $d(a,b) = \alpha$. Der zu bestimmende Teil des Messmodells (siehe Abbildung 10.1) besteht hier genau aus einem einzigen Funktionswert $d(a,b)$ und der vorausgesetzte Teil besteht aus drei Punkten a,b,c, zwei Abständen $d(a,c)$ und $d(b,c)$, zwei Geraden $G(a,c)$ und $G(b,c)$, und dem rechten Winkel zwischen den Strecken $str(a,c)$ und $str(b,c)$ (Ü10-3). In Abbildung 10.1 erkennt man auch ohne weitere formale Beschreibung, wie der vorausgesetzte Teil des Messmodells aussieht.

Dieses Messmodell erfüllt die beiden oben eingeführten Bedingungen. Der Funktionswert – der zu bestimmende Teil – gehört nicht zum vorausgesetzten Teil. Nicht so einfach ist es, die zweite Bedingung zu verifizieren. Wir müssen dazu das Theorem von *Pythagoras* heranziehen. In (10.1) oben finden wir den gesuchten Funktionswert $d(a,b)$, der durch das Theorem berechnet werden kann. Dazu muss aber überprüft werden, ob der Winkel zwischen den beiden Strecken $str(a,c)$ und $str(b,c)$ wirklich ein *rechter* Winkel ist. Dies führt zu einer anderen geometrischen Messmethode mit der bestimmt werden kann, ob ein Winkel ein rechter Winkel ist oder nicht.

Modellgeleitete Bestimmungsmethoden führen zum Theoretizitätsproblem, das von *Sneed* beschrieben wurde (Sneed, 1971). Die damit im Zusammenhang stehenden Diskussionen, werden wir hier nicht nachvollziehen. Wir stellen das Problem stattdessen in einem Beispiel dar.

Die bereits in Abschnitt 9 benutzte Stoßmechanik enthält ein Modell, welches aus folgenden Komponenten zusammengesetzt ist: der Menge P der *Partikel*, der Menge T – bestehend aus zwei Zeitpunkten t_v (vor dem Stoß) und t_n (nach dem Stoß) –, der Menge $\Re$ der reellen Zahlen, der *Geschwindigkeitsfunktion* v und der *Massefunktion* m, wobei die Geschwindigkeit eines Partikels p vom Zeitpunkt t abhängt und die Masse nur vom Partikel selbst. Abgekürzt gelten folgende Strukturregeln

$$v : P \times T \to \Re^3, \; m : P \to \Re, \; v(p,t) = \langle \alpha_1, \alpha_2, \alpha_3 \rangle, \; m(p) = \alpha$$

und zwei Hypothesen: a) für alle Partikel p ist die Masse $m(p)$ positiv, und b) die Summe aller Geschwindigkeiten multipliziert mit der Masse der Partikel ist vor und nach dem Stoß gleich. Dies ist so ausgedrückt:

(10.3) $\Sigma_{p \,\in\, P} \, v(p,t_v) \cdot m(p) = \Sigma_{p \,\in\, P} \, v(p,t_n) \cdot m(p).$

Zur Bestimmung der Massen gibt es in diesem Modell grundsätzlich zwei Wege. Beim ersten Weg würde man versuchen, eine Masse fundamental zu messen. Man würde ein Partikel mit einer Zusammenlegung von vielen zusammengefügten Maßeinheiten vergleichen. Wir müssen dabei aber beachten, dass alle Maßeinheiten aus demselben Material stammen müssen. Die Stoßmechanik sagt nichts über die chemische Zusammensetzung von Partikeln; sie idealisiert. Eines der Partikel könnte aus Blei und ein anderes aus Holz gefertigt sein, wobei nur auf die Form und Größe der Maßeinheiten geachtet würde. Bei Stoßexperimenten wird aber sofort klar, dass die Maßeinheiten auch chemisch homogen zusammengesetzt sein müssen. Dies ist ein generisches Problem, das sich mit fundamentalen Messmethoden kaum lösen lässt.

Daher wird methodisch ein anderer Weg beschritten. Die Massen von Partikeln werden theoretisch bestimmt. Die Masse eines gegebenen Partikels p wird nur mit Hilfe der Hypothese (10.3) und der anderen Teile des Modells eindeutig bestimmt. In allgemeiner Notation ist der zu bestimmende Teil einfach der Funktionswert: die Masse $m(p)$ des Partikels p. Der vorausgesetzte Teil von x enthält Teile der Funktionen v und m.

Im Beispiel der Stoßmechanik lassen sich alle möglichen Messmodelle formal beschreiben und klassifizieren (Balzer & Mühlhölzer, 1982). Im einfachsten Messmodell stoßen genau zwei Partikel p, p' auf einer geraden Linie zusammen. In diesem Fall lässt sich (10.3) in eine eindimensionale Gleichung transformieren, so dass die Gleichung die Form

$$m(p) \cdot v(p,t_v) + m(p') \cdot v(p',t_v) = m(p) \cdot v(p,t_n) + m(p') \cdot v(p',t_n)$$

annimmt. Durch elementare Umformung bekommen wir:

$$m(p) = m(p') \cdot (\, v(p', t_n) - v(p',t_v) \,) \, / \, (\, v(p,t_v) - v(p,t_n) \,).$$

Die Masse $m(p)$ ist durch die auf der rechten Seite des Gleichheitszeichens stehenden Teile der Gleichung eindeutig bestimmt. Es handelt sich also um ein Messmodell für die Masse eines bestimmten Partikels. Mit ähnlichen Verfahren lässt sich auch die Masse eines Partikels bei einem Stoß mit mehreren Partikeln messen.

Methoden, bei denen der vorausgesetzte Teil eines Messmodells zunächst nur für einen einzigen Funktionswert angewendet wird, lassen sich auf natürliche Weise so verallgemeinern, dass sie auch bei anderen vorausgesetzten Teilen funktionieren. Im Beispiel der Triangulation lässt sich die beschriebene Methode auch für alle anderen Systeme verwenden, in denen es zwei zueinander rechtwinklig liegende Geraden gibt.

Bei vielen Messmethoden wird ein Funktionswert nur „relativ eindeutig" bestimmt, weil ausschließlich eine bestimmte Hypothese der Theorie benutzt wird. Bei solchen Methoden muss im vorausgesetzten Teil eine Maßeinheit vorhanden sein, um einen Funktionswert eindeutig zu machen.

Statt einer allgemeinen Beschreibung verweisen wir auch hier auf das Beispiel der Stoßmechanik. In diesem Beispiel ist es durch Umformung der Gleichung (10.3) nicht möglich, einen einzigen Massewert auf eine Seite der Gleichung (10.3) so zu bringen, dass sich auf der anderen Seite kein weiterer Massewert befindet. An diesem Punkt muss entweder eine Einheitsmasse zu finden sein, oder dieses Messverfahren funktioniert nur für *fast* alle Partikel. Die Masse eines Einheitspartikels p_0 lässt sich durch die Gleichung nicht weiter bestimmen; sie wird per Definition auf 1 gesetzt: $m(p_0) = 1$ (Ü10-4).

In den Naturwissenschaften spielen bei den Bestimmungsmethoden die Einheiten eine zentrale Rolle. Bei der Beschreibung solcher Methoden werden zwei verschiedene Formulierungen benutzt. In der ersten Formulierung ist eine Funktion in einem Modell *invariant* gegenüber den Einheitswerten dieser Funktion. Im Beispiel der Stoßmechanik ist die Form der Massefunktion invariant gegenüber Veränderungen der Einheitsmasse. Anders gesagt ist die Form der Hypothesen, mit denen die Funktion bestimmt wird, invariant. Die Festlegung eines Einheitswertes ist kein Bestandteil der Form.

In der zweiten Formulierung wird gesagt, dass die Funktion *f* relativ zu der Theorie *T T-theoretisch* ist. In (Sneed, 1971) wird diese Situation wie folgt ausgedrückt. Eine Funktion *f* ist relativ zu einer gegebenen Theorie *T T-theoretisch*, wenn es *keine* Bestimmungsmethode für diese Funktion gibt, die nicht die Hypothesen der Theorie *T* benutzt. Diese informelle Formulierung führt zu vielen Fragen über Bestimmungsmethoden im Allgemeinen und wurde mit vielen Beispielen unterlegt (Schurz, 1990), (Balzer, 1996).

Die Funktionen *Masse* und *Kraft* sind in der Theorie *T* der klassischen Mechanik *T*-theoretisch. Sie sind invariant gegenüber den zugehörigen Einheiten. In der einfachen Gleichgewichtsthermodynamik *T* sind die Funktionen *Energie* und *Entropie T*-theoretisch. Sie werden durch die Hypothesen und die nicht-theoretischen Funktionen der Theorie *T* bestimmt.

Wenn eine Messmethode in einem ganzen Bereich von Argumenten funktioniert, spielen oft topologische Gesichtspunkte eine Rolle. In Theorien, in denen reell-wertige Funktionen benutzt werden, kommt der Begriff der Stetigkeit von Funktionen ins Spiel. Informell bedeutet dies einfach, dass sowohl im Argumentbereich als auch im Wertebereich Beziehungen bestehen, welche die Nähe von zwei

Argumenten und Werten beinhalten (Ü10-5). Eine Funktion ist stetig, wenn sich aus zwei nahe beisammen liegenden Argumenten zwingend schließen lässt, dass auch die beiden Werte nahe beisammen liegen. Dies führt in der Mathematik zum Bereich der reellen Analysis (Erwe, 1968). Wenn keine reellen Funktionen benutzt werden, gibt es auch schwächere Formen von Nähe und Umgebung (Schubert, 1964). Ausgehend von Messmodellen und den dazugehörigen Messmethoden werden in der Wissenschaftstheorie auch komplexere Messverfahren untersucht.

Fügt man mehrere Messmodelle zusammen führt dies zu *Messketten*. Eine Messkette ist eine Folge $x_1, \ldots, x_n$ von Messmodellen, so dass der zu bestimmende Teil bt_i des Messmodells x_i in den vorausgesetzten Teil vt_{i+1} des „nächsten" Messmodells x_{i+1} aus der Messkette eingebettet wird:

(10.4) bt_i aus $x_i\{vt_i\}[bt_i]$ wird in vt_{i+1} aus $x_{i+1}\{vt_{i+1}\}[bt_{i+1}]$ eingebettet: $bt_i \sqsubseteq vt_{i+1}$.

Bei einem Messmodell aus einer Messkette wird der zu bestimmende Teil des Messmodells genommen und im darauf folgenden Messmodell der Kette im vorausgesetzten Teil verwendet.

Beispielsweise können geometrische Messmodelle, wie sie in Abbildung 10.1 diskutiert wurden, verkettet werden. Wir können das in Abbildung 10.1 gezeichnete Dreieck mit einem weiteren Dreieck verbinden, so dass die Strecke *str(c,b)* durch die Strecke *str(b,e)* aus dem zweiten Dreieck geradlinig weitergeführt wird. Wir nehmen an, dass auch auf der Strecke *str(b,e)* ein Hindernis liegt. Durch die Verkettung beider Messmodelle, in diesem Fall durch Addition der Längen von *str(c,b)* und *str(b,e)* lässt sich so der Abstand zwischen *c* und *e* messen.

In einem historischen Beispiel wurde im Jahr 1676 durch *Roemer* zum ersten Mal die Lichtgeschwindigkeit *c* gemessen (Balzer & Wollmershäuser, 1986). Diese Messung erforderte viele Messmodelle, die alle zusammen über eine Vielzahl von Messketten zu einem „finalen" Messmodell führten, dessen zu bestimmender Teil gerade dieser Wert *c* war.

Messketten sind heute in vielen Bereichen zu finden. Meist werden die tatsächlich gebildeten Messketten nicht weiter theoretisch untersucht; sie verbleiben auf der praktischen Ebene. In der Wissenschaftstheorie führt dies zu speziellen Themen (Balzer, 1985b), (Heinrich, 1998), (Hofer, 2015).

Neben Bestimmung durch Messmodelle und Messketten gibt es auch allgemeinere Verfahren, die mehr als ein Modell und auch mehr als eine Kette von Modellen erfordern. Wir erörtern hier ein bestimmtes Verfahren zur Erstellung von Messwerten, die in größerer Menge produziert werden. Grob skizziert, soll eine Funktion mit vielen Argumenten besser verstanden werden, indem viele der Werte tatsächlich gemessen werden. Wir erklären dies anhand eines Beispiels.

Ein materielles Objekt hängt an einer elastischen Feder und schwingt nach oben und unten. Die ersten Anwendungen dazu entstanden, als im Jahr 1665 das *Hooke*sche Gesetz bekannt wurde (Richard & Sander, 2008). In einem Experiment ist das Objekt anfangs in Ruhe. Schwingung entsteht, wenn das Objekt mit Kraft nach unten gezogen und dann losgelassen wird. Das Objekt schwingt. Sein Ort ändert sich mit der Zeit. Dies lässt sich durch eine Ortsfunktion darstellen: jedem Zeitpunkt wird ein Ort des Objekts zugeordnet.

Um einen solchen Prozess mathematisch zu beschreiben, wird die Menge $\Re$ der reellen Zahlen benutzt. Über dieser Zahlenmenge werden zwei Zahlenräume als Bereiche für Zeit und für Raum definiert. Im Beispiel wird die Zeit durch ein reelles Intervall T ($T \subseteq \Re$) und der Raum durch die dreidimensionale, reelle Zahlenmenge $\Re^3$ dargestellt (Ü10-6). Ein Zeitpunkt wird durch eine Zahl t aus T und ein Ort durch einen dreidimensionalen, reellen Vektor der Form $\langle a_1, a_2, a_3 \rangle$ beschrieben. Dies lässt sich kurz so notieren:

$$s : T \to \Re^3 \text{ und } s(t) = \langle a_1, a_2, a_3 \rangle.$$

Im Beispiel lässt sich der Prozess des Schwingens so einrichten, dass nur eine der drei Raumdimensionen benötigt wird. Auf diese Weise können wir den zeitlichen Verlauf der Schwingung zweidimensional darstellen. Die Ortsfunktion reduziert sich auf $s : T \to \Re$ und $s(t) = a$.

Beim Übergang von wirklichen Zeitpunkten und Orten zu Zahlenkonstruktionen muss bedacht werden, wie mit den Maßeinheiten, die ja reale Ereignisse oder Objekte sind, umgegangen wird. Im Beispiel betrifft dies die Zeiteinheit und die Längeneinheit (Abschnitt 9). In Abbildung 10.2 haben wir auf der horizontalen Achse die Zeit und auf der vertikalen Achse den Raum eingezeichnet.

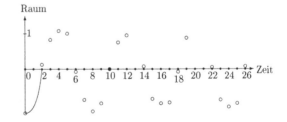

Abb. 10.2

Gemessene Orte
bei Schwingungen

Auf der Zeitachse sind bestimmte Zahlen 0,1,2,3,... (für Zeitpunkte) zu sehen und auf der Raumachse die Zahl 1. Die Zahlenräume $\mathfrak{R}$ und $\mathfrak{R}^3$ haben ihre eigenen Einheiten, die nichts mit bestimmten materiellen Ereignissen oder Objekten zu tun haben. Für die Menge der reellen Zahlen wird per Definition die Zahl 1 als Einheit benutzt; dies ist in den Axiomen für die reellen Zahlen geregelt (Tarski, 1936) (Ü10-7). Bei Zahlenkonstruktionen gibt es zum Beispiel Einheiten wie $\langle 1,1,1 \rangle$ oder $\langle 0,0,1 \rangle$.

Das Symbol 1 auf der horizontalen Achse bedeutet in diesem Beispiel nicht nur diese Zahl, sondern auch, dass der Punkt auf der Achse ein Zeitpunkt ist, welcher vom Nullpunkt aus gesehen den Endpunkt der „ersten" Längeneinheit darstellt. Auch für die anderen Zahlen auf dieser Achse kann eine ähnliche Beschreibung gegeben werden. Die Zahlen auf der vertikalen Achse haben ebenfalls zwei Bedeutungen. Sie sind erstens Zahlen und zweitens drücken sie aus, wie viele Einheiten an der jeweiligen Stelle zusammengefügt werden.

Wenn sich das Objekt in Ruhe befindet, liegt der Ort des Objekts direkt auf der Zeitachse. Auch zum Zeitpunkt 10 liegt das Objekt am Ort Null. Diesen Ort zum Zeitpunkt 10 haben wir durch einen etwas größeren Punkt hervorgehoben. An mehreren anderen Zeitpunkten – 2,6,14,18,22,26 – liegt der Ort ziemlich nahe an der Zeitachse. Die Ortswerte ergeben mit der benutzten Methode nur unscharfe Messwerte – was, wie mehrfach betont, in der empirischen Wissenschaft der Normalfall ist. Zum Zeitpunkt 0 ist der Ort zu sehen, an dem das Objekt losgelassen wird, so dass es zum Zeitpunkt 2 den Punkt erreicht, an dem das Experiment – der Schwingungsprozess – beginnt. An den Zeitpunkten 13, 20 und 21 hat das Messverfahren nicht richtig funktioniert; zu diesen Zeitpunkten ist kein Ort eingetragen.

Man sieht sofort, dass eine gewisse Regelmäßigkeit der Orte zu erkennen ist. An dieser Stelle kommen aber auch theoretische Überlegungen ins Spiel. Es wird eine mathematische Funktion gesucht, welche die Ortswerte möglichst passend darstellt. Das heißt: die Messwerte sollten möglichst nahe am Graphen der Funktion liegen. Es wurde erkannt, dass die Sinusfunktion *sin* für die Darstellung von Schwingungen am besten geeignet ist. Inzwischen haben sich Schwingungen in allen Bereichen ausgebreitet; es gibt elektrische, magnetische, elektromagnetische, atomare, subatomare, transversale und andere Schwingungen. Aktuelle Forschung hat gezeigt, dass alles Schwingung ist. Wir leben in einem Universum aus Schwingungen.

Die Sinusfunktion ordnet jeder reellen Zahl eine Zahl zwischen -1 und 1 zu. In Abbildung 10.3 ist die Sinusfunktion, die Amplitude A (die „Höhe" einer Schwingung) und die Periode P (die „Breite" einer Schwingung) abgebildet. In der mathematischen Definition dieser Funktion ist die Amplitude durch die Zahl 2 und die Periode durch die Zahl $2 \times \pi$ festgelegt (Ü10-8).

In den Anwendungen von Schwingungen spielen die Amplitude A und die Periode P eine große Rolle. Um diese beiden Konstanten A und P einzufügen, wird eine Funktion s in folgender Weise definiert:

(10.5) $s(t) = A \cdot sin(P \cdot t)$.

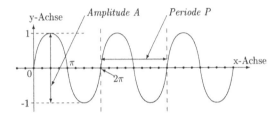

Abb. 10.3

Mathematische
Sinusfunktion

Mit diesen Konstanten lassen sich Höhe und Breite der Schwingung leicht verändern. Wenn wir die Amplitude vergrößern, wird die Höhe der Schwingung größer. Wenn wir sie verkleinern, wird die Höhe kleiner. Genauso lässt sich die Periode im Zahlenraum verlängern oder verkürzen.

Wenn wir von den Zahlenräumen zur realen Ebene gehen, können wir die Amplitude und Periode einer materiellen Schwingung natürlich nicht so einfach verändern. Dies erfordert praktische Vorbereitungen. Bei der Amplitude muss ein anderes Objekt, welches eine größere (oder kleinere) Masse hat und bei der Periode muss eine andere, stärkere (oder schwächere) Feder genommen werden. Wenn wir ein neues Experiment mit anderen Objekten oder Federn ausführen, sehen wir, dass die Resultate auf der Darstellungsebene eine etwas andere Form haben. Mit neuer Amplitude ist die Schwingung höher oder niedriger geworden und mit neuer Periode ist die Schwingung breiter oder schmaler geworden.

Mit diesen Vorbereitungen können wir die in Abbildung 10.2 gemessenen Orte mit den in Abbildung 10.3 eingezeichneten, theoretischen Werten der Sinusfunktion zur Passung bringen. Da im Beispiel die Anzahl der wirklich vorhandenen Zeitpunkte unbeschränkt ist, macht es keinen Sinn, die Orte zu *allen* Zeitpunkten zu messen.

In Abbildung 10.4 haben wir die gemessenen Werte, die Sinusfunktion und eine Umgebung der Funktion aufgezeichnet. Der Graph der Sinusfunktion ist durchgängig schwarz und die Grenzen der Umgebung sind gepunktet eingezeichnet. Eine Umgebung der Sinusfunktion hat die Form eines Schlauchs. Die durch ε bezeichnete Strecke drückt die „halbe Breite" des Schlauches aus. Wenn wir die Zahl ε vergrößern (verkleinern), wird der Schlauch breiter (schmaler). Man sieht, dass in diesem Beispiel alle gemessenen Orte in dieser Umgebung liegen. Die Messwerte passen zur theoretischen Sinusfunktion.

In Abschnitt 7 und 8 wurde der Einbettungs- und der Approximationsaspekt besprochen. In (7.1) wurde dargestellt, dass eine Faktensammlung eine ähnliche Form wie ein Modell der Theorie hat. Das Verhältnis, die zahlenmäßige Größe der jeweiligen Komponente einer Faktensammlung und eines potentiellen Modells wurde noch nicht diskutiert. Wenn eine Faktensammlung y die Form $\langle u_1,...,u_n \rangle$ hat und ein potentielles Modell x die Form $\langle v_1,...,v_n \rangle$, möchten wir mehr über das zahlenmäßige Verhältnis zwischen den zwei Komponenten u_i und v_i zu einem gegebenen Zeitpunkt wissen, auch wenn die Faktensammlung y nicht in das potentielle Modell x eingebettet ist. Beide Komponenten sind Mengen und haben dieselbe Form. Das Größenverhältnis von Mengen wird in der Mengenlehre durch den Begriff der Kardinalität erschöpfend beschrieben. Bei Faktensammlungen geht es immer um endliche Mengen und um die Anzahl von Elementen dieser Mengen. Bei Komponenten eines (potentiellen) Modells gibt es dagegen mehrere Möglichkeiten des Größenvergleichs. Die Anzahl der Elemente kann überschaubar klein, groß aber noch handhabbar, unüberschaubar groß oder eben unendlich sein. Für jeden dieser Fälle wird methodisch ein anderer Weg beschritten.

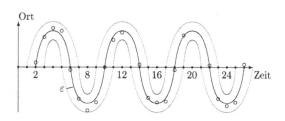

Abb. 10.4

Orte und die theoretische Darstellung von Schwingungen

Eine Modellkomponente ist klein, wenn sich die Anzahl der Elemente aus der Komponente nicht sehr von der Anzahl der entsprechenden Elemente in einer Faktensammlung unterscheidet. In Technik und Design ist es bei der Beschreibung eines Modells oft nicht nötig, theoretische Elemente einzuführen. Dies kann so weit führen, dass eine Hypothese formal aus den Fakten der Faktensammlung ableitbar wird. Die Fakten aus der Faktensammlung decken in diesem Fall alle anderen hypothetisch formulierten Inhalte ab.

Eine Modellkomponente ist überschaubar, wenn sowohl die Anzahl der Elemente der Komponente als auch die Anzahl der Elemente aus der entsprechenden Komponente der Faktensammlung bekannt sind. Sie ist unüberschaubar, wenn die

Anzahl der Elemente aus der Komponente nicht bekannt ist, aber aus theoretischen Gründen davon ausgegangen wird, dass es sich um eine endliche Zahl handelt. In den beiden letzten Fällen lässt sich die Wahrscheinlichkeit eines Zufallsereignisses als eine relative Häufigkeit über das Durchzählen von zwei Mengen von Ereignissen bestimmen (Mises, 1951), siehe mehr dazu in Abschnitt 11.

Schließlich ist im letzten Fall die Kardinalität der untersuchten Modellkomponente unendlich. In diesem Fall ist der Vergleich beider Anzahlen besonders heikel. Hier muss die ganze Potenz der Wahrscheinlichkeitstheorie genutzt werden, was zu komplexen Verteilungen von Wahrscheinlichkeiten, Dichten und Integralen führt (Bauer, 1974).

In den nicht-praktischen Wissenschaften sind die beiden letzten Fälle die häufigsten. Schon im Schwingungsbeispiel ist die Grundmenge von Zeitpunkten unendlich oder unüberschaubar groß. Zwischen zwei Zeitpunkten lässt sich immer wieder ein neuer Zeitpunkt dazwischenschieben. Dieses Verfahren bricht nur aus technisch-praktischen Gründen ab. Wenn in einer Anwendung eine Grundmenge schon unüberschaubar groß ist, wählen die Forscher aus Einfachheitsgründen oft den bequemen Weg: eine Grundmenge wird als unendlich postuliert. Dies hat normalerweise auch Auswirkungen auf die Relationen des Modells: auch diese enthalten unendlich viele mögliche und reale Sachverhalte.

Diese Erörterungen führen direkt zum Thema der Approximation – was auch im Beispiel des Schwingens klar zu sehen ist. Normalerweise passen die gemessenen Werte nicht vollständig zur theoretischen Funktion. Wahrscheinlichkeitstheorie und Statistik müssen eingesetzt werden. In der Wissenschaftstheorie führt dies zu einem eigenen Bereich.[37]

Wenn in den vorhandenen Fakten einer Faktensammlung eine Regelmäßigkeit zu sehen ist, konzentrieren sich die Forscher auf Fakten, die nicht zu den Hypothesen passen. Wenn mehrere Fakten im Zahlenraum nicht an der erwarteten Stelle stehen, wird eventuell die gesehene Regelmäßigkeit kritisch untersucht. Diesen Punkt haben wir von Anfang an betont. Die wirklich gemessenen Werte passen nur approximativ zu den Werten, die im Modell theoretisch charakterisiert werden.

Wir beschreiben kurz im gerade verwendeten Schwingungsbeispiel eine bestimmte Approximationsmethode. Ausgehend von einer Menge von gemessenen Werten, der Hypothese (der Sinusfunktion) und einer festgelegten Umgebung ε gibt es zwei Fälle. Im ersten Fall passen die gemessenen Werte zur Hypothese. Alle Werte liegen in Abbildung 10.4 in der konstruierten Umgebung. Mit anderen Worten wird diese Situation durch eine Wahrscheinlichkeit ausgedrückt: mit einer bestimmten Wahrscheinlichkeit passen die gemessenen Werte zur Hypothese.

---

37   Siehe zum Beispiel (Stegmüller, 1973) oder (Balzer, 2009).

Statistisch wird in diesem Fall oft die kleinste Umgebung ε^* ermittelt, in der noch alle Werte liegen. Im Beispiel in Abbildung 10.4 wird die Zahl ε so lange variiert, bis sich einer der Werte gerade an einer der beiden gepunkteten Grenzen des Schlauches befindet. Zum Zeitpunkt 8 liegt der eingezeichnete Ort ziemlich nahe an der unteren Grenze. Wenn wir ε minimal zu ε^* verkleinern, das heißt, wenn wir den Schlauch minimal verkleinern, berührt der Ort die neue mit ε^* gezogene Grenzlinie. Mehr lässt sich in diesem Fall aus den Messwerten nicht herausholen. Das Modell, das durch die Hypothesen gegeben ist, passt mit einer kalkulierbaren Wahrscheinlichkeit zu den Fakten.

Im zweiten Fall gibt es Messwerte, die nicht in der Umgebung liegen. Damit passt die Hypothese relativ zu der festgelegten Umgebung *nicht* zu den Fakten. Normalerweise heißt dies aber nicht, dass die Hypothese falsifiziert oder ungültig ist.[38] Wenn die Zeit in einem Forschungsprojekt vorhanden ist, wird untersucht, wie viele Werte, sogenannte „Ausreißer" (im Englischen *outlier*) außerhalb der Umgebung liegen. Das Verhältnis von Ausreißern und den restlichen Werten, die innerhalb der Umgebung liegen, wird berechnet. Wenn zum Beispiel 1000 Werte innerhalb der Umgebung liegen und nur ein einziger Wert außerhalb liegt, handelt es sich um einen Ausreißer. In dieser Situation wird die Hypothese nicht aufgegeben, sondern nach experimentellen Fehlern gesucht oder die Umgebung minimal vergrößert. Wenn nur 800 Werte innerhalb der Umgebung und 200 außerhalb liegen, stellt die Hypothese ein Problem dar.

In diesem Fall gibt es zwei Möglichkeiten. Durch minimale Vergrößerung der Umgebung lässt sich einerseits erreichen, dass alle Werte in der Umgebung liegen. Man kann in der Statistik oft genau berechnen, wie groß die minimale Zahl ε^* sein muss, so dass alle Werte in der Umgebung zu liegen kommen. Andererseits wird man damit beginnen, die Hypothese zu verändern. Im Beispiel lässt sich dies durch Variation der Konstanten erreichen. Wie gerade erörtert macht dies in der Praxis eine Änderung des Experiments notwendig.

---

38 Solche Formulierungen wurden vor etwa 80 Jahren verwendet. In dieser Anfangsphase der Wissenschaftstheorie wurden normale, einfache Sätze, wie „Alle Schwäne sind weiß" als Hypothesen angesehen. Heute wird man diesen Satz nicht mehr als eine wissenschaftliche Theorie ansehen, sondern als eine Redensart.

Statistische Bestimmung 11

Die bisher erörterten Bestimmungsmethoden kommen ohne den Begriff der Wahrscheinlichkeit aus. Es gibt aber viele Bereiche, in denen diese Bestimmungsmethoden nicht funktionieren. Dies hat mehrere Gründe. Es kann zu wenige Fakten geben, um eine Bestimmung durchzuführen oder die Hypothesen können zu vage formuliert sein. Es kann aber auch sein, dass eine sichere Vorhersage grundsätzlich nicht möglich ist. Dies liegt an der Welt der Ereignisse. Eine Ursache – ein Ereignis – kann mehrere, sich ausschließende Wirkungen haben. Nur eine Wirkung tritt ein, aber andere Wirkungen hätten ebenfalls real eintreten können. Diese Wirkungen können nur als *wahrscheinlich* angesehen werden, so lange keine davon tatsächlich eingetreten ist. Bei der Formulierung, dass etwas eine bestimmte Wahrscheinlichkeit hat, muss erstens einigermaßen klar sein, welcher Entität die Wahrscheinlichkeit zugeschrieben wird, und zweitens in welchem Bereich die Entität liegt.

Heute finden sich viele wissenschaftliche Anwendungen, in denen die Wahrscheinlichkeit benutzt werden muss. Auch in der Wissenschaftstheorie werden die zentralen Begriffe aus der Wahrscheinlichkeitstheorie immer wichtiger. Wir erklären diese Begriffe mit einem gut untersuchten Beispiel aus der Theorie der Politikwissenschaft: die demokratische Wahl des Präsidenten der USA. Bei dieser Wahl gibt es meist nur zwei Kandidaten aus den beiden großen Politiklagern, die wir A und B nennen. Ein Wähler hat genau eine Stimme und die Stimmabgabe ist geheim (Downs, 1957), (Balzer & Dreier, 1999). Aus Einfachheitsgründen lassen wir das für Nicht-US Bürger etwas merkwürdige System der Wahlmänner unberücksichtigt und fordern hier zusätzlich, dass jeder Wähler seine Stimme abgeben muss und dass er genau einen der beiden Kandidaten wählen muss.

Bei einer solchen Wahl gibt es eine feste Anzahl n von Wählern. Bei einer Stimmabgabe gibt es also nur zwei Möglichkeiten: ein Wähler w wählt Kandidat A oder w wählt Kandidat B. Die Wahrscheinlichkeitstheorie lässt sich dabei auf verschiedene Weise ins Spiel bringen. Dies hängt unter anderem von den Ereignisarten ab, die wir bei einer Beschreibung einer Wahl verwenden. Wir können zum Beispiel fragen:

© Springer Fachmedien Wiesbaden GmbH, ein Teil von Springer Nature 2019
W. Balzer und K. R. Brendel, *Theorie der Wissenschaften*,
https://doi.org/10.1007/978-3-658-21222-3_12

(a) Wählen k Wähler den Kandidaten A?
(b) Gewinnt A mit einer Mehrheit von Wahlstimmen?
(c) Stimmt Wähler w für Kandidat A?

Bei einer wissenschaftlichen Untersuchung spielt Frage (a) die Hauptrolle. In allen drei Formulierungen werden Variablen benutzt. In (a) und (c) sind sie direkt zu sehen: die Variable k läuft über verschiedene Zahlen (Anzahl an Wählern, die A gewählt haben), die Variable w über Personen (Wähler). Bei (b) versteckt sich dagegen eine Variable im Ausdruck „eine Mehrheit". Es gibt viele unterschiedliche Möglichkeiten, wie diese Mehrheit konkret aussehen kann. Besteht die Mehrheit aus 51 Prozent, aus 70 Prozent oder aus 99 Prozent der Wähler?

Je nach Formulierung wird nach anderen Wahrscheinlichkeiten gefragt. Die Wahrscheinlichkeit, dass der Wähler w Kandidat A wählt, hängt bei (c) von der inneren Welt des einzelnen Wählers ab, die schwer zu entschlüsseln ist. In (a) wird nach der Wahrscheinlichkeit der Zahl von Wählern gefragt, die A wählen. Hier ist es nicht sinnvoll, einen bestimmten Wähler zu untersuchen. Bei (b) geht es nicht um eine bestimmte Zahl von Wählern, sondern um ein Zahlenverhältnis zwischen der Zahl an Wählern, die A wählen und der Zahl aller Wähler. Je nach Formulierung wird sich eine andere Wahrscheinlichkeit ergeben.

In allen Fällen wird aber eine Variable benutzt, welche über verschiedene Möglichkeiten läuft. Jede Möglichkeit kann durch ein Ereignis beschrieben werden. Eine Menge von verschiedenen Ereignissen der gleichen Art wird durch einen satzartigen Ausdruck dargestellt, der eine Variable enthält. Eine solche Variable stellt eine Art Platzhalter dar. Wenn die Variable durch einen Namen oder durch einen bedeutungstragenden Ausdruck ersetzt wird, entsteht ein echter Ausdruck, zum Beispiel ein Satz.

Diese Beschreibungsmethode liegt im Zentrum der Wahrscheinlichkeitstheorie. Um eine bestimmte Wahrscheinlichkeit zu untersuchen, wird ein satzartiger Ausdruck mit einer Variablen benutzt, der eine Menge von Ereignissen bezeichnet. Wenn die Variable durch einen „Namen" ersetzt wird, erhalten wir einen variablenfreien Ausdruck, welcher ein „echtes" Ereignis beschreibt. In der Wahrscheinlichkeitstheorie bilden Ereignisse und Ereignismengen die Grundelemente, aus denen die Modelle der Wahrscheinlichkeitstheorie konstruiert werden können. Diese Modelle nennen wir im Folgenden *Wahrscheinlichkeitsräume* oder kurz *W-Räume*.

Inzwischen gibt es zwei verschiedene Formulierungen der Wahrscheinlichkeitstheorie. Im „klassischen" Originalansatz, den wir in diesem Abschnitt verwenden,[39] wird einer Entität, einem sogenannten *Zufallsereignis* (im Englischen: *random event*),

---

[39] Den zweiten Ansatz stellen wir in Abschnitt 18 dar.

eine Wahrscheinlichkeit zugesprochen. Ein Zufallsereignis ist mengentheoretisch gesprochen eine *Menge* von konkreten, realen oder nur möglichen Ereignissen. All die Ereignisse aus einer solchen Menge sind sich ähnlich; sie sind durch dieselbe Formel beschrieben. Diese Ereignisse unterscheiden sich bei einer Beschreibung nur in einer einzigen Eigenschaft. Auf Sprachebene kann ein Ereignis durch einen deutschen, grammatisch korrekten Satz ausgedrückt werden. Dagegen wird ein Zufallsereignis durch eine Formel beschrieben, die eine freie Variable enthält.

Die Elemente aus einem Zufallsereignis nennen wir im folgenden *Elementarereignisse*.[40] Um hier drohenden Mehrdeutigkeiten zuvorzukommen, vermeiden wir in wahrscheinlichkeitstheoretischen Kontexten das Wort „Ereignis" und verwenden in solchen Zusammenhängen immer das Wort „Elementarereignis". Ein, wie in Abschnitt 1 diskutiertes, „normales" Ereignis wird also bei der Diskussion von Wahrscheinlichkeiten ein Elementarereignis und ein Zufallsereignis wird als eine *Menge* von Elementarereignissen betrachtet.

In Variante (b) des Wahl-Beispiels ist die Ereignisart so formuliert, dass die Variable gebunden auftritt. Genauer könnten wir zum Beispiel sagen: „es gibt eine Zahl u, so dass Kandidat A mit u Wählern die Wahl gewinnt". Ohne genauere Analyse sehen wir, dass die Wahrscheinlichkeit zu gewinnen, von der Anzahl der Stimmen abhängt. Je mehr Stimmen Kandidat A bekommt, desto höher wird die Wahrscheinlichkeit, dass er gewinnt. Wir erhalten ein Elementarereignis, wenn die Variable u durch eine bestimmte Zahl ersetzt wird. Angenommen, es gibt bei einer Wahl 250 Millionen Wähler, dann sprechen wir zum Beispiel vom Elementarereignis, dass 132123000 Wähler Kandidat A gewählt haben und damit A gewonnen hat ($132123000 > 125000000 = (1/2) \cdot 250000000$). Wenn wir diese Situation in einem Modell abbilden möchten, können wir die Menge aller möglichen Wahlen als Elementarereignisse und damit die Menge der möglichen Wahlen als eine Grundmenge verwenden. Ein Zufallsereignis *ist* dann eine Menge von möglichen Wahlen; ein Zufallsereignis ist eine Menge von Elementarereignissen. Wie viele Wähler Kandidat A wählen, ist bei der Konstruktion dieses W-Raums zunächst nicht wichtig. A könnte ja auch verlieren.

In Abbildung 11.1 ist eine Matrix aus Kandidaten A und B abgebildet. Die Matrix hat 2^n Zeilen und 10 Spalten (die erste linke Spalte nicht mitgerechnet). Eine Zeile beschreibt eine Wahl; in den Varianten (a) und (b) werden die möglichen Wahlen als Elementarereignisse beschrieben. Eine Spalte beschreibt, wie sich ein bestimmter Wähler in den verschiedenen Wahlen entscheidet. Wir nehmen dabei an, dass es nur 10 Wähler gibt. Ein Matrix-Eintrag X in der i-ten Zeile und in der

---

40 Oft wird auch das Wort *Ergebnis* für diesen Begriff benutzt, vor allem wenn es sich um Experimente handelt.

j-ten Spalte besagt, dass in der möglichen Wahl Nummer i der Wähler Nummer j den Kandidaten X wählt. Noch realistischer gesagt, gibt Wähler j in der möglichen Wahl i „seine" Stimme für X ab. In dieser Matrix ist keine Ordnung zu erkennen.

Wir haben hier bereits eine Stichprobe eingezeichnet, die wir weiter unten genauer erörtern. In diesem Beispiel besteht eine Stichprobe aus einer „kleinen" Teilmenge der Menge aller Wähler. Diese Stichprobe enthält hier drei Wähler: 3,7,8. Mit einer Stichprobe soll versucht werden, schon vor der Wahl zu erfahren, wie sich die Wähler entscheiden werden. Das heißt, man möchte eine Voraussage treffen.

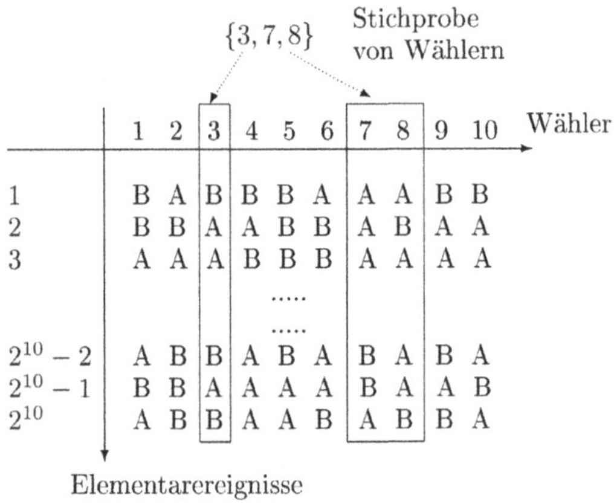

Abb. 11.1

Mögliche Wahlresultate und eine Stichprobe

Diese möglichen Wahlen (Elementarereignisse) müssen „irgendwie" geordnet werden, um sie und ihre Wahrscheinlichkeiten besser darstellen und verstehen zu können. In der Wahrscheinlichkeitstheorie wird dazu eine Methode verwendet, nach der alle Elementarereignisse in einer geraden Linie aufgeführt werden. Dieser Ordnungsprozess beinhaltet zwei Aspekte. Erstens bekommt jede Wahl einen eindeutigen „Namen" und zweitens werden reelle Zahlen als solche Namen verwendet. Damit lassen sich die Namen der Wahlen ohne weiteren Aufwand in eine gerade Linie bringen.

Im Allgemeinen wird eine Funktion ϕ eingeführt, die jedem Elementarereignis eine reelle Zahl zuordnet. Diese Funktion spielt in der Wahrscheinlichkeitstheorie eine Schlüsselrolle; sie wird *Zufallsvariable* genannt. Dass es sich um eine Variable handelt, sieht man daran, dass sich die Elementarereignisse in einer Menge von möglichen, zufällig stattfindenden Ereignissen befinden. So lange keines der erwarteten Elementarereignisse stattgefunden hat, werden sie variabel behandelt und untersucht. Auf der Beschreibungsebene wird eine Variable benutzt, die über die verschiedenen möglichen Elementarereignisse läuft. Je nach Formulierung wird eine Zufallsvariable dabei anders beschrieben.

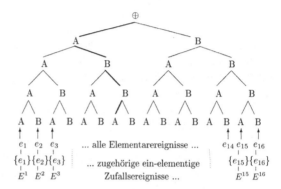

Abb. 11.2

Mögliche Wahlresultate
und Elementarereignisse

Für das Wahl-Beispiel von Fall (a) haben wir die Funktion einer Zufallsvariable graphisch genauer dargestellt. In der Mitte der Abbildung ist eine Zeile von Elementarereignissen $e_1,...,e_{16}$ zu sehen. Jedes Elementarereignis zeigt nach oben auf einen Pfad, der aus den Symbolen A und B und Linien besteht. Ganz unten werden die Elementarereignisse in Zufallsereignisse konvertiert. Jedes Symbol e_i für ein Elementarereignis wird in Mengenklammern eingeschlossen und dann zu E^i umbenannt.

Ein Pfad beginnt in dieser Abbildung ganz oben beim Symbol $\oplus$ und führt nach unten bis zu einem letzten Symbol A oder B. Der Pfad stellt eine mögliche Wahl dar; wobei es hier nur vier Wähler gibt. A bedeutet, dass an einem Punkt ein Wähler für Kandidat A stimmt und B, dass ein Wähler für Kandidat B stimmt. Die Pfade verzweigen sich systematisch. Eine Verzweigung endet links immer bei einem A und rechts bei einem B. Wir erkennen hier ein Ordnungsprinzip, welches bei der Konstruktion dieser Zufallsvariablen benutzt wird.

Einem Elementarereignis e_i wird eine Zahl wie folgt zugeordnet. Das Elementarereignis e_i zeigt auf den entsprechenden Pfad. Einen bestimmten Pfad haben wir mit dicken Linien hervorgehoben. Wir zählen, wie oft A in dem Pfad zu finden ist. Diese Zahl k nehmen wir als Funktionswert der im Entstehen begriffenen Zufallsvariable ϕ: $\phi(e_i) = k$. Wir erkennen ziemlich schnell, dass mehreren Elementarereignissen dieselbe Zahl zugeordnet wird. In Abbildung 11.2 gibt es 4 Pfade mit 3-mal A, 6

Pfade mit 2-mal A und 4 Pfade mit einem A. Außerdem gibt es die zwei extremen Pfade, in denen alle Wähler denselben Kandidaten wählen.

Allgemein gesagt lassen sich mit einem gegebenen Verfahren aus Elementarereignissen Mengen konstruieren und diese Mengen werden Zufallsereignisse genannt. Durch genauere Analyse können wir im Beispiel ein Zufallsereignis erkennen, bei dem 3 Wähler für Kandidat A stimmen. Die Verteilung der Wähler auf den Kandidaten A kann real auf verschiedene Weise geschehen. Klar ist nur, dass bei diesem Zufallsereignis 3 Wähler Kandidat A gewählt haben. In einem anderen Zufallsereignis wählen 2 Wähler Kandidat A; dies kann in 6 verschiedenen Wahlen (Pfaden) zum selben Ergebnis führen. Wichtig ist hier nicht, welcher Wähler für A gestimmt hat, sondern wie viele Wähler für A gestimmt haben. Diese Anzahlen führen zu Wahrscheinlichkeiten.

Im Beispiel wird die Wahrscheinlichkeit wie folgt festgelegt. Die Anzahl k der Wähler, die für A stimmen, wird durch die Gesamtzahl n der Wähler im System dividiert: k/n. Die resultierende Zahl wird als die Wahrscheinlichkeit betrachtet, mit der k Wähler für A stimmen. Im Allgemeinen heißt dies, dass der Bruch k/n durch die Größe, das Maß, das Gewicht, die Plausibilität des Zufallsereignisses E bestimmt wird. Dieser Bruch k/n wird als die *relative Häufigkeit* des Zufallsereignisses E bezeichnet.

In einfachen Anwendungen, in denen es nur endlich viele und gut überschaubare Elementarereignisse gibt, kann die relative Häufigkeit mit der Wahrscheinlichkeit eines Zufallsereignisses gleichgesetzt werden. Aber nur dann, wenn eine weitere wichtige Voraussetzung erfüllt ist: die *Gleichverteilung* der einelementigen Zufallsereignisse. Diese Voraussetzung besagt, dass alle einelementigen Zufallsereignisse die gleiche Wahrscheinlichkeit und die gleiche Plausibilität haben. Im Allgemeinen ist dies nicht der Fall. In der wirklichen Welt können zwei einelementige Zufallsereignisse auch andere Plausibilitäten haben.

In unserem Beispiel ist nicht festgelegt, dass zwei mögliche Wahlen dieselbe Wahrscheinlichkeit haben. In einer der möglichen Wahlen wählen *alle* Wähler denselben Kandidaten; in einer anderen nur etwa die Hälfte der Wähler diesen Kandidaten. Sind diese beiden Möglichkeiten gleich plausibel, gleich wahrscheinlich?

Wenn relative Häufigkeiten mit Wahrscheinlichkeiten identifiziert werden, beruht die Plausibilität eines Zufallsereignisses E ($E = \{e_1,...,e_k\}$) letzten Endes auf Brüchen der Art[41]

$$\aleph(\{e_1,...,e_k\})/n.$$

---

41   $\aleph(X)$ ist die Anzahl oder die Kardinalität der Menge X.

Die Wahrscheinlichkeit des Zufallsereignisses E wird auf die Anzahl k von Elementarereignissen aus diesem Zufallsereignis reduziert. Dies gilt auch für einelementige Zufallsereignisse. Das heißt aber, dass damit auch Brüche $\aleph(\{e_1\})/n$ und $\aleph(\{e_2\})/n$ identifiziert werden können. Und dies würde heißen, dass die Zufallsereignisse $\{e_1\}$ und $\{e_2\}$ dieselbe Wahrscheinlichkeit hätten. Wahrscheinlichkeit lässt sich mit anderen Worten nicht immer auf diese Weise durch relative Häufigkeiten definieren. Die Gleichsetzung von relativen Häufigkeiten mit Wahrscheinlichkeiten funktioniert nur, wenn die Voraussetzung gleicher Wahrscheinlichkeiten von einelementigen Zufallsereignissen plausibel begründet werden kann. Ohne eine überzeugende Begründung würden wir im Beispiel etwa in Variante (c) nicht ohne weiteres sagen, dass zwei Wähler mit derselben Wahrscheinlichkeit den Kandidaten A wählen.

In Abbildung 11.3 haben wir einen einfachen W-Raum ansatzweise aufgezeichnet. Da sich die Zufallsereignisse in den meisten Fällen „vermischen", ist eine vollständige graphische Darstellung nicht möglich. Die meisten Elementarereignisse liegen gleichzeitig in vielen verschiedenen Zufallsereignissen. In Abbildung 11.3 gibt es genau 100 (= 10 × 10) Elementarereignisse, die durch kleine, weiße Kreise dargestellt werden. Vier Zufallsereignisse sind hervorgehoben. Bei jedem dieser Zufallsereignisse sieht man die Abgrenzung der zugehörigen Elementarereignisse. Die vier Zufallsereignisse sind mit $e_1,...,e_4$ bezeichnet. Das Zufallsereignis e_4 zum Beispiel enthält genau 6 Elementarereignisse, welche durch „x" gekennzeichnet sind. e_3 enthält schwarze Kreise. Man sieht: das Zufallsereignis e_3 zerfällt mengentheoretisch in zwei „unabhängige Bereiche". In drei Bereichen überlappen sich die Zufallsereignisse.

In diesem abstrakten Beispiel lassen sich Wahrscheinlichkeiten auf einfache Weise bestimmen, wenn wir voraussetzen, dass die Elementarereignisse gleichverteilt sind. Dazu wird für ein Zufallsereignis e_i zuerst die *absolute Häufigkeit* h des Zufallsereignisses e_i gebildet: die Anzahl an Elementarereignissen, die im Zufallsereignis liegen. Durch Nachzählen ist zum Beispiel die absolute Häufigkeit von e_1 9, oder die von e_2 36 etc. Weitere Zufallsereignisse, die im Beispiel zu erkennen sind, haben wir hier nicht eingezeichnet. In einem zweiten Schritt wird die relative Häufigkeit h/n des Zufallsereignisses e_i gebildet. n ist die fest vorgegebene Anzahl von Elementarereignissen und h die absolute Häufigkeit von e_i. Diese formalistische Ausdrucksweise ist der mengentheoretischen Konstruktion geschuldet. Auf diese Weise lässt sich eine Wahrscheinlichkeit durch Zahlen – und das heißt quantitativ völlig eindeutig – ausdrücken. Eine Wahrscheinlichkeit wird durch ein Zahlenverhältnis zweier Anzahlen beschrieben. Ausgehend von der Gesamtzahl der Elementarereignisse wird im Prinzip gezählt, wie viele Elementarereignisse zu dem gerade betrachteten Zufallsereignis gehören.

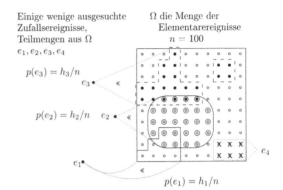

Einige wenige ausgesuchte $\quad$ Ω die Menge der
Zufallsereignisse, $\qquad\qquad$ Elementarereignisse
Teilmengen aus Ω $\qquad\qquad\quad$ $n = 100$
e_1, e_2, e_3, e_4

$p(e_3) = h_3/n$

$p(e_2) = h_2/n$

$p(e_1) = h_1/n$

Abb. 11.3

Teil eines Wahrschein-
lichkeitsraums

Im Beispiel ist die Wahrscheinlichkeit von $e_4 = 6/100$, also qualitativ ausgedrückt
eher klein. In diesem Beispiel können wir direkt die Prozentnotation benutzen, weil
es genau 100 Elementarereignisse gibt. Die Wahrscheinlichkeit von e_4 ist somit: 6
Prozent. Ein Elementarereignis aus e_4 wird mit einer Wahrscheinlichkeit von 6
Prozent stattfinden.

Im Allgemeinen muss die Wahrscheinlichkeit anders bestimmt und definiert
werden. Es wird hierzu ein weiterer Begriff eingeführt: die *Verteilung* von Wahrscheinlichkeiten relativ zu einer gegebenen Zufallsvariable. Dies lässt sich inhaltlich
am besten auf der Ebene der Elementarereignisse verstehen. Wir sprechen davon,
dass die Elementarereignisse über die verschiedenen Zufallsereignisse verteilt sind.
Das Studium solcher Verteilungen bildet einen zentralen Kern der Wahrscheinlichkeitstheorie.

Eine Verteilung können wir als eine Prozedur verstehen, die in mehreren
Schritten abläuft. Erstens werden die Elementarereignisse durch eine Zufallsvariable in Zahlen überführt. Zweitens werden Zufallsereignisse in Zahlenbereiche
überführt. Drittens wird für jeden Zahlenbereich eine Größe oder ein Maß formuliert, bestimmt, definiert oder konstruiert und durch eine reelle Zahl ausgedrückt.
Eine solche Konstruktion wird normalerweise systematisch ausgeführt, so dass
mit einer einzigen Methode jeder Zahlenbereich – der von einem Zufallsereignis
stammt – „seine" Größe, „sein" Maß (als Zahl) bekommt. Diese Zahlen sind dann
die gesuchten Wahrscheinlichkeiten.

Im Wahl-Beispiel lässt sich die Verteilung der Wahrscheinlichkeiten gut durch-
schauen, wenn wir Gleichverteilung annehmen. In diesem Fall werden die Wahrscheinlichkeiten durch Brüche festgelegt. In Abbildung 11.4 haben wir eine Verteilung
graphisch dargestellt. Ausgehend von einer Zufallsvariable ϕ betrachten wir einen

Funktionswert α und ermitteln, welche Elementarereignisse *e* den Wert α haben. All diese Elementarereignisse bilden ein Zufallsereignis *E* – eine Menge, welche die technische Bedingung der Messbarkeit erfüllt:[42]

$$E = \{ e \, / \, \phi(e) = \alpha \}.$$

Die Verteilung von Elementarereignissen über verschiedene Zufallsereignisse lässt sich ansatzweise mit einem Blick erfassen.

In Abbildung 11.4 gibt es genau 16 Elementarereignisse, die durch schwarze Punkte in einem großen Rechteck unten dargestellt sind. Die Zufallsvariable φ ordnet den Elementarereignissen (Punkten) fünf Zahlen $1,...,5$ zu. Zu drei Zahlen gehören mehrere Elementarereignisse. Die Zufallsvariable φ *verteilt* die Elementarereignisse auf verschiedene Mengen. Diese Mengen bilden fünf Zufallsereignisse $E_i^1,...,E_i^5$, was durch gestrichelte Abgrenzungslinien angedeutet wird. Von der Zahlenachse kommen wir nach oben und erkennen diese fünf Teilmengen (Zufallsereignisse). Sie sind mit Hilfe der Zufallsvariable φ systematisch geordnet. Durch diese Ordnung können wir in der Abbildung die Elementarereignisse aus einem Zufallsereignis einfach zählen. Die resultierenden Zahlen $m_1,...,m_5$ sind die absoluten Häufigkeiten der Elementarereignisse in den jeweiligen Zufallsereignissen $E_i^1,...,E_i^5$. Diese Zahlen werden durch die Gesamtzahl *n* von Elementarereignissen dividiert. Schließlich werden die Brüche $m_1/n,...,m_5/n$ als Wahrscheinlichkeiten der entsprechenden Zufallsereignisse $p(E_i^1),..., p(E_i^5)$ bezeichnet.

Aus den fünf hier dargestellten Zufallsereignissen und den einelementigen Zufallsereignissen können mit Durchschnitts-, Vereinigungs- und Komplementbildung viele weitere Zufallsereignisse konstruiert werden (Ü11-1). In Abbildung 11.4 werden ganz unten alle Zufallsereignisse E_i in einer Zeile angedeutet. Dies gilt aber nur, wenn es endlich viele Elementarereignisse gibt und wenn alle einelementigen Zufallsereignisse dieselbe Wahrscheinlichkeit haben. Ist eine dieser beiden Bedingungen nicht erfüllt, muss der allgemeine Begriffsapparat der Wahrscheinlichkeitstheorie verwendet werden.

---

42 Siehe zum Beispiel (Bauer, 1974, Abschnitt I.7).

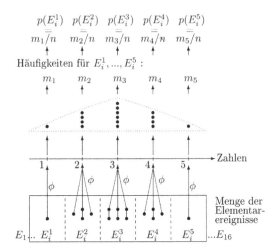

Abb. 11.4

Verteilung von
Elementarereignissen

Gibt es in einem untersuchten System nur endlich viele Elementarereignisse, so wird
von einer *diskret* verteilten Zufallsvariablen und von *diskret* verteilten Wahrscheinlichkeiten gesprochen. Wenn zusätzlich auch alle einelementigen Zufallsereignisse
dieselbe Wahrscheinlichkeit haben, sind die Zufallsvariablen *gleichverteilt*. Am
anderen Ende des Spektrums der Verteilungen bleiben die einelementigen Zufallsereignisse völlig unabhängig voneinander; die Verteilung ist vollkommen zufällig.

In der Wissenschaft werden oft Verteilungen benutzt, die weder gleichverteilt
noch rein zufällig sind. Bei einer solchen Verteilung werden Hypothesen eingeführt, die eine Wahrscheinlichkeitsfunktion mehr oder weniger strikt festlegen.
Dies führt zu komplexen Methoden, die wir hier nicht weiter erörtern können. Sie
sind in der Wahrscheinlichkeitstheorie, der Statistik und in der Integralrechnung
beschrieben. Insbesondere spielt der Begriff der *Dichte* eine wichtige Rolle (Bauer,
1974, Abschnitt II.17, Abschnitt IV.29), wenn die einelementigen Zufallsereignisse
die Wahrscheinlichkeit Null haben. In solchen Fällen wird die Wahrscheinlichkeit
eines Zufallsereignisses durch ein Integral einer Dichte bestimmt. Informell wird die
Wahrscheinlichkeit $p(E)$ eines Zufallsereignisses E bestimmt, indem ein Integral über
einen Bereich E (eine Menge) berechnet wird; eine Dichtefunktion wird integriert.

Mit Dichten lassen sich Verteilungen besonders klar darstellen. Einige besonders
wichtige Verteilungen haben eigene Namen bekommen, wie zum Beispiel: Binomial-,
Exponential-, *t*- oder χ^2-Verteilung (Bauer, 1974), (Bortz, 1985).

In Abbildung 11.5 haben wir vier Arten von Verteilungen aufgezeichnet. In
einem endlichen W-Raum werden in Abschnitt a) und b) die Wahrscheinlichkei-

ten $p(E_i)$ von einelementigen Zufallsereignissen durch die Längen der senkrecht eingezeichneten Linien dargestellt. Die balkenartigen Gebilde auf der x-Achse sind einelementige Zufallsereignisse E_i, welche implizit durch eine Zufallsvariable geordnet sind. In c) stellt die Länge einer senkrechten Linie die relative Häufigkeit von Elementarereignissen in einem Zufallsereignis dar, welches, wie in Abbildungen 11.3 und 11.4 bereits erörtert, mehrere Elementarereignisse enthält.

a) gleich und diskret verteilt

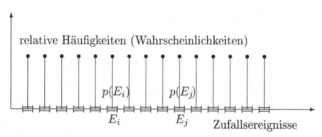

b) zufällig und diskret verteilt

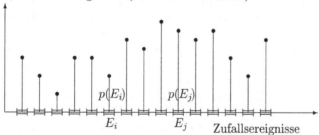

c) binomial verteilt

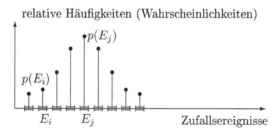

d) stetig verteilt

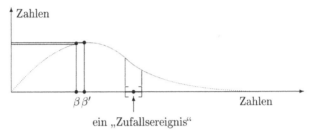

ein „Zufallsereignis"

Abb. 11.5 Gleichverteilte, zufällige, binomiale und stetige Verteilungen

In a) und b) sind die (einelementigen) Zufallsereignisse zwar horizontal angeordnet, was aber von keiner Bedeutung ist. In c) sehen wir eine Binomialverteilung von relativen Häufigkeiten (Ü11-2). In Abbildung 11.5-d) sind die Zufallsereignisse so klein dargestellt, dass sie im Grenzfall mit reellen Zahlen identifiziert werden können. Dies führt zum bereits erwähnten, theoretischen Apparat, mit dem Zufallsereignisse mit Hilfe von Dichten behandelt werden. Auf der x-Achse stellt in d) ein Punkt den Wert der implizit benutzten Zufallsvariablen dar. Ein Punkt symbolisiert kein Zufallsereignis, sondern eine Zahl, ein mathematisches Bild des Zufallsereignisses. Wenn wir einen Punkt durch ein kleines Intervall ersetzen, lässt sich ein Intervall bildlich wieder als ein Zufallsereignis ansehen. Die Fläche über dem Intervall, die durch die dargestellte Funktion nach oben begrenzt wird, kann als die relative Häufigkeit des Zufallsereignisses interpretiert werden.

Durch das Wahl-Beispiel vorbereitet, beschreiben wir die W-Räume im Allgemeinen. Ein W-Raum enthält eine Menge Ω von *Elementarereignissen*, die Menge der reellen Zahlen $\Re$, drei Mengenoperatoren: *Vereinigung* $\cup$, *Durchschnitt* $\cap$ und *Komplement* X^c einer Menge X (Ü11-3), eine Menge **A** von *Zufallsereignissen* und eine *Wahrscheinlichkeitsfunktion* p, die jedem Zufallsereignis E aus **A** eine reelle Zahl α zuordnet. Die Menge **A** der Zufallsereignisse wird durch die Potenzmenge der Menge der Elementarereignisse typisiert (siehe Genaueres im nächsten Abschnitt):

$$\mathbf{A} \subseteq \wp(\Omega).$$

Ein Zufallsereignis E ist also ein Element von **A** und damit eine Teilmenge von Ω und jedes Element e aus E ist ein Elementarereignis.

Bei der Formulierung eines W-Raums werden die Mengenoperatoren normalerweise nicht erwähnt. Wissenschaftstheoretisch sollten wir sie hier aber trotzdem erörtern. Diese Operationen wirken auf Zufallsereignisse und damit auf Mengen von Elementarereignissen. Die Menge Ω und die Operatoren $\cup$, $\cap$, ^{c} bilden ein Modell, das durch mehrere Hypothesen zusammengehalten und als *Boolescher Verband* bezeichnet wird (Ü11-4). Oft wird ein *Boole*scher Verband so verwendet, dass die Menge Ω als eine Hilfsbasismenge in einem anderen Modell erscheint. Die Operatoren $\cup$, $\cap$, ^{c} bleiben dabei implizit. Der *Boole*sche Verband wird mit anderen Worten als ein mathematischer Raum für Modelle einer anderen Theorie eingesetzt. Dieses wissenschaftstheoretische Verfahren der Darstellung einer Theorie haben wir bereits in anderen Theorien kennengelernt.

Die Hypothesen für einen W-Raum $\langle \Omega, \mathfrak{R}, \mathbf{A}, p \rangle$ formulieren wir wie folgt:

W1 $\mathbf{A}$ ist eine Teilmenge der Potenzmenge $\wp(\Omega)$.

W2 $p : \mathbf{A} \to [0,1]$

W3   Die Menge Ω ist ein Element von $\mathbf{A}$ und Ω ist nicht die leere Menge.

W4   Wenn $E \in \mathbf{A}$, dann ist auch $E^c \in \mathbf{A}$.

W5   Für jede Folge $(E_i)_{1,2,3,...}$ mit E_i aus $\mathbf{A}$ ist auch $E_1 \cup E_2 \cup E_3 \ldots$ aus $\mathbf{A}$.

W6 $p(\Omega) = 1$

W7   Für jede Folge $E_1, E_2, E_3,\ldots$ aus $\mathbf{A}$ mit paarweise disjunkten Gliedern[43] gilt: $p(\cup_i E_i) = \Sigma_{i=1,2,3\ldots}\, p(E_i)$.

W1 – W3 legen die Struktur des Modells fest. W4 fordert, dass die Negation eines Zufallsereignisses auch ein Zufallsereignis ist; allerdings nur relativ zu einer schon bekannten Menge von Elementarereignissen. Wenn wir das benutzte Modell überspannen, erzeugen wir unvorhersehbare Negationen. Umgekehrt kann es Ereignisse geben, die im Modell nicht zu finden sind, aber zum Beispiel in der sozialen Welt existieren und unangenehme Folgen haben können. Wenn zum Beispiel die geplante Umgehungsstraße nicht gebaut wird, wird auch der Feinstaubanteil der innerstädtischen Luft nicht reduziert. In der sozialen Welt wird W4 flexibler und mit mehr Bedacht gehandhabt. Allerdings kann dies zu anderen Problemen führen, nämlich zu Problemen der Wahrscheinlichkeit (Ü11-5). Hypothese W5 lässt sich am besten als ein sprachliches Konstrukt verstehen. Wenn sich zwei Ereignisse E_1 und E_2 sprachlich ausdrücken lassen, kann meist auch das „neue" Ereignis „E_1 *oder* E_2" sprachlich mitgeteilt werden. Zum Beispiel hat der Ausdruck „Ich fahre nach Frankfurt oder nach München" in einem bestimmten Kontext meist einen Sinn. W6 normiert den W-Raum; es gibt keine negativen Wahrscheinlichkeiten. Hypothese W7 besagt, dass sich Wahrscheinlichkeiten addieren lassen, wenn bestimmte Vorsichtsmaßnahmen getroffen werden. In den einfachen Fällen, in

---

43   Σ ist das Summationssymbol für die Addition von Zahlen.

denen Elementarereignisse gezählt werden können, besteht die Maßnahme darin, dass ein Ereignis nicht mehrfach gezählt wird.

Die Struktur des W-Raums können wir kurz durch:

$$WR = \langle \Omega, \Re, \mathbf{A}, p \rangle, \quad \mathbf{A} \subseteq \wp(\Omega), \quad p : \mathbf{A} \to [0,1] \text{ und } [0,1] \subset \Re$$

zusammenfassen. Die Zahlen 0 und 1 begrenzen den Wertebereich der Wahrscheinlichkeitsfunktion p. Diese Zahlen werden schon aus theoretischen Gründen immer benutzt. In jedem Modell gibt es ein Zufallsereignis, das die Wahrscheinlichkeit 0 und ein anderes, welches die Wahrscheinlichkeit 1 hat.

In einer wissenschaftstheoretisch rekonstruierten Theorie wird ein W-Raum, sofern er vorhanden ist, als ein Bestandteil eines Modells betrachtet. Ein Modell $\langle D_1, ..., D_\kappa, ..., \Omega, \Re, \mathbf{A}, p, ... \rangle$ enthält in einer solchen Formulierung alle Komponenten $\Omega, \Re, \mathbf{A}, p$ des W-Raums. In den verschiedenen wissenschaftlichen Disziplinen wird allerdings meist anders verfahren. Die meisten der wahrscheinlichkeitstheoretischen Hypothesen werden in der Beschreibung eines Modells gar nicht erwähnt. Sie werden stillschweigend vorausgesetzt. In solchen Beschreibungen werden auch keine Listen von Modellkomponenten geführt. Das „Standardverfahren" besteht darin, die Wahrscheinlichkeitsfunktion p in der Modellbeschreibung zu verwenden, aber diese nicht zu erklären. Oft werden die Elementarereignisse und Zufallsereignisse, die im W-Raum existieren, direkt durch reelle Zahlen und Zahlenmengen ausgedrückt. Dies bedeutet, dass die Basis des W-Raums in die Mathematik ausgelagert wird.

Diese so beschriebene Methode haben wir bereits in anderen Räumen kennengelernt. Zum Beispiel wird ein Ort auf diese Weise durch einen mathematischen Vektor, oder ein Zeitpunkt durch eine reelle Zahl dargestellt, wobei die mathematischen Operatoren $+, \cdot, <$ in den Hypothesen verwendet aber nicht weiter erklärt werden. Die Menge der Elementarereignisse oder in der *Bayes*-Variante die Menge der Aussagen wird – wenn überhaupt – als eine Hilfsbasismenge des Modells der Theorie aufgeführt. Die auch im W-Raum benutzten mathematischen Relationen und Funktionen, wie $<$ oder $+$, sind gewissermaßen doppelt ausgelagert. Bei Programmierung von Computern werden solche Auslagerungen anders bewerkstelligt.

Der jedem bekannte Würfelwurf wird durch einen W-Raum wie folgt beschrieben. Jede der sechs Seiten des Würfels erhält die gleiche Wahrscheinlichkeit. In einem Elementarereignis wird der Würfel einmal geworfen, so dass eine der 6 Seiten des Würfels oben zu liegen kommt. Diese Elementarereignisse werden standardmäßig mit den Zahlen 1,...,6 bezeichnet und die Menge der Elementarereignisse mit Ω. Als Zufallsereignisse werden alle Teilmengen von Ω herangezogen. Insbesondere sind {1}, {2}, {3}, {4}, {5} und {6} Zufallsereignisse. Aus diesen lassen sich alle anderen Zufallsereignisse durch Vereinigungen dieser Mengen konstruieren (Ü11-6).

Die Menge A der Zufallsereignisse bildet in diesem Fall die Potenzmenge $\wp(\Omega)$, kurz: $A = \wp(\Omega)$. Die Wahrscheinlichkeit eines Zufallsereignisses E wird hier als die Häufigkeit des Auftretens von Elementarereignissen definiert, die im Zufallsereignis E zu finden sind, dividiert durch die Anzahl 6 der Elementarereignisse. Anders gesagt wird die Wahrscheinlichkeit als eine relative Häufigkeit definiert. Die Zufallsereignisse $\{2,4,6\}$, $\{1,2\}$ und $\{5\}$ haben zum Beispiel die Wahrscheinlichkeiten 3/6, 2/6 und 1/6.

Warum sind Verteilungen so interessant? Weil sie zu wissenschaftlichen Vorhersagen benutzt werden können. Eine Verteilung hat einen hypothetischen Status; sie ist Teil eines wissenschaftlichen Modells. Sie hat zwei Aspekte. Erstens enthält eine Verteilung meist auch Informationen über die Zukunft. Zweitens wird – jedenfalls in der heutigen Wissenschaft – die Welt oft statistisch betrachtet. Die wissenschaftliche Methode, aus einer Hypothese einen noch nicht bekannten Satz abzuleiten, ist inzwischen nur noch ein Teil einer allgemeineren Methode des Darstellens und des Vorhersagens.

Eine Verteilung wird normalerweise nicht durch eine Liste von Wahrscheinlichkeiten der Zufallsereignisse beschrieben, sondern durch eine Hypothese. In einer solchen Hypothese wird eine mathematisch definierte Wahrscheinlichkeitsfunktion benutzt. Durch die Hypothese wird – unter anderem – jedem Zufallsereignis der „richtige" Wahrscheinlichkeitswert zugeordnet. Zum Beispiel wird die gleichverteilte *Binomialverteilung* (Ü11-7) durch eine Zufallsvariable $f: \Omega \to \Re$ beschrieben, welche jedem einelementigen Zufallsereignis e die Wahrscheinlichkeit $p(e)$ zuordnet, siehe zum Beispiel (Bortz, 1985, Abschnitt 2.4). Die Zahl $p(e)$ hängt von zwei Konstanten n und k ab. In einem gegebenen System ist n die Zahl der Elementarereignisse, die in der Situation in Frage kommen und k die Anzahl der Zufallsereignisse in diesem System, die dort k Elementarereignisse enthalten. Aus diesen Konstanten können „reduzierte" Wahrscheinlichkeiten α bestimmt werden. Eine solche Wahrscheinlichkeit α besagt, dass ein Zufallsereignis eintritt das gerade k Elementarereignisse enthält. Im einfachsten Fall, der in den Computern eine zentrale Rolle spielt, wird der W-Raum $\langle \Omega, \Re, A, p \rangle$ benutzt: $\Omega = \{0,1\}$, $A = \wp(\Omega)$, $p(\emptyset) = 0$, $p(\{0\}) = p(\{1\})$ $= 1/2$ und $p(\Omega) = 1$. Bei der Interpretation eines *Bit* wäre 0 der eine Ast und 1 der andere, in den der Strom fließen kann. Jedes der zwei Elementarereignisse hat die Wahrscheinlichkeit 1/2. Mit 1/2 Wahrscheinlichkeit fließt der Strom nach links, mit Wahrscheinlichkeit 1/2 nach rechts.

In einem Modell, das eine Verteilungshypothese enthält, sollte wissenschaftstheoretisch der gesamte W-Raum explizit gemacht werden. Die Zufallsereignisse, die im W-Raum den zentralen Platz einnehmen, werden einerseits rein formal benutzt, andererseits bei statistischen Anwendungen mit realen Elementarereignissen verknüpft. In einer solchen Situation lässt sich ein Elementarereignis wie ein

Faktum betrachten, das durch das Modell bestimmt oder vorhergesagt werden soll. Nur wird die Ableitung nicht rein logisch, sondern wahrscheinlichkeitstheoretisch durchgeführt. In einer nicht-statistischen Hypothese kann ein bestimmtes Faktum abgeleitet werden. Durch eine Verteilungshypothese kann dagegen nur die Wahrscheinlichkeit des Faktums vorhergesagt werden. Das Faktum selbst lässt sich meist *nicht* ableiten.

Da die Menge der Zufallsereignisse in Anwendungen meist groß, oft unübersichtlich und manchmal unendlich ist, hat sich eine Methode entwickelt, mit der man die Menge der Zufallsereignisse und die Menge der Elementarereignisse teilweise in den Griff bekommen kann. Diese Methode besteht darin, eine *Stichprobe* zu ziehen (Friedrichs, 1985). In diesem Verfahren wird eine Teilmenge der Elementarereignisse als Stichprobe genommen. Aus dieser Menge lässt sich sowohl eine kleinere Menge von Zufallsereignissen als auch eine Wahrscheinlichkeitsfunktion konstruieren, so dass ein neuer, kleinerer W-Raum: ein Stichprobenraum, entsteht. Im Stichprobenraum lässt sich die Verteilung der Wahrscheinlichkeiten untersuchen, wobei die beiden benutzten „kleinen" und „großen" W-Räume dieselbe Form der Verteilung haben.

Als Beispiel für diese Methode diskutieren wir, wie eine Hypothese in einem intendierten System approximativ bestätigt wird, indem eine Stichprobe genommen wird, so dass die Fakten aus dieser Probe mit einer bestimmten Wahrscheinlichkeit zur Hypothese – und zum Modell – passen. Dazu beschreiben wir einige grundlegende Begriffe, die bei einer Stichprobe wichtig sind.

Bei der Stichprobenmethode wird neben dem W-Raum $\langle \Omega, \mathfrak{R}, \mathbf{A}, p \rangle$ auch ein Stichprobenraum $\langle \Omega^s, \mathfrak{R}, \mathbf{A}^s, p^s \rangle$ aufgebaut, wobei Ω^s eine Teilmenge von Ω ist. Die Verhältnisse zwischen $\mathbf{A}^s$ und $\mathbf{A}$ und zwischen p^s und p gestalten sich allerdings in vielen Fällen schwierig. Dies ist leicht zu verstehen, da viele Elementarereignisse in der Probe nicht zu finden sind; sie liegen nicht in der Menge Ω^s, so dass auch die Zufallsereignisse der Probe verändert werden. In W-Räumen, in denen die Menge der Zufallsereignisse eine Potenzmenge ist, gibt es kein Problem. Alle Zufallsereignisse, die in der Stichprobe noch formuliert werden können, sind auch Zufallsereignisse im Originalmodell und die neuen Wahrscheinlichkeiten lassen sich aus den alten leicht definieren. Auch die beiden Verteilungen lassen sich vergleichen.

Sind beide Räume vorhanden, dann kann genau untersucht werden, wie ähnlich sich die Stichprobenverteilungen in beiden W-Räumen sind. Im Wahl-Beispiel wird inhaltlich gefragt, ob der Gewinner aus der Stichprobe auch derjenige ist, der tatsächlich die Wahl gewinnt.

Formal ist bekannt, dass sich die Stichprobenverteilung immer mehr an die Originalverteilung annähert, wenn die Größe der Stichprobe steigt. In der Statistik gibt es viele Fälle von Verteilungen, in denen Konvergenztheoreme bewiesen werden, zum Beispiel (Bauer, 1974, Abschnitt IX). In Anwendungen nutzen solche Konvergenztheoreme nicht viel, wenn die Stichprobe im Vergleich zur Originalmenge der Elementarereignisse klein bleibt.

Um uns nicht in formale Spezialbereiche zu verlieren, erklären wir das Stichprobenverfahren erneut anhand des Beispiels. Wie kann eine Vorhersage gemacht werden? Am besten ist es, nur einige wenige, möglichst systematisch sinnvoll ausgesuchte Wähler zu befragen. Durch diese Befragung wird gewissermaßen eine „Probewahl" veranstaltet und es wird untersucht, wie wahrscheinlich ein Kandidat die Probewahl gewinnt. Es wird mit anderen Worten eine Stichprobe aus der Population der Wähler entnommen. Die Wahlpopulation wird strukturell genauer untersucht und beschrieben. Je nach Alter, Geschlecht, Einkommen, Familienstand, Religion, Bildung und anderen Kriterien, lassen sich Wähler in Gruppen einteilen. Jede Gruppe soll ein anderes System von Überzeugungen vertreten, so dass die Forscher die Überzeugungen der Wähler mit den Parteizielen verknüpfen können. Allerdings sind diese Verknüpfungen bis jetzt noch sehr sprach- und stilabhängig und nicht formal präzise formuliert, siehe zum Beispiel (Balzer, 2009, Abschnitt 3.6). Wenn aber die Stichprobe das gesamte Wahlvolk gut repräsentiert, ist auch die Wahrscheinlichkeit groß und damit die Vorhersage gut, dass ein bestimmter Kandidat tatsächlich gewinnen wird.

Wenn eine Menge von potentiellen Wählern zufällig ausgesucht wurde, dann sind die Eigenschaften der ausgewählten Personen ähnlich verteilt wie die in der gesamten Wahlpopulation. Dabei ist wichtig, dass die Antworten anonym behandelt werden. Wenn die so ausgesuchten Wähler anonym gefragt werden, welchen Kandidaten sie wählen würden, haben wir damit eine Menge von hypothetischen Wählerstimmen erzeugt. Es wird *quasi* experimentell eine Art „Miniatur-Wahl" abgehalten. In dem oben beschriebenen Modell wurde in Abbildung 11.2 ein bestimmter Pfad realisiert. Im benutzten Stichprobenraum ist die Menge der Zufallsereignisse eine Potenzmenge, so dass sich die Wahrscheinlichkeit für diese Mini-Wahl einfach berechnen lässt.

Die Frage ist, wie gut der Stichprobenraum zum Originalraum passt. Wir betonen hier wissenschaftstheoretisch, dass die Güte der Passung letztes Endes von einer praktisch festgelegten Zahl (oder mehreren Zahlen) abhängt. Den einfachsten Fall, in dem es um eine einzige Zahl ε geht, haben wir bereits diskutiert. Wenn die Passung in einer Anwendung soweit präzisiert wurde, ist auch ε festgelegt. Statistisch lässt sich dann genauer untersuchen, wie gut die Wahrscheinlichkeit einer bevorstehenden Wahl zu der Wahrscheinlichkeit passt, die in der Probeabstimmung ermittelt wurde.

In Abbildung 11.1 hatten wir bereits eine kleine Stichprobe eingezeichnet. Aus der Gesamtmenge von 10 Wählern wurden 3 davon zufällig ausgesucht. Für diese

Wähler, Nr. 3, 7 und 8, sind die möglichen Entscheidungen rechteckig in den entsprechenden Spalten eingerahmt. In jeder möglichen Wahl, die durch eine Zeile gegeben ist, kann ein Wähler eine Stimme abgeben. Er wählt A oder B. In einer Spalte der Probewahl können wir die A- und B-Werte wie erörtert zählen und die A-Werte aus einer Zeile spaltenweise addieren. Der Ausgang der Probewahl wird bestimmt.

Die Verteilung der Stimmen in der Stichprobe lässt Rückschlüsse auf die Verteilung am realen Wahltermin ziehen. In wie weit diese Rückschlüsse quantitativ verwendet werden können, hängt hauptsächlich von der Größe und Form des W-Raums, der Qualität der Auswahl und vor allem von den Überzeugungen der Befragten ab. Wenn ein Befragter seine Entscheidung als sehr unsicher ansieht, bleiben die Rückschlüsse unwahrscheinlicher.

Aus den letzten drei Abschnitten können wir zusammenfassend sagen, dass es wissenschaftstheoretisch gesehen drei Arten von Theorien gibt.

Bei einem Modell einer Theorie der ersten Art lassen sich alle Hypothesen durch Fakten lückenlos zur Passung bringen. Solche Theorien sind in der Wissenschaft selten anzutreffen; man findet sie vor allem in technischen Bereichen, in denen es um die Produktion oder das Design neuer Dinge oder Prozesse geht.

Ein Modell einer Theorie der zweiten Art enthält Relationen, die als Mengen unendlich groß sind. Eine solche Relation lässt sich prinzipiell nicht durch Fakten ausschöpfen. Solche Theorien bilden historisch gesehen den Einstieg in die Natur; sie sind vor allem in der Physik beheimatet. Das Modell der Schwingung aus der klassischen Mechanik haben wir als Beispiel für diese Art von Theorien in Abschnitt 10 kennengelernt. Raum- und Zeitpunkte lassen sich endlos immer feiner unterteilen.

Ein Modell einer Theorie der dritten Art kann endlich sein; es ist aber praktisch unmöglich, die Hypothesen der Theorie durch Fakten auszuschöpfen oder abzuleiten. Es gibt vielerlei Gründe, warum dies nicht funktioniert. Theorien dieser dritten Art bilden in den Wissenschaften heutzutage die Mehrheit. Man findet sie angefangen von Disziplinen wie Chemie, Biologie, Genetik, Psychologie, über Ökonomie, Soziologie, Politologie bis hin zu den praktischen Disziplinen wie Jura, Medizin und Erziehungswissenschaft.

Eine Theorie der dritten Art lässt sich allgemein wie folgt beschreiben. Eine Faktensammlung der Theorie, die in ein Modell der Theorie eingepasst werden soll, ist relativ zu einem Modell der Theorie so klein, dass die Fakten, die in der Faktensammlung vorhanden sind, nur einen Bruchteil des Modells bilden. Genau diese Fälle finden wir bei Stichproben.

Struktur und Invarianz 12

Der Grundrahmen einer Theorie wurde in Abschnitt 2 nur angedeutet, weil am Anfang des Buches viele Leser das Objekt „Theorie" noch nicht richtig kennen. In einer solchen Situation ist die Beschreibung des Grundrahmens einer Theorie schwierig zu vermitteln. Es fehlt die Erfahrung, wie mit Theorien umgegangen werden soll. Inzwischen haben die Leser viel über Theorien gelernt, so dass wir uns dem innersten, allgemeinsten und abstraktesten Grundbestandteil einer Theorie genauer zuwenden können. Was den Modellen und Modellklassen fehlt, ist die dahinterliegende Struktur.

Das Wort „Struktur" bedeutet „Bau", „innere Gliederung" oder „Aufbau". Eine Pflanze, ein Haus, eine Personengruppe, ein Modell oder eine Theorie kann eine Struktur haben. Diese als Beispiele genannten „Dinge" werden durch Substantive ausgedrückt. Aber auch Beziehungen und Tätigkeiten haben eine Struktur. Allerdings lässt sich dies in natürlicher Sprache nur über einen Umweg formulieren. Zum Beispiel wird nicht davon gesprochen, dass „mögen" eine Struktur besitzt, sondern „das Mögen". Dabei stellt das Substantiv „das Mögen" eine Verdinglichung des Verbs „mögen" dar.

Die Struktur einer bestimmten Entität lässt sich durch die Sprache weiter analysieren, wenn diese Entität fest in der Sprache verankert ist. Durch Sprache und Erfahrungen der Personen, die diese Sprache benutzen, können Personen viele verschiedene Ausprägungen dieser Entität in ihrem Bewusstsein abrufen. Zum Beispiel gibt es viele verschiedene Gruppen, die eine Person kennt. Einige Gemeinsamkeiten dieser Gruppen hat die Person selbst erfahren, andere finden sich in der Sprache. Viele andere Personen haben bereits zum Wissen über und von Gruppen beigetragen.

Das Allgemeine – die Struktur – *einer Gruppe* oder *von Gruppen* lässt sich erkennen, indem sich aus der Erfahrung von vielen Personen rudimentäre Modelle und Modellklassen von Gruppen bilden. Genauso lassen sich durch Personen und durch die Gesellschaft solche Gemeinsamkeiten von Modellen erkennen. Eine oder „die" Struktur von Modellen und von Modellklassen wird gebildet.

© Springer Fachmedien Wiesbaden GmbH, ein Teil von Springer Nature 2019
W. Balzer und K. R. Brendel, *Theorie der Wissenschaften*,
https://doi.org/10.1007/978-3-658-21222-3_13

Diese Situation stellen wir in wissenschaftstheoretischer Form speziell für Modelle graphisch dar, wobei die Modelle aus einer gegebenen Theorie stammen. In Abbildung 12.1 werden drei Ebenen unterschieden. Auf der untersten Ebene finden wir die Menge der Faktensammlungen einer Theorie T. Auf der nächst höheren Stufe wird die Ebene der Sprache dargestellt. Auf dieser Ebene ist auf der rechten Seite ein bestimmtes Modell und die Modellklasse der Theorie eingezeichnet. Diese Entitäten werden hier speziell in mengentheoretischer Form beschrieben. Auf der linken Seite ist eine Menge von natürlich-sprachlichen Ausdrücken als ein Rechteck dargestellt. Diese Menge der Ausdrücke haben wir hier aus Einfachheitsgründen mit der „Sprache" identifiziert. Auf der dritten Ebene kommen wir zur Struktur eines Modells und einer Modellklasse.

In Abbildung 12.1 unterscheiden wir drei mengentheoretische und ontologische Ebenen. Eine Struktur kann auf allen drei Ebenen betrachtet werden. Letzten Endes werden aber alle Aspekte einer Struktur durch die Sprache beschrieben. Der vertikale Pfeil in der Mitte soll dies andeuten. Da wir uns hier keiner bestimmten philosophischen Denkrichtung anschließen möchten, werden wir dieses Thema nicht weiter vertiefen.

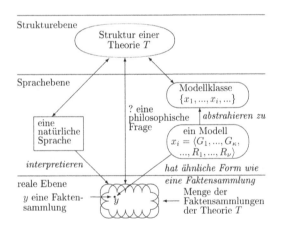

Abb. 12.1

Struktur eines Modells und einer Modellklasse

Die Pfeile von den sprachlichen Ausdrücken zur Strukturebene lassen sich in beide Richtungen verstehen. Auf der mittleren Ebene ist die Struktur in einem Modell und in einer Modellklasse implizit vorhanden. Sie kann auch explizit gemacht werden; in der Wissenschaftstheorie muss sie explizit gemacht werden. Auf der oberen Ebene sagt die Struktur etwas Interessantes über die Modellklasse aus: sie beschreibt die innere Gliederung der Modelle. In einer Modellklasse gibt es viele unterschiedliche Modelle. Diese haben aber alle dieselbe Struktur. Damit ist noch nichts über den weiteren Inhalt der Modelle gesagt, die durch die Hypothesen der Theorie beschrieben werden.[44]

Die Struktur der Modelle einer Theorie enthält zwei Teile, nämlich erstens drei natürliche Zahlen κ, μ, ν und zweitens für jede Zahl $i \leq \nu$ eine Typisierung τ_i. κ ist die Anzahl der Grundmengen, μ die Anzahl der Hilfsbasismengen und ν die Anzahl der Relationen aus Modellen einer Theorie. Dabei sind κ und ν positive Zahlen, während μ auch Null sein kann.

Eine *Typisierung* τ_i ist eine kodierte Regel, welche angibt, wie Relationen der Art Nummer i aus Grundmengen und aus Hilfsbasismengen des Modells zusammengesetzt werden. Der Begriff der Typisierung nimmt in der Wissenschaftstheorie einen zentralen Platz ein. Wir erklären diesen Begriff zunächst anhand eines einfachen Beispiels.

In einem Modell der Sozialpsychologie (Holland & Leinhardt, 1971), (Manhart, 1995) werden Beziehungen zwischen Personen untersucht, die sich mit der Zeit auch ändern können. Das Modell enthält eine 2-stellige Relation R, die sich im Deutschen durch *sich mögen* ausdrücken lässt: *a mag b*, und eine 2-stellige Relation $<$ welche besagt, dass ein Zeitpunkt z' später als ein Zeitpunkt z, liegt: $z < z'$ (Ü12-1). Aus didaktischen Gründen beschränken hier das Mögen nur auf Personen. Personen können nur andere Personen, aber keine anderen Objekte, mögen. Das Modell enthält zwei Grundmengen P von Personen und Z von Zeitpunkten.

Die Relation R lässt sich als eine Menge von Personenpaaren darstellen. Ein Paar der Form $\langle a,b \rangle$ ist ein Element von R genau dann, wenn a, b Personen sind und wenn a die Person b mag. Eine konkrete Beziehung dieser Art wäre zum Beispiel *Peter mag Uschi* oder *Karl mag Peter*. Solche Beziehungen lassen sich variabel und abgekürzt so formulieren: *aRb*. Dabei kann R durch *mag*, a durch *Peter* und b durch

---

44 Der Term *Struktur* wird in verschiedenen wissenschaftlichen Disziplinen anders verwendet. In der Soziologie gibt es Strukturen von Verwandtschaftsbeziehungen (Lévi-Strauss, 1963), in der Linguistik Sprachstrukturen (Bloomfield, 1933). Sogar innerhalb der Logik wird der Term Struktur auf zwei verschiedene Weisen verwendet. Solche gruppendynamischen, sprachlichen Verzweigungen werden auch in der Wissenschaftstheorie untersucht. In der Logik wird seit Mitte des zwanzigsten Jahrhunderts der Begriff der Struktur in der englischsprachigen Welt (Shoenfield, 1967) ohne Hypothesen (Axiome) verwendet, während er im französischen Sprachraum (Bourbaki, 1968) so benutzt wird, dass Hypothesen integriert sind. In unserem Buch verwenden wir die englischsprachige Variante. Wir möchten aber darauf hinweisen, dass diese Entscheidung nur aus soziologischen, realpolitischen Gründen, nicht aus überzeugenden Gründen gefallen ist.

Uschi ersetzt werden. In ähnlicher Weise wird die Relation $\prec$ als eine Menge von Paaren $\langle z, z' \rangle$ von Zeitpunkten dargestellt.

Ein Modell hat dann die Form $\langle P, Z, \prec, R \rangle$, wobei P eine Menge von Personen, Z eine Menge von Zeitpunkten, $\prec$ eine *später als* Relation und R die 2-stellige Relation des Mögens ist. Aus der Menge P wird eine komplexere Menge X_R konstruiert, so dass die Relation R ein Element von X_R ist. Die Menge X_R wird durch vier Konstruktionsregeln (R1) – (R4) gebildet. Dazu wird eine Liste L_R von neuen Mengen angelegt, die aus P in mehreren Schritten gebildet werden. Mit der ersten Regel (R1) wird P als eine *Basismenge* für die Konstruktion in die Liste L_R aufgenommen. Im ersten Schritt enthält L_R also nur die Menge P: $L_R = \langle P \rangle$. In diesem Beispiel wird die Regel noch ein weiteres Mal angewendet: L_R wird zu $L_R = \langle P, P \rangle$ vergrößert. Regel (R2) wird in diesem Beispiel nicht benötigt. Mit Regel (R3) wird nun aus der Menge P das kartesische Produkt $(P \times P)$ gebildet. Auch dieses Resultat kommt in die Liste L_R. L_R sieht dann wie folgt aus: $L_R = \langle P, P, (P \times P) \rangle$. Schließlich wird durch Regel (R4) aus der Menge $(P \times P)$ die Potenzmenge $\wp((P \times P))$ konstruiert. Auch dieses Konstrukt wird in die Liste eingetragen. Die Liste L_R sieht dann so aus: $L_R = \langle P, P, (P \times P), \wp((P \times P)) \rangle$. Auf ähnliche Weise wird aus der Menge Z eine komplexere Menge X_{prec} gebildet, so dass die Relation $\prec$ ein Element aus X_{prec} ist. Dazu wird eine Liste L_{prec} angelegt, die mit den Regeln (R1) – (R4) aufgebaut wird: $L_{\text{prec}} = \langle Z, Z, (Z \times Z), \wp((Z \times Z)) \rangle$. Die so gebildeten Listen lassen sich als Konstruktionspläne ansehen.

Das Modell enthält im Beispiel zwei verschiedene Relationen, die aus verschiedenen neugebildeten Mengen X_R und X_{prec} stammen. Wir sehen, dass unterschiedliche Arten von Relationen mit verschiedenen Basismengen gebildet werden können. Mit anderen Worten werden in einem Modell der Theorie nicht bei jeder Konstruktion alle Grundmengen (und Hilfsbasismengen) verwendet; die entstehenden Listen beginnen mit verschiedenen Ausgangsmengen.

Diese vier Konstruktionsregeln können nicht nur für Modelle, sondern auch für potentielle Modelle angewendet werden. Wir formulieren diese Regeln zunächst syntaktisch, um zu betonen, dass eine bestimmte Konstruktion für alle Relationen derselben Art auf dieselbe Weise funktioniert. Mit den Regeln lassen sich sogenannte Schemata für Leiterkonstruktionen bilden.[45] Für eine bestimmte Theorie T werden genau ν Schemata konstruiert. Durch jedes Schema mit Nummer i, $i = 1, ..., \nu$, wird damit die Form der i-ten Relation in den (potentiellen) Modellen der Theorie festgelegt.

Für jede Theorie T und für jeden Index i, $i = 1, ..., \kappa$, definieren wir *Sprossen* $[1], ..., [\kappa]$ und für jeden Index j, $j = 1, ..., \mu$, *Sprossen* $[\kappa + 1], ..., [\kappa + \mu]$, und bilden die

---

45 Wir verallgemeinern und spezialisieren hier die Definitionen aus (Bourbaki, 1968, Chap. IV.1), um sie etwas besser lesbar zu machen.

Menge BG der *Basissprossen für Grundmengen* und die Menge BA der *Basissprossen für Hilfsbasismengen* für *T*. Die Gesamtmenge BS der Basissprossen der Theorie besteht dann aus der Vereinigung der Mengen BG und BA:

$$BS = BG \cup BA = \{ [1],...,[\kappa] \} \cup \{ [\kappa + 1],...,[\kappa + \mu] \}.$$

Die Anzahl der Basissprossen für Grundmengen ist also auf natürliche Weise so festgelegt, dass sie mit der Anzahl κ der Grundmengen der Theorie identisch ist. Genauso ist die Anzahl der Basissprossen für Hilfsbasismengen mit μ identisch. Insgesamt gibt es also $\kappa + \mu$ Basissprossen für *T*.

Ein *Schema für eine Leiterkonstruktion* besteht aus einer Liste SM von Ω Sprossen $\pi_1,...,\pi_\Omega$ aus BS, $SM = \langle \pi_1,..., \pi_\Omega \rangle$. Die Anzahl Ω kann dabei jeweils nach Schema verschieden sein. Alle Schemata in einer Theorie beginnen mit Basissprossen für Grund- und Hilfsbasismengen.

Die Gesamtheit der *Schemata für Leiterkonstruktionen* wird induktiv definiert. Im ersten Schritt hat ein Schema die Form $SM = \langle \pi_1 \rangle$, wobei π_1 eine Basissprosse für eine Grundmenge ist: $\pi = [i]$ mit $i \leq \kappa$. Im Induktionsschritt wird von einem Schema $SM = \langle \pi_1,..., \pi_w \rangle$ ausgegangen und eine weitere Sprosse π_{w+1} an das Schema SM angehängt. Hier gibt es vier Möglichkeiten, wie die Sprosse π_{w+1} aus den schon vorhandenen Sprossen gebildet werden kann.

R1* π_{w+1} kann eine Basissprosse $[i]$ für Grundmengen sein, wobei $i \leq \kappa$.

R2* π_{w+1} kann eine Basissprosse für Hilfsbasismengen der Form $[\kappa + j]$ sein, wobei $j \leq \mu$.

R3*   Wenn $2 \leq w$ und wenn π und π' Sprossen aus SM sind, kann π_{w+1} die Form $(\pi \otimes \pi')$ haben.

R4*   Wenn π eine Sprosse aus SM ist, kann π_{w+1} die Form $pot(\pi)$ haben (Ü12-2).

Die neue Sprosse π_{w+1} wird schließlich dem Schema hinzugefügt: SM wird zu $\langle \pi_1,..., \pi_w$ $\pi_{w+1} \rangle$. In einem Schema dürfen die Regeln R1* – R4* wiederholt angewendet werden.

In der sozialpsychologischen Theorie gibt es für den Term des Mögens zwei Schemata für Leiterkonstruktionen. Die Theorie enthält zwei Basissprossen für Grundmengen [1], [2]. Für Schema SM_1 wird nur die Basissprosse [1] benutzt und für Schema SM_2 die Basissprosse [2]. Schema SM_1 hat die Form $\langle [1],[1],(1 \otimes 1),pot((1$ $\otimes 1)) \rangle$ und Schema SM_2 die Form $\langle [2],[2],(2 \otimes 2),pot((2\otimes2)) \rangle$. In diesem Beispiel sind bei beiden Schemata nur die Basissprossen unterschiedlich.

In einem anderen Beispiel – der Stoßmechanik – gibt es zwei Basissprossen für die Grundmengen [1] und [2] und zwei Basissprossen für die Hilfsbasismengen [3] und [4], $\kappa = 2, \mu = 2, 3 = \kappa + 1$ und $4 = \kappa + 2$. [1] ist die Sprosse für die Grundmenge P der Partikel, [2] die Sprosse für die Grundmenge Z von Zeitpunkten, [3] die Sprosse für die Hilfsbasismenge $\mathfrak{R}$ und [4] die Sprosse für die Hilfsbasismenge $\mathfrak{R}^3$. In dieser Theorie gibt es zwei Arten von Relationen: die Massefunktion m und die Geschwindigkeitsfunktion v. Das erste Schema SM_1 für die Massefunktion m hat die Form $\langle[1],[3],([1]\otimes[3]), pot(\ ([1]\otimes[3]))\rangle$ und das zweite Schema SM_2 für die Geschwindigkeitsfunktion v hat die Form $\langle[1],[2],[4],([1]\otimes[2]),(([1]\otimes[2])\otimes[4], pot(((([1]\otimes[2])\otimes[4]))\rangle$.

Die letzte Sprosse π_Ω in einem Schema SM, $SM = \langle\pi_1,...,\pi_\Omega\rangle$, bezeichnen wir als eine *Typisierung* in T, die wir meist in τ oder τ_i umbenennen. Wenn es in der Theorie T v Relationen gibt, werden also v Leiterkonstruktionen und v Typisierungen $\tau_1,...,\tau_v$ gebildet.

Wir können nun die bereits in Abschnitt 2 nur kurz erwähnte Strukturkomponente einer Theorie einführen. Eine Theorie T hat immer auch eine *Struktur STR*. Die Struktur STR wird durch die Zahlen κ, μ, v und die v Typisierungen $\tau_1,...,\tau_v$ beschrieben:

(12.1) $STR = \langle\kappa, \mu, v, \tau_1,...,\tau_v\rangle$.

Der Begriff der Struktur bezieht sich in erster Linie auf die Theorie, erst in zweiter Linie auf bestimmte Modelle. Eine Typisierung τ_i in einer Theorie gilt für alle Relationen, die als $(\kappa + \mu + i)$-te Komponente der Modelle zu finden sind.

Von einem bestimmten Modell $\langle G_1,...,G_\kappa, A_1,..., A_\mu, R_1,..., R_v\rangle$ aus betrachtet, besagt dies, dass die Relation R_i, die an der $(\kappa + \mu + i)$-te Stelle des Modells steht, eine bestimmte Form hat, wie sie durch die Typisierung τ_i der Theorie beschrieben wird. Aus dieser Form lässt sich aber nicht entnehmen, wie diese Relation in allen Aspekten der Ausprägung dieser Menge aussieht.

Bei der Rekonstruktion einer speziellen Theorie spielt oft die Art, wie die Typisierung einer bestimmten Relation durchgeführt wird, eine Rolle. Anders gesagt konstruieren wir durch Typisierung und gegebenen Grund- und Hilfsbasismengen die Form einer Relation, welche als $(\kappa + \mu + i)$-te Komponente in einem Modell möglich ist. Genauer gehen wir von gegebenen Mengen $G_1,...,G_\kappa, A_1,..., A_\mu$, und der Typisierung τ_i aus. Den Basissprossen für Grundmengen aus τ_i werden die Mengen $G_1,..., G_\kappa$ als Grundmengen zugeordnet. Und den Basissprossen für Hilfsbasismengen aus τ_i werden die Mengen $A_1,..., A_\mu$ als Hilfsbasismengen zugeordnet. Anders gesagt können wir ausgehend von einer Typisierung τ_i und einer Liste $\langle G_1,...,G_\kappa, A_1,..., A_\mu\rangle$ von Grund- und Hilfsbasismengen die Relation R_i strukturell – der Form nach – festlegen. Die Elemente der Relation R_i stammen aus den Grund- und Hilfsbasismengen und es wird eine bestimmte Konstruktionsmethode – das Schema für die Leiterkonstruktion – verwendet.

Ein solches Schema lässt sich leicht auf die Modellebene übertragen. Eine Typisierung τ_i, Grundmengen $G_1,..., G_\kappa$, Hilfsbasismengen $A_1,..., A_\mu$ und ein Schema SM $= \langle\pi_1,...,\pi_\Omega\rangle$ seien gegeben. Dabei interpretieren wir die Mengen $G_1,...,G_\kappa$ gleich als

Grundmengen, deren Relationen wir noch nicht kennen, und die Mengen $A_1,..., A_\mu$ als Hilfsbasismengen. Wir definieren induktiv eine Liste S^* von Mengen $\vartheta_1,...,\vartheta_\Omega$:
$S^* = \langle \vartheta_1,...,\vartheta_\Omega \rangle$.

Menge ϑ_1 ist die Menge G_j, weil π_1 aus SM eine Form $[\,j\,]$ hat. Wenn $\vartheta_1,...,\vartheta_w$ ($1 \le w$) definiert sind, kann ϑ_{w+1} vier Formen haben. In SM ist π_{w+1} durch eine der Regeln R1* – R4* entstanden.

R1 Wenn $\pi_{w+1} = [u]$ eine Basissprosse für Grundmengen ist, ist ϑ_{w+1} die Grundmenge G_u.

R2 Wenn $\pi_{w+1} = [\kappa + u]$, $u \le \mu$, eine Basissprosse für Hilfsbasismengen ist, ist ϑ_{w+1} die Hilfsbasismenge A_u.

R3 Wenn die Sprosse π_{w+1} die Form $(\pi_r \otimes \pi_s)$ mit $r \ne s$, $r \le w$ und $s \le w$ hat, ist ϑ_{w+1} $= (\vartheta_r \times \vartheta_s)$.

R4 Wenn die Sprosse π_{w+1} die Form $pot(\pi)$ mit $r \le w$ hat, ist $\vartheta_{w+1} = \wp(\vartheta_r)$.

Die so definierten Komponenten $\vartheta_1,...,\vartheta_\Omega$ aus S^* nennen wir *Leitermengen von* τ_i. Die letzte Leitermenge ϑ_Ω von τ_i bezeichnen wir durch

$$\tau_i(G_1,...,G_\kappa, A_1,..., A_\mu) = \vartheta_\Omega.$$

Die letzte Komponente $\tau_i(G_1,...,G_\kappa, A_1,..., A_\mu)$ von S^* bildet den Raum, in dem die Relation R_i zu finden ist. Relation R_i ist mit anderen Worten ein Element aus ϑ_Ω. Wir sagen, dass R_i durch die Basismengen $G_1,...,G_\kappa, A_1,..., A_\mu$ von x und den Typ τ_i typisiert wird:

(12.2) $R_i \in \tau_i(G_1,...,G_\kappa, A_1,..., A_\mu)$.

Informell gesprochen werden mit R1 einige Grundmengen und mit R2 einige Hilfsbasismengen ausgewählt. Mit R3 und R4 werden aus diesen Basismengen induktiv weitere kartesische Produkte und Potenzmengen gebildet.

Alle vier Regeln R1 – R4 können mehrmals angewendet werden. Zum Beispiel lässt sich aus einer Potenzmenge und einer anderen Menge wieder ein kartesisches Produkt $\wp(X) \times Y$ bilden. Aus der Potenzmenge kann man eine weitere Potenzmenge $\wp(\wp(X))$ erzeugen oder ein kartesisches Produkt $(X \times Y) \times (U \times V)$ aus anderen (Ü12-3) kartesischen Produkten.

Im sozialpsychologischen Beispiel (des Mögens) wird aus P zuerst das kartesische Produkt $P \times P$ und im zweiten Schritt die Potenzmenge $\wp(P \times P)$ gebildet. Die Menge $\wp(P \times P)$ ist so durch P und durch τ typisiert. Die Relation *mag* ist damit aber noch nicht vollständig festgelegt. Nur ihre Form steht fest. Die Menge $\wp(P \times$

P) bildet einen Möglichkeitsraum, aus dem die Relation *mag* entnommen werden soll. Jedes Element aus dieser Potenzmenge kommt als Kandidat für die Relation *mag* in Betracht. An dieser Stelle geht es nicht um eine Definition der Relation des Mögens, sondern um eine klare Darstellung der Möglichkeiten, die strukturell in Frage kommen. Somit ist die Relation des Mögens inhaltlich nicht wirklich bestimmt. Die Typisierung regelt nur die Form.

Wir betonen, dass das Verfahren der Typisierung zu einer großen Menge (der Potenzmenge) von Möglichkeiten führt, aber kein bestimmtes Element aus diesen Möglichkeiten ausgewählt wird. Die Auswahl eines bestimmten Elements aus der typisierten Potenzmenge bleibt an dieser Stelle völlig offen. Es hätte auch eine andere Relation aus der Potenzmenge entnommen werden können.

All dies haben wir in Abbildung 12.2 abstrakt dargestellt. Dort ist links die Potenzmenge $\wp(G_1 \times G_2)$ dargestellt. Die schwarz gezeichneten Punkte sollen einige der Elemente, also Teilmengen des kartesischen Produkts, aus dieser Potenzmenge repräsentieren. Wie bereits in Abschnitt 3 beschrieben, wird aus einem bestimmten Punkt mit der Aufklappfunktion $\gg$ die Menge R_i. Auf der linken Seite wird eine Menge durch einen Punkt dargestellt, während sie auf der rechten Seite durch eine Art von Kreis R_i abgebildet wird. Der Punkt links erweitert sich am Ende des Pfeils rechts zu einer Relation R_i. Die beiden unteren und rechten Seiten des Rechtecks stellen die beiden Grundmengen G_1 und G_2 dar. Das kartesische Produkt von G_1 und G_2 ist damit als Rechteck eingezeichnet. Man erkennt so bildlich, dass die Menge R_i tatsächlich eine Teilmenge des kartesischen Produkts ist.

Wir betonen, dass sich aus einem Modell dessen Struktur eindeutig ergibt, aber umgekehrt aus einer Struktur nicht das Modell, welches über diese Struktur verfügt. Diesen Punkt haben wir in Abbildung 12.2 illustriert. Ausgehend von gegebenen Grundmengen und Typisierungen legt die Struktur nur fest, in welcher Potenzmenge die Relation R_i liegt, aber nicht wie sie im Detail aussieht.

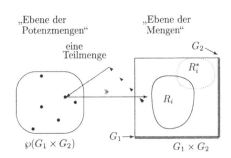

Abb. 12.2

Kartesisches Produkt und Potenzmenge

Mehr lässt sich nur sagen, wenn die Hypothesen für das Modell genauer spezifiziert werden. Wir können aber sagen, dass eine gegebene Modellklasse eine eindeutig bestimmte Struktur hat. Alle Modelle der Klasse haben dieselbe Struktur. Der so beschriebene Begriff der Struktur wird in der Wissenschaftstheorie für drei verschiedene Bereiche von Untersuchungen eingesetzt.

In einem ersten Bereich werden verschiedene Transformationen von Modellen untersucht. Ein bestimmter Aspekt, ein Teil des Modells, bleibt bei einer Transformation gleich; eine Eigenschaft eines Modells bleibt invariant.

In der Wissenschaftstheorie ist die Invarianz der Struktur von Modellen einer Theorie zentral. Um den Begriff der Invarianz formulieren zu können, müssen wir eine Darstellungsebene höher steigen. Denn es geht darum, dass ein Modell in ein anderes Modell derselben Modellklasse überführt wird. Bei der Darstellung benötigen wir also zwei verschiedene Modelle x und y. Um diese in Listenform weiter analysieren zu können, fügen wir der i-ten Komponente K_i eines Modells x das Symbol x als oberen Index hinzu: K_i^x. Das heißt, wir verwenden das Symbol x für ein Modell auch als einen Index für das Modell. Ein Modell $x = \langle G_1, \ldots, R_v \rangle$ lässt sich dann so schreiben: $\langle G_1^x, \ldots, R_v^x \rangle$. Wir gehen also von zwei Modellen $x = \langle G_1^x, \ldots, R_v^x \rangle$ und $y = \langle G_1^y, \ldots, R_v^y \rangle$ aus. Ein Modell $\langle G_1^x, \ldots, R_v^x \rangle$ wird in ein Modell $\langle G_1^y, \ldots, R_v^y \rangle$ *transformiert*[46] oder das Modell $\langle G_1^x, \ldots, R_v^x \rangle$ wird *transportiert*.

Wir erläutern den *Transport* durch das Beispiel des Mögens. Formal wird bei einem Transport gefordert, dass es bijektive (Ü12-4) Funktionen f_1 und f_2 gibt, welche die Grundmengen aus x in Grundmengen von y überführen:

$$(12.3) \quad f_1 : G_1^x \to G_1^y \text{ und } f_2 : G_2^x \to G_2^y,$$

so dass auch die Menge R^x bijektiv in die Menge R^y transportiert wird.

Dies ist durch die Konstruktionsregeln für Typisierungen möglich. In Regel R3 kann das kartesische Produkt $X^x \times Y^x$ bijektiv in ein kartesisches Produkt $X^y \times Y^y$ überführt werden, wenn X^y mit X^x und Y^y mit Y^x bijektiv verbunden sind (Ü12-5). Ebenso gilt dies für Regel R4. Es gibt eine Funktion f, welche die Potenzmenge $\wp(X^x)$ in die Menge $\wp(X^y)$ transformiert (Ü12-6).

Wir haben in Abbildung 12.3 auf der nächsten Seite die Konstruktionsschritte einer Leiter für das Beispiel graphisch dargestellt. In Abbildung 12.3 sind oben die Grundmengen $G_1^x, G_2^x, G_1^y, G_2^y$ der Modelle x und y als horizontale Linien und die Funktionen f_1 und f_2 als horizontale Vektoren eingezeichnet. Auf der mittleren Ebene werden aus den Grundmengen die kartesischen Produkte $G_1^x \times G_2^x$ und $G_1^y \times G_2^y$ konstruiert, die als Rechtecke dargestellt sind. Die zugehörige Funktion $f_1 \times$

---

46 Dieser Term wird in (Ludwig, 1978) und in (Bourbaki, 1968) verwendet.

f_2 ist auf der Ebene der Elemente angedeutet. Ein generisches Element u (das Paar $\langle a,b \rangle$) wird durch die Funktion $f_1 \times f_2$ zum Element $v = \langle f_1(a), f_2(b) \rangle$ transportiert. Die Relationen R^x und R^y des Mögens sind als Kreise zu sehen. Auf der untersten Ebene sind die Potenzmengen der kartesischen Produkte dargestellt, wobei die Kreise R^x und R^y zugeklappt und als Punkte repräsentiert sind. Die Funktion $\otimes (f_1 \times f_2)$ transportiert alle Teilmengen aus $G_1^x \times G_2^x$ in die entsprechenden Teilmengen von $G_1^y \times G_2^y$. Diese Funktion lässt sich auf der Ebene der Elemente nur generisch darstellen. Der Transport ist nur bei einem einzigen Argument R^x eingezeichnet. In diesem Beispiel lässt sich erkennen, wo Grundelemente a, b von x auf den höheren, mengentheoretischen Ebenen genauer zu lokalisieren sind und wie sie in das Modell y transportiert werden.

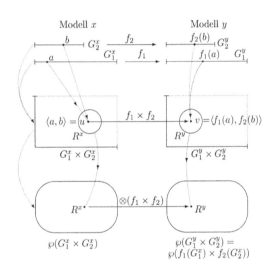

Abb. 12.3

Typisierung und
Transport von
Relationen

Formal wird der Transport der Relation R^x zur Relation R^y induktiv definiert. Die Funktionen f_1 und f_2 werden vorausgesetzt. Wir schreiben diese Funktionen zunächst wieder als Relationen: $f_1 \subset G_1^x \times G_1^y$ und $f_2 \subset G_2^x \times G_2^y$. Aus diesen Relationen (Funktionen) können wir das kartesische Produkt von f_1 und f_2 bilden, welches wir mit $f_1 \times f_2$ bezeichnen. Die Funktion $f_1 \times f_2$ bildet die Menge $G_1^x \times G_2^x$ in $G_1^y \times G_2^y$ ab. Der Argumentbereich dieser Funktion umfasst die Menge $G_1^x \times G_2^x$ und der Wertebereich die Menge $G_1^y \times G_2^y$. Wir können daher problemlos eine neue Funktion $\otimes (f_1 \times f_2)$ bilden, die jedes Element aus $X \in \wp(G_1^x \times G_2^x)$ in eine Menge

$\otimes(f_1 \times f_2)(X)$ transportiert. Auch diese Funktion ist wieder bijektiv. Damit lässt sich auch die Potenzmenge $\wp(G_1{}^x \times G_2{}^x)$ in einem Schritt in die Potenzmenge $\wp(G_1{}^y \times G_2{}^y)$ überführen. Insbesondere wird die Relation R^x in die Relation R^y transportiert (Ü12-7): $R^y = \otimes(f_1 \times f_2)(R^x)$.

Wenn wir ein System als Ganzes transportieren, bleiben die Hilfsbasismengen unberührt. Um dies genau zu erklären, holen wir etwas weiter aus. Was sind Hilfsbasismengen? Warum werden sie wissenschaftstheoretisch von Grundmengen abgegrenzt?

Bis jetzt wurden zwei Arten von Hilfsbasismengen unterschieden: Zahlenräume und Wahrscheinlichkeitsräume. In beiden Arten wird in einem Modell eine Grundmenge G_i in eine mathematische Menge A_r eingebettet $f: G_i \to A_r$. Die Einbettung lässt sich explizit durch eine Relation im Modell beschreiben; oft wird sie aber gar nicht erwähnt.

In den physikalischen Theorien wird eine Grundmenge eines Modells in einen mathematischen Raum eingebettet. Dieser Raum besteht selbst wieder aus einer – anderen – Grundmenge und einigen weiteren mathematischen Relationen. Der Raum selbst ist schon ein voll entwickeltes Modell. Der mathematische Raum ist ein Modell, welches als Teil in ein größeres Modell eingebettet wird. Um keine Begriffsverwirrung zu erzeugen, bezeichnen wir die Grundmenge für den mathematischen Raum als die interne Grundmenge und den Raum selbst als das *interne* Modell.

Betrachten wir ein einfaches Beispiel: die Modellklasse der klassischen Partikelmechanik. Ein System der klassischen Partikelmechanik enthält eine Menge P von Partikeln, eine Menge Z von Zeitpunkten, eine Menge O von Orten und eine Ortsfunktion Ω, die für jedes Partikel p in der Zeit eine Bahnkurve beschreibt. Zeitpunkte und Orte werden in dieser Theorie durch Messverfahren bestimmt, so dass die Zeitpunkte durch reelle Zahlen und die Orte durch Zahlentripel dargestellt werden können. Die Menge Z der Zeitpunkte wird in die Zahlenmenge $\Re$, und die Menge O in die Zahlenmenge $\Re^3$ eingebettet. Der Ortsfunktion Ω wird eine „hybride", mathematische Ortsfunktionen s zugeordnet, so dass die Bahn eines Partikels als eine Zahlkonstruktion dargestellt wird.

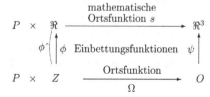

Abb. 12.4
Einbettung von Partikelbahnen in Zahlenräume

Die Zeit wird durch den 1-dimensionalen Zahlenraum $\langle \mathfrak{R},<,0,1,+,\cdot \rangle$ und der Raum durch den 3-dimensionalen Zahlenraum $\langle \mathfrak{R}^3,<',0',1',+',\cdot' \rangle$ dargestellt. Jeder Zahlenraum hat die Form eines internen Modells. Dieser Raum enthält eine „interne" Grundmenge, einige Relationen, die über dieser internen Grundmenge aufgebaut werden und einige Hypothesen, die wir hier nicht weiter diskutieren (Ü12-8). Inhaltlich besteht zum Beispiel der 1-dimensionale Zahlenraum aus der Menge $\mathfrak{R}$ der reellen Zahlen, der Kleiner-Relation $<$ für Zahlen $(\alpha < \beta)$, den Konstanten (Zahlen) 0 und 1 und den zwei Funktionen + (Addition von Zahlen) und · (Multiplikation von Zahlen).

Ein Modell der Partikelmechanik besteht genauer betrachtet aus den folgenden Komponenten: einer Menge P von Partikeln, einer Menge Z von Zeitpunkten, einer Menge O von Orten, dem 1-dimensionalen Zahlenraum $ZR1$, dem 3-dimensionalen Zahlenraum $ZR3$, der Ortsfunktion Ω, der mathematischen Ortsfunktion s, der Massefunktion m, der Kraftfunktion f und aus zwei Einbettungsfunktionen ϕ und φ, wobei $\phi : Z \to \mathfrak{R}$ und $\varphi : O \to \mathfrak{R}^3$. Kurz: $\langle P, Z, O, ZR1, ZR3, \Omega, s, m, f, \phi, \varphi \rangle$. Wenn wir auch die internen Modelle $ZR1$ und $ZR3$ detailliert darstellen, erhalten wir eine längere Liste, die wir nur noch schwer mit einem Blick erfassen und verstehen können:

$$\langle P,Z,O, \langle \mathfrak{R},<,0,1,+,\cdot \rangle, \langle \mathfrak{R}^3,<',0',1',+',\cdot' \rangle, \Omega, s, m, f, \phi, \varphi \rangle.$$

Die mathematische Ortsfunktion s bräuchte man nicht in die Liste der Grundbegriffe aufnehmen, da sie sich durch die anderen Funktionen ϕ, φ und Ω explizit definieren lässt. Eine Definition lautet wie folgt. Die Funktionen s und Ω werden jeweils auf ein Partikel p eingeschränkt: s_p und Ω_p. Mit den Funktionen Ω_p, ϕ und φ kann s_p durch $s_p = \phi^\wedge \circ \Omega_p \circ \varphi$ definiert werden. $\phi^\wedge$ bezeichnet dabei die *inverse* Funktion von ϕ und $\circ$ bedeutet die Hintereinanderausführung zweier Funktionen f und g: $(f \circ g)(x) = f(g(x))$. Zuerst wird Funktion g ausgeführt: $g(x) = y$ und dann wird $f(y) = z$ ausgeführt: $f(g(x)) = z$ (Ü12-9). Dieses Verfahren lässt sich auch mehrfach ausführen. Im Beispiel wird so aus dem mathematischen Zeitpunkt t der Ort $\varphi(\Omega_p(\phi^\wedge(t)))$ und damit ist $s_p(t) = \varphi(\Omega_p(\phi^\wedge(t)))$.

Um die jeweils zentralen Punkte eines Modells besser hervorheben zu können, wurden verschiedene Abkürzungsmethoden entwickelt. Erstens wird ein mathematischer Raum abkürzend durch die interne Grundmenge des Raumes wiedergegeben. Die Relationen aus dem internen Modell werden nicht explizit aufgeführt. Die mathematischen Details beschreiben wir hier nicht. Zweitens bleiben die Einbettungsfunktionen (im Beispiel ϕ und φ) implizit. Dadurch werden die Mengen von wirklichen Zeitpunkten und Orten marginalisiert. Sie haben nur noch eine Indizierungsfunktion.

Als Beispiel werden einige Zeitpunkte $z_1,...,z_n$ aus der Menge Z von Zeitpunkten durch eine Liste dargestellt: $\langle z_1,...,z_n \rangle$, $z_1,...,z_n \in Z$. Gleichzeitig werden die Zeitpunkte z_i in die Zahlenmenge $\mathfrak{R}$ eingebettet: $\phi(z_i) = t_i \in \mathfrak{R}$. Drittens wird oft nicht die ganze Zahlenmenge $\mathfrak{R}$ sondern ein Intervall Z genommen, zum Beispiel: $Z = [a,b] \subset \mathfrak{R}$ oder $Z =]a,b[\subset \mathfrak{R}$. Durch all diese Abkürzungen kann das Modell übersichtlicher geschrieben werden: $x = \langle P,Z,\mathfrak{R},\mathfrak{R}^3,\Omega,s,m,f \rangle$.

In dieser Notation ist die mathematische Ortsfunktion s eine hybride Entität. Einerseits wird eine Bezeichnung für ein Partikel direkt als Argument verwendet. Andererseits werden wirkliche Zeitpunkte und Orte durch Zahlkonstruktionen ersetzt. In der Partikelmechanik wird für ein Modell ein Koordinatensystem benutzt, das normalerweise ebenfalls implizit bleibt.

Genauso wird mit der Kraftfunktion f verfahren. In der einfachsten Variante hat die Kraftfunktion f die Form: $f: P \times T \to \mathfrak{R}^3$ und $f(p,t) = \langle \beta_1, \beta_2, \beta_3 \rangle$. Die Argumente p und t für f sind dieselben wie bei der hybriden Ortsfunktion s. Dagegen wird der Funktionswert $\langle \beta_1, \beta_2, \beta_3 \rangle$ auf andere Weise interpretiert. Die Kraft f wirkt auf das Partikel p zur Zeit t; sie hat eine Größe und eine Richtung. Sowohl Größe als auch Richtung werden durch denselben Zahlenvektor $\langle \beta_1, \beta_2, \beta_3 \rangle$ dargestellt. Wie bereits in den vorangegangenen Abschnitten beschrieben, werden diese mit physikalischen Messmethoden bestimmt. Bei der Massefunktion $m: P \to \mathfrak{R}^+$ wird schließlich die Masse eines Partikels durch eine reelle Zahl γ dargestellt: $m(p) = \gamma$.

Als einzige Hypothese verwenden wir das sogenannte zweite *Newton*sche Axiom, welches besagt, dass die Kraft $f(p,t)$ auf das Partikel p zum Zeitpunkt t gleich der Masse von p multipliziert mit der Beschleunigung $a(p,t)$ von p zu t ist, wobei die Beschleunigung a explizit durch die mathematische Ortsfunktion s definiert wird. Damit haben wir die Struktur der Modelle der klassischen Partikelmechanik beschrieben (Ü12-10).

Die beiden oben formulierten Fragen über Hilfsbasismengen lassen sich nach diesem längeren Umweg beantworten. In einem Modell ist eine Hilfsbasismenge ein mathematisches Abbild einer Grundmenge. Hilfsbasismengen und Grundmengen werden wissenschaftstheoretisch unterschieden, um eine gerade diskutierte Theorie von vorab vorausgesetzten Hintergrundtheorien zu trennen. Der Sinn dieser Trennung ist zweifach. Erstens möchte man die Beschreibung der diskutierten Theorie möglichst einfach halten. Wir möchten uns nicht in die Hintergrundtheorie vertiefen, wir haben andere Ziele. Die mathematischen Räume gehören zu einem Modell dazu, sie werden aber üblicherweise nicht völlig explizit gemacht. Die interne Grundmenge eines Zahlenraums tritt nur im Gesamtmodell als Hilfsbasismenge auf. Zahlenräume müssen mit Bedacht verwendet werden. Wenn wichtige Details des Gesamtmodells in Zahlenräume ausgelagert werden, verstehen die Leser das Modell nicht mehr vollständig.

Zweitens ergibt sich diese Unterscheidung zwischen Grund- und Hilfsbasismengen aus wissenschaftshistorischen Untersuchungen, die in einigen Fällen auch wissenschaftstheoretisch rekonstruiert wurden. In bestimmten Fällen werden Vorgängertheorien nicht vollständig in die neue Theorie integriert, weil sie immer noch als eigenständige Theorie weiterexistieren. Anders gesagt wird die Hintergrundtheorie durch eine neue Theorie nicht vollständig absorbiert. Einige der internen, mathematischen Räume sind durch die Arbeit von vielen Generationen von Wissenschaftlern einfach, durchsichtig und eindeutig geworden. Sie bleiben in dieser Form bestehen; auch wenn sie in neue Theorien eingebaut werden.

Ein klassisches Beispiel einer Vorgängertheorie ist der 1-dimensionale, reelle Zahlenraum, der durch die Hypothesen eindeutig bestimmt wird – jedenfalls in formal mächtigen Sprachen. Aus diesem Grund wird auch das Symbol $\Re$ eingeführt. Bei einem Transport von $\Re$ zu einer anderen Menge X bleibt der Zahlenraum völlig gleich. Die Hypothesen der Vorgängertheorie bleiben unberührt. Wenn sie zu einer neuen Theorie hinzugenommen werden, bleiben sie gültig – auch wenn sie nicht mehr explizit beschrieben werden.

Wir können nun den allgemeinen Begriff des Transports formulieren. Wir gehen von einer Klasse von potentiellen Modellen einer Theorie, einem potentiellen Modell $x = \langle G_1,...,G_\kappa, A_1,..., A_\mu, R_1,..., R_\nu \rangle$ und von der Struktur κ , μ ,ν, $\tau_1,...,$ τ_ν der Theorie aus. Der Transport von x geschieht in vier Schritten. Erstens muss es für jede Zahl i $\leq \kappa$ eine bijektive Funktion f_i geben, welche die Menge G_i auf eine Menge $G_i{}'$ abbildet. Zweitens bleibt für jede Zahl $j \leq \mu$ die Hilfsbasismenge A_j unberührt; sie wird nicht transportiert. Drittens wird für jede Zahl $u \leq \nu$ die Leitermenge $\tau_u(G_1,...,G_\kappa, A_1,...,$ $A_\mu)$ in die Leitermenge $\tau_u(f_1(G_1),..., f_\kappa(G_\kappa), A_1,..., A_\mu)$ transportiert. Und viertens wird für jede Zahl $u \leq \nu$ die Relation R_u wie oben beschrieben transportiert. Aus der Menge R_u wird durch die Funktionen f_u und durch die Typisierungen $\tau_1,...,\tau_\nu$ eine Relation R'_u konstruiert, die wieder in der richtigen Leitermenge $\tau_u(f_1(G_1),...,$ $f_\kappa(G_\kappa), A_1,..., A_\mu)$ liegt.

Durch diese ziemlich formale Beschreibung lassen sich neue Erkenntnisse vor allem in der Wissenschaftstheorie gewinnen. Zum Beispiel will man das Modell x für die Untersuchung einer Faktensammlung benutzen. Um eine Passung zu bewerkstelligen, kann es notwendig sein, dass man zunächst ein anderes System y ins Spiel bringen muss das dasselbe Struktur wie x besitzt. Anders gesagt lassen sich von einem gegebenen Modell aus viele andere wirkliche oder aber auch nur mögliche Modelle betrachten und untersuchen.

Neben den Transformationen von Strukturen, gibt es in den Wissenschaften auch andere Transformationen und Invarianzen. Auch wenn die Funktionen $f_1,...,$ f_κ nur injektiv sind, können Darstellungen und Einbettungen angewendet und studiert werden (Ü12-11).

In den Naturwissenschaften werden Transformationen auch dazu benutzt, Modellklassen nicht nur durch Hypothesen von „innen", sondern teilweise auch von „außen" zu charakterisieren.

Das Beispiel der klassischen Partikelmechanik kann auch hierfür herangezogen werden. Zu den Modellen dieser Theorie gehört die sogenannte *Galilei*-Transformation. Ausgehend von zwei hybrid formulierten Modellen $\langle P, T, \mathfrak{R}, \mathfrak{R}^3, s, m, f \rangle$ und $\langle P^*, T^*, \mathfrak{R}, \mathfrak{R}^3, s^*, m^*, f^* \rangle$ transformieren wir das Modell $\langle P, T, \mathfrak{R}, \mathfrak{R}^3, s, m, f \rangle$ in das potentielle Modell $\langle P^*, T^*, \mathfrak{R}, \mathfrak{R}^3, s^*, m^*, f^* \rangle$. Wenn wir den ontologischen Unterbau, die Grundmengen, nicht berücksichtigen, findet die Transformation nur in Zahlenräumen statt. Auch die ontologischen Bestandteile könnten hinzugenommen werden, was aber inhaltlich in diesem Punkt nicht weiterführt. Vom Inhalt her wird die Ortsfunktion räumlich einerseits verschoben und andererseits gedreht. Dazu wird ein Vektor $\mathbf{b}$ und eine 3×3 Matrix $\mathbf{A}$ benutzt, so dass die Ortsfunktion s, in eine Funktion $\mathbf{A}s + \mathbf{b}$ transformiert wird. Diese Transformation kann graphisch gut dargestellt werden (Ü12-12). Die Idee besteht darin, dass durch die Transformation die Hypothese erhalten bleibt. Das Ursprungsmodell erfüllt das zweite *Newton*sche Axiom. Aus der Ortsfunktion s und ihrer Transformation lässt sich formal verifizieren, dass die gedrehte und verschobene Bahn immer noch die Hypothese erfüllt. Mit dieser Transformation lassen sich die Modelle der klassischen Mechanik gut von den Modellen der relativistischen Mechanik abgrenzen.

In einem zweiten Anwendungsbereich der Wissenschaftstheorie wird der Strukturbegriff eingesetzt, wenn eine Struktur in mehreren Disziplinen verwendet wird. Es gibt einige Fälle, in denen zwei Modelle aus verschiedenen Theorien dieselbe Struktur haben. Es gibt auch Fälle, in denen zwei Modelle beider Theorien zwar nicht die gleiche Struktur haben, aber Teilmodelle aus beiden Theorien dieselbe (Teil-) Struktur besitzen.

Als Beispiel wählen wir ein sozialpsychologisches Modell, in welchem die Relation des *Mögens* vorkommt und ein politikwissenschaftliches Modell, in dem die Relation *mächtiger als* benutzt wird. Wir gehen von zwei Teilmodellen aus, die nun von zwei Modellklassen stammen, deren Gesamtstrukturen nicht identisch sind. Beide Modelle enthalten aber zweistellige Relationen, die die gleiche Struktur haben.

Wir gehen von einem Teilmodell $\langle G_1^x, G_2^x, R^x \rangle$ mit Typisierung τ^x und einem Teilmodell $\langle G_1^y, G_2^y, R^y \rangle$ mit Typisierung τ^y aus. Dabei sind die Typisierungen identisch: $\tau^x = \tau^y$. Im ersten Modell stellt Relation R^x das *sich Mögen* dar und im zweiten Modell die Relation R^y, welche besagt, dass eine Person *mächtiger als* eine andere ist. Ob die Mengen G_1^x, G_2^x, G_1^y, G_2^y verschieden sind, lässt sich nur empirisch überprüfen. Trotzdem können wir das erste Teilmodell in das zweite transportieren, *wenn* die Mengen G_1^x und G_1^y und die Mengen G_2^x und G_2^y gleich groß sind, das heißt *wenn* $f_1 : G_1^x \to G_1^y$ und $f_2 : G_2^x \to G_2^y$ bijektiv sind (Ü12-13).

Es sind daher für die Wissenschaftstheorie nicht nur inhaltliche Bedingungen, die in den Hypothesen der Theorien niedergelegt werden, von Interesse, sondern auch strukturelle Ähnlichkeiten, partielle Gleichheiten und strukturelle Verschiedenheiten von Modellen und Theorien.

In einem dritten Anwendungsbereich wird in vielen Theorien der Strukturbegriff benutzt, um die Dimensionen der Modelle genauer zu untersuchen. Wie bereits in Abschnitt 6 diskutiert, werden in Modellen oft einige Relationen als Funktionen verwendet, deren Werte in Zahlenräumen dargestellt werden. Diese Zahlenräume sind als Hilfsbasismengen in den Modellen vorhanden. In diesen Modellen lässt sich nun Genaueres über die Dimensionen und über Dimensionsbereiche sagen.[47]

Im Beispiel der klassischen Partikelmechanik lässt sich dies wie folgt beschreiben. Wir stellen die drei Funktionen s, m, f allgemeiner als Relationen dar: $s \subseteq P \times T \times O \times \mathfrak{R} \times \mathfrak{R} \times \mathfrak{R}$, $f \subseteq P \times T \times O \times \mathfrak{R} \times \mathfrak{R} \times \mathfrak{R}$, und $m \subseteq P \times \mathfrak{R}$. Formal können wir einfach zählen, wie viele Komponenten das kartesische Produkt für die Ortsfunktion hat. Wir sehen, dass es sechs Komponenten enthält, wobei die drei letzten Komponenten zum selben räumlichen Bereich gehören. Anders gesagt hat der Raum drei Dimensionen, die zusammen einen *Dimensionsbereich* bilden, nämlich den Dimensionsbereich der räumlichen Dimensionen. Durch die Darstellung dieser Dimensionen bekommt der Ort weitere Eigenschaften, die spezielle Informationen aus der Geometrie betreffen und die bei Messungen von Orten wichtig werden. Die mit Zahlen repräsentierte Ortsfunktion wird also in einem 6-dimensionalen Raum dargestellt. Die erste Komponente der Ortsfunktion, die Identifikation der Partikel, stellt einen eigenen Dimensionsbereich dar. Dieser enthält nur eine Dimension, welche oft auch als Zahlenraum durch eine endliche Menge von natürlichen Zahlen dargestellt wird. Genauso bildet die Zeit einen abgeschlossenen, 1-dimensionalen Bereich.

Die Kraftfunktion wird auf dieselbe Weise dargestellt. Auch hier gehören die drei letzten Dimensionen zu einem gemeinsamen Dimensionsbereich. Dieser Bereich wird durch einen Vektorraum dargestellt, der zwar inhaltlich etwas mit dem Raum zu tun hat, aber nicht den Raum direkt beschreibt. Die Kraftfunktion benötigt also ebenfalls vier unabhängige Dimensionsbereiche und sechs Dimensionen, wobei drei Dimensionen für die „Größe" der Kraft verwendet werden.

Im Beispiel lassen sich drei Grundmengen identifizieren: Mengen von Partikeln, von Zeitpunkten und von Ortspunkten („Orten, Punkten"). Zu den Partikeln und Zeitpunkten gehören 1-dimensionale Hilfsbasismengen, 1-dimensionale Zahlenräume und zu den Orten der 3-dimensionale, reelle Zahlenraum. Vieles von dem so beschriebenen Inhalt ist schon in die Typisierung eingeflossen.

---

47   Siehe zum Beispiel (Gärdenfors, 2000).

Die Darstellung durch Zahlen wird bei der Massefunktion und der Kraftfunktion schwieriger. Wir können zwar sagen, dass zu diesen beiden Funktionen
Zahlenräume gehören. Aber es ist schwierig, die Funktionswerte – Zahlen und
Vektoren – direkt mit Grundobjekten zu verbinden. Es ist nicht üblich zu sagen, dass
die Zahl $m(p)$ – ein Massewert – ein reales Objekt „ist". Was wäre der Massewert
ontologisch gesehen? Dasselbe Problem haben wir bei den Funktionswerten der
Kraftfunktion. Können wir für einen Vektor $\langle \beta_1, \beta_2, \beta_3 \rangle$ ein Objekt finden, welches
dem Vektor zugeordnet werden kann?

Eine weitere Anwendung des Strukturbegriffs betrifft die Übertragung der
Struktur von Modellen und der Modellklassen auf die gesamte Theorie. Dieser
Punkt ist wissenschaftstheoretisch interessant, weil er verschiedene Unterscheidungen und Klassifizierungen ermöglicht, die wir in den folgenden Abschnitten
erörtern werden.

Erstens lässt sich die Struktur eines Modells auf eine Faktensammlung über-
tragen. Wie bereits in Abschnitt 8 erörtert, hat ein Modell und eine Faktensamm-
lung einer Theorie eine ähnliche Form. Dies können wir nun genauer fassen. Eine
Faktensammlung kann auf zwei Weisen beschrieben werden. Sie kann als eine
Liste von Mengen der gleichen Länge wie ein Modell notiert werden. In dieser
Variante können einige Komponenten leere Mengen sein. Man kann diese leeren
Komponenten aber auch einfach aus der Liste entfernen.

Daher kann die Struktur einer Faktensammlung auf zwei Weisen notiert werden.
In der ersten Variante hat die Faktensammlung dieselbe Struktur wie ein Modell
der Theorie. In der zweiten Variante sind die Anzahlen κ^*, μ^* und ν^* für eine Faktensammlung kleiner oder gleich den jeweiligen Anzahlen κ, μ, ν in den Modellen:

$$\kappa^* \leq \kappa, \mu^* \leq \mu \text{ und } \nu^* \leq \nu.$$

Die Typisierung bleibt in der ersten Variante gleich und in der zweiten Variante werden diejenigen Typisierungen entfernt, deren Relationen in einer Faktensammlung
leere Mengen sind. Wie in Abschnitt 8 beschrieben, muss darauf geachtet werden,
dass bei einer nicht-leeren Relation auch alle Grundelemente aus den zugehörigen
Grundmengen noch vorhanden sind.

Zweitens kann die Struktur der Modelle (oder der potentiellen Modelle) definitorisch erweitert werden. Aus den Grund- und Hilfsbasismengen eines (potentiellen)
Modells lassen sich aus den schon erzeugten Typisierungen weitere bilden. Durch
eine solche neue Typisierung entsteht die Möglichkeit, eine weitere Relation dem
Modell hinzuzufügen. Eine solche neue Relation kann für verschiedene Zwecke
verwendet werden.

Entstehung von Theorien

13

Warum wird überhaupt eine neue Theorie gebildet? Jeder Mensch ist neugierig; jeder kann sich ständig neue Modelle ausdenken. Was muss dazukommen, wenn ein neues Modell als wissenschaftlich und als eine Theorie angesehen werden kann?

Erstens muss eine erfinderische Person ein Ereignis wahrnehmen, das ihr bis jetzt noch unbekannt war. Der Beobachter muss zweitens mit anderen Personen sprechen können. Er versucht das Ereignis durch Sprache anderen Personen mitzuteilen. Drittens muss das Ereignis in der benutzten Sprache formulierbar sein, so dass es von anderen Ereignissen, die im wahrgenommenen Umfeld des Ereignisses liegen, unterschieden werden kann. Viertens muss das in Frage stehende Ereignis unerwartet, anders oder neu erscheinen. Fünftens sollte es nicht ohne weiteres der Fall sein, dass die betreffenden Personen das Ereignis durch lebensweltliche, praktische Zusammenhänge mit der Umgebung verbinden können. Dies soll heißen, dass praktische, für die Personen bekannte Kausalzusammenhänge, die für dieses Ereignis und „seine" Umgebung benutzt werden können, ziemlich weit von der Wissenschaft entfernt liegen können. Dieser Punkt wird meist so ausgedrückt, dass die betroffenen Personen das Ereignis als ein Problem begreifen, das in der Ursachenwelt der Personen praktisch isoliert auftritt. Sechstens muss nun die Person eine „zündende" Idee haben. Sie entwirft ein neues Modell, welches das Ereignis darstellt, es von anderen Ereignissen abgrenzt und mit anderen Ereignissen in Verbindung bringt. Die Person teilt dieses neue Modell anderen mit. Schließlich muss siebtens der Fall eintreten, dass einige Personen diese neue Idee positiv aufnehmen. Das Modell wird dann weiter diskutiert, ausformuliert, vervollständigt und untersucht. Auf diese Weise lässt sich die Entstehung einer Theorie kurz und schematisch beschreiben.

In der im Buch beschriebenen wissenschaftstheoretischen Begrifflichkeit lässt sich dieser Prozess etwa wie folgt darstellen. Eine Person nimmt ein für sie nicht erklärbares System – ein Ereignis, ein Phänomen – wahr. Sie beginnt das System begrifflich zu analysieren. Sie benutzt dazu einige Worte, die sie bereits kennt und

© Springer Fachmedien Wiesbaden GmbH, ein Teil von Springer Nature 2019
W. Balzer und K. R. Brendel, *Theorie der Wissenschaften*,
https://doi.org/10.1007/978-3-658-21222-3_14

beschreibt einige Aspekte des Systems. Teile, Objekte, Sachverhalte, Ereignisse des Systems und Prozesse, die innerhalb des Systems liegen und andere, die von und zur Umgebung führen, werden identifiziert und mit Bezeichnungen versehen. Bei Prozessen werden möglichst allgemeine Ausdrücke verwendet, vor allem wenn Prozesse oder Teile davon wiederholt wahrgenommen werden. Durch allgemeine Ausdrücke wird es möglich, Hypothesen zu bilden. In einem ersten Versuch wird ein Modell entworfen. Begriffe für Grundmengen und Relationen werden gebildet, bestimmt, benutzt, verwendet, „festgestellt". Mit diesen und eventuell mit bekannten, mathematischen Begriffen werden erste Hypothesen formuliert.

Gleichzeitig wird überlegt, ob es Methoden gibt, die bestimmte Teile, wie Objekte oder Sachverhalte, genauer bestimmen können. Zusätzlich werden neue Methoden entworfen, mit denen man eventuell einige Prozesse in den Griff bekommen kann. Schon die Ausführung von bekannten Methoden kann viel Zeit und Geld erfordern. Dies gilt noch mehr für neue, selbst erfundene Methoden. Im besten Fall kann es so weit kommen, dass die Erfinder sich eine neue Idee ausdenken. Ein neuer Prozess, ein Verfahren wird erdacht, mit dem ein Ereignis genauer bestimmt werden kann. Wenn Zeit, Mittel und Interesse vorhanden sind, werden solche Verfahren auch in die Tat umgesetzt (Fraunberger, 1965). Kann ein solches Verfahren mehrmals wiederholt werden, führt dies zu einer Bestimmungs- oder sogar zu einer Messmethode.

Auf diese Weise werden verschiedene Fakten produziert mit denen neue Hypothesen überprüft werden können. In einem ersten Anlauf passen die Fakten eventuell nicht zu den neu erdachten Hypothesen, so dass an den Hypothesen gefeilt werden muss.

Spätestens nach dem diese Aktivitäten zu einem ersten guten Ende gekommen sind, muss die Person ihr neues Wissen mit anderen teilen. Dies kann positiv ausgehen, wenn andere die Informationen interessant und originell finden. Es kann aber auch passieren, dass der Erfinder keine Rückmeldung bekommt, obwohl er seine Resultate veröffentlicht hat. Das menschliche Umfeld kann sich neutral, interessiert, aber auch feindselig verhalten. Die Erfinder können sich in einer mehr kooperativen oder in einer ausgeprägten Wettbewerbssituation befinden.

Wenn ein erstes Modell existiert, andere Personen dieses Modell ebenfalls akzeptieren und wenn alle diese Personen das untersuchte System oder mehrere davon tatsächlich kennengelernt haben und interessant finden, hat sich eine neue Theorie gebildet. Ein Modell, und damit formal eine ganze Menge möglicher Modelle, ein erstes intendiertes System und eine neu entstandene Gruppe von Forschern bilden eine neue Theorie.

In einem nächsten Schritt wird der Anwendungsbereich der benutzten Bestimmungsmethoden erweitert. Dies geschieht auf unterschiedliche Weisen, die wir nicht alle systematisch erörtern können.[48] Zum Beispiel kann das intendierte System in Wirklichkeit größer sein; am Anfang wurde aber nur ein zentraler Teil des Systems untersucht. In einem weiteren Schritt wird dann die Untersuchung auf weitere Teile des Systems ausgeweitet. In einem anderen Erweiterungsverfahren kann das Modell auf andere, ähnliche Systeme angewandt werden. Solche Möglichkeiten werden durch Kommunikation weiter vervielfältigt. Andere Interessenten oder Wettbewerber treten auf den Plan. Die Theorie wächst. Neue intendierte Systeme, Faktensammlungen und weitere spezielle Hypothesen kommen hinzu.[49]

Der so in Idealform gebrachte Prozess kann natürlich an vielen Punkten schnell zu Ende gehen. Ursprüngliche Erfolge werden zu Misserfolgen, weil sich zum Beispiel eine neue Messmethode als falsch erwiesen hat. Ein neu gefundenes Objekt kann sich als ein Phantom erweisen, ein als zunächst richtig angenommener Sachverhalt kann sich als falsch herausstellen. Die involvierten Personen haben keine Zeit, kein Geld, keine Beziehungen oder kein Interesse mehr. Das Modell und die zugehörigen Resultate werden auf juristischer Ebene angefochten. Eine andere Gruppe von Forschern erhebt Anspruch auf die Originalität, die Urheberschaft. In der heutigen Zeit wird neues Wissen oft sofort als Ware gehandelt (Balzer, 2003). Etwas überspitzt formuliert: Nur wer die Mittel hat, bekommt auch die Rechte auf Wissen.

Als Beispiel für eine Theorie, die mehrere Anläufe brauchte um sich durchzusetzen, wählen wir die Elektrizitätstheorie von *Ohm* (Heidelberger, 1980). Im siebzehnten Jahrhundert war es Mode, ein spezielles, paradigmatisches Phänomen zu untersuchen, nämlich das Zucken von toten Froschschenkeln und den damit verbundenen elektrischen Schlägen, die die Forscher bei den Experimenten manchmal selbst bekamen. Elektronische Anwendungen, die unser Leben heute weitgehend bestimmen, stammen von diesen und anderen damals erforschten, paradigmatischen Phänomenen ab. Die am Anfang gefundenen Phänomene und die vielen heutigen technischen Anwendungen sind inzwischen gut erforscht. Sie lassen sich allerdings bis heute in normalsprachlichen Formulierungen nicht gut verstehen.

Die intendierten Systeme der *Ohm*'schen Theorie lassen sich in einer üblichen Formulierung über Elektrizität etwa so ausdrücken. Ein intendiertes System besteht aus einer Stromquelle, einer Batterie (die zwei Pole + und – hat), aus einem elektrischen Leiter, aus einem Kabel, dessen Enden mit den beiden Polen „kurzgeschlossen" werden können und aus einer fast stromundurchlässigen Substanz. Der Leiter ist durch die Substanz isoliert; die Elektrizität bleibt im Stromkreis.

---

48 Auf praxisnaher Ebene der Handlungsprozesse gibt es einige Texte, zum Beispiel (Hacking, 1983), (Bacon & Krohn, 1990).

49 Im wissenschaftlichen Bereich wurden Bestimmungsmethoden zum Beispiel in (Rheinberger, 2006) und (Fraunberger & Teichmann, 1984) beschrieben.

In der Periode zwischen 1650 und 1830 wurden verschiedene elektrische Phänomene entdeckt, die durch mehrere Arten von teilweise inhomogenen Formulierungen beschrieben wurden. Ein bestimmtes Experiment wurde von verschiedenen
Forschern oft auch ontologisch auf völlig unterschiedliche Weise gesehen. Es gab
zum Beispiel eine Gruppe, die Elektrizität als eine eigene Art von Substanz ansah.
Wenn zwei solche Substanzen voneinander isoliert gehalten werden, kann eine
Entladung nur stattfinden, wenn beide Substanzen räumlich in Kontakt kommen.
Beim Froschschenkel-Experiment wurde eine erste Art von Batterie, die sogenannte
Leidener Flasche verwendet.

Eine *Leidener Flasche* besteht aus einem Glasgefäß, das mit zwei Metallbelägen
von innen und außen bedeckt ist. Ein Metallstab führt vom inneren Metallbelag
nach außen, so dass der Stab mit dem äußeren Belag nicht in Berührung kommt.[50]
Der Stab bildet den ersten Pol und der äußere Metallbelag den zweiten. Diese Flasche
lässt sich dann durch einen Leiter kurzschließen.

Beim hier beschriebenen Experiment führt der Leiter von der *Leidener Flasche* auf
der einen Seite zum Froschschenkel und auf der anderen Seite zum Experimentator.
Der Stromkreis wird geschlossen, wenn der Experimentator den Froschschenkel
berührt. Der Froschschenkel und der Experimentator bekommen einen elektrischen
Schlag. Neben dieser Gruppe der sogenannten *Kontakttheoretiker*, gab es die *Dynamisten*, für die die zwei Gegensätze, die Pole, im Zentrum standen. Elektrizität
bewegte sich zwischen den beiden Polen hin und her. Im deutschsprachigen Bereich
gab es speziell eine Gruppe von *Romantikern*, bei denen die wahrgenommenen
Prozesse in einen lebendigen Kreislauf eingebettet wurden. Diese Gruppen und
Entwicklungen sind zum Beispiel in (Fraunberger, 1965) beschrieben und in (Heidelberger, 1980) rekonstruiert.

In diesem Beispiel sieht man, wie wichtig neu konstruierte Geräte werden,
mit denen Elektrizität erzeugt, gespeichert und angewendet werden kann. Ein
erstes Verfahren zur Erzeugung und Speicherung von Elektrizität bestand darin,
eine Glasscheibe mit Leder zu reiben („Elektrisiermaschine"). Dadurch wird die
Glasscheibe positiv aufgeladen. Nach hinreichender Reibung kann diese Ladung
durch Kontakt in eine *Leidener Flasche* „gefüllt" werden. Dieser Vorgang lässt sich
so lange wiederholen, bis die *Leidener Flasche* maximal aufgeladen ist.

Als Anwendung ist die *Leidener Flasche* aber nur dazu geeignet, eine Entladung
der Elektrizität herbeizuführen. Um gelenkte, viele kleine Entladungen in den Griff
zu bekommen, wurde von *Volta* die nach ihm benannte *Volta'sche Säule* erfunden.
Die Volta'sche Säule funktioniert ähnlich wie eine Batterie. Mit diesen Apparaten

---

50 Abbildungen finden sich z. B. in https://commons.wikimedia.org/wiki/Category:Leyden_
    jars?uselang=de (zuletzt zugegriffen am 19.5.2017).

konnten viele neue Experimente durchgeführt werden, so dass die verschiedenen Aspekte und Dimensionen der untersuchten Systeme auseinandergehalten werden konnten.

Eine Batterie enthält mindestens zwei Metallplatten aus verschiedenen Substanzen und eine Flüssigkeit, zum Beispiel eine Säure, welche die Platten voneinander isoliert. Jede Metallplatte hat ein Anschlussstück, einen Pol, mit dem der Leiter in Kontakt gebracht werden kann. Ein Leiter ist meist ein Draht, der zum Beispiel aus Kupfer bestehen kann.

Wenn die Batterie aufgeladen wird, der Leiter erst an den einen Pol angeklemmt und dann das andere Ende des Leiters mit dem anderen Pol in Kontakt gebracht wird, spricht man in natürlicher Sprache davon, dass ein Stromfluss durch den Leiter fließt und dass bei Unterbrechung der Fluss aufhört. Wenn der Leiter unterbrochen wird, lassen sich die beiden „Bruchstellen" des Leiters mit einem Gerät, wie zum Beispiel mit einem Toaster, einem Computer oder mit einer Lampe in Kontakt bringen. In einem derart erweiterten System sieht man direkt, dass der Toaster glüht, dass auf dem Computerbildschirm zum Beispiel ein Bild zu sehen ist oder dass die Lampe leuchtet. Was wir nicht sehen, was wir uns nur rein theoretisch vorstellen können, ist, dass in dem Leiter ein Strom fließt. Wir können auch unseren eigenen Körper als „Gerät" anschließen, was zu einem kleinen oder zu einem lebensbedrohlichen Stromschlag führen kann.

War der Leiter – und das ganze System – aufgeladen, entdeckte man, dass in der Umgebung des Leiters ein anderes, bereits bekanntes Phänomen wichtig wird: der *Magnetismus*. Von gegebenen, metallischen Objekten, die als Magnete bezeichnet werden, war bekannt, dass sie Eisenspäne in der Umgebung eines Magneten in eine bestimmte Richtung lenken. In einem Modell bekommt ein Magnet zwei Pole und es wird angenommen, dass es theoretische Konstrukte, sogenannte Feldlinien, gibt, an denen sich die Eisenspäne ausrichten. Die Feldlinien bilden zusammen ein Magnetfeld. Solche Felder kennt heute jeder, siehe zum Beispiel www.leifiphysik. de/elektrizitaetslehre/ (zuletzt zugegriffen am 19.5.2017). In der Zeit von *Ohm* entdeckte man, dass sich um einen elektrisch geladenen Leiter Feldlinien bilden, welche die gleiche Form wie in einem Magnetfeld haben. Experimentell lassen sich auf ähnliche Weise wie bei den Magneten, Eisenspäne in der Umgebung des Leiters ausbringen, so dass das Magnetfeld sichtbar wird.

Um dies verständlicher zu machen, wird ein raumzeitlich begrenzter Teil des Systems betrachtet, in dem der Leiter an einer Stelle geradlinig verläuft. Wenn der Leiter unter Strom gesetzt wird, beobachtet man an einem Ortspunkt des Leiters eine zum Leiter orthogonal stehende Fläche. In dieser Fläche können wir uns konzentrische Kreise vorstellen. Dies wird graphisch meist wie in Abbildung 13.1 dargestellt. Der Mittelpunkt a_1 des Kreises ist gerade derjenige Punkt, durch den der Leiter orthogonal hindurchgeht. Wenn wir einen Punkt a_2 auf dem Kreis auswählen und annehmen, dass sich an diesem Punkt a_2 ein Metallteilchen, zum Beispiel ein Eisenspan befindet, dann wird an diesem Punkt eine elektromagnetische Kraft auf das Teilchen ausgeübt. Der Vektor, der von a_2 nach unten führt, hat eine bestimmte Größe δ.

In der Zeit zwischen 1650 und 1830 wurden viele Hypothesen aufgestellt, die relativ zu einem bestimmen experimentellen Aufbau mit vielen Wiederholungen und durch andere Forscher aus andern Ländern bestätigt wurden. Viele Experimente passten nicht zu einer speziellen Hypothese, so dass sie je nach Hypothesenlage als falsch oder als nicht richtig durchgeführt bezeichnet wurden. Es hat längere Zeit gedauert, bis diese vielen speziellen Hypothesen und Resultate in ein homogenes, allgemeines, theoretisches Modell eingebettet waren.

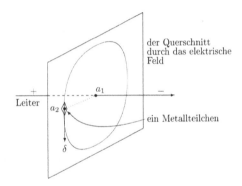

Abb. 13.1

Ein Querschnitt durch
ein elektromagnetisches
Feld

Ein solches Modell wurde von *Ohm* entworfen. Die dazugehörige Hypothese wird heute meist so formuliert: $I = U / R$. I ist die Stromstärke, U die Spannung und R der Widerstand – relativ zu einem bestimmten Stromkreis. Ein Stromkreis ist anders gesagt ein intendiertes System für die *Ohm*'sche Theorie. Der Stromkreis wird durch drei Größen beschrieben. In der Rekonstruktion von (Heidelberger, 1980) werden Formulierungen benutzt, die auch der historischen Entwicklung gerecht werden.

Ein Modell besteht aus zwei endlichen Grundmengen AS, SQ und sieben Funktionen oder Größen (siehe Abschnitt 9) – I, l, q, k, U, R^{ext}, R^{int}. AS ist eine Menge von Leitern (von „Dingen", die Strom leiten können). Ein Element *leit* aus AS nennt man einen äußeren, schließenden Stromkreis oder eben einen *Leiter*. SQ ist eine Menge von Batterien. Ein Element *bat* aus SQ nennt man eine *Stromquelle* oder den inneren Teil des Stromkreises: eine *Batterie*. Die sieben Funktionen sind wie folgt typisiert:

Tab. 13.1   Typisierte Funktionen des Modells von *Ohm*

$I: AS \times SQ \to \Re$	$l: AS \to \Re^+$	$q: AS \to \Re^+$
$k: AS \to \Re_0$	$U: SQ \to \Re_0$	$R^{ext}: AS \to \Re^+$
$R^{int}: SQ \to \Re_0$		

Ein Modell x der Theorie von *Ohm* hat die Form

$$x = \langle AS, SQ, \Re, I, l, q, k, U, R^{ext}, R^{int} \rangle.$$

Ein Funktionswert $I(leit,bat)$ bezeichnet die Stromstärke im Leiter *leit* und bei Batterie *bat*. $l(leit)$ nennt man die Länge, $q(leit)$ den Querschnitt, $k(leit)$ den spezifischen Widerstand und $R^{ext}(leit)$ den äußeren Widerstand des Leiters *leit*. $R^{int}(bat)$ wird als der innere Widerstand der Stromquelle *bat* und $U(bat)$ als die elektromotorische Kraft der Batterie *bat* bezeichnet. Der spezifische Widerstand k hängt von der chemischen Art des Leiters ab. Das Wort „elektromotorische Kraft" wurde nicht beibehalten. Heute wird der Term *Spannung* benutzt. Die äußeren und inneren Widerstände lassen sich mit einfachen Worten nur schwer ausdrücken. Diese Terme haben einen theoretischen Status, sie werden durch diese neue Theorie eingeführt.

Ohm formulierte zwei Hypothesen, die alle diese Komponenten zu einer Einheit zusammenführen (Ü13-1):

(OHM1)   Für alle *bat* aus SQ und für alle *leit* aus AS gilt:
         $U(bat) = (R^{ext}(leit) + R^{int}(bat)) \cdot I(leit,bat)$.
(OHM2)   Für alle *leit* aus AS gilt: $R^{ext}(leit) = (k(leit) \cdot l(leit)) / q(leit)$.

Die elektromotorische Kraft (Spannung) U der Stromquelle ist das Produkt der Stromstärke I und der Summe der äußeren R^{ext} und inneren Widerstände R^{int}. Der äußere Widerstand R^{ext} des äußeren Teils des Stromkreises (des Leiters) ist gleich dem spezifischen Widerstand k mal Länge l dividiert durch den Querschnitt q des Leiters.

Über verschiedene Wege und Umwege wurden in dieser Zeitperiode die Funktionen $I, l, q, k, U, R^{ext}, R^{int}$ Schritt für Schritt gebildet, genauer verstanden und zuletzt durch verschiedene Methoden genauer bestimmt (Fraunberger, 1965). Die Stromstärke I wird zum Beispiel gemessen, indem verschieden große Batterien in denselben Stromkreis eingebaut werden. Verschiedene Stromstärken wurden etwa durch unterschiedliche *Volta'sche Säulen* erzeugt, indem die Anzahl der sogenannten Säulenelemente (Teile der Säule) variiert wurde. Die Stromstärke war proportional zu der jeweils benutzten Säule, wobei der restliche Stromkreis gleichgeblieben ist. In einem anderen Beispiel wurde die Länge des Leiters auf den geometrischen Abstand von Anfangs- und Endpunkt des Leiters zurückgeführt. Heute gibt es für all diese Funktionen gut bestätigte Messmethoden (Teichmann, 1974), (Hoppe, 1884), (Hacking, 1983).

Diese Beschreibung einer geschichtlichen Periode, in der auch heute nicht mehr verwendete Wörter benutzt werden, bildet einen wichtigen Bestandteil einer wissenschaftstheoretischen Rekonstruktion einer Theorie. Die verschlungenen Wege der Entstehung einer Theorie sind dem Endprodukt der Rekonstruktion oft nicht mehr anzusehen (Suppes, 2002). Bei der Entstehung einer Theorie ist es für die Wissenschaftstheorie aber auch wichtig, Ereignisse im Blick zu behalten, die aus heutiger Sicht unklar, anders, mit anderen Begriffen ausgedrückt oder sogar falsch beschrieben wurden. Wenn wir bei den in diesem Buch benutzten Beispielen kaum die historischen „Umwege" erwähnen, die in der wissenschaftlichen Entwicklung oft gegangen wurden, geschieht dies nur aus Platzgründen.[51]

In der hier beschriebenen Periode entwickelte sich auch ein Forschungsbereich, bei dem kleinere Objekte untersucht wurden. Die Objekte wurden zu Systemen von Atomen und Molekülen. Die Chemie entstand. Atome werden in verschiedene Atomarten eingeteilt. Je nach Anzahl der Elektronen, die ein Atom enthält, wird das Atom einer anderen Atomart zugeordnet. Atome der gleichen Art bilden jeweils eine chemische Substanz, zum Beispiel Wasserstoff, Silber, Aluminium, Kupfer oder Sauerstoff. Wenn sich Atome zusammenlagern, bilden sie Moleküle, die in großer Zahl ebenfalls eine chemische Substanz ausmachen, wie zum Beispiel Wasser, Glas, Amalgam. Mengen von Molekülen können auch als Gemisch auftreten und durch normale Wörter, wie Leder, Glas, Luft, Holz etc. beschrieben werden (Balzer, Moulines & Sneed, 1987, Chap. III.4).

Historisch schloss sich die Erkundung der Mikrowelt mit ihren Elektronen und Atomkernen an. Ein Atom wurde so beschrieben, dass es aus einem *Atomkern*, aus einigen *Elektronenschalen* und einigen *Elektronen* besteht. Dabei bewegen sich die Elektronen auf sogenannten Schalen um den Atomkern. Ein Elektron bewegt sich normalerweise auf einer bestimmten Schale, es kann aber durch Energiezufuhr oder Entzug von Energie auf eine weiter innen oder weiter außen liegende Elektronenschale springen. In dieser Phase konnten die elektrischen und magnetischen Phänomene aus *Ohms* Zeit in eine größere Theorie der elektromagnetischen Felder integriert werden.

Zeitlich darauf folgend entwickelte sich die Quantenphysik. Die Elektronen bekamen eine neue Eigenschaft. Ein Elektron verfügt über einen *Drehimpuls* (*Spin*), der durch eine Zahl ausgedrückt wird. Ein Elektron kann den Spin 0, den

---

51 Und teilweise auch, weil wir – die Autoren – nur begrenzte Mittel und Zeit haben, die oft ziemlich interessanten, verschlungenen Wege zu begreifen und zu verstehen.

Spin 1/2 oder den Spin 1 haben. Mit anderen Worten kann das Elektron einen von drei Zuständen haben. Damit wurde es möglich das in Abbildung 13.1 abgebildete magnetische Verhalten auf die Mikroebene zu übertragen. Es gab nun Träger: Elektronen in ihren Zuständen, denen elektrische Ladungen zugeschrieben werden. Aus der elektromotorischen Kraft U von *Ohm* wurde *Spannung* und *elektrische Ladung*. All dies wurde in den *Energiebegriff* integriert.

Aus der Quantenphysik ist heute die Physik der Elementarteilchen geworden. Aus Elektronen und Atomkernen wurden Elementarteilchen, wie zum Beispiel Quarks. Was Elektrizität ist, oder bedeuten soll, könnte man heute in normaler Sprache etwa so ausdrücken. In einem elektrisch geladenen Leiter bewegt sich Energie. Die Energie (die Spannung, die elektromotorische Kraft) ruht bildlich gesprochen in den Elektronen und ihren Zuständen. Wenn sich diese Zustände ändern, spricht man heute immer noch davon, dass ein Strom fließt. Dies wird inzwischen aber metaphorisch verstanden.

Aus dem hier beschriebenen und vielen weiteren Beispielen, die aus verschiedenen Disziplinen und Perioden stammen und in der Literatur zu finden sind, haben wir die wissenschaftstheoretisch wichtigen Komponenten, die in der Entstehungsgeschichte einer Theorie vorkommen können, in Tabelle 13.2 aufgelistet. Einige dieser Komponenten sind notwendig um Theorien zu beschreiben, andere können auch entfallen (Ü13-2). Nur die Problemkomponente haben wir noch nicht erörtert. Wir unterscheiden zwei Arten von Problemen.

Tab. 13.2 Entwicklungskomponenten von Theorien

paradigmatische Phänomene	Beispiele von wichtigen Ereignissen
Typen von paradigmatischen Phänomenen	wichtige Ereignisse gleichen Typs
Begriffe	Wörter, Ausdrücke, Terme
Modelle	Listen von Grundmengen, Hilfsbasismengen und Relationen
Fakten	variablenfreie Ausdrücke ohne Junktoren und Quantoren
Hypothesen	überprüfte, allgemeine Sätze
Bestimmungs- und Messmethoden	Verfahren zur Bestimmung und Messung von Größen
Approximation	Ähnlichkeitsbestimmung
Dimensionen	Ebenen, Bereiche
Probleme	Systeme, die nicht zu Hypothesen oder Fakten passen oder deren Einordnung auf begrifflicher Ebene oder in Dimensionsräumen unklar ist

Probleme der ersten Art treten auf, wenn eine Theorie bereits existiert. Solche Probleme lassen sich begrifflich klar darstellen. Ein nicht einzuordnendes Faktum ist ein Problem für die Theorie, weil es den wissenschaftlichen Anspruch in Frage stellt. Wenn das Faktum mit zuverlässigen Methoden erhoben wurde, kann dies zur Änderung der Theorie führen. Es kann aber auch sein, dass eine Klasse von Faktensammlungen nicht mit den Hypothesen zur Passung gebracht werden kann. Dann wird eine Hypothese geändert oder eine spezielle Hypothese hinzugefügt.

Probleme der zweiten Art entstehen, wenn Phänomene in unterschiedlichen Sichtweisen verschieden dargestellt werden. Dies führt zu inkompatiblen Beschreibungen. Bei zwei Beschreibungen „desselben" Phänomens können andere Begriffe, Hypothesen, Dimensionen und auch andere Mess- und Approximationsmethoden verwendet werden.

Jedes Problem aus beiden Arten kann für eine Theorie zu einer *Anomalie* (einer „Gesetzeswidrigkeit") werden, wenn es über einen längeren Zeitraum nicht gelingt, den Anspruch der Theorie mit nur kleinen Änderungen weiter als richtig zu erweisen.

In der Entstehungsphase einer Theorie spielen die Forscher mit all diesen Komponenten, um ein stabiles und gleichzeitig nicht zu spezielles Modell zu finden das die beobachteten Phänomene passend beschreibt. Die wissenschaftstheoretische Frage, in welcher Ordnung die verschiedenen Komponenten benutzt und verändert werden können, wurde bisher kaum erörtert. Wird zum Beispiel erst eine Begriffsliste angefertigt und dann die Hypothesen mit diesen Begriffen formuliert oder werden erst allgemeine Ideen gedanklich gebildet und dann passende Begriffe ausgewählt und benutzt? Auch ohne große Analyse sieht man, dass die Reihenfolge, in welcher verschiedene Forschungsschritte ausgeführt werden, in jeder Situation anders sein kann. Der eine Forscher ist ein Denker, der andere ein Experimentator. Das Beispiel der Elektrizität zeigt, dass am Anfang der Entstehung die Reihenfolge der Fortschritte ziemlich variabel sein kann. Besonders, weil verschiedene Forschergruppen ganz andere Ansichten hatten, die manchmal bis zu inkompatiblen Weltbildern zugespitzt wurden. Es gibt ein Hin und Her mit Begriffen, Hypothesen, Fakten und dem Entfernen und Hinzufügen von theoretischen Bestandteilen.

Im Beispiel galten viele Messverfahren nur in sehr eingeschränkten Bereichen, so dass der gemessene Funktionswert eine spezielle Bedeutung bekam, die in anderen Verfahren nicht verwendet werden konnte. Ein vorgelagertes Problem war, aus verschiedenen möglichen sprachlichen Ausdrücken, den besten Ausdruck herauszufinden, der erstens in einer maximalen Menge von Messmethoden angewandt werden kann und der sich zweitens für eine einfache, aber allgemein anwendbare Hypothese eignet. Die verschiedenen „historischen Schleifen", die nötig waren, um schließlich die *Ohm*'sche Hypothese aufzustellen, belegen gut, dass es eben viel Geistesarbeit benötigt, um einfache und allgemeine Wissenselemente zu erzeugen.

Während die historische Beschreibung von wissenschaftlichen Perioden nur langsam voranschreitet, hat sich die Informatik mit großem Personaleinsatz der Theorienentstehung in technisch-praktischen Anwendungen zugewandt. Wissenschaftstheoretische Elemente wurden aber bisher kaum benutzt. Wissenschaftstheorie wird, wie bereits am Anfang erwähnt, bis jetzt als ein spezieller, oft etwas „exotischer" Bereich der Wissenschaft wahrgenommen. Aus der Informatik kommen harte, ökonomische Gründe, die Theorieentstehung mit Computerprogrammen zu untersuchen. Heute ist auch Kultur technikgetrieben. Automaten, Roboter, Netzwerke und biochemisch hergestellte Produkte bestimmen das Leben der Menschen bis hin zu wissenschaftlichen, rituellen und künstlerischen Äußerungen. *Maschinelle Entdeckung* von Wissen (*machine discovery*) wurde am Anfang in der Informatik nur als ein Nebenprodukt angesehen. Mit Hilfe von Computern und den dazugehörigen *Entdeckungsprogrammen* wurden Hypothesen automatisch konstruiert. In einem der ersten Werke dieser Art (Langley, Simon, Bradshaw & Zytkow, 1987) werden mehrere, nicht mehr benutzte Theorien, die in der Wissenschaftsgeschichte gut beschrieben sind, durch Computerprogramme noch einmal „erfunden".

Bei einem Entdeckungsprogramm werden zwei Bestandteile unterschieden, nämlich eine Liste von Fakten und eine Liste von Hypothesen. Die Hypothesenliste wird induktiv aufgebaut. Um eine neue Hypothese zu finden, werden zwei Schritte ausgeführt. Erstens muss ein *Suchraum* festgelegt werden, ein Raum möglicher Hypothesen, die von der Form her in Frage kommen. Diese Festlegung hängt von der Form der gegebenen Fakten ab. Sind die Fakten rein numerisch, kann der Suchraum aus numerischen Funktionen bestehen, so dass für jede Funktion f aus dem Raum die Gleichung der Form $f(\ldots) = 0$ ein Kandidat für die gesuchte Hypothese ist. Bei rein qualitativen Fakten besteht der Suchraum aus Symbolketten, wie etwa „$H_2 + Cl_2 \Rightarrow 2HCl$". Die Festlegung einer solchen Form erfolgt durch die Programmierer. Das Programm hängt entscheidend von der jeweils gewählten Form möglicher Hypothesen ab, die für das Programm typisch und selbst (bis jetzt) *nicht* Gegenstand der Entdeckung sind.

Zweitens sind Regeln zu finden, mit denen der Suchraum systematisch an verschiedenen Stellen bearbeitet wird. Da die Suchräume meist sehr groß (unendlich und bei numerischen Funktionen überabzählbar) sind, tritt hier das Problem der Rechnerkapazität und der Komplexität der Suche in voller Schärfe auf. Man muss sich zwischen zwei Alternativen entscheiden: einer *vollständigen* Abarbeitung des Suchraums oder einer nur partiellen Suche bei hinreichend befriedigender Erfolgsrate. In Computerprogrammen wird normalerweise die zweite Möglichkeit gewählt. Es werden *Heuristiken* verwendet, das heißt Regeln, nach denen verschiedene Elemente im Suchraum nacheinander herausgepickt und untersucht werden, jedoch ohne einen Anspruch auf Vollständigkeit. Heuristiken müssen plausibel sein, also im Lichte des jeweils zu lösenden Problems inhaltlich einleuchtende Regeln darstellen und sie müssen erfolgreich sein. Sie müssen in einem relativ großen Prozentsatz von Programmabläufen zu einem positiven Resultat führen. Die Wahl der Erfolgsschranke ist dabei von praktischen Erfordernissen abhängig. In der „reinen" Wissenschaft kann man mit ziemlich niedrigen Werten arbeiten, in anderen Bereichen muss eine Kosten-Nutzen-Abwägung erfolgen, in der die Kosten unter anderem durch die Rechenzeit entstehen.

Entdeckungsprogramme arbeiten mit Heuristiken. Verschiedene Regeln sind programmiert, nach denen aus dem Suchraum Kandidaten für eine Hypothese ausgewählt und auf Passung mit gegebenen Fakten überprüft werden. Solche Heuristiken sind jedoch nur für einen bestimmten Fall, eine bestimmte Theorie, anwendbar (Newell & Simon, 1972).

Als Beispiel schildern wir die Heuristiken des Programms BACON.1 von (Langley et al., 1987, Chap. 3), die wir aus (Balzer, 2009, Abschnitt 4.4) entnehmen. Das Programm sucht nach Gleichungen zwischen den numerischen Werten zweier oder mehrerer Funktionen, die in Abhängigkeit von Entitäten, wie Objekten, Orten, Zeitpunkten etc. variieren. Für alle Funktionen werden deren Werte bei gegebenen Argumenten $a_1,...,a_n$ als Fakten eingelesen. Das Programm sucht dann nach einer Gleichung, die durch diese Fakten gelöst wird. Anders gesagt wird nach einem Modell gesucht, das zu den Fakten passt.

Der Programmablauf lässt sich im Beispiel gut verfolgen. Wir reproduzieren eine in (Langley et al., 1987, S. 85) beschriebene Anwendung auf historische Fakten von *Giovanni Borelli* im Bereich des dritten *Kepler*schen Gesetzes. Dabei sind die Umlaufzeiten $U(p_i)$ und die Radien $R(p_i)$ der großen Halbachsen für vier *Jupiter*monde $p_1,...,p_4$ gegeben (Ü13-3). Das Gravitationsmodell haben wir bereits kennengelernt. In dem hier diskutierten Modell bewegen sich vier Monde auf Ellipsen um den Planeten *Jupiter*, wobei *Jupiter* in einem der Brennpunkte der Ellipsen liegt. Die Umlaufzeit $U(p_j)$ und der Radius $R(p_j)$ der großen Halbachse eines Mondes p_j wurden als Fakten (reelle Zahlen) mit langwierigen Untersuchungen ermittelt und anerkannt. Mit Hilfe der Originalfakten wurde von BACON.1 das dritte *Kepler*sche Gesetz problemlos gefunden und statistisch „abgeleitet".

Wenn die vorhandenen Funktionswerte eingelesen sind, beginnt das Programm, einen Raum „möglicher" Gleichungen zu durchsuchen, die über den vorgegebenen Funktionen formulierbar sind und prüft für jede auf dieser Suche gefundenen Gleichung, ob sie zu den Fakten passt. Das heißt, die Gleichung der Form $f(...) = 0$ ist approximativ richtig, wenn bei einem gegebenen $\varepsilon > 0$ die Ungleichungen $-\varepsilon < f(...) < \varepsilon$ richtig sind. Dies wird meist durch Betragszeichen zusammengefasst: $|f(...)| < \varepsilon$. Bei der ersten passenden Gleichung, die gefunden wird, stoppt das Programm. Der Raum aller Gleichungen ist für ein systematisches Absuchen zu groß. BACON.1

geht stattdessen nach vier einfachen, heuristischen Regeln vor, deren iterierte Anwendung zur Konstruktion immer neuer Gleichungen führt. In der Iteration werden dabei zusätzlich zu den ursprünglichen Funktionen weitere Funktionen eingeführt, die aus den zuvor gebildeten Funktionen konstruiert werden. Dadurch kann die wachsende Komplexität der Gleichungen durch eine entsprechend wachsende Komplexität der involvierten Funktionen aufgefangen werden. Es brauchen nur zwei, sehr einfache Gleichungsformen betrachtet zu werden, nämlich erstens die Form $f(a) = konstant$ und zweitens die Form des linearen Zusammenhangs $f(a) = c \cdot g(a) + b$ zwischen zwei Funktionen f und g (für alle a). Bei iterierter Anwendung können die Funktionen selbst ziemlich komplexe Formen haben.

Die vier heuristischen Regeln werden auf eine bzw. zwei im Ablauf jeweils konstruierte oder vorliegende Funktionen f und g angewandt. f und g sind also im Programmablauf Variablen, die im Ablauf zunächst durch recht einfache, später durch neu konstruierte, komplexere Funktionen instanziiert werden.

Regel 1 Wenn die Werte von f annähernd konstant sind, d. h. $f(a_j) = c$, für fast alle a_j, dann „schließt" das Programm, dass f eine konstante Funktion ist, d. h. die mathematische Form $f(a) = c$, für alle a, hat.

Regel 2 Wenn die Werte von g näherungsweise linear von den entsprechenden Werten von f abhängen, also $g(a_j) = c \cdot f(a_j) + b$, für fast alle a_j, dann berechnet das Programm die beiden Koeffizienten: Steigung c und Verschiebung b der Geraden und „schließt", dass g die mathematische Form $g(a) = c \cdot f(a) + b$, für alle a, hat.

Regel 3 Wenn die absoluten Werte von g mit denen von f wachsen, ohne dass näherungsweise ein linearer Zusammenhang besteht, dann führt das Programm den Quotienten $h = g / f$ als neue Funktion ein, berechnet die Werte $h(a)$ und speichert sie ab.

Regel 4 Wenn die absoluten Werte von g wachsen, und wenn die von f kleiner werden, ohne dass näherungsweise ein linearer Zusammenhang besteht, dann führt das Programm das Produkt $h = f \cdot g$ als neue Funktion ein, berechnet die Werte $h(a)$ und speichert diese ab.

Die näherungsweise Bestimmung, ob eine konstante oder lineare Funktion vorliegt, erfolgt in BACON.1 mit der mathematischen Methode „der kleinsten Quadrate", die leicht zu programmieren ist.

Die historischen Fakten wurden zur besseren Übersicht in geeignete Zahlen umgerechnet, wobei wir die benutzten Einheiten hier nicht genau angeben.

Tab. 13.3   Radius und Umlaufzeiten von Monden

Mond	Radius $r =$	Umlaufzeit $u =$
p_1	5.67	1.769
p_2	8.67	3.571
p_3	14.00	7.155
p_4	24.67	16.689

BACON.1 stellt fest, dass die Funktionen nicht konstant sind und nicht in einem linearem Zusammenhang stehen. BACON.1 kommt daher zu Regel 3 und stellt fest, dass die absoluten Werte von R mit denen von U wachsen und bildet den Quotienten R/U. Die Werte sind in der folgenden Tabelle zusammengestellt. Auch die Werte von R/U sind nicht konstant und nicht linear abhängig von denen von R oder U. Beim Vergleich der Änderung der Werte von R und R/U zeigt sich, dass die Absolutwerte von R mit wachsenden Werten von R/U abnehmen. BACON.1 wendet daher Regel 4 an und führt die neue Funktion $R \cdot (R/U)$, also R^2/U, ein. Auch für diese liegt weder Konstanz noch lineare Abhängigkeit zu den nun vorhandenen Funktionen vor. Wieder untersucht BACON.1 die Änderungen der Werte und ermittelt, dass die Werte von R/U kleiner werden, wenn die von R^2/U wachsen. Nach Regel 4 bildet BACON.1 die neue Funktion $(R/U) \cdot (R^2/U)$, das heißt R^3/U^2. Die Werte in der letzten Spalte der Tabelle 13.4 sind annähernd konstant. Damit ist eine Gleichung gefunden, nämlich $R^3(a) / R^2(a) = c$, die bis auf ein vorgegebenes ε im Bereich der damaligen Messfehler zu den Fakten passt.

Tab. 13.4   Größenverhältnisse bei Monden

Mond	R / U	R^2 / U	R^3 / U^2
p_1	3.203	18.153	58.15
p_2	2.427	21.036	51.06
p_3	1.957	27.395	53.61
p_4	1.478	36.459	53.89

Wie man sofort erkennt, sind die vier Regeln *nicht* erschöpfend: es gibt Fälle, in denen keine von ihnen anwendbar ist. Die Regeln 3 und 4 versagen bei „gemischten" Fällen, in denen die Werte von g mit wachsenden Werten von f zum Beispiel zuerst wachsen, dann aber kleiner werden. Dies markiert genau den Punkt, an dem sich die künstliche Intelligenz (KI) von mathematischen Methoden absetzt nach dem

Motto: lieber in vielen echten Fällen gute und schnelle Ergebnisse, als garantierte, aber wegen Kapazitätsbeschränkung nicht realisierbare Lösungen.

Änderung einer Theorie

In der deutschen Sprache wird von Veränderung im Allgemeinen gesprochen, wenn es ein „Etwas" gibt, was sich ändern lässt. Grammatisch ist der Ausdruck „ich verändere" unvollständig. Ich kann nur *mich* oder *die Welt* oder irgend*etwas* ändern. Was ist aber das Etwas, das sich verändert? Zum Beispiel bekommt eine Person graue Haare. Die Person bleibt dabei insgesamt gleich. Nur ein Teil der Person ändert sich. Einige Haare der Person haben eine andere Farbe bekommen. Oft lässt sich eine Änderung mit dem Begriff des Zustands beschreiben. Zu einem System gehören auch immer mehrere mögliche Zustände. Das System befindet sich in einem dieser Zustände. Es ist aber möglich, dass sich das System von einem in einen anderen Zustand begibt; das System verändert sich.

Im Fall der Haarfarbe geht es um eine kleine Veränderung einer Person. Eine große Veränderung der Person findet zum Beispiel statt, wenn sie einen Unfall hatte und im Koma liegt. In diesem Fall hat sich die Person völlig verändert; sie ist eine andere Person geworden. Nicht nur der Zustand des Systems hat sich geändert, sondern das ganze System. Es gibt kleine Veränderungen: Zustandsveränderungen, die das System als Ganzes unverändert lassen und es gibt große Veränderungen, die das System „beschädigen". Eine kleine Veränderung entsteht „von innen heraus", während eine große Veränderung auch externe Ursachen haben muss.

Eine Veränderung lässt sich zeitunabhängig (*statisch*) oder zeitabhängig (*dynamisch*) beschreiben. Um sie möglichst einfach darzustellen und um den vielen Detailfragen aus dem Weg zu gehen, werden zeitliche Aspekte oft implizit gehalten. Normalerweise ändert sich aber Etwas mit der Zeit. Zeitpunkte oder zeitliche Unterschiede, wie „vorher – nachher", lassen sich bei einer Beschreibung oft nicht vermeiden. Im Beispiel der grauen Haare werden meistens auch zeitbezogene Ausdrücke benutzt, wie zum Beispiel „älter werden".

Diese allgemeinen Bemerkungen gelten auch für die Wissenschaftstheorie. Da wir Theorien und viele Bestandteile von Theorien als Mengen auffassen, müssen wir auch Veränderungen mengentheoretisch darstellen können. Mengen selbst

© Springer Fachmedien Wiesbaden GmbH, ein Teil von Springer Nature 2019
W. Balzer und K. R. Brendel, *Theorie der Wissenschaften*,
https://doi.org/10.1007/978-3-658-21222-3_15

können sich aber nicht verändern. Dies ist in der Mengenlehre nicht vorgesehen. Bei der Formulierung der Veränderung einer Menge muss eine zweite Menge ins Spiel kommen.

Die Veränderung einer Menge lässt sich in zwei Schritten erklären. Erstens benötigen wir für eine Veränderung ein Paar $\langle X,Y \rangle$ von Mengen, so dass sich die erste Menge X so verändert hat, dass sie zu einer anderen Menge Y geworden ist. Zweitens muss der Ausdruck X *verändert sich zu* Y genauer bestimmt werden. Dazu gehen wir von zwei gegebenen Mengen X und Y aus. Der Ausdruck X *verändert sich zu* Y erfüllt per Definition zwei Bedingungen:

(1)   Die Mengen X und Y sind verschieden ($X \neq Y$, (Ü14-1)).

(2)   Die meisten Elemente von X gehören auch zu Y und die meisten Elemente von Y gehören auch zu X.

Bedingung (2) haben wir von den natürlichen Sprachen übernommen. Ein „großer" Teil von X bleibt bei einer Veränderung der Menge X gleich, nur „einige wenige" Elemente werden aus X entfernt und nur wenige neue Elemente von Y werden zu X hinzugefügt.

Diese Bedingung lässt sich in unterschiedlichen Varianten ausdrücken. Unscharf formuliert soll die Menge Y zumindest approximativ mit der Menge X gleich sein. Dies kann mit Hilfe der Elemente dieser Mengen und mit Hilfe der charakteristischen Eigenschaften dieser Mengen formuliert werden. So können wir zum Beispiel die Größen (Kardinalitäten) der beiden Mengen vergleichen. Die Anzahl der Elemente, die in X aber nicht in Y liegen, soll kleiner sein, als die Anzahl der Elemente, die in beiden Mengen liegen: $\| X \setminus (X \cap Y) \| < \| X \cap Y \|$. Auf ähnliche Weise soll auch die Anzahl der nur in Y liegenden Elemente kleiner sein als die Anzahl der gemeinsamen Elemente (Ü14-2). Bei anderen Varianten werden Hilfskonstanten ε benutzt, in denen die verschiedenen Anzahlen genauer verglichen werden (Ü14-3). Im Grenzfall, wenn X und Y gleich sind, hat sich X überhaupt nicht verändert. In allen anderen Fällen hat sich die Menge X verändert und das Resultat der Veränderung ist eine andere Menge Y.

Da wir eine Theorie als ein komplexes Ereignis und prinzipiell als eine komplexe Menge auffassen, können wir auch die Veränderung einer Theorie mengentheoretisch verstehen. Die Bestandteile von Theorien wurden in den vorangegangenen Abschnitten eingeführt. Eine Theorie besteht aus einer Liste von Mengen, in der insbesondere die Modellklasse und die Menge der Faktensammlungen zu finden sind. Ein Modell und eine Faktensammlung bestehen wiederum aus Listen von Mengen: Grundmengen, Hilfsbasismengen und Relationen. Auch die Elemente aus diesen Mengen betrachteten wir. Ein Element einer Grundmenge ist ein Ereignis (oder speziell auch ein Ding), die Elemente einer Hilfsbasismenge sind mathematische Entitäten und ein Element einer Relation ist ein Sachverhalt (ein Ereignis). Eine Theorie lässt sich daher auf viele verschiedene Arten verändern. Bei einer ersten Art werden die Grundmengen aus den Faktensammlungen der Theorie verändert. Dies ist eine kleine Veränderung einer Theorie. Diejenigen Ereignisse, die in den Grundmengen der Faktensammlungen einer Theorie T liegen, nennen wir *Basisereignisse*.

Die einfachste Veränderung findet also bei Mengen der Basisereignisse aus Faktensammlungen einer Theorie statt. Sie lässt sich durch zwei Mengen wie folgt beschreiben. Die erste Menge ist eine Menge G_i^z von Basisereignissen aus einer Faktensammlung, die zum Zeitpunkt z existiert und die zweite Menge G_i^{z+1} ist eine andere Menge, die aus G_i^z irgendwie hervorgeht. Und damit ändert sich eine Faktensammlung.

Wir geben drei Beispiele. Erstens wurde in der Gravitationstheorie im Jahre 1930 ein neuer Planet entdeckt, der den Namen *Pluto* bekam. Die kleinen und im Sonnensystem weit außen liegenden Planeten wurden erst spät entdeckt; geeignete Messinstrumente mussten erst erfunden werden. Es ist einsichtig, dass sich die Himmelskörper selbst nicht geändert haben. Die Veränderung fand auf der Ebene der Theorie statt. Die Menge der Planeten eines intendierten Systems hat sich verändert; die Menge wurde mit der Zeit größer. Forscher entdeckten Ereignisse, die sie vorher nicht kannten. Auf einer groben Wahrnehmungsebene wird einfach von Objekten gesprochen, die sich bewegen. Das Ereignis, das wahrgenommene Phänomen, das „Objekt" *Pluto* bekam nach einiger Zeit einen Namen und dieser Name wurde in die Namensliste der Planeten aufgenommen. Die Menge der Planeten hängt mit anderen Worten nicht nur von den realen Verhältnissen ab, sondern auch von den Aktivitäten der Wissenschaftlergruppen, welche die Theorie untersuchen.

In einem zweiten Beispiel wird in der Zellbiologie in einem Laborexperiment eine Zellkultur angelegt und mit einem Namen versehen. Eine Faktensammlung der Theorie enthält eine Menge von Basisereignissen, in diesem Fall Zellkulturen. Eine neue Zellkultur wird der Menge von schon untersuchten Zellkulturen hinzugefügt. Auch die Zellkultur hat im Prinzip die Form eines Ereignisses: die Zellkultur wächst. Auf der Sprachebene wird eine Liste von Namen von Zellkulturen geführt. Auf der Ebene der Mengen wird die neue Zellkultur zur Menge der Zellkulturen hinzugefügt. Die Menge der Basisereignisse aus diesen Faktensammlungen hat sich vergrößert und damit verändert.

In einem dritten Beispiel wurden in der Ökonomie *Oligopole* untersucht, das heißt Märkte, in denen es nur wenige oder nur zwei[52] Anbieter gibt. In wirklich untersuchten Anwendungen wird zum Beispiel ein neues Unternehmen gegründet. Dieses neue „Objekt" wird einer Menge von Basisereignissen der zugehörigen Faktensammlungen hinzugefügt. Die Theorie der Oligopole hat eine kleine Veränderung erfahren (Varian, 2014).

In diesen Beispielen ist in allgemeiner Formulierung eine Grundmenge G_i^z zu einer anderen Grundmenge G_i^{z+1} geworden. G_i^z hat sich zu G_i^{z+1} verändert. Diese Veränderung lässt sich auf zwei Grundveränderungen zurückführen. Erstens kann G_i^{z+1} aus G_i^z entstehen, wenn aus der Sicht von G_i^z ein neues Element e zu G_i^z hinzugefügt wird: $G_i^{z+1} = G_i^z \cup \{e\}$. Zweitens kann ein Element aus G_i^z entfernt werden: $G_i^{z+1} = G_i^z \setminus \{e\}$. Aus diesen beiden Grundänderungen lässt sich zum Beispiel eine Ersetzung definieren. Ein Element e wird aus G_i^z entfernt und dann wird der so entstehenden Menge ein neues Element e^* hinzugefügt (Ü14-4).

Wird ein Element entfernt, so muss darauf geachtet werden, dass auch Teile der Relationen aus der Faktensammlung entfernt werden. Das Faktum d kann zum Beispiel ein Sachverhalt aus der Relation R_j^z zum Zeitpunkt z sein und eine konkrete Beziehung zu anderen Elementen haben. In solchen Fällen muss diese Beziehung aus der Relation R_j^z ebenfalls entfernt werden, da in einer Faktensammlung nur wirkliche Beziehungen geführt werden (Ü14-5).

Eine zweite Art von Veränderung ergibt sich, wenn sich eine Relation aus einer Faktensammlung verändert. Die Grundtypen von derartigen Veränderungen haben wir in Tabelle 14.1 zusammengestellt. Die drei gerade benutzten Beispiele lassen sich auch für Relationen von Faktensammlungen verwenden.

	bei einer Grundmenge D_i wird etwas	bei einer Relation R_j wird etwas
Ebene der Faktensammlungen	hinzugefügt	hinzugefügt
	entfernt	entfernt
	ersetzt	ersetzt

Abb. 14.1

Veränderungen von Komponenten eines Modells

---

52 Eine interessante Frage erhebt sich, warum in diesem und in vielen anderen ähnlichen Fällen immer noch von einem „Markt" gesprochen wird.

Die Entdeckung eines neuen Planeten führt in der Gravitationstheorie fast zwangs-
weise zu Messmethoden und Messungen. An einigen Orten und zu einigen Zeitpunkten wird der Planet gesichtet. Der Ort des Planeten zu einem Zeitpunkt stellt
einen Sachverhalt zwischen drei Entitäten her: dem materiellen Objekt p, dem
Ort o und der Zeit z. In der Gravitationstheorie sind diese Sachverhalte Elemente
der Ortsfunktion $s(p,z) = o$, $\langle p, z, o \rangle \in s$, wobei die Zeitpunkte und Orte direkt in
Zahlenräumen dargestellt werden. Ein Ort wird meist als ein Funktionswert notiert
und in eine Liste von gemessenen Orten eingetragen. Auch eine Gleichung $s(p, z)$
$= o$ oder eine Liste $\langle s, p, z, o \rangle$ wird manchmal verwendet.

Mit anderen Worten werden der Ortsfunktion s weitere Elemente hinzugefügt.
Im Beispiel des Planeten *Pluto* kommen weitere Sachverhalte $\langle s, Pluto, z_1, o_1 \rangle$, ...,
$\langle s, Pluto, z_r, o_r \rangle$ hinzu (Ü14-6). Wir sehen in diesem Beispiel, dass die Erweiterung
einer Relation oder Funktion erst möglich ist, wenn bereits ein neues Objekt zu
einer Grundmenge hinzugefügt wurde. In vielen Fällen werden gleichzeitig das
neue Objekt und ein neuer Sachverhalt wahrgenommen, wobei dieses Objekt und
eventuell auch andere Objekte in den Sachverhalt verwickelt sind.

Im Beispiel der Zellkulturen wird eine Kultur angesetzt, indem eine Zelle in
die entsprechende Nährlösung eingebracht wird. Meist werden ganze Reihen
von Zellkulturen angelegt. Eine solche Serie beschreibt ein Experiment, das auch
durch eine Faktensammlung und durch ein intendiertes System für die Zelltheorie
dargestellt wird.

In einer Zellkultur teilen sich die Zellen; die Kultur wächst. Es wird genauer
untersucht, mit welcher Geschwindigkeit sich die Zellen teilen. Die Anzahl der
Zellen zu einem bestimmten Zeitpunkt wird ermittelt. Dabei werden normalerweise
die Zellen nicht wirklich gezählt. Dies wäre zu aufwendig und oft ist dies auch gar
nicht möglich. Die Größe einer bestimmten Zellkultur, die Anzahl der existierenden
Zellen, wird auf andere Weise bestimmt: eine Wachstumsfunktion w wird eingeführt.
Die Beziehung $w(k, z) = \alpha$ drückt aus, dass die Zellkultur mit der Bezeichnung k
zum Zeitpunkt z eine bestimmte Größe α erreicht hat. Ob diese Größe als eine Zahl
ausgedrückt wird oder gröber skaliert wird, ist an dieser Stelle nicht entscheidend.
Die Größe der Zellkultur wird zu mehreren Zeitpunkten bestimmt und notiert. All
diese Beziehungen $w(k, z_1) = \alpha_1$,..., $w(k, z_r) = \alpha_r$ werden zur Wachstumsfunktion w
hinzugefügt; die Relation w wird ergänzt. Dies kann beschreibungstechnisch nur
geschehen, wenn auch eine Bezeichnung für die Zellkultur vergeben wurde. Man
kann in diesem Beispiel erkennen, dass eine Zellkultur eigentlich kein Objekt,
sondern ein Prozess ist und damit eine Ereignisstruktur aufweist.

Auch im dritten, ökonomischen Beispiel, in dem sich die Anzahl der Anbieter
ändert, führt dies zum Hinzufügen oder Entfernen von Funktionswerten. Wir
nehmen an, dass in einer Faktensammlung zu Beginn vier Anbieter existieren.

Durch Änderung der Produktion, der Art der Ware, der Präferenzen der Kunden oder einfach durch die „Marktmacht" der Wettbewerber müssen zwei der Anbieter Konkurs anmelden. Nach dieser „Marktbereinigung" gibt es nur noch zwei Anbieter. Auch in diesem Beispiel werden durch das Ausscheiden von zwei Anbietern Funktionen verändert, die im Modell benutzt werden. Ein Unternehmen *org* bietet zum Zeitpunkt *z* die Ware des Typs *g* in bestimmter Quantität *q* („Menge, Größe") an. Dies wird durch die Produktionsfunktion *prod* beschrieben: $prod(org, z, g) = q$. Auch hier ist es ohne Bedeutung, ob die Quantität durch eine reelle Zahl oder durch eine Stückzahl oder eine andere Einheit angegeben wird. Im Beispiel geht es nur darum, dass einige Beziehungen aus der Faktensammlung entfernt werden. Für zwei Unternehmen org_1 und org_2 werden ab dem Zeitpunkt z_i die Beziehungen

$$prod(org_1, z_i, g) = q^1_i \, , prod(org_1, z_{i+1}, g) = q^1_{i+1} \, , \dots \text{ und}$$
$$prod(org_2, z_i, g) = q^2_i \, , prod(org_2, z_{i+1}, g) = q^2_{i+1} \, , \dots$$

aus der Produktionsfunktion *prod* entfernt.

Gibt es neben den erörterten Änderungen auf der Faktenebene auch Veränderungen der Grundmengen in den Modellen der Theorie? Das ist nicht möglich. Dies liegt an der Form von Theorien. In einer Theorie gibt es unzählige, verschiedene Modelle, die durch einige wenige Hypothesen zusammengehalten werden. Solange ein Modell nicht mit einer Faktensammlung zusammengebracht wird, kann man es gewissermaßen als eine Variable betrachten. Wird ein solches Modell geändert, so geschieht dies rein auf der sprachlichen und symbolischen Ebene. Wenn wir in einer variablen Menge *x*, die eine Grundmenge bezeichnet, ein Element hinzufügen, entfernen oder ersetzen, erhalten wird ein Modell *y*, welches zwar mengentheoretisch betrachtet nicht mit *x* übereinstimmt, aber normalerweise in der Modellmenge durchaus zu finden ist. Das heißt, die Hypothesen der Theorie ändern sich auf diese Weise nicht (Ü14-7).

Dieser Punkt lässt sich auch inhaltlich verstehen. Die Hypothesen schreiben zum Beispiel nicht vor, wie viele Elemente in einer Grundmenge existieren dürfen. Daher wird durch das Hinzufügen oder Entfernen von Elementen aus dem Modell kein wirklich „neues" Modell entstehen und kein unpassendes Modell aus der Modellmenge tatsächlich entfernt. Dies lässt sich anhand der Partikelmechanik exemplifizieren. In der Modellmenge dieser Theorie gibt es keine Hypothese, die vorschreibt wie viele Partikel es in allen Modellen der Theorie geben darf. In einem ersten Modell kann es 2, in einem anderen 10 und in wieder anderen Systemen viele Partikel geben. Die Partikelmechanik hält sich bei der Anzahl der Partikel bedeckt.

Auf der Modellebene bleiben ebenso die Hilfsbasismengen unberührt. Soll eine Hilfsbasismenge geändert werden, müssen sich einige Hypothesen ändern.

Zum Beispiel kann im Zahlenraum die Anzahl der Dimensionen von der Anzahl der Grundobjekte des Modells abhängen. Dies lässt sich durch eine Hypothese klarstellen. Auf ähnliche Weise kann die Anzahl von Elementarereignissen eines Wahrscheinlichkeitsraums von der Anzahl der Grundobjekte in den Modellen abhängen (Ü14-8). Auf der Faktenebene könnten zum Beispiel Zahlenmengen geändert werden. Meist wird aber eine Zahlenmenge als eine Teilmenge einer Hilfsbasismenge erst gar nicht genau beschrieben. Normalerweise werden Funktionswerte nur in Listen von Werten notiert. Dass eine zugehörige Hilfsbasismenge ebenfalls explizit gemacht werden sollte, wurde bereits erörtert.

Diese so beschriebenen Änderungen von Grund- und Hilfsbasismengen treffen auch auf Relationen zu. Auf der Faktenebene kann eine Relation als eine Liste einfach geändert werden. Auf der Modellebene geht dies nur, wenn einige Hypothesen geändert werden.

Neben diesen erörterten Arten gibt es Veränderungen, die manchmal klar innerhalb der gegebenen Theorie bleiben, manchmal aber auch an der Identitätsgrenze der Theorie liegen.

Bei einer weiteren Veränderungsart wird eine *Definition* zu den Hypothesen der Theorie hinzugefügt. Zur Theorie kommt ein neuer Begriff hinzu, welcher einerseits auf die schon benutzten Grundbegriffe zurückgeführt wird, der aber andererseits bei der Beschreibung einer Hypothese so viel Formulierungsaufwand einspart, dass dieser eigentlich redundante Begriff trotzdem explizit als Teil der Theorienbeschreibung gesehen wird.

Um dies genauer zu formulieren, beginnen wir mit einer Theorie T. Da inzwischen weitere Komponenten der Theorie T, insbesondere die Struktur STR und die Menge der Hypothesen H eingeführt sind, notieren wir die Theorie T als eine Liste: Theorie $T = \langle STR, M_p, M, ... \rangle$ besteht unter anderem aus der Struktur $\langle \kappa, \mu, \nu, \tau_1, ..., \tau_v \rangle$, der Modellmenge M und der Hypothesenmenge H, welche sich durch die Modellmenge festlegen lässt. Weiter gehen wir von einem Modell $x \in M$, $x = \langle G_1, ..., G_\kappa, A_1, ..., A_\mu, R_1, ..., R_v \rangle$ der Theorie aus. Wir nehmen an, dass es in der Theorie T für den Begriff $\mathbf{B}$, um den es gerade geht, eine Formel $\mathbf{F}$ gibt, welche höchstens die Variablen für $G_1, ..., G_\kappa, A_1, ..., A_\mu, R_1, ..., R_v$ und eine Variable für ein Konstrukt R des Begriffs $\mathbf{B}$ enthält. Das heißt, die Formel charakterisiert die Menge der Konstrukte dieses Begriffs im Umfeld des Modells x. Dies geschieht genauer wie folgt, wobei wir Variablen und Mengen auf der symbolischen Ebene im Einzelnen nicht unterscheiden. Zum Beispiel betrachten wir G_1 je nach Situation als eine Variable oder als eine Menge.

Eine Definition erfolgt in zwei Schritten. Erstens wird der Struktur der Theorie eine zusätzliche Typisierung τ^* hinzugefügt. Die Anzahl der Grund- und Hilfsbasismengen ändert sich nicht, so dass mit Hilfe von τ^* und $G_1, ..., G_\kappa, A_1, ..., A_\mu$ eine neue Leitermenge $\tau^*(G_1,\ldots,G_\kappa, A_1,\ldots, A_\mu)$ aufgebaut werden kann. All die möglichen Relationen R sind damit Elemente aus der Leitermenge $\tau^*(G_1,\ldots,G_\kappa, A_1,\ldots, A_\mu)$:

$$R \in \tau^*(G_1,\ldots,G_\kappa, A_1,\ldots, A_\mu).$$

Zweitens wird eine Formel

(14.1) $\mathbf{F}(G_1,\ldots, R_\nu, R)$

der gerade erörterten Art formuliert. Diese Formel muss die Eindeutigkeitsbedingung für Definitionen erfüllen.

> Für alle Mengen $G_1,\ldots,G_\kappa, A_1,\ldots, A_\mu, R_1,\ldots, R_\nu$ und alle R, R^* gilt:
> wenn R und R^* in der Leitermenge liegen, das heißt
> $R \in \tau^*(G_1,\ldots,G_\kappa, A_1,\ldots, A_\mu)$ und $R^* \in \tau^*(G_1,\ldots,G_\kappa, A_1,\ldots, A_\mu)$, dann gilt,
> wenn $\mathbf{F}(G_1,\ldots, R_\nu, R)$ und $\mathbf{F}(G_1,\ldots, R_\nu, R^*)$ dann $R = R^*$.

Inhaltlich lässt sich mit dieser Definition das Konstrukt des Begriffs **B** genauer beschreiben. Ein Modell ist gegeben. Aus den Grund- und Hilfsbasismengen wird mit Hilfe der Typisierung τ^* und der Definition $\mathbf{F}(\ldots)$ aus der Menge von möglichen Relationen genau ein einziges Element R ausgewählt.

Im Beispiel der Partikelmechanik wird im Modell $\langle P,T,\mathfrak{R},\mathfrak{R}^3,s,m,f \rangle$ die zentrale Hypothese $f = m\cdot a$ (die Kraft ist gleich der Masse multipliziert mit der Beschleunigung) verwendet, in der die Ortsfunktion s nicht erscheint. Der Begriff a der Beschleunigung wird in dieser Theorie explizit aus der Ortsfunktion definiert. Die Definition selbst ist etwas kompliziert, weshalb wir sie hier nicht weiter ausführen (Ü14-9). Die Definition hat die Form $\mathbf{F}(P,\mathfrak{R},\mathfrak{R}^3,s,a)$ eines satzartigen Terms. Inhaltlich ist P die Grundmenge der Partikel. Die Menge der Zeitpunkte des Modells haben wir mit dem mathematischen Raum $\mathfrak{R}$ gleichgesetzt. $\mathfrak{R}$ und $\mathfrak{R}^3$ sind Hilfsbasismengen, welche die Zeit und den Raum darstellen. In dieser Definition wird die Funktion s zweimal differenziert. Aus der Ortsfunktion s wird die Geschwindigkeitsfunktion v. Die Funktion v wird explizit aus s definiert, wobei die definierende Gleichung abgekürzt so aussieht: $v = Ds$ oder genauer: für alle p und z gilt: $v(p,z) = Ds(p,z)$. Im zweiten Schritt wird zunächst die Geschwindigkeitsfunktion v ein zweites Mal differenziert. So entsteht die explizit definierte Beschleunigungsfunktion a. Wir können schreiben: $a = Dv = D^2s$ und für alle p und z gilt: $a(p, z) = D^2s(p,z)$. Im Prinzip sollte diese Definition in der Formulierung der Modelle erwähnt werden. Dies geschieht nicht, weil diese Definition normalerweise schon in der Schulzeit gelernt und verinnerlicht wird.

Bei einer weiteren Art von Veränderung wird bei einem Modell eine neue *Verknüpfung* hinzugefügt. In der englischen Literatur wird von einem *Link* gesprochen. Im einfachsten Fall verknüpft ein Begriff aus der gegebenen Theorie *T* einen anderen Begriff aus einer weiteren Theorie *T**. Auch die Verknüpfungsrelation hängt von den Modellen ab. Eine Relation aus einem Modell der Theorie *T* wird mit einer Relation eines Modells der Theorie *T** verknüpft.

Verknüpfung lässt sich genauer wie folgt definieren. Dabei sind zwei Theorien *T* und *T** mit ihren Modellen *M* und *M** und den dazugehörigen Strukturen $\langle \kappa, \mu, \nu, \tau_1, ..., \tau_v \rangle$ und $\langle \kappa^*, \mu^*, \nu^*, \tau^*_1, ..., \tau^*_{v^*} \rangle$ gegeben. Eine Verknüpfungshypothese hat die Form

(14.2) $\mathbf{V}(R, R^*, x, x^*, \tau_i, \tau^*_j)$.

Dabei ist **V** eine Formel, *x* und *x** sind Modelle aus *M* und *M** und τ_i und τ^*_j sind die Typisierungen der Relationen *R* und *R**. Weiter werden zwei Bedingungen an den Term in (14.2) geknüpft. *R* muss die *i*-te Relation von *x* und *R** die *j*-te Relation von *x** sein und die Formel **V**(...) muss den Term (14.2) erfüllen. Ein Paar solcher Relationen *R* und *R** stellt anders gesagt eine konkrete Verknüpfung von Relationen (relativ zu gegebenen Theorien) dar. Wir können daher auch von einer Verknüpfung eines Begriffs von *T* mit einem Begriff von *T** sprechen. Eine konkrete Verknüpfung zwischen zwei Relationen *R*, *R** lässt sich wie folgt formulieren.

Relativ zu *i* und *j* ist *R* mit *R** *verknüpft* genau dann, wenn es Modelle $x \in M$ und $x^* \in M^*$ und Typisierungen τ_i und τ^*_j gibt, so dass gilt:
1)   *R* ist durch τ_i und *R** durch τ^*_j typisiert
2)   *R* ist die *i*-te Relation von *x* und *R** ist die *j*-te Relation von *x**
3)   *R* und *R** erfüllen die Verknüpfungshypothese $\mathbf{V}(R, R^*, x, x^*, \tau_i, \tau^*_j)$.

Aus einer Verknüpfungshypothese mit Term (14.2) wird eine Definition, wenn die Relation *R* durch die restlichen Bestandteile eindeutig bestimmt ist. In einem solchen Fall kann man auch sagen, dass der Begriff **B** durch den Begriff **B*** definiert wird. Die Relation *R* „gehört" zum Begriff **B** und die Relation *R** zum Begriff **B***.

Aus dieser Formulierung lassen sich auch Verknüpfungen zwischen mehreren Begriffen und mehreren Theorien definieren. Oft wird auch ein Begriff der Theorie *T* mit zwei Begriffen aus Theorie *T** verknüpft.

Ein Beispiel einer Verknüpfung entnehmen wir aus der einfachen Gleichgewichtsthermodynamik (Balzer, Moulines, Sneed, 1987, Chap. III.5). Der Begriff der Molzahl *N* aus einem Modell der Thermodynamik wird mit den Begriffen des Gewichts Ω und des Molekulargewichts μ aus einem Modell der *Dalton*schen Stöchiometrie durch eine Gleichung verknüpft.

Theorienvergleich

Vergleiche von Theorien gehören zwar zum Kernbereich der Wissenschaftstheorie, sie wurden aber bis jetzt systematisch kaum dargestellt. Ausgehend von physikalischen Ansätzen, wie (Ludwig, 1978) oder (Strauss, 1972) und formallogischen Werken wie (Bourbaki, 1968) oder (Shoenfield, 1967), gibt es wenige, im engeren Sinn wissenschaftstheoretische Texte, in denen dieses Thema diskutiert wird.[53]

Wir unterscheiden vier Dimensionen des Vergleichs, die auch mit dem strukturalistischen Begriffsapparat beschrieben werden können. Einige weitere, in ersten Umrissen erkennbare Punkte können wir nur kurz andeuten. Diese vier Dimensionen bezeichnen wir wie folgt:

- Modellvergleich
- Vergleich von Faktensammlungen
- Vergleich von wissenschaftlichen Ansprüchen
- Approximationsvergleich.

Im Folgenden gehen wir von zwei Theorien T und T^0 aus, deren Komponenten wir hier auf folgende Weise abkürzen: $T = \langle STR, M, I, D, dist \rangle$ und $T^0 = \langle STR^0, M^0, I^0, D^0, dist^0 \rangle$. Ein Modell x aus M hat die Form $\langle G_1,...,G_\kappa, A_1,..., A_\mu, R_1,..., R_\nu \rangle$ und ein Modell x^0 aus M^0 die Form $\langle G^0_1,..., G^0_{\kappa 0}, A^0_1,... A^0_{\mu 0}, R^0_1, ..., R^0_{\nu 0} \rangle$.

In der ersten Dimension, dem Modellvergleich, werden Modelle und die zugehörigen Hypothesen der beiden Theorien verglichen. Wir erörtern zwei Begriffsfamilien, die wir mit den Termen Einbettung und Vermittlung bezeichnen.

Bei einer ersten Art von *Einbettung* wird ein Teil eines Modells x in einen Teil eines anderen Modells x^0 eingebettet. Im einfachsten Fall wird eine Grundmenge G_i von x in eine Grundmenge G^0_j von x^0 eingebettet. Dazu müssen die Typisierun-

---

53 (Sneed, 1971), (Balzer & Sneed, 1977, 1978), (Balzer, 1982b), (Moulines, 2014), (Zenker & Gärdenfors, 2014) oder (Balzer & Manhart, 2014).

© Springer Fachmedien Wiesbaden GmbH, ein Teil von Springer Nature 2019
W. Balzer und K. R. Brendel, *Theorie der Wissenschaften*,
https://doi.org/10.1007/978-3-658-21222-3_16

gen der Modelle von M und M^0 bekannt sein. Genauer ist G_i die i-te Grundmenge von x, G^0_j die j-te Grundmenge von x^0 und G_i eine echte oder unechte Teilmenge von G^0_j, das heißt $G_i \subset G^0_j$ oder $G_i \subseteq G^0_j$. Oft sind die Grundmengen in beiden Modellen auf derselben Stelle aufgeführt: $i = j^0$. Um solche Einbettungen genauer zu beschreiben, müssen Formeln verwendet werden, die alle benötigten Details ausdrücken können (Ü15-1).

Auf dieselbe Weise lassen sich Hilfsbasismengen aus einem Modell x in Hilfs-basismengen aus einem Modell x^0 einbetten. Die schwierigen Fälle, in denen eine Grundmenge in eine Hilfsbasismenge oder eine Hilfsbasismenge in eine Grundmenge eingebettet wird, wurden bis jetzt noch nicht genauer untersucht.

Bei einer zweiten Art von Einbettung wird eine Relation R_i aus einem Modell x von T in eine Relation R^0_j aus einem Modell x^0 von T^0 eingebettet. In diesen Fällen müssen die Typisierungen τ_i und τ^0_j der Relationen und ihre Ordnungsindizes genau angegeben werden. Genauer formulieren wir diese Einbettung wie folgt: es gibt Typisierungen τ_i und τ^0_j, so dass es für jedes Modell $x \in M$ und für jede Relation R_i der Typisierung τ_i aus x ein Modell $x^0 \in M^0$ und eine Relation R^0_j der Typisierung τ^0_j aus x^0 gibt, so dass R_i eine echte Teilmenge von R^0_j ist, kurz: $R_i \subset R^0_j$ (Ü15-2).

Es gibt Theorien, in denen zwei Relationen für zwei verschiedene Begriffe dieselbe Typisierung haben. In solchen Fällen können wir zwei Relationen mengentheore-tisch nur mit einem Rückgriff auf die Ordnungsindizes i und j der Typisierungen unterscheiden. In der klassischen Mechanik finden wir dazu ein einfaches Beispiel. Ortsfunktion s und Kraftfunktion f werden oft mit gleicher Typisierung verwendet: $s \in \wp(P \times Z \times \mathfrak{R}^3)$ und $f \in \wp(P \times Z \times \mathfrak{R}^3)$ (Ü15-3).

Diese ersten beiden Arten können verallgemeinert werden, indem nur Teile von Grundmengen, Hilfsbasismengen oder Relationen von T in entsprechende Komponenten der umfangreicheren Theorie T^0 eingebettet werden. Wenn zwei Modelle x und x^0 gegeben sind, lässt sich zum Beispiel eine einfache Einbettung formulieren, welche Folgendes besagt: aus einer Komponente K von x wird eine Teilmenge herausgetrennt, indem K mit einer Komponente K^0 von x^0 geschnitten wird, mengentheoretisch: $(K \cap K^0) \subset K^0$. Zum Beispiel lässt sich dies so ausdrücken, dass nur eine bestimmte Teilmenge der Grundmenge G_i verwendet wird, die in die Grundmenge G^0_j eingebettet wird: $(G_i \cap G^0_j) \subset G^0_j$. Genauso lässt sich dies auch bei Hilfsbasismengen und Relationen formulieren. Solche Einbettungen finden im innersten Bereich des Theorienvergleichs statt. Einen dieser drei Fälle haben wir in Abbildung 15.1 graphisch dargestellt.

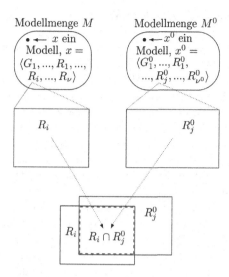

Abb. 15.1

Einbettung von
Komponenten
zweier Modelle

Ein Teil der Relation R_i ist in die Relation R^0_j eingebettet – und hier in symmetrischer Weise auch ein Teil von R^0_j in R_i.

Die graphisch dargestellte Teilmengenbildung lässt sich auch auf mehrere Grundmengen, Hilfsbasismengen und Relationen ausweiten. Wenn mehrere Komponenten gleichzeitig eingebettet werden, führt dies einerseits zum Begriff der *teilweisen Einbettung* und andererseits zum Begriff der *teilweisen Vereinigung*. Das Resultat einer Einbettung wird als ein Teilmodell eines gegebenen Modells bezeichnet. In abkürzender Notation ist das Modell x von T ein *Teilmodell* des Modells x^0 von T^0, kurz:

$$\langle G_1,\ldots,G_\kappa, A_1,\ldots A_\mu, R_1,\ldots, R_\nu\rangle \sqsubseteq \langle G^0_1,\ldots, G^0_{\kappa0}, A^0_1,\ldots, A^0_{\mu0}, R^0_1, \ldots, R^0_{\nu0}\rangle,$$

wenn x^0 ein Modell von T^0 ist, wenn alle Komponenten von x entsprechende Teilmengen von x^0 sind und wenn x auch ein Modell von T^0 ist. Eine noch weiter abkürzende Notation führt zu Teilmodellen und teilweise vereinigten Modellen: $x \sqcap x^0$ und $x \sqcup x^0$ (Ü15-4).

In einer weiteren Art der Einbettung von x in x^0 wird von T aus betrachtet eine neue Komponente zum Modell x hinzugefügt. Es gibt eine Typisierung τ^* mit welcher aus den Grund- und Hilfsbasismengen $G_1,\ldots,G_\kappa,\ldots, A_1,\ldots, A_\mu$ von x ein neuer Möglichkeitsraum eröffnet wird. Eine der möglichen Relationen R^* dieses Typs τ^* soll eine Komponente des Modells x^0 sein: $R^* \in \tau^*(G_1,\ldots, A_\mu)$. x^0 hat in dieser

Definition die spezielle Form $x^0 = \langle G_1, \ldots, A_\mu, R_1, \ldots, R_\nu, R^* \rangle$. Man erkennt, dass das Modell x in x^0 eingebettet ist; x ist ein Teil von x^0. Man kann diesen Prozess auch als eine Erweiterung von x zu x^0 durch eine neue Relation R^* betrachten. Wir stellen in Abbildung 15.2 diesen Prozess graphisch dar. In dieser Abbildung kann man erkennen, dass die Modelle aus M durch $\tau_1, \ldots, \tau_\nu$ typisiert sind. Im Modell x^0 sind eine weitere Typisierung τ^* und eine neue Relation R^* vorhanden. Durch die Hypothesen H^0 aus T^0 wird auch die Relation R^* charakterisiert – aber nicht unbedingt definiert. Wenn die Relation R^* durch eine starke und inhaltsreiche Hypothese charakterisiert wird, kann es sein, dass die Relation R^* eindeutig durch die Hypothese H^0 bestimmt ist. In diesem Fall kann man davon sprechen, dass die Relation R^* explizit definiert ist (Ü15-5) und dass Theorie T^0 eine Erweiterung von T ist.

Bei einem Vergleich zweier existierender Theorien T und T^0 ist zu Beginn nicht ersichtlich, ob die Modelle aus T^0 explizit definiert sind oder nicht. Erst nach einem Vergleich wird klar, dass die Modelle der Theorie T Einbettungen von Modellen von T^0 sind. Wenn dabei aus der Sicht von T die einzige zusätzliche Relation R^* durch die Hypothesen von T^0 eindeutig bestimmt werden kann, stellt sich heraus, dass T^0 eigentlich eine definitorische Erweiterung von T ist. Ob dies auch am Anfang schon so gesehen wird, hängt von den intendierten Systemen beider Theorien ab, das heißt von den wirklichen Systemen, mit denen sich die Forscher befassen.

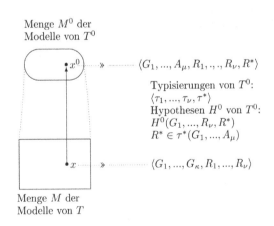

Abb. 15.2

Modelle mit einer
zusätzlichen Relation R^*

Zwei Spezialfälle dieser Vergleichsart finden wir besonders häufig vor. Die neue Relation R^* ist mit dem kartesischen Produkt der Grundmengen $G_1, \ldots, G_\kappa$ (oder einer Auswahl von Grundmengen, wie zum Beispiel $R^* = G_2 \times G_1$) identisch: $R^* = G_1 \times \ldots \times G_\kappa$. Im zweiten Fall wird R^* so typisiert: $R^* \in \wp(\wp(G_1 \times \ldots \times A_\mu))$. Die Relation R^*, die im erweiterten Modell x^0 zu finden ist, bleibt vom Inhalt her völlig unbestimmt. Nur die Form von R^* liegt fest (Ü15-6).

Bei einer noch allgemeineren Einbettung eines Modells x in ein Modell x^0 gibt es im ersten Schritt eine Menge G^*, die wir als eine *Standmenge* (für eine Relation R^*) bezeichnen. Im zweiten Schritt wird klar, dass aus den Grund- und Hilfsbasismengen $G_1,\ldots,G_\kappa, A_1,\ldots, A_\mu$ und der Menge G^* eine Leitermenge gebildet werden kann. Es gibt eine Typisierung τ^* der Form $\tau^*(G_1,\ldots,G_\kappa, G^*, A_1,\ldots, A_\mu)$ und einen zugehörigen Möglichkeitsraum. Im dritten Schritt wird nicht explizit, sondern „irgendwie" eine Relation R^* aus diesem Raum herausgepickt: $R^* \in \tau^*(G_1,\ldots,G_\kappa, G^*, A_1,\ldots, A_\mu)$. Das Modell x^0 hat also die Form $\langle G_1,\ldots,G_\kappa ,G^*, A_1,\ldots, A_\mu , R_1,\ldots, R_\nu, R^*\rangle$. Auch hier ist sofort zu erkennen, dass x in x^0 eingebettet ist.

In einer ähnlichen Prozedur kann ein Modell x in ein erweitertes Modell von x^0 eingebettet werden. Dazu werden in x^0 eine weitere Grundmenge G^{0*} und eine zusätzliche Relation R^{0*} explizit definiert, so dass x^0 in das erweiterte Modell $\langle G^0_1,\ldots, G^0_{\kappa 0}, G^{0*}, A^0_1,\ldots A^0_{\mu 0}, R^0_1, \ldots, R^0_{\nu 0}, R^{0*} \rangle$ eingebettet wird. Als ein Beispiel kann in dieser Form die klassische Stoßmechanik in die klassische Partikelmechanik eingebettet werden.

Die so erörterten Einbettungen lassen sich auch mehrfach anwenden. Dies führt zu den letzten und allgemeinsten Arten der Einbettung. Um die Beschreibung zu erleichtern, stellen wir hier eine solche Einbettung als einen Konstruktionsprozess dar. In einem gegebenen Modell x werden mehrere Standmengen und Relationen eingeführt, so dass sich weitere Hypothesen formulieren lassen. Dies kann so weit gehen, dass das „Originalmodell" $x = \langle G_1,\ldots, R_\nu\rangle$ und die „Originalhypothesen" für x nicht mehr benötigt werden. Aus dem Originalmodell entfaltet sich ein neues Modell, das „auf eigenen Füßen" steht, nämlich auf den neu konstruierten Standmengen. Das Originalmodell wird beiseitegeschoben; es existiert zwar immer noch, es wird aber bei der Anwendung des neuen Modells nicht mehr explizit betrachtet.

Diese Art von Einbettung als Prozess erfolgt in mehreren Schritten. Erstens werden neue Typisierungen $\tau^+_1,\ldots,\tau^+_\rho$ und $\tau^*_1,\ldots,\tau^*_\sigma$ über den Grund- und Hilfsbasismengen des Originalmodells $\langle G_1,\ldots, R_\nu\rangle$ eingeführt. Die Typisierungen $\tau^+_1,\ldots,\tau^+_\rho$ werden verwendet, um Standmengen einführen zu können und die Typisierungen $\tau^*_1,\ldots,\tau^*_\sigma$ sind für die Erzeugung neuer Relationen erforderlich. Zweitens werden Möglichkeitsräume für Standmengen und für neue Relationen konstruiert oder auf allgemeine Weise bestimmt. Im dritten Schritt werden jeweils für die neuen Typisierungen Standmengen und Relationen aus diesen Räumen ausgewählt. Eine neue Liste $G^+_1,\ldots,G^+_\rho, R^*_1,\ldots, R^*_\sigma$ entsteht, die über alle Voraussetzungen für ein neues Modell verfügt. Im vierten Schritt kann daher eine neue Menge H^* von

Hypothesen für die Relationen R^{*}_1,..., R^{*}_σ eingeführt werden, so dass die neuen Hypothesen nur noch die neuen Begriffe betreffen. Das so neu entstandene Modell x^0 hat die Form $\langle G_1,...,G_\kappa, G^{+}_1,...,G^{+}_\rho, R_1,..., R_\nu, R^{*}_1,..., R^{*}_\sigma\rangle$.

Am Ende dieses Prozesses kann – muss aber nicht – das Originalmodell x auch entfernt werden. Wenn es entfernt wird, werden auch die Konstruktionen der Standmengen und die „erste Hälfte" der Konstruktionen der neuen Relationen eliminiert.[54] Ein neues Modell der Form $\langle G^{+}_1,...,G^{+}_\rho, R^{*}_1,..., R^{*}_\sigma\rangle$ wurde aus dem alten Modell gewissermaßen „abgeleitet".

Diese Prozedur kann auch in der entgegengesetzten Richtung ausgeführt werden. x wird in ein erweitertes Modell $\langle G^0_1,..., G^0_{\kappa 0}, G^{+}_1,...,G^{+}_\rho, R^0_1,..., R^0_{\nu 0}, R^{*}_1,..., R^{*}_\sigma\rangle$ von x^0 eingebettet. In diesem Fall bleiben aber die Originalkomponenten von x^0 erhalten.

Schließlich erwähnen wir noch, dass der Begriff der Einbettung auf Modellebene auch für Erklärungen relevant ist. Neben den in Abschnitt 8 diskutierten Erklärungsarten gibt es auch Erklärungen „zweiter Stufe" von Hypothesen durch andere Hypothesen. Eine Hypothese H_1 wird durch die Hypothese H_2 *erklärt*, wenn – im einfachsten Fall – H_1 aus H_2 abgeleitet wird. Auf der Modellebene entsprechen Hypothesen Modellklassen. Wenn H_1 aus H_2 ableitbar ist, dann gilt modelltheoretisch, dass die Modellklasse M_2 eine Teilklasse der Modellklasse M_1 ist: $M_2 \subseteq M_1$. Solche Erklärungen zweiter Stufe sind in den Naturwissenschaften schon lange zu finden. Insbesondere werden auch *approximative Erklärungen* zweiter Stufe verwendet, zum Beispiel (Scheibe 1973).

Wir wenden uns nun einer zweiten Familie von Begriffen zu. Bei einer *Theorienvermittlung* stehen die Komponenten zweier Modelle nicht in einem Teilmengenverhältnis. Zwei Komponenten müssen auf eine andere Art und Weise verglichen werden; sie stehen nur noch vermittelt in Beziehung. Die Teilmengenbeziehung wird so verallgemeinert, dass eine Komponente auf eine andere Komponente *abgebildet* wird. Mengentheoretisch lässt sich dies durch den Funktionsbegriff realisieren. Eine Funktion ϕ wird als „Vermittler" für die Beziehung beider Komponenten benutzt. Die Teilmengenbeziehung spielt in solchen Fällen nicht mehr die Hauptrolle.

Bei einer Vermittlung lässt es sich zwar formal nicht ausschließen, dass bei zwei gegebenen Modellen ein Teil einer Komponente aus dem ersten Modell eine Teilmenge eines Teils einer Komponente des zweiten Modells ist. Aber in diesem Fall wird diese Beziehung in den Theorien selbst sprachlich nicht unterlegt. Es werden keine Sätze formuliert, die besagen, dass *jedes* Modell aus der Modellmenge M partiell in ein Modell aus der zweiten Modellmenge M^0 eingebettet wird. Ein Teil eines Modells aus M kann eine Teilmenge eines Modells aus M^0 sein. Theoretisch spielen solche Einzelvergleiche bei Vermittlungen aber keine Rolle.

---

54 Genaueres kann man hierzu in (Bourbaki, 1968, Chap. IV) und in (Ü15-9) finden.

Eine erste Art von Theorienvermittlung wird als *Äquivalenz* von Theorien T und T^0 bezeichnet. Es wird auch die Bezeichnung *äquivalente Darstellung* verwendet. Auf Modellebene wird eine bijektive Abbildung ϕ zwischen den Modellmengen M und M^0 eingeführt. Die inverse Abbildung der Funktion ϕ wird zum Beispiel so geschrieben: ϕ^. Jedes Modell x aus M wird eindeutig in ein Modell x^0 abgebildet: $x^0 = \phi(x)$ – und umgekehrt wird jedes Modell x^0 aus M^0 in ein Modell x abgebildet: $x = \phi^{\wedge}(x^0)$. Die Grundmengen (und Hilfsbasismengen) eines Modells x lassen sich nicht so einfach in Grundmengen (oder Hilfsbasismengen) von $x^0 = \phi(x)$ abbilden.

Wir beschreiben solche Fälle nicht auf allgemeine Weise, sondern erklären das Problem an einem einfachen, aber oft zu findenden Fall. Im Beispiel wird aus zwei Grundmengen G_1, G_2 aus x zunächst das kartesische Produkt $G_1 \times G_2$ gebildet. Erst dann wird das Produkt durch eine Funktion φ in eine Grundmenge G^0 aus x^0 abgebildet: $\varphi : G_1 \times G_2 \rightarrow G^0$. Wichtig ist hierbei, dass die Funktion φ bijektiv ist, so dass auch die inverse Abbildung $\varphi^{\wedge}$ existiert und benutzt werden kann (Ü15-7).

Auf der Sprachebene wird Äquivalenz durch Ableitung ausgedrückt. Die Hypothesen H von T werden durch die Hypothesen H^0 von T^0 abgeleitet – und umgekehrt. Solche Äquivalenzen finden wir bis jetzt fast nur in der Mathematik und der Physik.

Als einfaches Beispiel beschreiben wir den Vergleich zweier Raumdarstellungen. In der ersten Darstellung wird der Raum wie bereits in der Antike beschrieben (Euklid & Thaer, 1962). Im letzten Jahrhundert wurden diese und ähnliche Darstellungen mengentheoretisch präzise formuliert, zum Beispiel in (Borsuk & Szmielew, 1960). In der zweiten Darstellung wird der Raum mengentheoretisch durch einen Zahlenraum beschrieben, siehe (Tarski, 1977). An Stelle einer Auflistung der formalen Axiome dieser Theorien erklären wir die wichtigen Punkt in Abbildung 15.3.

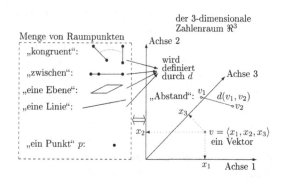

Abb. 15.3

Zwei äquivalente
Darstellungen
des Raumes

Das Modell links enthält eine Menge von Grundelementen: die Menge der Raumpunkte (oder einfach der *Punkte*). Mit Punkten können *Geraden* und *Ebenen* definiert werden. Die Hypothesen *H* der Theorie *T* – links – verwenden zwei Grundrelationen: *zwischen* und *kongruent*. Ein Punkt *b* liegt zwischen zwei Punkten *a* und *c* und der implizit gelassene Abstand der Punkte *a* und *b* ist kongruent mit zwei Punkten *a'* und *b'*. Diese Beziehungen werden in den Hypothesen vollständig beschrieben. Wer keine Scheu vor Logiksystemen zweiter oder höherer Stufe hat, kann Theoreme studieren, die besagen, dass durch diese Hypothesen alles ausgedrückt wurde, was mit diesen Grundbegriffen überhaupt formuliert werden kann. Anders gesagt sind je zwei Modelle derselben Theorie *isomorph*, das heißt „sie haben die gleiche Form und den gleichen Inhalt" (Ü15-8).

Das Modell auf der rechten Seite wird durch Elemente, nämlich durch 3-dimensionale, reelle Zahlenvektoren konstruiert. Jeder Vektor $\langle x_1, x_2, x_3 \rangle$ enthält drei reelle Zahlen x_1, x_2, x_3. Aus den Vektoren lassen sich mit Hilfe von Hypothesen drei Koordinatenachsen konstruieren. Dadurch kann jeder Vektor $v = \langle x_1, x_2, x_3 \rangle$ eindeutig in drei Koordinaten x_1, x_2, x_3 zerlegt werden. In dieser einfachsten Theorievariante wird die *Abstandsfunktion d* als einziger Grundbegriff verwendet. Der Abstand zweier Vektoren v_1 und v_2 ist eindeutig festgelegt, wobei er durch eine reelle Zahl ausgedrückt wird: $d(v_1, v_2) = \alpha$. Diese einfache Beschreibung wird allerdings nur möglich, weil die Hypothesen für die Menge der reellen Zahlen implizit gelassen werden.

Auf der Modellebene sind die beiden Modelle äquivalent. Es gibt eine bijektive Funktion φ, die jedem Punkt einen Vektor zuordnet, so dass *zwischen* und *kongruent* eindeutig durch Abstände von Vektoren ausgedrückt werden können. Dieses gilt für alle Paare von Modellen der beschriebenen Art. Der Vergleich der Modelle kann aber genauso gut mit den Hypothesen aus *H* und *H⁰* durchgeführt werden. Dazu lassen sich die Grundbegriffe aus der jeweils anderen Theorie explizit definieren, so dass in beiden Richtungen die Hypothesen (inklusive der Definitionen) wechselseitig ableitbar sind.

Bei einer zweiten Art von Theorienvermittlung werden nur Teile von Komponenten in Beziehung gesetzt. In Abbildung 15.1 enthält der Durchschnitt der Relationen R_i und R^0_j viele Elemente. Bei einer Theorienvermittlung kann ein solcher Durchschnitt hingegen leer sein. So kann es zum Beispiel sein, dass zwei Grundmengen kein einziges Element gemeinsam haben. Durch eine Funktion werden zwei disjunkte Relationen oder Grundmengen aufeinander abgebildet. Bei der hier erörterten Situation können wir in Abbildung 15.1 die Relationen R_i und R^0_j disjunkt werden lassen und eine Funktion φ dazwischenschalten, so dass die Elemente (Ereignisse) von R_i in solche von R^0_j abgebildet werden.

Neben dem einfachsten Fall, in dem eine bijektive Funktion φ benutzt wird, gibt es allgemeinere Varianten, in denen nur eine *injektive* Funktion η benötigt wird, wobei weitere Unterscheidungen zu treffen sind. Führt die Funktion η von Theorie T^0 zu T oder führt sie von T zu T^0? Noch allgemeiner wird es, wenn die vermittelnde Funktion nur partiell definiert ist. Es werden nur einige Elemente aus einer Menge abgebildet, andere Elemente können keinem Element auf der anderen Seite zugeordnet werden (Ü15-9).

Eine letzte Art von Vermittlung entsteht durch Verknüpfung. Die Zuordnung geschieht nicht durch eine Funktion allein. Ein Argument der Funktion η wird durch eine Gleichung oder durch eine andere abstrakte Beziehung in einen Funktionswert von η transformiert.

Eine einfache Theorienverknüpfung haben wir in Abbildung 15.4 graphisch dargestellt. In der Mitte ist eine *Formel* F(...) in einem Oval zu sehen, die eine Verknüpfung λ mit den Theorien T und T^0 vermittelt. In diesem Beispiel verläuft die Verknüpfung nur in eine Richtung, nämlich von Theorie T^0 zur Theorie T. Die Verknüpfung ist durch eine Formel „für alle $x^1, x^2,...$ gilt F($x^1, x^2,...$)" angegeben, in der verschiedene Variablen $x^1, x^2,...$ auftreten. Diese Variablen stammen aus den Termen, mit denen die Grundbegriffe der Theorien T und T^0 beschrieben werden.

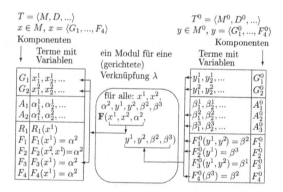

Abb. 15.4

Theorienvermittlung durch Verknüpfung

Auf der linken und der rechten Seite sind die Komponenten der Modelle aufgeführt: die Bezeichnungen $G_1, G_2, A_1, A_2, R_1, F_1, ...$ für Begriffe, die Terme $F_1(x^1) = \alpha^2$, $F_2(x^2, x^1)$ $= \alpha^2$, $F_3(x^1) = \alpha^2$, $F_4(x^1) = \alpha^2,...$, aus denen der Verknüpfungsterm F zusammengesetzt ist und die Notationen für die verschiedenen Arten von Variablen $x^1_1, x^1_2,..., \beta^3_1$, β^3_2. Die Variablen laufen über die entsprechenden Grundmengen, wobei mehrere Ausprägungen „derselben" Variablen zur Verfügung stehen müssen. Eine Variable kann in einer Formel an mehreren Stellen auftreten, daher müssen diese funktional unterschieden werden. So werden zum Beispiel in der Grundmenge G_1 Ausprägungen x^1_1, x^1_2,… zur Formulierung des Terms F(…) zur Verfügung gestellt. Es kann auch sein, dass im Term F(…) die Variable, die über die Grundmenge G_1 läuft, an zwei Stellen erscheint. Der Term kann dann im Detail so geschrieben werden: F(x^1_1, x^1_2, x^1_2,…). Der obere Index 1 drückt aus, dass es sich um eine Variable handelt, die über die Grundmenge G_1 läuft und die unteren Indizes werden benutzt, um auszudrücken, dass verschiedene Ausprägungen der Variablen an verschiedenen Stellen stehen. Dabei darf eine Ausprägung aber auch an mehreren Stellen stehen (Ü15-10). In den zusammengesetzten Termen haben wir die unteren Indizes zur besseren Übersicht nicht aufgeführt.

Die eingezeichneten Pfeile zeigen, wie die verschiedenen Variablen aus Modell y entnommen, im Modul F(…) bearbeitet und dann an das Modell x übertragen werden. Die Terme aus y werden zu anderen Termen transformiert und an das Modell x weitergegeben.

In der zweiten Dimension des Vergleichs von Faktensammlungen wird die Vermittlung von der Modellebene auf die Ebene der Faktensammlungen heruntergezogen. Bei einer Vermittlung zwischen Faktensammlungen geht es im Wesentlichen um „kleine" Mengen von realen, elementaren Ereignissen. Bei einer Vermittlung zwischen Modellen geht es dagegen meist um unendlich viele Elemente, die durch Terme mit Variablen beschrieben werden. Anders gesagt werden auf der Ebene der Faktensammlungen Fakten in den Vordergrund gerückt, während es auf der Modellebene um Hypothesen geht.

Eine Faktensammlung besteht aus Listen von Mengen von elementaren Ereignissen und Sachverhalten. Für eine solche Menge liegt aber kein allgemein formulierter Satz vor. Meist wird eine Komponente einer Faktensammlung wieder als eine Liste von Ereignissen, Sachverhalten oder Objekten geführt. Jedes real untersuchte Ereignis erhält eine Bezeichnung, die das Ereignis identifiziert. Dagegen geht es in einem Modell um allgemeine, variabel ausgedrückte Ereignisse oder Sachverhalte. Der Zusammenhalt von Ereignissen entsteht erst auf der Modellebene, wenn Hypothesen für das Modell beschrieben werden.

Weitere Vergleichsarten, die durch Faktensammlungen ermöglicht werden, erörtern wir hier nicht im Detail. Wir stellen stattdessen einen wichtigen Fall bildlich dar und diskutieren kurz einige allgemeinere Aspekte des Vergleichs, die sich aus Faktensammlungen ergeben.

In Abbildung 15.5 ist dargestellt, wie eine Einbettung von Relationen auf die Ebene der Faktensammlungen heruntergezogen wird. In der Abbildung sind zwei Faktensammlungen y und y^0 aus zwei Theorien T, T^0 eingezeichnet. Die beiden Relationen R^d_i und R^{0d}_j bilden Teile der entsprechenden Modelle x und x^0. Hier wird die komplette Einbettung einer Faktensammlung in die Modellkomponenten abgebildet. Es gibt keine untersuchten Ereignisse, die den Hypothesen widersprechen. Auf der Ebene der Faktensammlungen enthält der Durchschnitt $R^d_i \cap R^{0d}_j$ eine Liste von Fakten, die in beiden Systemen gleichzeitig erhoben wurden. Zwei allgemeine Aspekte des Vergleichs hängen direkt an den Faktensammlungen. Erstens kann ein Vergleich der Größe einzelner Faktensammlungen vorgenommen werden. Eine solche Größe, das heißt die Anzahl von Fakten im untersuchten System, hängt entscheidend von der Anzahl der Elemente in den Grundmengen ab.

Es gibt mehrere untersuchte Beispiele, bei denen die Elemente von Grundmengen der Originaltheorie T^0 mit Mengen von vielen „kleinen Mikroelementen" gleichgesetzt werden. Zum Beispiel wird ein Element aus der Gleichgewichtsthermodynamik als eine gasförmige Substanz betrachtet, die ein bestimmtes Volumen hat. In der statistischen Thermodynamik wird eine Substanz mit einer Menge von Molekülen gleichgesetzt. Die Anzahl der Moleküle, die in einem abgeschlossenen Raum zu finden sind, ist so groß, dass sie experimentell gar nicht genau bestimmt werden kann. Diese beiden Theorien untersuchen einerseits „dieselben" wirklichen Systeme. Andererseits werden in den Modellen recht verschiedene Begriffe, Gleichungen und Methoden benutzt. Bei einem Vergleich dieser Theorien stoßen wir im ersten Schritt auf völlig unterschiedliche Anzahlen von Elementen in den Modellen.

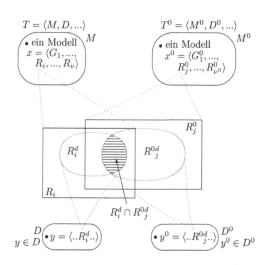

Abb. 15.5

Gemeinsame Fakten
aus Faktensammlungen

In einem zweiten Aspekt werden Anzahlen von untersuchten Faktensammlungen beider Theorien verglichen. Die Kardinalitäten von Modellmengen zweier Theorien sind meist gleich, sie sind unendlich oder überabzählbar unendlich. Die Anzahl der Faktensammlungen ist dagegen meist klein, endlich und überschaubar.

In der dritten Dimension werden wissenschaftliche Ansprüche zweier Theorien verglichen. Hier beschränken wir uns darauf, vier wichtige Vergleiche bildlich darzustellen. Der Begriff des wissenschaftlichen Anspruchs wurde bereits in Abschnitt 8 erörtert.

In Abbildung 15.6 sind vier Vergleiche von Theorien T, T^0 mit den zugehörigen Modellen M, M^0 und den Faktensammlungen D, D^0 dargestellt. Für eine Menge von Faktensammlungen wurde jeweils eine Menge von Einbettungen dieser Systeme in die zugehörige Modellmenge eingezeichnet. In Abbildung 15.6 a) gehört zum Beispiel zur Menge D die Einbettungsmenge Θ, was durch gepunktete Linien symbolisiert ist. Die Einbettungen aus Θ sind dabei bijektiv den Faktensammlungen aus D zugeordnet. Eine Einbettung x kann ein echtes Modell ($x \in M$) oder nur ein potentielles Modell sein. Ein solches potentielles Modell ist in a) durch einen schwarzen Punkt repräsentiert.

Theorien: $T = \langle M, I, D, \ldots \rangle$ und $T^0 = \langle M^0, I^0, D^0, \ldots \rangle$

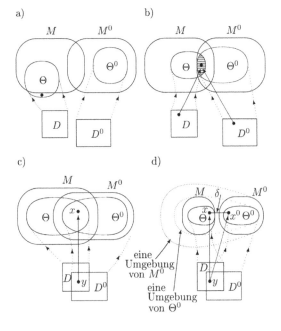

Abb. 15.6

Vergleiche von wissen-
schaftlichen Ansprüchen

In Abbildung a) sind die Mengen der Faktensammlungen disjunkt. Die untersuchten Systeme aus beiden Theorien haben aus der Sicht der beiden Forschergruppen inhaltlich nichts miteinander zu tun. Trotzdem kann es sein, dass einige Modelle in beiden Theorien zu finden sind. In b) sind zwei Faktensammlungen (schwarze Punkte) unten zu sehen, die beide in dasselbe Modell, den schwarzen Punkt oben, eingebettet werden. Dieses „gemeinsame" Modell liegt im schraffiert eingezeichneten Bereich. Aktuell ist nicht bekannt, dass Fälle ohne Approximation gefunden wurden; mit Approximation wurden bereits welche gefunden und untersucht.

In Abbildung c) gibt es eine Faktensammlung y, die in beiden Theorien zu finden ist und die in dasselbe Modell x eingebettet wird. Modell x erfüllt die Hypothesen beider Theorien. In dieser Darstellung wird allerdings kontrafaktisch davon ausgegangen, dass es im System y keine problematischen Fakten gibt, die mit den Hypothesen einer der Theorien kollidieren. Wie bereits in Abschnitt 8 diskutiert, sind wissenschaftliche Ansprüche normalerweise nur approximativ richtig.

Der schwierigste Fall ist in Abbildung d) abgebildet. Einerseits gibt es Systeme, die sowohl für die Theorie T als auch für die Theorie T^0 intendiert sind. Andererseits sind die Modellmengen beider Theorien vollständig disjunkt. In diesem Fall ist es aus formalen Gründen unmöglich, dass eine Faktensammlung in ein Modell einbettet wird, das zu beiden Modellmengen gehört. Die Mengen Θ und Θ^0 von Einbettungen sind disjunkt. Die Hypothesen der Theorien führen zu einem logischen Widerspruch. Es gibt aber Faktensammlungen y, die gleichzeitig in zwei inkompatible Modelle von T und T^0 eingebettet werden können. Inhaltlich kann dies zum Beispiel bedeuten, dass ein Element a aus einer Grundmenge G_i des Modells x auch ein Element von G_j^0 aus dem Modell x^0 ist. Aber bei den Relationen der beiden Modelle führt dies zu realen oder nur formalen Widersprüche (Balzer, 1985a).

Bei Widersprüchen spielt der Approximationsapparat auf der Seite von T^0 eine wichtige Rolle. Eine mögliche Umgebung der Einbettung Θ^0 für D^0 und eine für die Einbettung Θ für D haben wir hier gepunktet, unsymmetrisch, ellipsenförmig eingezeichnet. Diese unsymmetrische Umgebung ragt links so weit über M^0 hinaus, dass sie die gesamte Modellmenge M enthält. Interessant ist, dass sich der Umgebungsapparat auch auf die Einbettungsmenge Θ^0 übertragen lässt, so dass auch die Einbettungsmenge Θ für D eine Teilmenge einer Umgebung von Θ^0 ist. Man kann sofort erkennen, dass die Umgebung von Θ^0 eine Teilmenge der Umgebung von M^0 ist. Inhaltlich lässt sich diese Situation wie folgt formulieren. Die Modellmenge M^0 der „besseren" Theorie T^0 ist so mächtig, dass alle Modelle der „alten" Theorie T in einer Umgebung der Modelle von T^0 liegen, obwohl die Modellmengen völlig disjunkt sind. Zusätzlich gilt hier sogar, dass alle „gemeinsam intendierten" Faktensammlungen in Modellumgebungen von T^0 liegen.

Auch dies haben wir in Abbildung d) detailliert dargestellt. Für jede „gemeinsam intendierte" Faktensammlung y gibt es ein Modell x aus M und ein Modell
x^0 aus M^0, so dass y sowohl in x als auch in x^0 eingebettet wird. Wichtig ist, dass
die Modelle x und x^0 nur einen kleinen Abstand δ zueinander haben. Ein solcher
Abstand ergibt sich definitorisch aus der Umgebung von Θ^0. Zusammenfassend
wird oft davon gesprochen, dass die alte Theorie ein Grenzfall der neuen ist (Scheibe,
1997, 1999). Auch jedes Modell x aus T lässt sich als ein Grenzmodell betrachten.
Aus einer Folge von Modellen $(x^0{}_i)_{i=1,2,3}$ in M^0 lässt sich das Modell x als Grenzwert
ableiten. Die alten Hypothesen folgen approximativ aus den neuen.

In einem schon oft beschriebenen Beispiel ist die *Kepler*sche Theorie ein Grenzfall der klassischen Gravitationstheorie (Scheibe, 1973). In der Realität lässt sich
keine Ellipse finden, die in den Modellen von *Kepler* beschrieben werden kann.
Eine solche Ellipse kann aber als ein Grenzfall von komplexeren Bahnen dargestellt
werden. Aus einer Folge von Modellen der Gravitationstheorie erhalten wir als
Grenzwert eine Ellipse.

In der vierten Dimension werden die Approximationsapparate zweier Theorien
verglichen. Hier halten wir uns kurz, weil dieses Thema in der Wissenschaftstheorie
bisher kaum bearbeitet wurde.

Zwei Theorien können die gleiche Approximationsmethode verwenden. In diesem
Fall lässt sich der Vergleich auf Abstandskonstanten zurückführen (Balzer, 2009),
(Balzer, Kurzawe & Manhart, 2014). Diese Konstanten hängen von der Anzahl der
Faktensammlungen, der jeweiligen Größe einzelner Faktensammlungen und von
der Struktur der Modelle der Theorien ab. Wenn es in der Theorie T beispielsweise
um wenige Faktensammlungen geht, kann keine Faktensammlung vernachlässigt
werden. Eine Umgebungskonstante k_D für die Menge D der Faktensammlungen
kann in diesem Fall nicht variiert werden. Nur die Umgebungskonstante k_x, die
von der Anzahl der Elemente in den Grundmengen der Modelle x abhängt, lässt
sich variieren. Wenn eine neue, „bessere" Theorie T^0 gefunden wird, müssen die
Konstanten $\langle k_D, k_x \rangle$ mit den entsprechenden Konstanten $\langle k^0{}_{D0}, k^0{}_{x0} \rangle$ der Theorie T^0
verglichen werden. Die Gewichtung der Konstanten und die Struktur der Modelle
kommen ins Spiel. All dies führt in die Statistik, die für die Wissenschaftstheorie
inzwischen unerlässlich geworden ist.

Der so umrissene Fall ist noch der einfachste. Meist werden in einer gegebenen
Theorie bereits mehrere verschiedene statistische Methoden der Approximation
verwendet. Dies führt zu zwei schwierigen Themen. Erstens lässt sich formal eine
minimale Umgebungskonstante definieren, die hauptsächlich von der Anzahl der
Fakten in den Faktensammlungen abhängig ist. Wenn diese Anzahl bekannt ist,
kann eine solche Konstante mathematisch genauer bestimmt – und zum Beispiel
minimiert – werden. Normalerweise ist diese Anzahl allerdings nicht bekannt; sie

ändert sich ständig mit der Zeit. Zweitens lässt sich in der Statistik auch die Frage angehen, inwieweit eine bestimmte Approximationsmethode von der Struktur einer Theorie abhängig ist. Zum Beispiel wird man bei einer Anwendung in der Quantenmechanik nicht die Methode der sogenannten *City-Block-Metrik* verwenden, die bei „kleinen", sozialen oder psychologischen Systemen zur Anwendung kommt (Fahrmeir, Hamerle & Tutz, 1996).

Wir schließen diesen Abschnitt mit drei Themen, die eigentlich mehr Platz verdient hätten. Erstens kann ein Theorienvergleich auch die Dynamik von Theorienentwicklungen betreffen. Die bereits in Abschnitt 13 erörterte Überlegung, welche Hypothesen in welcher Ordnung verwendet werden sollen oder müssen, spielt in der Anfangsphase einer Theorie natürlich eine große Rolle. In dieser Phase wird ständig über neue Varianten nachgedacht.[55]

Zweitens wurde der Begriff der *Reduktion* auch in der Wissenschaftstheorie weitläufig untersucht.[56] Die Reduktion einer Theorie T auf eine andere T^0 lässt sich auf verschiedene Weise und in unterschiedlicher Bedeutung formulieren. *Sneed* fordert zum Beispiel, dass 1) jedes Modell x^0 aus T^0 durch eine vermittelnde Beziehung ρ einem Modell x aus T zugeordnet werden kann und dass 2) andererseits jedes intendierte System y aus I mit einem entsprechenden intendierten System y^0 aus der Theorie T^0 in Beziehung steht (Sneed, 1971). Hier werden also zwei gegenläufige Richtungen zusammengebracht: von den Modellen aus M^0 in Richtung M, aber von den intendierten Systemen von I in Richtung I^0. In einem anderen Ansatz beginnt man dagegen mit Modellen aus M und geht zu Modellen aus M^0. Jedes Modell x aus M lässt sich in ein Modell x^0 aus M^0 einbetten und dies gilt in derselben Richtung auch für intendierte Faktensammlungen.

In einem einfachen, detailliert ausgearbeiteten Beispiel wird die klassische Stoßmechanik auf die klassische Partikelmechanik reduziert (Balzer, Moulines & Sneed, 1987, Chap. VI.3.1). In der Variante von *Suppes* wird jedes Stoßmodell in ein Partikelmodell eingebettet und dies lässt sich auf die Realitätsebene herunterziehen.

Auch das Thema *Inkommensurabilität* wurde schon ausführlich in der Literatur[57] beschrieben. Das Problem ist (mindestens) 2500 Jahre alt. Das „klassische" Beispiel stammt vom Satz des *Pythagoras*. Die Relation zwischen Abständen von zwei rechtwinklig angeordneten Seiten eines gleichschenkligen Dreiecks und der Länge der Hypotenuse lässt sich nicht mit rationalen Zahlen ausdrücken. Das heißt, die Längen der Strecken sind inkommensurabel; sie sind nur approximativ gleich

---

55 Siehe zum Beispiel (Heidelberger, 1980) oder (Moulines, 2010).

56 Zum Beispiel (Sneed, 1971), (Scheibe, 1997, 1999).

57 Zum Beispiel (Feyerabend, 1962), (Kuhn, 1970), (Balzer, 1985b), (Balzer, Moulines & Sneed, 1987, Chap. VI.7).

lang. Dieser Punkt ist in all den Theorien aktuell, in denen reelle Zahlen benutzt werden (Ü15-11). Zum Beispiel ruht die heutige Quantenmechanik unter anderem auf dem Satz von *Pythagoras* – auch wenn dies in den Formulierungen implizit bleibt.

Inkommensurabilität ist aber auch in den Sozial- und Geisteswissenschaften wichtig. Es lässt sich zum Beispiel fragen, ob die Theorie von (Luhmann, 1997) mit einer empirisch angelegten Theorie von (Burt, 1982) kommensurabel ist.

Theoriennetze

16

Vor mehr als 30 Jahren wurde in der Wissenschaftstheorie der Term *Theoriennetz* eingeführt (Balzer & Sneed, 1977, 1978). Ein Theoriennetz besteht aus einer Menge von Theorien und aus Verbindungen zwischen diesen Theorien. Theorien werden graphisch durch *Punkte* (oder *Knoten*) und Verbindungen durch *Linien* (oder *Kanten*) dargestellt. Solche Verbindungen werden auch *intertheoretische Relationen, Bänder* oder auch *Links* genannt. Sowohl Theorien als auch Verbindungen von Theorien können in einem Theoriennetz über verschiedene Typen verfügen.

Wie bereits in Abschnitt 2 erörtert, werden die Theorien aus einem Theoriennetz meist so rekonstruiert, dass sowohl die Theorien als auch ihre Verbindungen in einer einheitlichen Notation erfolgen können. In wissenschaftstheoretischen Untersuchungen wird dies oft stillschweigend vorausgesetzt.

Zu Beginn wurden Theoriennetze hauptsächlich statisch untersucht; die Zeit spielte kaum eine Rolle. In dieser Periode wurden meist Netzstrukturen, Netze von Modellmengen und Netze von Hypothesen analysiert.

Theorien in einem Theoriennetz sind durch ein einzelnes Band oder durch mehrere Bänder miteinander verbunden. Ein Band kann 2-stellig oder n-stellig ($n > 2$) sein. Ein n-stelliges Band B beschreiben wir als eine Menge aus Listen $\langle T_1,...,T_n \rangle$ wobei die Theorien aus einer Menge **MT** von Theorien $T_1,...,T_n$ stammen:

(16.1) $B = \{\langle T_1,...,T_n \rangle$ und $T_1 \in$ **MT** und ... und $T_n \in$ **MT** $\}$.

Einige Bänder haben auch eine bestimmte Richtung. In einem solchen Band kommt man innerhalb eines Netzes von einer Theorie T zu einer anderen Theorie T^0, aber nicht umgekehrt. Formal betrachtet besteht in diesem Fall die Beziehung $\langle T, T^0 \rangle$, aber nicht die Beziehung $\langle T^0, T \rangle$. Wir benutzen im Allgemeinen den richtungsneutralen Term des Verbindens.

In einem Theoriennetz möchten wir genau angeben, zu welchem Band eine Beziehung zwischen zwei (oder mehreren) Theorien gehört. Wenn die Bänder

© Springer Fachmedien Wiesbaden GmbH, ein Teil von Springer Nature 2019
W. Balzer und K. R. Brendel, *Theorie der Wissenschaften*,
https://doi.org/10.1007/978-3-658-21222-3_17

vorliegen, formulieren wir den Begriff des Verbindens von zwei Theorien wie folgt. Zwei Theorien T und T^0 aus einem Theoriennetz sind miteinander verbunden genau dann, wenn es ein Band B gibt, so dass Theorie T durch das Band B die Theorie T^0 in Beziehung setzt oder dass Theorie T^0 durch B die Theorie T in Beziehung setzt, also kurz:

(16.2) $\langle T, T^0 \rangle \in B$ oder $\langle T^0, T \rangle \in B$.

Wenn mehrstellige Bänder ins Spiel kommen, wird die Formulierung etwas komplexer. Im Ausdruck „durch das Band B wird T mit der Theorie T^0 in Beziehung gesetzt" müssen auch die anderen Theorien erwähnt werden, die im Band B verwendet werden. Wenn zum Beispiel das Band B in einem Schritt 4 Theorien gleichzeitig in Beziehung setzt, wir aber sagen möchten, dass T mit T^0 verbunden ist (Ü16-1), schreiben wir das etwa wie folgt ($\langle T_1,...,T_4 \rangle \in B$ und $T = T_1$ und $T^0 = T_4$).

In einem Theoriennetz können auch mehrere Typen von Theorien auftreten. In diesem Buch werden solche Typen von Theorien bis auf eine einzige Ausnahme nicht weiter erörtert. Diese Ausnahme betrifft die bereits in Abschnitt 10 eingeführten Messtheorien. Eine Messtheorie unterscheidet sich von einer „normalen" Theorie nur in einem Punkt. In einer Messtheorie sind sich alle intendierten Systeme sehr ähnlich. Normalerweise gibt es dort eine bereits bekannte Konstruktionsmethode, die für bestimmte Experimente oder Messungen eingesetzt wird. Es reicht oft aus, die Messtheorie durch diese Methode von anderen Theorien abzugrenzen. In einem Theoriennetz werden einerseits ein oder mehrere Bänder charakterisiert. Andererseits werden auch Bedingungen für das ganze Netz formuliert.

Meist erfolgt die Beschreibung eines Bandes durch eine Definition. Es wird eine mengentheoretische Beziehung definiert, welche ausdrückt, wie zwei Theorien aus einer Theorienmenge in einer Beziehung stehen. Im Allgemeinen formulieren wir eine einzige Bedingung, mit der eine Menge von Theorien und Bändern zu einem Theoriennetz zusammengefügt wird:

> **N** ist ein Theoriennetz bestehend aus einer Menge **MT** von Theorien und einer Menge **MB** von Bändern genau dann, wenn gilt:
> Für je zwei Theorien T und T^0 aus **MT** gibt es eine Anzahl von Theorien $T_1,...,T_n$ aus **MT** und Bändern $B_1,..., B_{n-1}$ aus **MB**, so das gilt:
> $T = T_1$ und $\langle T_1, T_2 \rangle \in B_1$ und ... und $\langle T_{n-1}, T_n \rangle \in B_{n-1}$ und $T_n = T^0$.

Informell gesagt gibt es zwischen je zwei Theorien eine Folge von Theorien, so dass in dieser Sequenz eine Theorie mit der nächsten Theorie verbunden ist. Dabei ist die erste Komponente der Sequenz die Theorie T und die letzte die Theorie T^0.

Bänder aus den Wissenschaften wurden systematisch bisher kaum untersucht.[58] In diesem Abschnitt wird die Spezialisierung und in Abschnitt 15 wurde die Einbettung genauer beschrieben. Einige andere Bänder wie: Definition, Verknüpfung, Reduktion, Theoretisierung haben wir kurz erörtert. Über andere Bänder, wie: Mikroreduktion oder Konkretisierung, wird in diesem Buch nicht gesprochen. Einen Ausschnitt eines Theoriennetzes haben wir in Abbildung 16.1 dargestellt. Man sieht hier, dass fast alle Theorien durch Messtheorien unterlegt sind. Nur Theorie T_3 erhält keine Fakten von einer Messtheorie. Es gibt auch Fälle, bei denen eine Messtheorie MT_6 zu einer weiteren Messtheorie MT_5 führt. Dies ist ein Miniaturbeispiel einer Messkette (siehe Abschnitt 10). Zum Beispiel könnten in MT_6 Fakten fundamental erzeugt und diese dann durch die Messtheorie MT_5 theoretisch weiterbearbeitet werden.

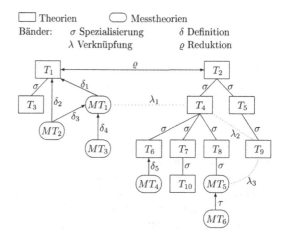

Abb. 16.1

Ein Netz von Theorien und Messtheorien mit mehreren Bändern

Wenn ein Theoriennetz keine Messtheorie enthält, können Fakten nur durch direkte oder mitgeteilte Wahrnehmung der Forscher zustande kommen. In einem Theoriennetz sollte es aber einige Fakten geben, die aus intendierten Systemen stammen. Sie sollten wahrgenommen, in Messmodellen genauer experimentell erzeugt, bestimmt oder wissenschaftlich erhoben und in Faktensammlungen eingeordnet sein. All dies führt zu vielen verschiedenen Arten von Aktivitäten, welche sich den Messtheorien zuordnen lassen. In Abbildung 16.2 haben wir einen allgemeinen

---

58 Ausnahmen wie (Balzer & Sneed, 1977, 1978) und (Moulines, 2014) bestätigen dies.

Prozessablauf in einem Messmodell und eine dazugehörige Faktensammlung aus
der Messtheorie dargestellt.

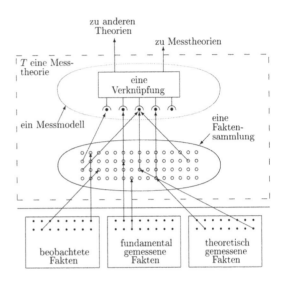

Abb. 16.2

Eine Messtheorie in
einem Theoriennetz

In Abbildung 16.2 sind Ereignisse in drei Arten eingeteilt, die mit drei Handlungsarten zu entsprechenden Fakten erhoben wurden. Diese Fakten fließen in
das Messmodell als Input ein. Ob alle drei Faktenarten zugleich benutzt werden,
hängt von der Messtheorie ab. In einem fundamentalen Messmodell werden nur
beobachtete Fakten verwendet, in einem theoretisch angereicherten Messmodell
werden auch fundamental gemessene Fakten als Input benutzt. In einem rein
theoriegetriebenen Messmodell werden Fakten verwendet, die zuvor in anderen
Messmodellen erzeugt wurden.

Aus den Inputfakten werden in einem nicht weiter beschriebenen Verfahren
die Fakten durch Berechnung weiterverarbeitet. Es wird gerechnet. Die Fakten
werden zu neuen Termen verknüpft und weiter nach oben zu Theorien und/oder
Messtheorien weitergeleitet.

Das wissenschaftstheoretisch am besten untersuchte Band in Theoriennetzen
ist die Spezialisierung. Eine Theorie T ist eine *Spezialisierung* von T^0 oder T^0 wird
zur Theorie T *spezialisiert*. Ein Theoriennetz, das nur dieses Band enthält, wird ein
Spezialisierungsnetz genannt. Ein solches Netz wird in zwei Schritten charakteri-

siert. Erstens wird beschrieben, wie jeweils zwei Theorien miteinander verbunden werden. Zweitens wird genauer festgelegt, wie das Netz als Ganzes aufgebaut ist.

Genauer gehen wir von zwei Theorien $T = \langle STR, M_p, M, S, C, I, Z, <, D, h, dist \rangle$ und $T^0 = \langle STR^0, M^0_p, M^0, S^0, C^0, I^0, Z^0, <^0, D^0, h^0, dist^0 \rangle$ aus. Dabei sind wie bereits aus Abschnitt 2 bekannt Z und Z^0 die Mengen der Zeitpunkte und h und h^0 die Faktenentwicklungen von T und T^0. Wenn y eine Faktensammlung zum Zeitpunkt z ist, schreiben wir dies kurz so: $y \in D[z]$.

Theorie T ist eine *Spezialisierung* der Theorie T^0 (abgekürzt: $\langle T, T^0 \rangle \in \sigma$ oder auch $T \sigma T^0$) genau dann, wenn folgende drei Bedingungen erfüllt sind:

S1 T existiert zu jedem Zeitpunkt, zu dem auch T^0 existiert, kurz: $Z \subseteq Z^0$.

S2   Jedes Modell aus M ist auch ein Modell aus M^0, kurz: $\forall x \, (x \in M \to x \in M^0)$ oder kurz $M \subseteq M^0$.

S3   Für jeden Zeitpunkt z aus Z und für jede Faktensammlung y aus D zum Zeitpunkt z ist y auch eine Faktensammlung aus D^0 zu z, kurz: $\forall z \in Z \, \forall y \in D \, (y \in D[z] \to y \in D^0[z])$.

Mengentheoretisch bilden die beiden Theorien T und T^0 ein Paar $\langle T, T^0 \rangle$, wenn T eine Spezialisierung von T^0 ist.

Als Grenzfall ist dabei auch zugelassen, dass eine Theorie T eine Spezialisierung von sich selbst ist $T \sigma T$ (Ü16-2). Für einen einzigen Zeitpunkt $z \in Z$ lässt sich eine Spezialisierung wie in Abbildung 16.3 darstellen, wobei $Z \subseteq Z^0$ gilt:

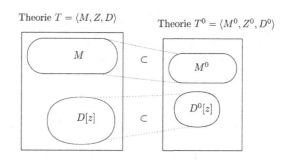

Abb. 16.3
Theorie T ist eine Spezialisierung der Theorie T^0 zum Zeitpunkt z

Bei einer Spezialisierung werden aus der Modellmenge M^0 einige Modelle entfernt und aus der Menge D^0 der Faktensammlungen werden zu jedem Zeitpunkt einige Faktensammlungen weglassen. Wir betonen, dass in einer Spezialisierung von

T^0 jedes „spezielle" Modell x aus M mit einem „allgemeineren" Modell x^0 von T^0
identisch ist (Ü16-3).

   Als Beispiel betrachten wir eine Spezialisierung aus dem Bereich der Mechanik.
Im Netz der Mechanik gibt es die Gravitationstheorie T_{Grav} und die Basistheorie
T_{Newton} der *Newton*schen Mechanik. T_{Grav} ist eine Spezialisierung von T_{Newton}. Beide
Theorien enthalten jeweils eine einzige Hypothese. Die Hypothese der Gravitati-
onstheorie – letzten Endes eine Gleichung – drückt aus, dass die Kraft zwischen
zwei Partikeln zu einem Zeitpunkt hauptsächlich vom Abstand der beiden Orte
der Partikel abhängt – und zwar quadratisch (Ü16-4)[59]

(16.3) $f(p,t) = -\gamma \cdot m(p) \cdot m(p') \cdot (s(p,t) - s(p',t) \,/\, |\, s(\,p,t\,) - s(\,p',t\,)\,|^3)$.

Die Hypothese der Basistheorie, das zweite Axiom von *Newton* besagt, dass die
Kraft, die auf ein Partikel p zur Zeit t wirkt, gleich der Masse von p multipliziert
mit der Beschleunigung von p zu t ist:

(16.4) $f(p,t) = m(p) \cdot a(p,t)$.

Wissenschaftstheoretisch sind vor allem die wissenschaftlichen Ansprüche interessant, die von den Modellen und den Faktensammlungen beider Theorien
herrühren. Die Beziehung zwischen den beiden Hypothesen (16.3) und (16.4), die
jeweils die beiden Modelle charakterisieren, lässt sich nicht nur formal, sondern
auch inhaltlich gut verstehen.

   Wenn beide Hypothesen zusammen betrachtet werden, lässt sich der Unterschied beider Gleichungen schnell erkennen. Nur Gleichung (16.4) hat die Form
einer Definition. Der linke Ausdruck $f(p,t)$ lässt sich durch den rechten Ausdruck
$m(p) \cdot a(p,t)$ ersetzen. Der Begriff der Beschleunigung kann explizit durch die
Ortsfunktion s definiert werden; a ist die zweite Ableitung von s: $a(p,t) = D^2 s(p,t)$.
Wir können damit in Gleichung (16.3) den Kraftbegriff f komplett vermeiden. Aus
(16.3) wird somit eine sogenannte Differentialgleichung:

$$m(p) \cdot D^2 s(p,t) = -\gamma \cdot m(p) \cdot m(p') \cdot (\, s(p,t) - s(p',t) \,/\, |\, s(p,t) - s(p',t)\,|^3).$$

Wie mathematisch bekannt ist, lassen sich viele dieser Gleichungen analytisch lösen.
Dies hängt vor allem von der genauen Form der Ortsfunktion s ab. Wir sehen, dass

---

59   In der damaligen Zeit wurde nicht von einer Spezialisierung gesprochen. Damals wurde
     die Gravitationsgleichung einfach als ein Teil der einheitlichen Theorie von Newton
     betrachtet.

das zweite *Newton*sche Axiom die drei Grundrelationen enthält, die sich alle aus den jeweils anderen beiden Relationen berechnen lassen. Dagegen lässt sich bei der Gravitationsgleichung nur die Kraft aus den Ausdrücken $m(p)$ und $s(p,t)$ berechnen. Auch inhaltlich haben beide Hypothesen eine unterschiedliche Funktion. Der Anspruch, der aus dem zweiten Axiom und den Fakten herrührt, ist inhaltsleer. Formal gesprochen ist der Anspruch immer richtig (Ü16-5), wenn die Kraftfunktion als theoretische Größe dieser Theorie behandelt wird. Bis jetzt konnte noch kein Forscher eine Messmethode angeben, mit der die Kraftfunktion ohne Benutzung der Basistheorie T_{Newton} gemessen werden kann. *Jede* – auch nur mögliche – Faktensammlung, die keine Fakten über die Kraftfunktion enthält, lässt sich in ein Modell einbetten das nur durch das zweite *Newton*sche Axiom charakterisiert wird. Anders gesagt kann jedes partielle, potentielle Modell in ein Modell der Basistheorie von *Newton* eingebettet werden, siehe Abbildung 16.4.

Aus den beiden diskutierten Gründen folgt ein weiterer Aspekt. Aus der Gravitationsgleichung lässt sich das zweite *Newton*sche Axiom logisch ableiten. Anders gesagt bildet die Menge der Gravitationsmodelle eine Teilmenge der Menge der Basismodelle. Wenn wir zwei Komponenten der beiden Theorien genauer darstellen $T_{\mathrm{Newton}} = \langle ..., M_{\mathrm{Newton}}, D_{\mathrm{Newton}}, ... \rangle$, $T_{\mathrm{Grav}} = \langle ..., M_{\mathrm{Grav}}, D_{\mathrm{Grav}}, ... \rangle$, lässt sich diese Ableitung auch in der obigen Abbildung 16.3 erkennen: $M_{\mathrm{Grav}} \subset M_{\mathrm{Newton}}$. Die erste Bedingung S1 für eine Spezialisierung lässt sich, noch anders gesagt, logisch leicht nachprüfen.

Die zweite Bedingung S2 der Spezialisierung lässt sich in diesem Beispiel ebenfalls gut verstehen. Jede Faktensammlung für die Gravitationstheorie gehört auch zur Basistheorie. Insbesondere sind die Forscher, die gravitierende Systeme untersuchen möchten, überzeugt davon, dass all diese Systeme auch für Untersuchungen durch die Basistheorie von *Newton* geeignet sind. Die Teilmengenbeziehung $D_{\mathrm{Grav}} \subset D_{\mathrm{Newton}}$ lässt sich hier zwar logisch nicht ableiten. Die Forschergruppe ist sich aber bei diesen Systemen sicher, dass jede intendierte Faktensammlung von D_{Grav} auch zur Theorie T_{Newton} gehört.

Wissenschaftstheoretisch sind auch die beiden Konstanten interessant, die zwar in Hypothese (16.3) aber nicht in Hypothese (16.4) auftreten. Diese beiden Konstanten haben unterschiedliche Funktionen. Die erste Konstante γ drückt einen „Harmoniefaktor" aus. Die Größe dieser Zahl γ hängt von den Maßeinheiten für Ort und Masse ab, aber auch von den Beziehungen verschiedener Messmethoden. Die zweite Konstante „3", die als oberer Index zu sehen ist, drückt aus, dass es sich um einen quadrierten Abstand von zwei Partikeln handelt. Diese Zahl lässt sich nicht direkt messen. Sie wurde auf andere Weise festgelegt. Viele Abstände wurden zu verschiedenen Zeitpunkten empirisch ermittelt und durch Passungsmethoden wurde eine Gleichung konstruiert. In diesem langwierigen Prozess kam der Abstand in den Nenner und wurde quadriert (siehe Abschnitt 13). Die Forscher haben schnell gesehen, dass sich die Abstände in der Zeit nicht durch eine gerade Linie darstellen lassen. Als die Abstände quadriert wurden, erkannten sie eine bessere Passung.

Aus der Spezialisierungsrelation werden auf einfache Weise Spezialisierungs-netze (Balzer, Moulines, Sneed, 1987, Chap. IV) gebildet. Ein *Spezialisierungsnetz* **N** besteht aus einer Menge N von Theorien und aus einer Spezialisierungsrelation σ, so dass folgendes gilt:

SN1 σ ist eine Menge von Paaren von Theorien aus N, $\sigma \subset N \times N$

SN2   für jedes Paar $\langle T, T^0 \rangle$ aus σ ist T eine Spezialisierung von T^0
        (das heißt: die Hypothesen S1, S2 und S3 von oben gelten)

SN3   es gibt genau eine Theorie T_0 aus N, so dass es für Theorie T aus N
        eine Folge $T^*_1, ..., T^*_n$ von Theorien gibt, so dass gilt:
        $T = T^*_n \; \sigma \; T^*_{n-1}$ und ... und $T^*_2 \; \sigma \; T^*_1 = T_0$.

Aussage SN2 hat hier die Form einer reinen Definition. Der damit implizit bleibende Inhalt von SN2 muss zurückverfolgt werden, wenn man ihn sinnvoll weiterbenutzen und verstehen möchte. Anders gesagt wird bei Anwendung Aussage SN2 durch die oben formulierten Hypothesen S1 – S3 ersetzt.

Einige Eigenschaften von Spezialisierungsnetzen lassen sich aus dem Begriff der Spezialisierung von Theorien logisch ableiten. Andere werden durch zusätzliche Hypothesen beschrieben, welche sich wissenschaftstheoretisch als sinnvoll erwei-sen, die aber für den Begriff der Spezialisierung nicht notwendig sind. Untersuchte Theoriennetze und die erhobenen Fakten konnten mit diesen Hypothesen zur Passung gebracht werden.

Aus den Hypothesen SN1 und SN2 lässt sich einfach ableiten, dass die Spezialisierungsrelation σ transitiv und reflexiv ist (Ü16-6). σ ist *transitiv*, wenn für alle Theorien T_1, T_2, T_3 aus N folgendes gilt: wenn T_3 eine Spezialisierung von T_2 und T_2 eine Spezialisierung von T_1 ist, dann ist T_3 auch eine Spezialisierung von T_1, kurz: $T_3 \; \sigma \; T_2 \; \sigma \; T_1 \rightarrow T_3 \; \sigma \; T_1$. σ ist reflexiv, wenn jede Theorie T aus N eine Spezi-alisierung von sich selbst ist, kurz: $T \; \sigma \; T$.

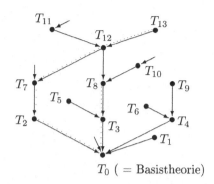

Abb. 16.4

Ein Spezialisierungsnetz

T_0 ($=$ Basistheorie)

Wir zeichnen Spezialisierungsnetze in Form von Bäumen.[60] Ein Pfeil drückt aus, dass die Beziehung eine eindeutige Richtung hat. Inhaltlich fließt die Information von der spezielleren Theorie zur allgemeineren. Ein Spezialisierungsnetz wird statisch betrachtet und Verflechtungen von Theorien lassen sich nur approximativ mit der Wirklichkeit zur Passung bringen. In Abbildung 16.4 wurden einige Stellen mit Pfeilen gekennzeichnet, an denen weitere Spezialisierungen bereits existieren, die aber aus Gründen der Übersichtlichkeit nicht eingezeichnet wurden oder aus dem bereits existierenden Wissen vermutet werden können. Die eindeutig bestimmte Basistheorie T_0 verzweigt sich nach oben. Zwei Pfade, die von der Basistheorie ausgehen, haben wir kenntlich gemacht. Der erste Pfad endet „innerhalb" des Netzes bei T_8.

Das Beispiel der klassischen Partikelmechanik das wir bereits kennengelernt haben, stellen wir in Abbildung 16.5 als ein Theoriennetz dar.

Ähnlich wie die Identität einer Theorie abgegrenzt wird, lässt sich dies auch für Spezialisierungsnetze tun. Es gibt kleine Veränderungen in einem Netz, welche die Identität des Netzes nicht beeinflussen und es gibt große Veränderungen, deren Resultate zu einem anderen Theoriennetz führen. Solche Veränderungen werden normalerweise in einem zeitlichen Zusammenhang beschrieben.

---

60 In der Literatur wird ein solcher Baum oft so dargestellt, dass die Wurzel oben und die Blätter unten platziert sind. Für Theoriennetze drehen wir diese Darstellung um.

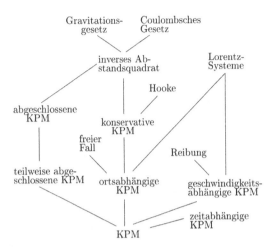

Abb. 16.5

Das Spezialisierungsnetz
der klassischen
Partikelmechanik (KPM)

Bevor wir uns im nächsten Abschnitt den größeren, zeitlichen Beziehungen zuwenden, diskutieren wir drei Arten von zeitunabhängigen Änderungen an Netzen auf allgemeine Weise.

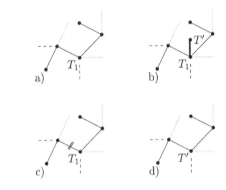

Abb. 16.6

Theoriennetze
und Vergleiche

Ausgehend von einem kleinen Teilnetz eines ersten Theoriennetzes haben wir in Abbildung 16.6 drei ähnliche Teilnetze mit dem in a) abgebildeten Netz verglichen. Im ersten Teilnetz in a) gibt es zwischen jedem der fünf Punkte Bänder. Drei Arten von Bändern werden unterschieden; sie sind mit durchgezogen, schraffierten und punktierten Linien dargestellt. Das Teilnetz in b) unterscheidet sich vom Netz in a) nur darin, dass es eine weitere Theorie T' enthält. Strukturell sehen wir, dass im Netz in b) drei Punkte durch das durchgezogene Band mit T_1 verbunden sind, während es in a) nur zwei derartige Punkte gibt. In c) wird das Band am Punkt T_1 zerschnitten. Das Netz zerfällt in zwei isolierte Teilnetze. In d) sieht das Netz genauso aus wie in a). Nur ist im Netz die Theorie T_1 durch eine andere Theorie T' ersetzt worden. Anzahl und Arten der Bänder bleiben aber gleich.

Der Fall c) lässt sich durch Beispiele wissenschaftshistorisch wie folgt erklären. Eine Theorie, die aus dem Netz – aus welchen Gründen auch immer – entfernt wurde, wird normalerweise historisch „vergessen".

Ein Beispiel, das nicht vergessen wurde, ist die *Phlogistontheorie* (Laupheimer, 1998). Diese Theorie ist ein Vorläufer der *Stöchiometrie* von *Dalton*, das heißt der Originaltheorie, aus der sich die Chemie entwickelte (Balzer, Moulines & Sneed, 1987, Chap. III.4). In der Phlogistontheorie wurden reale Systeme untersucht, die als Phänomene ähnlich oder gleich aussehen wie solche, die später in der Stöchiometrie behandelt wurden. In der Phlogistontheorie werden diese Phänomene allerdings ganz anders beschrieben. Dort gab es „Substanzen", die als „Flammen" bezeichnet wurden, was zu Problemen beim wissenschaftlichen Anspruch dieser Theorie führte. Erst als eine andere Terminologie entstand, mit der die realen Prozesse ohne Flammen beschrieben werden konnten, kam es zu einer positiven Entwicklung, zur Entstehung der Chemie. Der Term *Flamme* wurde nicht weiterverwendet, die Phlogistontheorie war nur noch ein Objekt für Historiker. Die Theorie fand ein Ende, weil es keine Gruppe von Forschern mehr gab, die diese Theorie benutzt und weitergegeben hätte. In einem rein symbolischen Sinn existiert sie weiter; sie bleibt durch die Geschichtsschreibung erhalten.

Ein ähnliches Beispiel ist die Planetentheorie von *Ptolemäus* (Becker, 1957). Auch diese wurde aus dem Netz der Astrophysik schon lange entfernt. Ein interessantes Beispiel aus den Geisteswissenschaften ist *Der Untergang des Abendlandes* von *Spengler* (Spengler, 2014). Diese sehr informell beschriebene Theorie war vor 100 Jahren sicher ein Teil des Netzes, das in der Geschichte diskutiert und untersucht wurde.[61]

Auch ein Vergleich des in Abbildung 16.6 d) dargestellten Teilnetzes mit dem Teilnetz in a) findet man nicht oft. Inhaltlich würde man vermutlich davon sprechen, dass die Theorie T_1 durch eine andere Theorie T' ersetzt wurde, wobei die Theorie T_1 nicht mehr benötigt und damit vergessen wird.

---

61 Siehe auch das früher veröffentlichte Werk (Adams & Roosevelt, 1907) oder das neuere Buch *The Clash of Civilizations and the Remaking of World Order* (Huntington, 1996).

Ein Beispiel der in d) diskutierten Art finden wir im Netz der klassischen Mechanik. Die Gravitationstheorie mit ihrer Gleichung $f(p,t) = -\gamma \cdot m(p) \cdot m(p') \cdot (s(p,t) - s(p',t)) / |s(p,t) - s(p',t)|^3$) wurde zuvor bereits erörtert. In vielen Versuchen, die Fakten noch besser durch eine etwas andere Gleichung zur Passung zu bringen, hatten Forscher die Idee, die Konstante „3", die als oberer Index im Nenner steht, durch eine „nicht runde" Zahl zu ersetzt. Statt „3" wurde zum Beispiel die Zahl „3,06" verwendet. Für einige empirische Fakten führte diese neue Gleichung zu einer besseren Passung, aber bei anderen Fakten nicht. Durch weitere Messungen zeigte sich, dass die Kohärenz der Theorie wieder schlechter wurde, so dass auch die kreativen Forscher wieder zur alten Gleichung zurückkehrten. Es ist interessant, dass die Forscher bei der Änderung dieser Hypothese, den Namen der Theorie beibehielten.

Änderungen, die durch Vergleich der Abbildungen 16.6 a) und b) zu erkennen sind, findet man am häufigsten. Inhaltlich wird man davon sprechen, dass einem Theoriennetz eine weitere Theorie T' hinzugefügt wird. Solche Fälle wurden bereits auch strukturalistisch rekonstruiert.[62]

Auf allgemeine Weise wurde eine solche Hinzufügung bereits weiter oben beschrieben. Am Anfang wird ein neues Phänomen entdeckt, das anderen Phänomenen ähnlich ist, die in den Faktensammlungen einer existierenden Theorie T bereits untersucht wurden. In diesem Fall wird das neue Phänomen sofort aus der theoretischen Sicht der Theorie T genauer betrachtet. Wenn sich ein Modell finden lässt das zum Phänomen passt, wird eine Faktensammlung konstruiert, die der Menge D der Faktensammlungen der Theorie T hinzugefügt wird. Gleichzeitig wird auch das zum Phänomen dazugehörige intendierte System zur Menge I der intendierten Systeme der Theorie T hinzugenommen. In dem hier erörterten Fall passt die konstruierte Faktensammlung aber nicht zu den Modellen von T. In diesem Fall wird eine neue Hypothese formuliert, um die vorhandenen Fakten einzupassen. Wenn die Passung gelingt, werden auch andere Forscher diese Hypothese überprüfen. Nach einiger Zeit hat sich eine neue Theorie etabliert, die im gegebenen Netz den passenden Platz gefunden hat.

Bei statischer Beschreibung wird dieser Prozess aber aus zeitlicher Ferne betrachtet. Eine neue Theorie wird hinzufügt. Wie dies genauer abläuft, wird nicht gesagt. Aus einer anderen Perspektive kann man sagen, dass es bei einer statischen Beschreibung hauptsächlich um die Hinzufügung von Hypothesen geht. Wir betonen diesen Punkt, um keine Missverständnisse aufkommen zu lassen.

---

62 Zum Beispiel in (Balzer, Moulines & Sneed, 1987), (Balzer, Sneed & Moulines, 2000), (Diederich, Ibarra & Mormann, 1989, 1994).

Eine Theorie der Wissenschaften 17

Es gibt viele verschiedene Arten von Netzen. Einige davon sind für die Wissenschaftstheorie interessant. Netze können in statische und dynamische Netze unterteilt werden. In einem dynamischen Netz spielt die Zeit eine Rolle – das Netz ändert sich mit der Zeit.

Die Wissenschaftstheorie beschäftigt sich hauptsächlich mit *Theoriennetzen* – also mit Netzen, deren Knoten Theorien repräsentieren. Statische Theoriennetze wurden bereits im letzten Abschnitt diskutiert. Dieser Abschnitt handelt nun von dynamischen Theoriennetzen. Wir möchten bestimmte Arten von dynamischen Theoriennetzen, welche die existierende Wissenschaft gut abbilden, theoretisch abgrenzen. Mit anderen Worten möchten wir Netze ausschließen, deren Theorien ganz ungeordnet zusammengewürfelt sind. Warum sollten wir zum Beispiel dynamische Theoriennetze konstruieren, in denen sich fast alle Fakten auf einen Schlag ändern, oder in denen die Fakten mit der Zeit immer schlechter mit den Modellen zusammenpassen?

Wir konzentrieren uns daher im Folgenden nicht auf dynamische Theoriennetze im Allgemeinen, sondern nur auf ganz spezielle, dynamische Systeme, welche – aus unserer Sicht – die Wissenschaften besser als bisherige Ansätze darstellen können. Diese speziellen dynamischen Theoriennetze, nennen wir *wissenschaftstheoretische Modelle*. Mit anderen Worten formulieren wir eine *Theorie der Wissenschaften* (kurz: TW), die auf der hier beschriebenen Weise unter anderem eine Menge von wissenschaftstheoretischen Modellen enthält. Die Theorie der Wissenschaften bildet intendierte Systeme, Faktensammlungen und andere bereits diskutierte Komponenten durch Modelle ab. Um die Worte „Theorie" und „Modell" nicht bedeutungsmäßig zu überladen, unterscheiden wir Modelle von wissenschaftstheoretischen Modellen. Eine Theorie aus einer der vielen Disziplinen beschreibt Wirklichkeitsausschnitte. Auch die hier vorlegte Theorie der Wissenschaften beschreibt einen Wirklichkeitsausschnitt. Aber dieser lässt sich mit keiner der bis jetzt erörterten Theorien adäquat

© Springer Fachmedien Wiesbaden GmbH, ein Teil von Springer Nature 2019
W. Balzer und K. R. Brendel, *Theorie der Wissenschaften*,
https://doi.org/10.1007/978-3-658-21222-3_18

abbilden. Dagegen haben die wissenschaftstheoretischen Modelle den Anspruch, *die Wissenschaften* als Ganzes angemessen darzustellen.

Mit anderen Worten bildet die hier beschriebene Theorie mit ihren wissenschaftstheoretischen Modellen die zentrale Grundlage für die Wissenschaftstheorie. Ein wissenschaftstheoretisches Modell der Wissenschaften beschreibt intendierte Systeme, die sich kurz gesagt durch den Term „wirklich existierende, dynamische Netze von wissenschaftlichen Theorien" ausdrücken lassen.

Im letzten Abschnitt haben wir Theoriennetze erörtert, bei denen die Zeit keine wichtige Rolle gespielt hat. In diesem Abschnitt ist die Zeit dagegen eine tragende Komponente des wissenschaftstheoretischen Modells. Wissenschaftstheoretische Modelle bestehen aus Grundbestandteilen, nämlich aus mengentheoretisch beschriebenen Ereignissen, in denen Zeit eine wichtige Rolle spielt. Wir müssen uns daher mit der Zeit genauer auseinandersetzen.

In einem wissenschaftstheoretischen Modell gibt es drei verschiedene Dimensionen oder Ebenen der Zeit. Dies führt zu verschiedenen Zugängen, Ansichten (Theorien) oder Begriffen „der" Zeit. In einem Spezialbereich der Philosophie, der Phänomenologie, wird zum Beispiel die Zeit ganz anders betrachtet als in der Physik.

In einem wissenschaftstheoretischen Modell gibt es erstens Zeitpunkte, die das wissenschaftstheoretische Modell betreffen, zweitens Zeitpunkte, die in den Modellen von Theorien beschrieben werden und drittens Zeitpunkte, zu denen Forscher eine Theorie gerade bearbeiten. Zum Beispiel haben die Forscher gerade ein neues Faktum für ihre Theorie öffentlich gemacht. Inhaltlich gesprochen ist etwa ein Zeitpunkt, zu dem die Theorie T existiert, normalerweise nicht derselbe Zeitpunkt, zu dem ein reales Ereignis existiert, das in einem intendierten System der Theorie beschrieben wird. Der „modellinterne" Zeitpunkt t kann, relativ zu z, schon lange vorbei sein oder erst später eintreten. Forscher arbeiten zum Zeitpunkt z an der Theorie, aber das durch die Theorie beschriebene Ereignis liegt eventuell zeitlich früher oder später.

In einem wissenschaftstheoretischen Modell gibt es daher drei voneinander verschiedene Zeitbegriffe: die Zeit des dazugehörigen Theoriennetzes, die Zeit für eine Theorie in einem wissenschaftstheoretischen Modell und die Zeit, die in den Modellen und Faktensammlungen der Theorien existiert. Die Beziehung zwischen Zeiten im Modell und Zeiten, die in einer Theorie aus einem Netz oder aus einem wissenschaftstheoretischen Modell stammen, möchten wir hier inhaltlich nicht weiterverfolgen. Die Beziehung zwischen Zeitpunkten einer Theorie und Zeitpunkten aus einem wissenschaftstheoretischen Modells können wir hier nur formal beschreiben, ohne die inhaltlichen Fragen befriedigend beantwortet zu haben.

Mit anderen Worten beschreiben wir in diesem Buch strukturell nur eine minimale Zeitkomponente, die für die Beschreibung von zeitlichen Veränderungen erforderlich ist. Auf diese Weise können wir diese Komponenten sowohl bei der Beschreibung einer Theorie als auch bei der eines wissenschaftstheoretischen Modells verwenden.

Im Allgemeinen besteht die Zeitkomponente aus einer Menge $\mathbf{Z}$ von Zeitpunkten und aus einer *später als* Relation $\prec$ zwischen diesen Zeitpunkten. Mengentheoretisch hat die Zeitkomponente die Form $\langle \mathbf{Z}, \prec \rangle$, wobei $\prec$ eine Teilmenge von $\mathbf{Z} \times \mathbf{Z}$ ist. Oft wird diese später-Beziehung etwas allgemeiner verwendet: (z' findet später als z statt oder z' findet gleichzeitig mit z statt), kurz: $z \precsim z'$.

Bei der Anwendung findet ein Zustand einer Theorie später als ein anderer Zustand derselben Theorie statt. Auf ähnliche Weise findet ein Zustand (ein Theoriennetz für einen bestimmten Zeitpunkt) für ein wissenschaftstheoretisches Modell später statt als ein zweiter Zustand desselben Modells. Diese beiden Zustandsarten sind verschieden, ihre Zeitstruktur ist dieselbe.

In der Naturwissenschaft werden Zeit und zeitliche Verhältnisse in Zahlen und in die Menge $\mathfrak{R}$ der reellen Zahlen abgebildet. „Die Zeit" wird in einen mathematischen Zahlenraum überführt. In diesem Zahlenraum lassen sich viele Aspekte und Eigenschaften der Zeit einfacher formulieren, wie zum Beispiel Zeitperiode, Anfangspunkt oder Endpunkt.

Da auf der Beschreibungsebene von Theoriennetzen bis jetzt keine Hypothesen benutzt werden, die Differential- oder Differenzengleichungen enthalten, reicht es im Moment aus, nur endlich viele Zeitpunkte zu verwenden. Wir können daher für jedes wissenschaftstheoretische Modell $\mathbf{x}$ eine feste Anzahl von Zeitpunkten festlegen.

Mit den folgenden Hypothesen lässt sich für Zeitpunkte eine klare Ordnung des „vorher – nachher" festlegen. Wenn $\mathbf{Z}$ eine Menge von Zeitpunkten ist, dann gilt für alle Zeitpunkte z, z', z'' aus $\mathbf{Z}$:

(17.1)   nicht $z \prec z$ (anti-reflexiv)
(17.2)   wenn $z \neq z'$, dann ist $z \prec z'$ oder $z' \prec z$ (konnex)
(17.3)   wenn $z \prec z'$ und $z' \prec z''$, dann ist $z \prec z''$ (transitiv).

Diese Hypothesen gelten nicht nur für Zahlen, sondern sie können auch für wirkliche Zeitpunkte und für die Zeitordnung zwischen bestimmten, ausgewählten Ereignissen verwendet werden.

In einer Zeitkomponente $\langle \mathbf{Z}, \prec \rangle$ definieren wir, dass ein Zeitpunkt z' der *nächste Zeitpunkt nach* z ist genau dann, wenn gilt: 1) z' liegt später als z und 2) es gibt keinen Zeitpunkt z'' aus $\mathbf{Z}$, so dass z'' zwischen z und z' liegt. Den nächsten Zeitpunkt nach z bezeichnen wir mit $z + 1$. In einer endlichen Zeitkomponente gibt es einen eindeutig bestimmten letzten Zeitpunkt aus $\mathbf{Z}$. Dieser hat keinen nächsten Zeitpunkt – jedenfalls nicht relativ zur betrachteten Menge an Zeitpunkten.

In wissenschaftstheoretischen Beschreibungen kann ein Zeitpunkt real betrachtet eine Periode sein, die physikalisch gesehen recht lange andauern kann. Da wir festlegen, dass die Menge der Zeitpunkte für ein wissenschaftstheoretisches Modell endlich ist, gibt es allerdings weder formale noch inhaltliche Probleme, zwischen zwei Zeitpunkten einen – oder auch endlich viele weitere – Zeitpunkte einzufügen – was wir am Ende des Abschnitts auch tun werden.

Bei statischer Betrachtung lassen sich Mengen, wie etwa eine Modellmenge M, nicht ändern. Um eine Änderung mengentheoretisch darzustellen, muss auf andere Art und Weise vorgegangen werden. Da dieser Darstellungsprozess in der Wissenschaftstheorie ständig benötigt wird, beschreiben wir ihn zunächst auf allgemeine Weise.

Wir gehen von einer Menge X und einer Gesamtheit von weiteren möglichen Mengen aus. Aus dieser Gesamtheit wird eine andere Menge X^* ausgewählt, die dann als Resultat der Veränderung von X angesehen wird. Aus X wird eine andere Menge X^*, welche aus X „irgendwie" hervorgegangen ist. Dies lässt sich nur genauer beschreiben, wenn einige Beziehungen und/oder Eigenschaften der erörterten Mengen bekannt sind. Auf allgemeiner Ebene stellt sich die Änderung einer Menge X wie folgt dar. Zu einem ersten Zeitpunkt z existiert X tatsächlich, während X^* nur möglicherweise existiert. Zu einem späteren Zeitpunkt $z + 1$ existiert X^* tatsächlich und X nur möglicherweise. In normaler Sprache sagen wir einfach, dass X^* auf irgendeine Weise aus X hervorgegangen ist. Wie dies genau passiert, bleibt dabei unklar. Normalerweise werden umgangssprachliche Ausdrücke benutzt, die aber viele inhaltliche Zusätze implizieren, welche wir in der Wissenschaftstheorie vermeiden möchten. Wir sprachen selbst von „vorher" und „nachher". Oft werden auch Ausdrücke aus dem Bereich „Ursache – Wirkung" verwendet. So spricht man zum Beispiel davon, dass Menge X^* mit Menge X kausal verknüpft ist oder dass die Existenz von X eine partielle Ursache von X^* ist.

Durch eine Menge X lässt sich ein Schnitt legen, wenn es zwischen Elementen der Menge eine zweistellige Relation ~ und ein Element e_0 gibt, das in der Menge oder außerhalb der Menge X liegen kann. Wir sagen, dass ST ein *Schnitt durch die Menge X* (ausgehend von Element e_0 und relativ zu ~) ist, genau dann, wenn ST genau alle Elemente e aus X enthält, die durch die Relation ~ mit e_0 verbunden sind. Meist werden für die Relation ~ weitere Bedingungen formuliert. Zum Beispiel wird gefordert, dass ~ eine Äquivalenzrelation ist. Eine Äquivalenzrelation erfüllt die drei folgenden Bedingungen. Für alle Elemente e, e', e'' aus X gilt:

(17.4) $e \sim e$ (reflexiv)

(17.5)   wenn $e \sim e'$, dann $e' \sim e$ (symmetrisch)

(17.6)   wenn $e \sim e'$ und $e' \sim e''$, dann $e \sim e''$ (transitiv).

Im einfachsten Fall ist X eine 2-stellige Relation der Form $X \subseteq G_1 \times G_2$. Diesen oft verwendeten Fall haben wir in Abbildung 17.1 aufgezeichnet. Links wird eine kreisförmige Menge X_1 von unendlich vielen Punkten dargestellt. Die rechts eingezeichnete Menge X_2 soll dagegen nur elf, als kleine schwarze Punkte eingezeichnete Elemente enthalten. Die Schnitte durch diese Mengen sind als schwarze Linien abgebildet. Die dazugehörigen Ähnlichkeitsklassen $\sim_1$, $\sim_2$ und $\sim_3$ sind als gepunktete Linien dargestellt.

Schnittbildung lässt sich auch auf andere Typen von Mengen ausweiten (Ü17-1). Bei unserer Hauptanwendung ist die Menge, durch die Schnitte gelegt werden, eine drei (oder mehr-) dimensionale Relation *hist*: die *Netzgeschichte*, über die wir unten mehr sagen werden. In einer anderen Anwendung lassen sich in einem 3-dimensionalen, geometrischen Raum verschiedene Schnitte legen. Ein erster Schnitt wäre eine gerade Linie, ein zweiter eine Ebene. Im Grenzfall kann ein Schnitt auch aus einem einzigen Element der Menge oder aus der Menge X selbst bestehen (Ü17-2).

Speziell für ein Ereignis E, das selbst als eine Menge von Elementen aufgefasst wird, kann eine zeitliche Ähnlichkeit durch Schnittbildung eingeführt werden. Wir sprechen hier von Zeitgleichheit. Wir sagen, dass zwei Elemente e, e' aus dem Ereignis E *gleichzeitig existieren* und kürzen dies durch $e \sim_z e'$ ab. Diese Gleichheitsrelation $\sim_z$ enthält einerseits hypothetische Bestandteile. Sie erfüllt die oben angegebenen Bedingungen (17.4) – (17.6). Das heißt, das Ereignis E wird in Äquivalenzklassen eingeteilt, so dass eine solche Klasse aus gleichzeitig existierenden Elementen besteht. Andererseits lässt sich die Beziehung $\sim_z$ bei zwei bestimmten Elementen oft auch empirisch verifizieren. Ob e gleichzeitig mit e' existiert, kann dann durch Beobachtung überprüft werden.

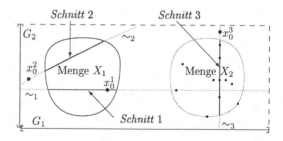

Abb. 17.1

Drei Schnitte durch
zwei Mengen

Wenn ein Ereignis e_0 als Element aus der Menge E gegeben ist, lässt sich die *Gleichzeitigkeitsklasse GLK(e_0)* bestimmen. Sie enthält genau all diejenigen Elemente, die erstens in der Menge E liegen und zweitens gleichzeitig mit e_0 existieren:

(17.7) $GLK(e_0) = \{e \mid e \in E \text{ und } e \sim_z e_0 \}$.

Diese allgemeinen Begriffe wenden wir nun speziell auf das wissenschaftstheoretische Modell an. Wir betrachten ein wissenschaftstheoretisches Modell x als ein – zugegebenermaßen komplexes – Ereignis und definieren die Zustände des wissenschaftstheoretischen Modells in drei Schritten.

Im ersten Schritt bilden wir die Menge Z der Zeitpunkte, die im wissenschaftstheoretischen Modell x existieren. Dazu vereinigen wir alle Mengen Z_i von Zeitpunkten, die in den Theorien $T_1,\ldots,T_\sigma$ aus dem wissenschaftstheoretischen Modell x vorkommen, zur Gesamtmenge Z von Zeitpunkten des wissenschaftstheoretischen Modells, kurz: $Z = \cup_{i=1,\ldots,\sigma} Z_i$. Auf diese Weise haben wir die Beziehung zwischen Zeitpunkten aus Theorien und aus dem wissenschaftstheoretischen Modell formal durch die mengentheoretische Identität „=" ausgedrückt. Zwei Zeitpunkte z und z' sind gleich, wenn sie mengentheoretisch durch die Gleichung $z = z'$ ausgedrückt werden können (Ü17-3). Inhaltlich bleibt aber die Frage, auf welche Weise zwei Zeitpunkte aus zwei Theorien oder aus einer Theorie und aus dem wissenschaftstheoretischen Modell gleich sind. Wenn wir solche Gleichheiten durch Erfahrung prüfen möchten, müssen wir zwei Zeitpunkte irgendwie vergleichen können. Dies führt in die Handlungsebene.

Im zweiten Schritt konstruieren wir Zustände, die im wissenschaftstheoretischen Modell x eine zentrale Rolle spielen. Inhaltlich beginnen wir mit einem bestimmten Zeitpunkt z und einer Theorie T aus der Theorienmenge des wissenschaftstheoretischen Modells x und lassen alle Bestandteile der Theorie T weg, die nicht zu z „gehören". Mengentheoretisch schrumpft dabei die Menge Z der Zeitpunkte aus der Theorie T zu einem einzigen Zeitpunkt z zusammen und die Menge D der Faktensammlungen schrumpft zu einer Teilmenge $D[z]$ von D (Ü17-4). Das Resultat der Schrumpfung ist der Zustand von T zum Zeitpunkt z. Dies können wir so mit allen Theorien und allen Zeitpunkten machen. Wir erhalten damit die Menge aller Zustände von Theorien zu den jeweiligen Zeitpunkten. Diese Menge nennen wir den Zustandsraum des wissenschaftstheoretischen Modells x.

Da eine genaue, formale Definition von Zuständen aus dem Zustandsraum etwas komplexer wird, stellen wir solche Zustände in einer anderen Form dar, die sich einfach beschreiben lässt. Wir gehen von einer Menge T von Theorien und einer Menge Z von Zeitpunkten aus dem wissenschaftstheoretischen Modell x aus. Wenn wir eine bestimmte Theorie T aus der Menge T und einen Zeitpunkt z

aus **Z** nehmen, fügen wir der Theorie den Zeitpunkt z hinzu und nennen das so entstehende Paar $\langle T, z \rangle$ den *Zustand der Theorie T zum Zeitpunkt z*. Die Menge *ZR* aller derartigen Zustände aus allen Theorien im wissenschaftstheoretischen Modell **x** können wir dann so definieren:

(17.8) $ZR = \{ \varphi \: / \: \exists \: T \: \exists \: z \: (\: T \in \mathbf{T} \text{ und } z \in \mathbf{Z} \text{ und } \varphi = \langle T, z \rangle) \}$.

Die Menge *ZR* nennen wir *den Zustandsraum des wissenschaftstheoretischen Modells* **x**. Mengentheoretisch enthalten diese Beschreibungen viel Redundanz. Viele Fakten, die zu einem Zeitpunkt noch gar nicht zu finden sind oder zu einem späteren Zeitpunkt weggelassen werden, führen wir aus technischen Gründen in den Zuständen immer mit.

In einem dritten Schritt unterteilen wir den Zustandsraum des wissenschaftstheoretischen Modells **x** in Gleichzeitigkeitsklassen. Dazu führen wir eine Relation ~ der Gleichzeitigkeit zwischen Zuständen ein. Wir sagen, dass sich zwei Zustände $\langle T, z \rangle$ und $\langle T^*, z^* \rangle$ gleichzeitig ereignen, wenn die zugehörigen Zeitpunkte z und z^* gleich sind. In unserem Modell bedeutet dies, dass die Zeitpunkte z und z^* mengentheoretisch identisch sind. Formal definieren wir eine Relation ~ der Gleichzeitigkeit für Zustände wie folgt. ~ ist eine *Relation der Gleichzeitigkeit für Zustände* genau dann, wenn ~ eine Teilmenge von *ZR* × *ZR* ist und für alle Theorien T, T^* aus **T** und für alle Zeitpunkte z, z^* aus **Z** gilt: $\langle T, z \rangle$ existiert gleichzeitig mit $\langle T^*, z^* \rangle$ (das heißt: $\langle T, z \rangle$ ~ $\langle T^*, z^* \rangle$ genau dann, wenn $z = z^*$), und wenn die drei obigen Hypothesen 17.4 – 17.6 im wissenschaftstheoretischen Modell **x** erfüllt sind. Auf diese Weise können wir über dem Zustandsraum Gleichzeitigkeitsklassen von Zuständen bilden. Eine Gleichzeitigkeitsklasse GLK_0 enthält Zustände, die zum selben Zeitpunkt existieren. Praktisch nehmen wir einen bestimmten Zustand $\langle T^0, z^0 \rangle$, bilden die Menge aller Zustände $\langle T, z \rangle$, so dass $z = z^0$ gilt und prüfen, ob alle derartigen Zustandspaare zum selben Zeitpunkt z^0 existieren.

Einen Zustandsraum haben wir in Abbildung 17.2 auf der nächsten Seite graphisch dreidimensional dargestellt. Dort sind Zustände von Theorien als schwarze Punkte in vier Gleichzeitigkeitsklassen (Zeitschnitten, Ebenen) eingeteilt und sechs Theorien als senkrechte Doppellinien dargestellt. Auf der y-Achse liegen die verschiedenen Zeitpunkte und zu jedem Zeitpunkt gibt es eine Ebene von Zuständen zu diesem Zeitpunkt. Zum Zeitpunkt z_1 erkennen wir die Gleichzeitigkeitsklasse von Zuständen zum Zeitpunkt z_1. Die Zustände T_i^j tragen zwei Indizes. Der obere Index j besagt, dass es sich um einen Zustand zum Zeitpunkt z_j handelt: Zustand $\langle T_i, z_j \rangle$ existiert zum Zeitpunkt z_j. Der untere Index i gibt jeweils den Namen der jeweiligen Theorie an. Jede Theorie hat einen Anfangs- und einen Endpunkt. Die linke Theorie T_2 besteht zum Beispiel aus den Zuständen T_2^1, T_2^2, T_2^3 und T_2^4.

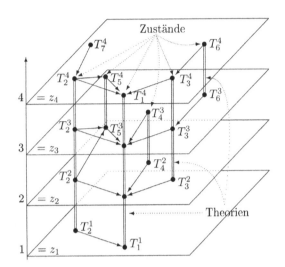

Abb. 17.2

Der Zustandsraum
eines wissenschafts-
theoretischen Modells

Man sieht gut, dass der Zustand einer Theorie jeweils einen Schritt nach oben rückt. Zustand T_7^4 bildet einen Grenzfall, die zugehörige Theorie T_7 existiert nur im letzten Zeitpunkt des Netzes. Das Netz hört nach dem Zeitpunkt z_4 auf, aktiv betrieben zu werden. Im ersten Zeitpunkt z_1 existieren zwei Theorien T_1 und T_2 mit ihren Zuständen T_1^1 und T_2^1. Im nächsten Zeitpunkt z_2 sind zwei weitere Theorien T_3 und T_4 hinzugekommen. Und so weiter. Normalerweise existieren zu einem gegebenen Zeitpunkt z mehrere Theorien. Zu einer Theorie kann es aber zu einem bestimmten Zeitpunkt jeweils höchstens einen einzigen Zustand dieser bestimmten Theorie geben.

In einem Zustandsraum lassen sich Beziehungen zwischen Zuständen genauer beschreiben. Die y-Achse stellt eine Menge von Zeitpunkten dar. Zu jedem Zeitpunkt ändern sich die Faktensammlungen einiger Theorien. Die Ebenen beschreiben Beziehungen zwischen Zuständen verschiedener Theorien. Diese Beziehungen werden durch Pfeile dargestellt. Fast all diese Beziehungen (Pfeile) betreffen jeweils nur einen einzigen Zeitpunkt. Die einzige Ausnahme bildet die Beziehung von T_2^2 zu T_5^3. Dort spielen zwei verschiedene Zeitpunkte eine Rolle. Weiter sieht man, dass Theorien zu verschiedenen Zeitpunkten entstehen und enden können. Zu welcher Art die Bänder in einem Netz genauer gehören, bleibt in dieser Abbildung offen. Eine Beziehung kann zwar innerhalb nur einer Theorie stattfinden, sie wird dann aber nicht zu einem Band dazugerechnet. Im wissenschaftstheoretischen Modell **x** führt jedes Band von einer Theorie zu mindestens einer anderen Theorie.

Nicht nur Theorien ändern sich, auch Theoriennetze und wissenschaftstheoretische Modelle. Änderungen von wissenschaftstheoretischen Modellen werden durch Beziehungen zwischen Zuständen des wissenschaftstheoretischen Modells beschrieben. Aus zwei verschiedenen Theorien des wissenschaftstheoretischen Modells können Zustände dieser Theorien betrachtet werden, die im wissenschaftstheoretischen Modell zur gleichen Zeit existieren.

Nach dieser Diskussion der Zeit können wir uns der genauen Formulierung des wissenschaftstheoretischen Modells zuwenden und erinnern uns zunächst an die bis jetzt beschriebenen Komponenten. Ein wissenschaftstheoretisches Modell x enthält Theorien $T_1,...,T_\sigma$, Bänder $B_1,...,B_\xi$ zwischen diesen Theorien und eine Zeitkomponente $\langle Z, < \rangle$. Jede Theorie T_i hat die Form

$$T_i = \langle STR_i, M^i_p, M_i, S_i, C_i, I_i, Z_i, <_i, D_i, h_i, dist_i \rangle,^{[63]}$$

wobei STR_i die Struktur, M^i_p die Menge der potentiellen Modelle, M_i die Menge der Modelle, S_i die Menge der mögliche Systeme, C_i die Querverbindungen, I_i die Menge der intendierten Systeme, $\langle Z_i, D_i, <_{i,} h_i \rangle$ die Faktenentwicklung und $dist_i$ der Approximationsapparat von T_i ist.

Eine Faktenentwicklung $\langle Z_i, D_i, <_i, h_i \rangle$ einer Theorie T_i besteht aus einer Menge Z_i von Zeitpunkten, einer Menge D_i von Faktensammlungen, einer *später als* Relation $<_i$ und einer Faktengeschichte h_i. Die Faktengeschichte h_i ordnet jedem Zeitpunkt die Menge der zu diesem Zeitpunkt intendierten Faktensammlungen zu: $h_i(z) \subseteq D_i$. h_i ist also eine Funktion der Form $h_i: Z_i \to \wp(D_i)$. Etwas inhaltlicher gesagt, enthält ein Funktionswert $h_i(z)$ genau diejenigen Faktensammlungen von T_i, die zum Zeitpunkt z in der Forschergruppe der Theorie gesammelt wurden und ihr damit bekannt sind. Die Menge – den Funktionswert – $h_i(z)$ nennen wir auch die Menge der Faktensammlungen (der Theorie T_i) zum Zeitpunkt z und bezeichnen sie kurz mit $D_i[z]$:

(17.9) $D_i[z] := h_i(z)$, wobei $D_i[z] \subseteq D_i$.

Die Zeitpunkte wurden aus den Theorien aufgesammelt und in die Menge $\mathbf{Z}$ geschoben:

$$\mathbf{Z} = \cup_i Z_i.$$

---

[63] Dabei lassen sich die Komponenten M^i_p, S_i und I_i formal eliminieren: $T_i = \langle STR_i, M_i, C_i, Z_i, <_i, D_i, h_i, dist_i \rangle$.

Die *später als* Relation $\prec$ muss so festgelegt werden, dass sie erstens die Hypothesen 17.1 – 17.3 erfüllt und zweitens, dass die „lokalen" *später als* Relationen $<_i$ konsistent in die *später als* Relation $\prec$ eingebettet werden können. Wir tun dies hier in formalistischer Weise (Ü17-5). Wir fordern, dass, relativ zu jeder Theorie T_i, die Beziehungen $z <_i z'$ und $z \prec z'$ identisch sind (siehe PM5 unten).

In Abschnitt 16 wurde der Begriff des Bandes zwischen Theorien eingeführt. In dem hier formulierten wissenschaftstheoretischen Modell **x** fassen wir diesen Begriff spezieller. Wir sagen nicht, dass ein Band zwischen Theorien T und T^*, sondern zwischen potentiellen Modellen M_p und potentiellen Modellen M_p^* besteht. Im Folgenden ist also ein Band B eine Menge von Paaren von potentiellen Modellen $\langle x, x^* \rangle$, wobei x ein potentielles Modell aus $M_p(T)$ und x^* ein potentielles Modell aus $M_p^*(T^*)$ ist. Im allgemeinen Fall besteht ein Band B aus einer Liste $\langle x_1,..., x_n \rangle$ von potentiellen Modellen aus verschiedenen Theorien $T_1,...,T_n : B \subset M_p^1 \times ... \times M_p^n$, wobei jedes M_p^i die Menge der potentiellen Modelle von T_i ist.

Schließlich führen wir für die Hypothesen der Theorie der Wissenschaften eine neue Relation *hist* – die *Netzgeschichte* – ein, welche die Veränderungen der Theorien und spezieller der Faktensammlungen auf einheitliche Weise beschreibt. Durch die Netzgeschichte *hist* werden Zeitpunkte, Theorien und Mengen von Faktensammlungen in eine Beziehung gesetzt, kurz: $hist \subset \mathbf{Z} \times \mathbf{T} \times \mathbf{D}$. Wenn z ein Zeitpunkt, T eine Theorie und $D[z]$ eine Menge von Faktensammlungen zum Zeitpunkt z ist, besagt $hist(z,T,D[z])$, dass Theorie T mit der Menge der Faktensammlungen $D[z]$ genau zum Zeitpunkt z in Beziehung steht. Da $D[z]$ eine *Menge* von Faktensammlungen ist, muss **D** die Potenzmenge der Menge aller Faktensammlungen sein (siehe PM6). Zu einem Zeitpunkt kann es mehrere Theorien und dazugehörige Faktensammlungen geben. Formal lässt sich dies so ausdrücken: $hist(z,T, D[z])$ und $hist(z,T^*, D^*[z])$ kann gelten, auch wenn $\langle T, D[z] \rangle \neq \langle T^*, D^*[z] \rangle$.

Mit all diesen Komponenten können wir einen Rahmen – ein potentielles wissenschaftstheoretisches Modell – konstruieren und in diesem Rahmen dann die wissenschaftstheoretisch interessanten wissenschaftstheoretischen Modelle formulieren.

$\mathbf{x}_p$ ist ein *potentielles wissenschaftstheoretisches Modell der Wissenschaften* genau dann, wenn es Mengen **Z**, **T**, **D**, **MB**, $\prec$ und *hist* gibt, so dass gilt:

(17.10) $\mathbf{x}_p = \langle \mathbf{Z}, \mathbf{T}, \mathbf{D}, \mathbf{MB}, \prec, hist \rangle$ und

PM1 $\langle \mathbf{Z}, \prec \rangle$ ist eine Zeitkomponente
PM2 **T** ist eine endliche Menge von Theorien: $\mathbf{T} = \{ T_1,...,T_\sigma \}$
PM3 jede Theorie T_i, $i \le \sigma$, hat die Form
     $T_i = \langle STR_i, M_p^i, M_i, S_i, C_i, I_i, Z_i, <_i, D_i, h_i, dist_i \rangle$

PM4 $\mathbf{Z} = \cup_{i=1...\sigma} Z_i$

PM5 für alle T_i, alle Z_i und für alle $z, z' \in Z_i$ gilt: $z <_i z'$ genau dann, wenn $z \prec z'$

PM6 $\mathbf{D}$ ist eine endliche Menge und $\mathbf{D} = \wp(D_1 \cup ... \cup D_\sigma)$

PM7 $\mathbf{MB}$ ist eine Menge von Bändern und für jedes Band $B \in \mathbf{MB}$ gibt es Indizes $j_1, ..., j_u$, so dass $B \subset M_p^{j1} \times ... \times M_p^{ju}$

PM8 $\mathit{hist} \subset \mathbf{Z} \times \mathbf{T} \times \mathbf{D}$

PM9 für jede Theorie T_i, für jeden Zeitpunkt $z \in Z_i$ und für jede Menge $D^* \subseteq D_i$ gilt:[64] $\mathit{hist}(z, T_i, D^*)$ genau dann, wenn $h_i(z) = D^*$

PM10 für jedes Band $B \in \mathbf{MB}$ gibt es Theorien $T_{i1}, ..., T_{iu} \in \mathbf{T}$ und einen Zeitpunkt $z \in \mathbf{Z}$, so dass $\langle T_{i1}, z \rangle, ..., \langle T_{iu}, z \rangle$ Zustände zu z sind, (das heißt: $T_{i1} = \langle ..., Z_{i1}, ... \rangle, ..., T_{iu} = \langle ..., Z_{iu}, ... \rangle$ und $z \in Z_{i1} \cap ... \cap Z_{iu}$)

PM11 für jeden Zeitpunkt z aus $\mathbf{Z}$ gibt es eine nicht leere Gleichzeitigkeitsklasse $GLK(z)$ von Zuständen.

Ein potentielles wissenschaftstheoretisches Modell $\mathbf{x_p}$ der Theorie der Wissenschaften besteht kurz gesagt aus einer Menge von Zuständen der Theorien, zwischen denen Gleichzeitigkeitsschnitte gelegt werden und die durch Bänder in Beziehungen stehen.

Einige der gerade formulierten Bedingungen lassen sich in Abbildung 17.2 oben gut verstehen. Zu jedem Zeitpunkt gibt es mindestens eine Theorie. In einer Theorie gibt es keine „Zeitlücken". Zum Beispiel existiert zwischen den zwei Theoriezuständen $T_2{}^1$ und $T_2{}^3$ auch der Zustand $T_2{}^2$. Die Theorie T_4 endet zum Zeitpunkt z_3. Sie existiert zum Zeitpunkt z_3, aber nicht mehr zum nächsten Zeitpunkt z_4. Sie wurde aus dem potentiellen wissenschaftstheoretischen Modell $\mathbf{x_p}$ entfernt. Anders gesagt existiert eine Theorie mit zeitlichen Zuständen über einen längeren Zeitraum hinweg; sie muss aber nicht in der Gesamtperiode existieren.

Wir können nun für das wissenschaftstheoretische Modell $\mathbf{x}$ vier Hypothesen formulieren. Dazu benutzen wir einige Hilfsdefinitionen, um diese Hypothesen auch in normaler Sprache zu verstehen. Wir gehen von einer Theorie T aus $\mathbf{T}$ und zwei Zustände $\langle T, z \rangle$ und $\langle T, z' \rangle$ dieser Theorie T aus. Wir vergleichen die Mengen $D[z]$ und $D[z']$ von Faktensammlungen zu den beiden Zeitpunkten. Wir sagen, dass die Mengen $D[z]$ und $D[z']$ *ähnlich* sind, wenn die „meisten" Faktensammlungen aus $D[z]$ auch in $D[z']$ liegen und wenn umgekehrt auch die meisten aus $D[z']$ in der Menge $D[z]$ liegen:

$$\| (D[z] \cup D[z']) \setminus (D[z] \cap D[z']) \| < \| D[z] \cap D[z'] \|.$$

---

64 In der oben eingeführten Notation würde dies folgende Form annehmen: aus $\mathit{hist}(z, T_i, D^*[z])$ folgt $h_i(z) = D^*[z]$.

Dieser Begriff der Ähnlichkeit wird auch für eine Folge $(D[z_i])_{i=1,\ldots,w}$ von Mengen von Faktensammlungen zu den verschiedenen Zeitpunkten verwendet. Für eine solche Folge soll gelten, dass sich jeweils zwei zeitlich benachbarte Faktensammlungen ähnlich sind.

Weiter führen wir Hilfsbegriffe von *Pfaden* verschiedener Arten ein, die im Zustandsraum möglich sind. Im Allgemeinen können Pfade, die von Zuständen zu Zuständen führen, zeitliche oder andere Beziehungen betreffen. Es gibt Pfade, die innerhalb einer einzigen Theorie verlaufen, es gibt Pfade, die von einer Theorie zu einer anderen Theorie führen, und Pfade, die sowohl in verschiedene Theorien als auch in verschiedene Gleichzeitigkeitsebenen verwickelt sind. Speziell definieren wir in einem potentiellen wissenschaftstheoretischen Modell $\mathbf{x}_p$ Faktenpfade, Modellpfade und Pfade von potentiellen Modellen. Ein Faktenpfad existiert zwischen Faktensammlungen und ein (potentieller) Modellpfad führt von (potentiellen) Modellen zu anderen (potentiellen) Modellen.

Dabei benutzen wir auch den Umgebungsbegriff für potentielle Modelle aus Abschnitt 8, der hier einfach durch eine reelle Zahl $\varepsilon \geq 0$ festgelegt wird. Die Umgebung eines potentiellen Modells x besteht aus allen potentiellen Modellen, die einen Abstand ε kleiner oder gleich zu x haben. In den Hypothesen HM2 und HM3 gehen wir davon aus, dass die Abstandsumgebungen in den betroffenen Theorien alle mit demselben ε ausgedrückt werden können.

Für ein Band B, welches σ Theorien aus $\mathbf{T}$ verbindet, definieren wir *die Signatur des Bandes B* wie folgt. Θ ist die *Signatur des Bandes B* genau dann, wenn es natürliche Zahlen u und $\vartheta_1,\ldots,\vartheta_u$ gibt, so dass gilt:

1) $1 < u$ und für alle $i \leq u$ ist $\vartheta_i \leq \sigma$

2) $B \subset M_p^{\vartheta 1} \times \ldots \times M_p^{\vartheta u}$

3) $\Theta = \langle \vartheta_1,\ldots,\vartheta_u \rangle$.

Das Band B enthält also Listen $\langle x_1,\ldots, x_u \rangle$ von potentiellen Modellen, so dass jede Komponente x_i ein Element von $M_p^{\vartheta i}$ ist, kurz: $x_i \in M_p^{\vartheta i}$. Die Definition der Signatur gilt natürlich auch für Bänder, die „echte" Modelle verbinden.

Wir definieren einen *Faktenpfad fpf des Bandes B* (der Signatur $\Theta = \langle \vartheta_1,\ldots,\vartheta_u \rangle$) als eine Liste $\langle y_1,\ldots, y_u \rangle$ von Faktensammlungen aus Theorien $T_{\vartheta 1},\ldots, T_{\vartheta u}$ zum Zeitpunkt z: für alle $i \leq u$: $y_1 \in D_{\vartheta i}[z]$. Auf ähnliche Weise definieren wir einen *Pfad von potentiellen Modellen mpf$_p$ des Bandes B* (der Signatur $\Theta = \langle\langle \vartheta_1,\ldots,\vartheta_u \rangle\rangle$), wenn *mpf$_p$* eine Liste $\langle x_1,\ldots, x_u \rangle$ von potentiellen Modellen x_i aus Theorie $T_{\vartheta i}$ ist, so dass diese Liste auch ein Element des Bandes ist: $\langle x_1,\ldots, x_u \rangle \in B$. Mit der Definition von Bändern sind die Komponenten x_i potentielle Modelle: $x_i \in M_p^{\vartheta i}$. Wenn alle Komponenten x_i aus einem Pfad von potentiellen Modellen auch echte Modelle sind, sprechen wir von *Modellpfaden mpf des Bandes B*. Damit haben wir Faktenpfade der Form $\langle y_1,...,$ $y_u \rangle$, Modellpfade und *Pfade von potentiellen Modellen* der Form $\langle x_1,..., x_u \rangle$ definiert. Einen Pfad $\langle x_1, x_2, x_3 \rangle$ von potentiellen Modellen und einen Faktenpfad $\langle y_1, y_2, y_3 \rangle$ zu einem Zeitpunkt z haben wir in Abbildung 17.3 graphisch dargestellt.

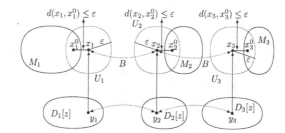

Abb. 17.3

Faktenpfade,
Modellpfade,
Passung

Die Ordnung dieser Komponenten ist durch die Signatur des Bandes B festgelegt. Die drei potentiellen Modelle bilden dabei die Mittelpunkte der jeweiligen ε-Umgebungen U_1, U_2, U_3. Weiter sind die Modellmengen M_1, M_2, M_3 dreier Theorien aus **T** und jeweils ein Modell $x_1{}^0, x_2{}^0$ und $x_3{}^0$ aus diesen Modellmengen zu erkennen. Man sieht, dass die Umgebungen die Form von Kreisen haben und damit alle dieselbe Größe, Umfang ε besitzen. Jedes der drei Modelle $x_i{}^0$ ($i = 1,2,3$) liegt einerseits in einer Modellmenge und andererseits in der entsprechenden Umgebung von $x_i{}^0$. Die gepunkteten Doppelpfeile zwischen den potentiellen Modellen stellen zwei Beziehungen zwischen x_1 und x_2 und zwischen x_2 und x_3 aus dem Band B dar. Wenn wir die beiden Beziehungen zusammenfügen, erhalten wir den Pfad potentieller Modelle $\langle x_1, x_2, x_3 \rangle$. Anders gesagt liegt der Pfad potentieller Modelle in Umgebungen der hier ausgewählten Modelle $\langle x_1{}^0, x_2{}^0, x_3{}^0 \rangle$. Der Faktenpfad führt durch die Mengen der Faktensammlungen, die durch die Signatur des Bandes geordnet sind.

Den Begriff der Passung, den wir bereits in Abschnitt 8 kennengelernt haben, übertragen wir auch auf Pfade und Bänder. Ein Band B der Signatur $\Theta = \langle \vartheta_1,...,\vartheta_u \rangle$, ein Faktenpfad *fpf* = $\langle y_1,..., y_u \rangle$ aus diesem Band B und ein Pfad von potentiellen Modellen $mpf_p = \langle x_1,..., x_u \rangle$ aus B seien gegeben. Wir sagen, dass der Faktenpfad *fpf* = $\langle y_1,..., y_u \rangle$ zum Pfad $mpf_p = \langle x_1,..., x_u \rangle$ von potentiellen Modellen *global passt*, genau dann, wenn jede Faktensammlung y_i aus *fpf* zum zugehörigen potentiellen Modell x_i aus dem Pfad von potentiellen Modellen mpf_p passt. Formal lässt sich dies kurz so ausdrücken: für alle $i \leq u$ gilt: $y_i \sqsubseteq x_i$.

Dieser Begriff kann einerseits spezialisiert werden, indem zusätzlich vorausgesetzt wird, dass alle Komponenten aus einem Pfad mpf_p auch Modelle sind. Das heißt, für alle $i \leq u$ ist x_i nicht nur ein potentielles Modell: $x_i \in M_p{}^i$, sondern auch ein echtes Modell: $x_i \in M_i$. Andererseits muss dieser Begriff auch verallgemeinert werden, so dass ein Faktenpfad *approximativ* zu einem Modellpfad passt. Ein Faktenpfad $\langle y_1,\ldots, y_u \rangle$ *passt approximativ zu* einem Modellpfad $\langle x^0{}_1, \ldots, x^0{}_u \rangle$ genau dann, wenn es einen Pfad von potentiellen Modellen $\langle x_1,\ldots, x_u \rangle$ gibt, so dass für jedes $i \leq u$ das Modell $x^0{}_i$ auch in der ε-Umgebung von x_i liegt (siehe Abbildung 17.3).

Bei den Modellpfaden spielt die Zeit keine wichtige Rolle. In der Formulierung von Faktenpfaden haben wir zunächst vorgesehen, dass solche Pfade auch durch mehrere Zeitschnitte führen können. Ein Faktenpfad wird dann so geschrieben: *fpf* $= \langle y_1,\ldots, y_u \rangle$ mit $y_1 \in D_{\vartheta 1}$ und … und $y_u \in D_{\vartheta u}$. Wenn wir den Faktenpfad auf einen gegebenen Zeitpunkt z einschränken, ändert sich diese Formulierung nur insofern, als die Mengen von Faktensammlungen $D_{\vartheta i}$ jeweils auf einen gegebenen Zeitpunkt z eingeschränkt werden: *fpf* $[z] = \langle y_1,\ldots, y_u \rangle$ und $y_1 \in D_{\vartheta 1}[z]$ und … und $y_u \in D_{\vartheta u}[z]$. Im Folgenden konzentrieren wir uns auf Passung in einem einzigen Zeitpunkt.

Wir können nun vier Hypothesen für das wissenschaftstheoretische Modell **x** formulieren.

x ist ein *wissenschaftstheoretisches Modell* genau dann, wenn **x** ein potentielles wissenschaftstheoretisches Modell der Form $\langle$ **Z, T, D, MB,** $\prec$, *hist* $\rangle$ ist:

(17.11) $\mathbf{x} = \langle$ **Z, T, D, MB,** $\prec$, *hist* $\rangle$

und folgende Hypothesen HM1 – HM4 gelten:

HM1   Jede Faktensammlung y aus einer Theorie T zu einem Zeitpunkt z passt approximativ zu einem Modell x von T.

HM2   Für alle Zeitpunkte z und $z + 1$ sind bei jeder Theorie T die Mengen zeitlich benachbarter Faktensammlungen in T ähnlich.

HM3   Für alle Zeitpunkte z gibt es ein ε ≥ 0, so dass für jedes Band B gilt, dass jeder Faktenpfad *fpf* aus B approximativ zu einem Modellpfad für B global passt.

HM4   In einem Theoriennetz passen die Faktenpfade und die Modellpfade mit der Zeit immer besser zusammen.

Etwas präziser lauten diese Hypothesen wie folgt:

HM1*   Für alle Theorien T aus **T**, Zeitpunkte z aus **Z** und Faktensammlungen y $\in D^T[z]$ zum Zeitpunkt z gibt es ein Modell $x_0 \in M^T$ und ein potentielles Modell $x \in M_p{}^T$, so dass y in x eingebettet ist und x in einer ε-Umgebung von x^0 liegt: $y \sqsubseteq x$ und $d(x, x^0) \leq ε$.

HM2* Für alle Theorien T aus **T** gilt, dass für je zwei zeitlich benachbarte Zeitpunkte z und $z + 1$ aus Z von T gilt: $D[z]$ und $D[z + 1]$ sind sich ähnlich.

HM3* Für alle Zeitpunkte $z \in$ **Z** gibt es ein $\varepsilon \geq 0$, so dass für jedes Band $B \in$ **MB** der Signatur Θ gilt: wenn *fpf* ein Faktenpfad für B ist, dann gibt es einen Modellpfad mpf_ε aus B, so dass *fpf* approximativ und global zu mpf_ε passt.

HM4* Für jeden Zeitpunkt $z \in$ **Z**, der nicht der letzte im Modell ist, gilt: wenn zu z alle Faktenpfade zu Modellpfaden im Grad ε passen, dann gibt es einen späteren Zeitpunkt z', $z \prec z'$, und ein ε', $\varepsilon' \leq \varepsilon$, so dass auch zu z' alle Faktenpfade zu Modellpfaden im Grad ε' passen.

Damit haben wir eine Weiterentwicklung des wissenschaftstheoretischen Modells von (Sneed, 1971), (Balzer, Moulines & Sneed, 1987) und (Balzer, Lauth & Zoubek, 1993) formuliert, das wissenschaftliche Prozesse, Entwicklungen und Ereignisse besser abbilden kann als bisherige Ansätze.[65, 66]

Den wissenschaftstheoretischen Modellen können auch einige soziale Aspekte – Teile von sozialen Systemen – hinzugefügt werden. Zu einem wissenschaftstheoretischen Modell lassen sich Personen und *Wissenschaftsgemeinschaften (scientific communities)*[67] hinzunehmen. Wir skizzieren kurz eine solche Erweiterung.

Eine reale Person ist ein komplexes Wesen. Für uns sind hier vier Komponenten besonders wichtig. Eine Person hat immer einen Namen; sie wird bezeichnet, zum Beispiel durch p_i. Zweitens werden ihr eine Reihe von zusammenhängenden Zeitpunkten $z^i_1, ..., z^i_r$ zugeordnet. Zu diesen Zeitpunkten z^i_j „lebt" die Person. Vom Zeitrahmen $\langle$ **Z**, $\prec \rangle$ eines wissenschaftstheoretischen Modells aus gesehen kann die Person in einer Zeitperiode $[z^i_1, ..., z^i_r]$ dargestellt werden. Drittens kann jeder Person p_i eine Menge von *Überzeugungen (beliefs)* zugeordnet werden. Eine Überzeugung ist selbst wieder eine komplexe Entität; sie lässt sich zum Beispiel in die Form *believe*(p_i, z, w, S,...) bringen. *believe*(p_i, z, w, S,...) bedeutet, dass Person p_i zum Zeitpunkt z mit Wahrscheinlichkeit w den Satz (oder den Ausdruck) S für richtig hält. Viertens wird auf ähnliche Weise eine Menge von *Einstellungen (intentions)* gebildet. Eine Einstellung lässt sich ähnlich wie eine Überzeugung beschreiben. *intention*(p_i, z,

---

65 Dies gilt auch für die heute dominanten Ansätze, in denen wissenschaftliche Überzeugungen mit *Bayes*-Netzen – das heißt: mit Mengen von satzartigen Termen – dargestellt werden.

66 Die Querverbindungen haben wir in diesem Abschnitt nur aus Einfachheitsgründen nicht berücksichtigt.

67 In der Wissenschaftsforschung wird auch von wissenschaftlichen Produktionsgemeinschaften gesprochen (Gläser, 2006).

$w, S, ...$) besagt, dass Person p_i zu z mit Wahrscheinlichkeit w die Einstellung S hat, wobei S durch einen Satz oder durch einen Ausdruck beschrieben wird.

An dieser Stelle lässt sich eine direkte Verbindung zwischen einer Person p_i und einem wissenschaftstheoretischen Modell **x** herstellen. Die Person p_i hat zu z mit Wahrscheinlichkeit w die Überzeugung, dass (approximativ) alle Fakten aus den Faktensammlungen der Theorien aus dem wissenschaftstheoretischen Modell zu diesem Zeitpunkt z richtig sind. Und auf ähnliche Weise hat die Person die Einstellung, dass die Faktensammlungen zu den Modellen der Theorien aus dem wissenschaftstheoretischen Modell zur Passung gebracht werden können. Mit anderen Worten stützt eine Person zum Zeitpunkt z die Theorien aus dem wissenschaftstheoretischen Modell **x**; sie untersucht die intendierten Systeme und ist der Überzeugung, dass die Faktensammlungen für intendierte Systeme von T zum Zeitpunkt z gesichert oder teilweise gesichert sind (Ü17-6).

Wir möchten hier nicht ins Detail gehen, sondern beschränken uns auf die folgenden Hinweise. Erstens wird einem wissenschaftstheoretischen Modell eine Menge **P** von Personenmengen hinzugefügt. Zweitens lässt sich eine bestimmte Personengruppe durch eine bestimmte Menge von wissenschaftstheoretischen Modellen oder durch die dazugehörigen Hypothesen genauer abgrenzen. Eine *Generation*[68] von Forschern ist in einem wissenschaftstheoretischen Modell **x** eine Menge von Personen, die klar umgrenzte Überzeugungen und Einstellungen in Bezug auf das wissenschaftstheoretische Modell haben. Drittens lässt sich eine Wissenschaftsgemeinschaft durch Vereinigung derjenigen Generationen bilden, die dieselben Modelle haben und verwenden.

Ein wissenschaftstheoretisches Modell kann daher so verallgemeinert werden, dass zu den verschiedenen Theorien und dem jeweiligen Zeitpunkt z Forschergenerationen hinzugenommen werden. Weiter kann beschrieben werden, welche Generation zu welcher Wissenschaftsgemeinschaft gehört. Der Netzgeschichte *hist* kann eine Menge $\wp(\mathbf{P})$ – eine Menge von Mengen von Personen – hinzugefügt werden: $\mathit{hist} \subset \mathbf{Z} \times \mathbf{T} \times \mathbf{D} \times \wp(\mathbf{P})$. Die Beziehung $\mathit{hist}(z, T, D)$ erhält eine zusätzliche Komponente P; P stellt eine Menge von Personen dar:

$$\mathit{hist}\,(z, T, D, P).$$

$\mathit{hist}(z, T, D, P)$ besagt, dass 1) T eine Theorie aus dem wissenschaftstheoretischen Modell ist, dass 2) T zum Zeitpunkt z existiert, dass 3) zu z die Faktensammlungen von T in der Menge $D[z]$ liegen und dass 4) P genau die Personen enthält, die zu z die Theorie T untersuchen und für die die Faktensammlungen aus $D[z]$ gesichert

---

68   Siehe (Balzer, Moulines & Sneed, 1987, Chap. V).

oder teilweise gesichert sind. Alle zusätzlichen Formulierungen führen zu weiteren Komponenten und Hypothesen, die dem wissenschaftstheoretischen Modell hinzugefügt werden müssen.

Damit sind die bereits in Abschnitt 2 erörterten Faktensammlungen mit Personen und Wissenschaftsgemeinschaften verbunden. In (Balzer, Moulines & Sneed, 1987) wird dies so ausgedrückt, dass eine Generation von Wissenschaftlern zum Zeitpunkt z die Modelle auf die intendierten Systeme der Theorie anwendet. Dabei kann die Faktensammlung eines intendierten Systems gesichert oder nur teilweise gesichert sein. Eine gesicherte Faktensammlung wurde durch die zum Zeitpunkt z existierende Generation und durch frühere Generationen von Wissenschaftlern so gut erforscht, dass die Wissenschaftler zum Zeitpunkt z sicher sind, dass die Fakten aus diesem System korrekt sind. Diese Punkte könnten in Abbildung 17.2 auf einfache Weise dargestellt werden. Im Zustandsraum des wissenschaftstheoretischen Modells könnten wir zu jedem Zustand eine Personenmenge hinzufügen und eine Wissenschaftsgemeinschaft ließe sich durch eine abgegrenzte Menge einzeichnen.

Auf diese Weise lässt sich der Begriff des *Fortschritts* relativ einfach ausdrücken. In einem wissenschaftstheoretischen Modell findet ein Fortschritt statt, wenn zu einem Zeitpunkt z zumindest eine nur teilweise gesicherte Faktensammlung zum nächsten Zeitpunkt gesichert oder wenigstens besser gesichert ist. Real betrachtet erhöht sich für ein Faktum zum Zeitpunkt z die Wahrscheinlichkeit, dass dieses Faktum richtig ist. Die Faktensammlung, zu dem das Faktum gehört, ist im nächsten Zeitpunkt $z + 1$ besser gesichert (Kuhn, 1970). Wie ausführlich erörtert, können solche Veränderungen auf viele verschiedene Weisen erfolgen und beschrieben werden.

Aus der Menge der wissenschaftstheoretischen Modelle lassen sich verschiedene („Meta"-) Spezialisierungen bilden. Den ersten und bis jetzt wichtigsten Fall des Begriffs des Spezialisierungsnetzes haben wir im letzten Abschnitt erörtert. Ein Spezialisierungsnetz entsteht aus einem wissenschaftstheoretischen Modell, wenn erstens die Menge der Zeitpunkte auf einen einzigen Zeitpunkt eingeschränkt wird, und wenn es zweitens nur ein einziges Band zwischen den Theorien gibt, nämlich die Spezialisierung.

Von diesem statischen Begriff kommt man auf natürliche Weise zu dem der *Theorienentwicklung*, wie sie in (Balzer, Moulines & Sneed, 1987, Chap. V) beschrieben ist. Dort wird aus einem Spezialisierungsnetz eine Folge von zeitlich indizierten Spezialisierungsnetzen. Es wird eine zeitliche Beziehung zwischen zwei zeitlich benachbarten, statischen Netzen eingeführt. Diese Beziehung besteht im Kern wiederum aus einer Spezialisierung. Einem Netz wird eine neue Theorie hinzugefügt, die im „nächsten" Netz dann existiert und welche eine Spezialisierung einer der schon vorher vorhandenen Theorien darstellt.

In Abbildung 17.4 haben wir als Beispiel die Theorienentwicklung der klassischen Partikelmechanik als ein einfaches wissenschaftstheoretisches Modell aufgezeichnet, das nur durch ein einziges Band (der Spezialisierung) zusammengehalten wird. In Abbildung 17.4 stellen alle Pfeile Spezialisierungen dar. Vier Zeitschnitte und acht Theorien sind eingezeichnet. Die Zustände der Theorien sind durch Rechtecke dargestellt. Zustände, die zur selben Theorie gehören, liegen auf einer vertikal eingezeichneten Doppellinie – oder sie existieren nur zu einem einzigen Zeitpunkt. Jede der acht Theorien hat einen Namen. Zum Beispiel hat die Theorie in der Mitte den „Namen" *freier Fall*. Diesen Namen hätten wir auch in die drei weiteren Rechtecke dieser Theorie eintragen müssen – was wir aber aus graphischen Gründen nicht getan haben. Genauso sind wir bei den anderen Theorien verfahren.

Die Theorie des *freien Falls* beschreibt eine Spezialisierung der Basistheorie der *Newton*schen Theorie. Die Basistheorie ist durch die Gleichung $f = m \cdot D^2 s$ gekennzeichnet und der freie Fall durch die bekannte Gleichung[69] $f = - m \cdot \gamma \cdot s$. Diese Gleichungen blieben zu allen vier Zeitpunkten identisch. Die Mengen der intendierten Systeme und der Faktensammlungen dieser Theorie wurden dagegen ständig größer.

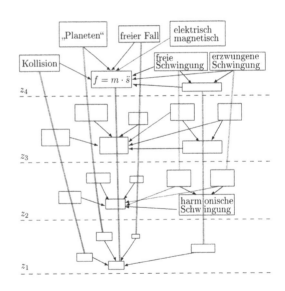

Abb. 17.4

Theorienentwicklung der klassischen Partikelmechanik

---

69 Siehe zum Beispiel (Balzer, Moulines & Sneed, 1987, Chap. IV).

Zum ersten Zeitpunkt z_1 enthält das wissenschaftstheoretische Modell fünf Theorien. Die Basistheorie ($f = m \cdot D^2 s$), die Stoßtheorie („Kollision"), die Gravitationstheorie („Planeten"), die Theorie des freien Falls („freier Fall") und die Theorie der harmonischen Schwingungen („harmonische Schwingung"). Im zweiten Zeitpunkt wurde die Theorie der harmonischen Schwingung weiter zur Theorie der freien und der erzwungenen Schwingung aufgespalten. Im Zeitpunkt z_3 gibt es keine Änderung – jedenfalls keine, die wir hier beschreiben – und zum letzten Zeitpunkt z_4 ist die Theorie der magnetischen und elektrischen Systeme hinzugekommen.

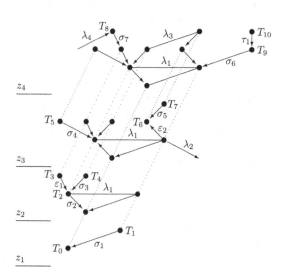

Abb. 17.5

Ein wissenschafts-
theoretisches Modell
als Netz

In Abbildung 17.5 haben wir ein allgemeines wissenschaftstheoretisches Modell als ein Netz aufgezeichnet, wobei die verschiedenen Arten von Bändern angegeben sind. Einige dieser Bänder hatten wir bereits an anderen Stellen erörtert.

Wissenschaftstheoretische Modelle dieser Art scheinen etwas zu grob beschrieben zu sein. Überzeugungssysteme der Forscher zum Beispiel, die in Wirklichkeit vorhanden sind, kann man in unseren Modellen nicht finden. Auf derartige Lücken haben wir in Abschnitt 1 bereits hingewiesen. Die Untersuchung von Überzeugungssystemen führt in die soziale Ebene. Rekonstruktionen aus der Handlungsebene wurden, soweit wir wissen, noch nicht versucht. Wir haben aber von Anfang an auch darauf hingewiesen, dass es ziemlich einfach ist, einen Kontakt zwischen unseren Modellen und Satzmengen – insbesondere Überzeugungen – herzustellen. Wie oben beschrieben, lassen sich wirkliche Überzeugungen von Forschern genauer abbilden und in das wissenschaftstheoretische Modell integrieren.

An dieser Stelle ist es zweckmäßig, in der Zeitstruktur eine zweite Zeitebene einzuziehen, in der zwischen zwei zeitlich benachbarten Zeitpunkten endlich viele, weitere *Mikrozeitpunkte* eingeschoben werden können. Die im wissenschaftstheoretischen Modell schon bestehende später-Beziehung $\prec$ wird auf natürliche Weise erweitert. Dies lässt sich am einfachsten durch Doppelindizes bewerkstelligen. Die Elemente der vorhandenen Menge $\mathbf{Z}$ von Zeitpunkten indizieren wir durch untere Indizes: $\mathbf{Z} = \{z_1, ..., z_n\}$, $z_1 \prec ... \prec z_n$. Zwischen zwei zeitlich benachbarten Zeitpunkten z_i und z_{i+1} werden weitere Zeitpunkte eingefügt. Wir bezeichnen diese durch $z_i^1, ..., z_i^k$ und die dazugehörige Ordnung so: $z_i = z_i^1 \prec ... \prec z_i^k = z_{i+1}$.

Ein Paar der Form $\langle z_i, z_{i+1} \rangle$ nennen wir eine *minimale Periode* (zwischen z_i und z_{i+1}) und $[z_i, z_j]$ *die Periode zwischen* z_i *und* z_j. Dabei kann j gleich $i + 1$ oder eine größere Zahl sein: $i + 1 < j \leq n$. Der Zeitpunkt z_i ist der *Anfangspunkt* und z_j der *Endpunkt* der Periode.

Diese Technik der Doppelindizierung kann bis zum vorletzten Zeitpunkt angewendet werden. Beim vorletzten Zeitpunkt des Originalnetzes $z_i = z_{i-1}$ können noch neue Zeitpunkte $z_{n-1}^1, ..., z_{n-1}^k$ hinzufügt werden: $z_{n-1} = z_{n-1}^1 \prec ... \prec = z_{n-1}^k = z_n$.

Bei der Anzahl der Mikrozeitpunkte halten wir uns bedeckt. Die Anzahl der Mikrozeitpunkte zwischen Makrozeitpunkten kann unterschiedlich sein. Wir können so die Anzahl der Mikrozeitpunkte vom jeweiligen Ausgangszeitpunkt flexibel halten. Wir können zum Beispiel bei zwei benachbarten Zeitpunkten z_i und z_{i+1} zwei Mikrozeitpunkte und zwischen z_j und z_{j+1} 15 neue Zeitpunkte einfügen. Diese allgemeine Notationstechnik haben wir in Abbildung 17.6 bildlich dargestellt. Wenn wir hier die Zeilen vertikal lesen, sehen wir, dass $z_1 = z_1^1$, $z_2 = z_1^{k-1} = z_2^1$, $z_{n-1} = z_{n-2}^{k(n-2)} = z_{n-1}^1$ und allgemein – wenn $i < n$ ist – $z_i = z_i^1 = z_{n-1}^{k(n-1)}$ und $z_{i+1} = z_{i+1}^1 = z_i^{k-i}$ gilt.

Diese Doppelindizierung führt oft zu einem Übermaß an Indizierungen das wir aber in diesem Buch vermeiden können, da wir hier nur „zeitlich lokale" Veränderungen erörtern. Wenn es nur um zwei benachbarte (Mikro-) Zeitpunkte geht, können wir die unteren Indizes einsparen.

Abb. 17.6

Indizierung von Zeit- und Mikrozeitpunkten

Im wissenschaftstheoretischen Modell lassen sich die in den vorangegangenen Abschnitten behandelten statischen Beziehungen zwischen Theorien (oder Teilen derselben) genauer darstellen. In diesem Buch beschränken wir uns auf eine genauere Untersuchung des Begriffs der Spezialisierung. Aus einer Spezialisierung wird ein Spezialisierungsprozess.

Wir gehen von einem gegebenen wissenschaftstheoretischen Modell x, einem Zeitpunkt z_i und einer Theorie T der Form $\langle ..., M, D, ... \rangle$ aus. Der Spezialisierungsprozess findet zwischen den Zeitpunkten z_i und z_{i+1} statt. Wir führen daher einige Mikrozeitpunkte zwischen z_i und z_{i+1} ein und lassen den Index i im Folgenden weg: $z_i = z = z^1$, z^2, z^3,..., $z^5 = z + 1 = z_{i+1}$. Die Zustände von T bezeichnen wir daher so: $\langle T, z^1 \rangle$, $\langle T, z^2 \rangle$,..., $\langle T, z^5 \rangle$, wobei sich die Mengen der Faktensammlungen so darstellen: $D[z^1]$,...,$D[z^5]$.

Im Prinzip kann eine Spezialisierung verschiedene Formen annehmen. Wir beschreiben hier nur eine besonders häufige Form, bei der ein neues Phänomen entdeckt wird, das in keinem der intendierten Systeme von T unterzubringen ist.

In einer ersten Zeitphase z^1 ($z_i = z = z^1$) wird ein neues Phänomen w entdeckt. Dieses Phänomen kann erstens mit der Begrifflichkeit der Theorie T betrachtet werden. Zweitens stellt sich heraus, dass dieses Phänomen zu anderen Phänomenen dieser Theorie ähnlich ist.

In der zweiten Zeitphase z^2 wird versucht, das Phänomen in eines der intendierten Systeme zu integrieren. Im hier beschriebenen Prozess wird aber kein derartiges intendiertes System gefunden. Da die Begrifflichkeit der Theorie bei der Untersuchung des Phänomens verwendet werden kann, wird ein neues System des Typs der Modelle für Theorie T entworfen. Es wird begonnen, Fakten für das System zu produzieren oder zu sammeln. Zu z^2 wird der Menge $D[z^1]$ eine neue Faktensammlung y hinzugefügt: $D[z^2] = D[z^1] \cup \{y.\}$ Aus $D[z^1]$ wird $D[z^2]$.

In einer dritten Zeitphase z^3 wird überprüft, ob sowohl das neue System y alleine, als auch die Gesamtmenge $D[z^2]$ der Faktensammlungen zu den Hypothesen von T passen. Die Prüfung kann positiv oder negativ ausfallen.

Im positiven Fall bleibt die Theorie T und der Zustand $\langle T, z^3 \rangle$ unverändert. Da auch die erweiterte Menge $D[z^2] = D[z^3]$ von Faktensammlung zu den Hypothesen passt, wird das System y für die Gruppe ebenfalls als ein intendiertes System bezeichnet. Obwohl in dieser Situation kein Anlass besteht, eine neue Theorie für das Phänomen zu entwickeln, gibt es trotzdem die Möglichkeit eine neue Theorie zu konstruieren – aus welchen anderen Gründen auch immer.

Im negativen Fall passen die Faktensammlungen $D[z^2]$ aber nicht zur Theorie T. Bei Hinzunahme des neuen Faktums wird der wissenschaftliche Anspruch so problematisch, dass dieser Anspruch auch approximativ nicht mehr zu halten ist.

In diesem Fall wird das Phänomen und das dazugehörige System y aus $D[z^2]$ wieder entfernt. Aus $D[z^2] = D[z^1] \cup \{y\}$ wird wieder $D[z^3] = D[z^1]$.

In einer nächsten Zeitphase z^4 wird nach einer neuen Hypothese gesucht, mit der die problematische Faktensammlung y zur Passung gebracht werden kann. Die Forscher konstruieren eine Hypothese und diskutieren darüber. Damit wird eine neue, speziellere Theorie hervorgebracht. Das neue Phänomen und das dazugehörige neue System y wird als eine Faktensammlung für die neue Hypothese etabliert. Es wird geprüft, ob die neue Hypothese zur Faktensammlung passt. Wir gehen im Folgenden davon aus, dass $D[z^4]$ zur Hypothese passt. Damit ist eine neue Theorie T^0 festgeschrieben, die bis jetzt nur über einen einzigen Zustand $\langle T^0, z^4 \rangle$ verfügt.

In einer fünften Phase z^5 wird untersucht, auf welche Weise die neue Theorie T^0, spezieller der Zustand $\langle T^0, z^4 \rangle$, mit der Theorie T, spezieller mit dem Zustand $\langle T, z^4 \rangle$, in Verbindung steht. Im einfachsten und hier nur erörterten Fall wird gefragt, ob die neue Theorie T^0 eine Spezialisierung der Originaltheorie T ist. Dies ist der Fall, wenn erstens die Hypothesen der Originaltheorie T aus den neuen Hypothesen abgeleitet werden können und wenn zweitens alle Faktensammlungen aus D^0 auch in D liegen.

Wenn die neue Theorie T^0 keine Spezialisierung der Originaltheorie T ist, trennt sich im Wandlungsprozess die neue Theorie völlig von der alten. Die neue Theorie wird im wissenschaftstheoretischen Modell nicht durch eine Spezialisierung, sondern durch ein anderes Band eingebaut. Diesen Weg verfolgen wir nicht weiter.

Der unangenehme Fall tritt auf, wenn man die neue Theorie T^0 als eine Spezialisierung der Originaltheorie T ansehen möchte. Erstens muss geprüft werden, ob die alten Hypothesen aus der neuen Hypothese abgeleitet werden können. Diese Frage lässt sich meist schnell beantworten. Wir gehen vom positiven Fall aus, dass T aus T^0 abgeleitet wurde: $M^0 \subset M$. Nun soll entschieden werden, ob die Menge D^0 eine Teilmenge von D ist. Dies wurde aber im hier diskutierten Entscheidungsast zum Zeitpunkt z negativ entschieden. Das heißt, dieser Fall tritt unter den verschiedenen Möglichkeiten nicht mehr auf.

Wieso sind solche Fälle in den statischen Spezialisierungsnetzen möglich? Die Antwort darauf ist: In der Zeitphase z^3 wird bei statischer Betrachtung *immer* positiv entschieden, dass die erweiterte Menge von möglichen Faktensammlungen zur Modellmenge M passt. Dies liegt daran, dass T eine Basistheorie eines Teilnetzes ist, dessen wissenschaftlicher Anspruch auch zum Zeitpunkt z^3 inhaltsleer bleibt. Dieser Fall wurde bereits weiter oben erörtert. Mit anderen Worten passt jede *mögliche* Menge von Systemen der richtigen Form zur Modellmenge M. Daher kann der in z^3 erörterte Fall, dass die erweiterte Menge $D \cup D^0$ nicht zu M passt, ausgeschlossen werden. Inhaltlich lässt sich dieser Sachverhalt auch so verstehen: Die Menge der Faktensammlungen wird einfach und ohne großes Nachdenken erweitert, weil die Basishypothesen alles darstellen können, was in der vorhandenen Begrifflichkeit ausdrückbar ist (Ü17-7).

Schließlich beschreiben wir kurz einen weiteren dynamischen Aspekt, der bei Mikrobeschreibungen oft wichtig wird. Inhaltlich geht es darum, eine Theorie T Schritt für Schritt („induktiv") zu verbessern, ohne dass die Theorie als Ganzes verändert werden muss. Zu jedem Mikrozeitpunkt z^j wird der Theorie T jeweils eine neue Faktensammlung hinzugefügt. Solche Systeme stammen zum Beispiel aus Laborexperimenten. Jede dieser neuen intendierten und überprüften Faktensammlungen leistet bei der jeweiligen Theorie nur einen sehr kleinen Beitrag zum wissenschaftlichen Fortschritt. Aber nach vielen Schritten werden diese marginalen Wissenserweiterungen doch wahrgenommen. Manchmal entwickelt sich dadurch auch eine neue Dynamik, die sich zu einem früheren Zeitpunkt nicht vorhersagen ließ.

Wir belassen die Erörterung auf der graphischen Ebene. Wir gehen in Abbildung 17.7 von einem Pfad $\langle T^0, z \rangle$, $\langle T^0, z^1 \rangle$,..., $\langle T^0, z^{n+4} \rangle$ von Zuständen einer Theorie T^0 aus. z^1,...,z^{n+4} bezeichnen Mikrozeitpunkte. Im wissenschaftstheoretischen Modell sehen wir links einen Pfad von Zuständen $\langle T^0, z \rangle$, $\langle T^0, z^1 \rangle$,..., der von Anfang an existiert, während der mittlere Pfad T^* erst später hinzukommt.

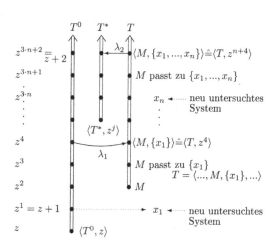

Abb. 17.7

Marginale
Wissenserweiterung

Der hier dargestellte Prozess beginnt mit der Wahrnehmung eines neuen Phänomens, das nach einigem Nachdenken von den Forschern durch ein System x_1 mit schon bekannten Begriffen einer Theorie T^0 im Zustand $\langle T^0, z\rangle$ beschrieben wird. Dies ist zur Zeit z^1 durch einen gepunkteten Pfeil dargestellt. Im nächsten Zeitpunkt z^2 wurde eine Hypothese und die zugehörige Modellmenge M formuliert. Im nächsten Zeitpunkt z^3 wurde bestätigt, dass diese Hypothese zum neuen System x_1 passt. Durch die Aktivitäten der Forschergruppe entsteht damit eine neue Theorie $T = \langle \dots, M, \{x_1\}, \dots\rangle$. Zum Zeitpunkt z^4 ist ein Zustand $\langle T, z^4\rangle$ dieser neuen Theorie T abgebildet. In den nächsten Zeitpunkten wird jeweils ein weiteres System derselben Art wie x_1 bei T hinzugefügt. Dies geschieht n Mal.

Zu z^4 wird auch ein Band λ_1 vom Zustand $\langle T^0, z^4\rangle$ von T^0 zum Zustand $\langle T, z^4\rangle$ von T eingezeichnet, das im Prozess teilweise auch schon zuvor verwendet wurde. Im nächsten Zeitpunkt entsteht im Netz unabhängig von $\langle T, z^4\rangle$ eine neue Theorie T^*, deren Zustand $\langle T^*, z^j\rangle$ zum Zeitpunkt z^j zu sehen ist. Nach $3 \cdot n$ Schritten enthält die Theorie T im Zustand $\langle T, z^{3 \cdot (n+2)}\rangle$ die Menge $\{x_1, \dots, x_n\}$ von Faktensammlungen. Zu diesem Zeitpunkt wird ein Band zur neuen Theorie T^* im Zustand $\langle T^*, z^{3 \cdot (n+2)}\rangle$ geknüpft. Der durch die Modellmenge M bestimmte Pfad hat sich als eine stabile, längerfristige Theorie entfaltet, die auch mit anderen Theorien aus dem wissenschaftstheoretischen Modell **x** verbunden wurde.

Wissenschaftstheorie und Wahrscheinlichkeit

In Abschnitt 11 wurden einige zentrale Begriffe der Wahrscheinlichkeitstheorie und eine lokale Anwendung vorgestellt. In diesem Abschnitt erörtern wir schließlich, wie sich die Wahrscheinlichkeitstheorie in einem Theoriennetz und in einem wissenschaftstheoretischen Modell verwenden lässt. Bevor wir dies tun, möchten wir kurz eine zweite Formulierung der Wahrscheinlichkeitstheorie (*Bayes Statistik*) skizzieren, die durch den Einsatz von Computern immer wichtiger wird.

Bei der *Bayes* Statistik wird die Wahrscheinlichkeit einer Aussage zugeordnet – nicht einem Ereignis. Damit wird die Wahrscheinlichkeit mehr in die Sprache verlegt. Dies klingt zuerst einmal recht gut, weil dadurch die Formulierung von Wahrscheinlichkeiten sprachlich einfacher auszudrücken ist. Real betrachtet *ist* der Zufall allerdings keine rein sprachliche Angelegenheit.

Die Formulierung der *Bayes* Statistik lässt sich im Prinzip in die Standardformulierung der Wahrscheinlichkeitstheorie übersetzen und *vice versa*. Jede Aussage bezeichnet ein Ereignis. Relativ zu einer Anwendung lassen sich Aussagen in elementare und in komplexe Aussagen unterteilen. In Abschnitt 11 wurden Ereignisse, die durch Aussagen beschrieben werden, in Elementarereignisse oder Zufallsereignisse eingeteilt. Zum Beispiel ist „Peter M. wählt gerade CDU" eine elementare Aussage, die ein Elementarereignis bezeichnet. Dagegen ist „Die Mehrheit wählt gerade CDU" eine komplexe Aussage, die ein Zufallsereignis ausdrückt. Umgekehrt gibt es bei der Übersetzung von Ereignissen in Aussagen ein gewisses Problem, weil bei der Formulierung von Aussagen normalerweise keine verschiedenen Mengenebenen thematisiert werden. Um (überabzählbar) unendlich viele mögliche Ereignisse durch eine einzige „normale" Aussage auszudrücken, sollten eigentlich in der Aussage auch Symbole für Mengen vorkommen – was aber kaum der Fall ist.

Bei Aussagen wird zwischen Typen und konkreten Aussagen (Ausprägungen) unterschieden. Real gesehen kann (muss aber nicht) eine konkrete Aussage ein Elementarereignis und ein Aussagentyp kann (muss aber nicht) ein Zufallsereignis bezeichnen.

© Springer Fachmedien Wiesbaden GmbH, ein Teil von Springer Nature 2019
W. Balzer und K. R. Brendel, *Theorie der Wissenschaften*,
https://doi.org/10.1007/978-3-658-21222-3_19

Ein Wahrscheinlichkeitsraum (kurz: W-Raum) der *Bayes* Statistik wird aus einer Menge **G** von *Aussagen* gebildet. Zwischen Aussagen bestehen drei Arten von Beziehungen. Zwei Aussagen *A* und *B* können mit *und* ($\wedge$) oder auch mit *oder* ($\vee$) verbunden werden: $A \wedge B$ und $A \vee B$.[70] Bei einer dritten Beziehung wird aus einer Aussage *A* „die" Negation *B* von *A* gebildet: $B = \neg A$. Zwei Aussagentypen T („Tautologie") und $\perp$ („Kontradiktion") werden hervorgehoben. Der Aussagentyp T ist immer richtig, wahr oder im größten Grad wahrscheinlich und der Aussagentyp $\perp$ ist immer falsch; er hat die Wahrscheinlichkeit Null. Die entsprechenden Hypothesen lauten für alle Aussagen *A* aus G: $A \wedge T = A$ und $A \vee \perp = A$.

Eine Menge **G** von Aussagen wird zusammen mit diesen drei Beziehungen eine Aussagenalgebra (Novikov, 1973) genannt, Sie erfüllt die folgenden Hypothesen. Für alle Aussagen *A,B,C* aus **G** gilt:

A1 $A \wedge B = B \wedge A$ und $A \vee B = B \vee A$

A2 $(A \wedge B) \wedge C = A \wedge (B \wedge C)$ und $(A \vee B) \vee C = A \vee (B \vee C)$

A3 $A \wedge (B \vee C) = (A \vee B) \wedge (A \vee C)$ und
       $A \vee (B \wedge C) = (A \wedge B) \vee (A \wedge C)$

A4 $\neg (A \vee B) = \neg A \wedge \neg B$ und $\neg (A \wedge B) = \neg A \vee \neg B$

A5 $A \wedge T = A$ und $A \vee \perp = A$.

Diese Hypothesen lassen sich auch auf unendlich viele Aussagen verallgemeinern.

Die zentrale Komponente eines W-Raums der *Bayes* Statistik ist die bedingte Wahrscheinlichkeitsfunktion p^b. Diese hat zwei Argumente *A* und *B* für Aussagen und ein Funktionswert α ist eine reelle Zahl, die eine Wahrscheinlichkeit ausdrückt. Die bedingte Wahrscheinlichkeitsfunktion p^b hat also folgende Form:

$$p^b : \mathbf{G} \times \mathbf{G} \to [0,1].$$

In der *Bayes* Statistik ist es inzwischen üblich, die beiden Argumente *A* und *B* durch ein eigenes Symbol auseinander zu halten. Statt $p^b(A,B)$ wird $p^b(A \mid B)$ geschrieben. $p^b(A \mid B) = \alpha$ besagt, dass Aussage *A* die bedingte Wahrscheinlichkeit α in Bezug auf die Aussage *B* hat.

Das Beispiel des Würfelwurfes haben wir bereits in Abschnitt 11 auf klassische Weise dargestellt. Ein Elementarereignis lässt sich zum Beispiel durch den Satz „Nach dem Wurf liegt die Zahl 1 auf der oberen Seite des Würfels" beschreiben. In der Variante von *Bayes* wird diesem Satz, dieser Aussage, direkt eine Wahrschein-

---

70 Oft wird statt $A \wedge B$ einfach AB und statt $A \vee B$ kurz $A + B$ geschrieben, was aber in diesem Buch nur zu Verwirrung führen würde.

lichkeit zugeordnet. Dasselbe gilt auch für die Zahlen 2,...,6. Die so entstehenden sechs Aussagen werden meist wieder durch die Zahlen 1,...,6 abgekürzt. Auch die zugehörigen Zufallsereignisse (Mengen) lassen sich durch Aussagen beschreiben. Zum Beispiel ist {1} ein Zufallsereignis – eine Menge, die genau ein einziges Element, nämlich die Zahl „1", enthält. Diese Menge lässt sich aber auch durch eine Aussage beschreiben: „Die Menge {1} besteht aus dem einzigen Element 1". Aus den 6 elementaren Aussagen und den zwei Grenzaussagen „$1 \vee 2 \vee ... \vee 6$ ($= \top$)" und „$\neg$ ($1 \wedge ... \wedge 6$) ($= \perp$)" lassen sich die restlichen Aussagen mit *und, oder* und *nicht* zusammensetzen.

Normalerweise wird in diesem Beispiel vorausgesetzt, dass der Würfel homogen ist. Alle Seiten des Würfels haben die gleiche Wahrscheinlichkeit, oben zu liegen. Dies muss aber nicht so sein. Wenn zum Beispiel auf der Seite 1 eine Schicht Blei aufgetragen wurde, während der restliche Würfel aus Plastik besteht, ist die klassische Wahrscheinlichkeit, dass 1 oben liegt, kleiner, als die Wahrscheinlichkeit, dass zum Beispiel 2 oben liegt. Dies lässt sich auch mit bedingten Wahrscheinlichkeiten ausdrücken. Dabei ist es nicht erforderlich weitere Aussagen hinzuzunehmen. Bei Gleichverteilung können wir schreiben $p^b(1 \mid \top) = 1/6 = ... = p^b(6 \mid \top)$. Wenn die bedingten Wahrscheinlichkeiten nicht gleichverteilt sind, können wir zum Beispiel $p^b(1 \mid \top) \neq 1/6$ schreiben.

In der *Bayes* Variante werden drei Hypothesen benutzt. Für alle Aussagen A,B,C aus **G** gilt:

BW1 $p^b(A \wedge B \mid C) = p^b(A \mid C) \times p^b(B \mid A \wedge C) = p^b(B \mid C) \times p^b(A \mid B \wedge C)$
BW2 $p^b(\top \mid A) = 1$
BW3 $p^b(A \mid B) + p^b(\neg A \mid B) = 1$.

In dieser Formulierung hat ein W-Raum die Form

$$\langle \mathbf{G}, \mathfrak{R}, \wedge, \vee, \neg, \top, \perp, p^b \rangle,$$

so dass die oben formulierten Bedingungen A1) – A5) und die drei Hypothesen BW1 – BW3 gelten. Die Hypothesen BW2 und BW3 lassen sich gut verstehen. In BW2 ist die erste Aussage $\top$ immer richtig, auch wenn eine Bedingung A hinzugekommen ist. Die bedingte Wahrscheinlichkeit von $\top$ ist maximal – auch bei einer Nebenbedingung. BW3 besagt, dass die bedingte Wahrscheinlichkeit von A zusammengenommen mit der Negation $\neg A$ immer 1 ergibt, unabhängig davon, welche Bedingung hinzugenommen wird. BW1 ist dagegen nur schwer zu verstehen.

Wir holen hier etwas weiter aus. In einem klassisch formulierten W-Raum lässt sich die *bedingte Wahrscheinlichkeit* eines Zufallsereignisses a, bedingt durch ein Zufallsereignis b, explizit definieren:

(18.1) $p(a/b) = p(a \cap b) / p(b)$.

Zuerst wird der Durchschnitt $a \cap b$ beider Zufallsereignissen gebildet und die zugehörige Wahrscheinlichkeit $p(a \cap b)$ bestimmt. Dann wird diese Wahrscheinlichkeit auf das Zufallsereignis b relativiert. Mit anderen Worten wird die relative Häufigkeit von a auf den Bereich von b begrenzt und $p(a \cap b)$ wird durch $p(b)$ dividiert.

Je nachdem, wie die beiden Zufallsereignisse a und b genauer aussehen, kann die bedingte Wahrscheinlichkeit $p(a/b)$ kleiner oder größer als $p(a)$ sein (Ü18-1). Die vier Hauptvarianten haben wir in Abbildung 18.1 auf der nächsten Seite graphisch dargestellt. Das Zufallsereignis a und das bedingende Zufallsereignis b sind durch schwarze und gepunktete Linien dargestellt. Im Fall 1) ist b ein Teil von a. a enthält das Ereignis b, aber auch andere. Formal ist der Durchschnitt $a \cap b$ völlig in a enthalten. Über dem bedingenden Ereignis b haben wir eine Linie als Doppelpfeil eingezeichnet. Diese Linie stellt die Größe von b und auch die Größe des Durchschnitts $a \cap b$ dar.

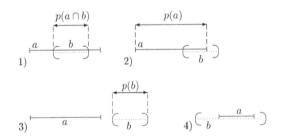

Abb. 18.1

Bedingte
Wahrscheinlichkeiten

In dieser Situation lässt sich diese Länge als die Wahrscheinlichkeit $p(b)$ von b und die Wahrscheinlichkeit $p(a \cap b)$ von $a \cap b$ interpretieren. Im Fall 2) enthält a nur einen Teil von b. Hier entfaltet die Formel (18.1) ihre volle Stärke. Wenn das bedingende Zufallsereignis b wenig mit a zu tun hat, strebt die bedingte Wahrscheinlichkeit $p(a/b)$ gegen Null. Im Grenzfall, in dem b gar nichts mit a zu tun hat, ist die bedingte Wahrscheinlichkeit $p(a/b)$ Null. Dieser Fall ist in 3) zu sehen. In 4) ist schließlich der zu 1) komplementäre Fall abgebildet. Das bedingende Zufallsereignis *b* enthält das Ereignis *a* vollständig. Die Wahrscheinlichkeit von *a* ist hier einfach ein Teil der Wahrscheinlichkeit von *b*.

Wenn wir bei Hypothese BW1 für *C* die Tautologie ⊤ wählen, bekommen wir $B \wedge C = B \wedge ⊤ = B$. Wir dividieren und erhalten $p^b(A \mid B) = p^b(A \wedge B \mid ⊤) / p^b(B \mid ⊤)$. Auf der rechten Seite ist die Bedingung ⊤ immer richtig. Das heißt, die bedingten Wahrscheinlichkeiten bekommen dieselbe Bedeutung wie in der klassischen Formulierung. Wenn wir die Aussagen *A* und *B* als Beschreibungen der Zufallsereignisse *a* und *b* interpretieren, können wir $p^b(A \wedge B \mid ⊤)$ mit $p(a \cap b)$ und $p^b(B \mid ⊤)$ mit $p(b)$ identifizieren. Wir sehen nun, dass BW1 speziell die Definition (18.1) enthält: aus $p^b(A \mid B) = p^b(A \wedge B \mid ⊤) / p^b(B \mid ⊤)$ wird $p(a \mid b) = p(a \cap b) / p(b)$. Das heißt inhaltlich: wenn das bedingende Zufallsereignis *b* die Wahrscheinlichkeit $p(b)$ hat, wird die Wahrscheinlichkeit $p(a)$ für *a* zu $p(a \cap b) / p(b)$ modifiziert.

Die bedingten Wahrscheinlichkeiten und das dazugehörige Theorem[71] von *Bayes* bilden das zentrale Element in den heute überall verwendeten *Bayes-Netzen*. In klassischer Formulierung lässt sich dieses Theorem in einem einfachen Beispiel graphisch darstellen. In Abbildung 18.2 sehen wir die Menge der Elementarereignisse Ω, die in drei disjunkte Mengen b_1, b_2, b_3 (Zufallsereignisse) unterteilt wurde ($\Omega = b_1 \cup b_2 \cup b_3$). Das Zufallsereignis *a* kann durch folgende Gleichung analysiert werden (Ü18-2):

(18.2) $\quad p(b_1 / a) = (\, p(b_1) \times p(a / b_1) \,) / (\, \Sigma_{i \leq 3} \; p(b_i) \times p(a / b_i) \,)$.

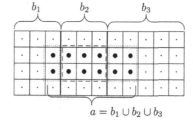

Abb. 18.2

Eine Analyse eines
Zufallsereignisses *a*

$a = b_1 \cup b_2 \cup b_3$

Die Menge der Elementarereignisse ist durch ein Raster von Boxen und das Zufallsereignis *a* durch eine Menge von schwarzen Punkten dargestellt. Dabei haben wir aus Einfachheitsgründen angenommen, dass die Elementarereignisse gleichverteilt

---

71 Dieses logisch gesehen sehr einfache Theorem wurde von *Bayes* im Jahr 1763 veröffentlicht (McGrayne, 2014).

sind. Die Menge der Elementarereignisse ist in drei Teile b_1, b_2, b_3 (Zufallsereignisse) zerlegt. Das Zufallsereignis a besteht aus drei Bestandteilen, die durch gepunktete und gestrichelte Bereiche kenntlich gemacht sind. Diese Bereiche lassen sich mengentheoretisch als Durchschnitte beschreiben. Wir sehen, dass der Durchschnitt $a \cap b_1$ von a und b_1 genau zwei schwarze Punkte enthält. Genauso können wir die Elemente aus $a \cap b_2$ und $a \cap b_3$ zählen. Die bedingte Wahrscheinlichkeit von a, zum Beispiel relativ zu b_1, lässt sich dann wie eine relative Häufigkeit betrachten – nur relativ zum Teilbereich b_1. Die relative Häufigkeit für a in b_1 ist 2/12. Was sich direkt durch Zählen und Denken erweist.

In der *Bayes* Statistik lassen sich Zufallsvariablen besonders einfach beschreiben. Eine Aussage A kann eine Zufallsvariable Φ, ein Argument s oder einen Wert w der Zufallsvariablen enthalten. Wir können das zum Beispiel so ausdrücken: $A[\Phi]$, $A[s]$, $A[w]$ oder $A[\Phi(s)]$. In technischen oder formalen Erörterungen wird die Zufallsvariable Φ meist durch das Symbol X bezeichnet und ein Wert oft durch x_i oder c_i. Dabei wird der mengentheoretische Untergrund ignoriert, was in diesem Buch zu Konfusion führen kann. Wir verwenden hier eine etwas ausführlichere Darstellungsart.

Im einfachsten Fall kann die Aussage A nur aus einer Gleichung $\Phi(x) = c$ bestehen, die besagt, dass die Zufallsvariable mit der Bezeichnung Φ beim variablen Argument x einen bestimmten Wert c bekommt. In der *Bayes* Statistik werden auch satzartige Terme, die Variablen enthalten, als Aussagen betrachtet. Es wird in dieser Form nach der Wahrscheinlichkeit von $\Phi(x) = c$ gefragt: $p^b(\Phi(x) = c \mid B)$. Inhaltlich: Wie wahrscheinlich ist es, dass die Zufallsvariable Φ den Wert c annimmt, wenn Bedingung B richtig ist? Klassisch formuliert bekommt die Menge (das Zufallsereignis) $\{ x \mathbin{/} \Phi(x) = c \}$ eine bedingte Wahrscheinlichkeit relativ zur Bedingung B. In Anwendungen wird die Ereignisart (das Zufallsereignis), nach deren Wahrscheinlichkeit gefragt wird, fast immer durch eine Gleichung abgekürzt.

In einigen Bereichen der Informatik, wie in der KI oder bei neuronalen Netzen, spielen vor allen Dingen endliche W-Räume eine Rolle. Dort wird in einem System die diskrete Verteilung der Wahrscheinlichkeiten „direkt" durch eine Liste von Wahrscheinlichkeitswerten beschrieben:

$$\langle\, p^b(\Phi(x_1) = c_1),\, \ldots\,,\, p^b(\Phi(x_n) = c_n) \,\rangle.$$

In diesen Anwendungen lässt sich die Verteilung der Wahrscheinlichkeiten durch die Zufallsvariable Φ besonders einfach erkennen, die Form der Zufallsvariable haben wir graphisch schon in Abbildung 11.5 dargestellt.

In der *Bayes* Statistik wird diese Abkürzungsmethode auch dann verwendet, wenn die Ereignisart durch zwei oder mehr Zufallsvariablen beschrieben wird.

Dazu müssen zwei Punkte geklärt werden. Erstens muss zwischen einem einzigen Ereignis und zwei (oder mehreren) Zufallsvariable unterschieden werden, die benutzt werden um das Ereignis adäquat darzustellen. Zweitens muss klar sein, ob zwei Variablen Φ_1 und Φ_2 über denselben Bereich oder über zwei verschiedene Bereiche laufen.

Nehmen wir als Beispiel eine Ereignisart, die besagt, dass ein Atomkern in drei Bestandteile, nämlich in einen anderen Atomkern, ein Elektron und in ein Antineutrino zerfällt.[72] Ein Elementarereignis lässt sich durch zwei Zufallsvariable Φ_1, Φ_2 beschreiben. Φ_1 ordnet dem Elementarereignis zwei Zahlen (0 oder 1) zu. 0 drückt aus, dass der Atomkern zerfällt, 1, dass er nicht zerfällt. Φ_2 ordnet dem Ereignis eine Zahl t zu: $1 \leq t \leq q$. t besagt, dass der Zerfall zum Zeitpunkt t stattfindet. In diesem Beispiel laufen beide Zufallsvariable über denselben Bereich; ein Ereignis hat aber zwei Eigenschaften.

In anderen Fällen besteht ein Elementarereignis selbst aus zwei Bestandteilen. In Raum-Zeit-Theorien besteht ein Ereignis e beispielsweise aus einem räumlichen (o) und einem zeitlichen (t) Bestandteil von e: $e = \langle o, t \rangle$.

Im Allgemeinen kann eine Aussage bei der Beschreibung in zwei (oder mehr) Dimensionen zerlegt werden. In der *Bayes* Statistik gibt es Formulierungen wie: $p^b(\Phi_1((x_1) = c_1, \Phi_2(x_2) = c_2 \mid B)$, oder allgemein $p^b(x_1,...,x_k \mid x_{k+1},...,x_n, B)$. In der letzten Formulierung sind die Symbole Φ_1, Φ_2,... für die Zufallsvariablen gar nicht mehr zu erkennen (Koch, 2000, Abschnitt 2.2.6). Wenn die bedingte Wahrscheinlichkeitsfunktion p^b über einen mehrdimensionalen W-Raum läuft, sagt man, dass p^b mehrdimensional verteilt ist. Wir können uns hier nicht in die technischen und begrifflichen Details vertiefen, siehe zum Beispiel (Koch, 2000), (Bauer, 1974).

Wir möchten nun noch den Begriff des *Bayes-Netzes* erörtern. Die Modelle der *Bayes*schen Netze beruhen wie diskutiert auf den bedingten Wahrscheinlichkeiten und dem Theorem von *Bayes*. Die inhaltliche Idee ist, ein Zufallsereignis so zu zerlegen, dass jeder Bestandteil des Ereignisses von anderen Zufallsereignissen „teilweise verursacht" wird. Dies lässt sich auch iterieren. Die Analyse eines Zufallsereignisses führt so zu einem Netz von „Teilursachen". Durch *Bayes*sche Netze lassen sich Zufallsereignisse auf effektive Weise analysieren und auch aus anderen Zufallsereignissen – „Teilursachen" – zusammensetzen.

Wie bereits in Abschnitt 16 erörtert, lässt sich in einem Netz ein Pfeil p als ein Paar von Punkten $p = \langle a_1, a_2 \rangle$ betrachten, wobei die Pfeilspitze – vom Punktepaar $\langle a_1, a_2 \rangle$ aus gesehen – immer zur zweiten Komponente a_2 weist. Das Modell eines *Bayes*schen Netzes erfüllt zwei Bedingungen. Die erste lautet, dass Pfeile transitiv zusammengefügt werden können: aus $\langle a_1, a_2 \rangle$ und $\langle a_2, a_3 \rangle$ wird $\langle a_1, a_3 \rangle$. Nach der

---

72 Ein sogenannter „β-Zerfall" (Bethge, 1996).

zweiten Bedingung dürfen zusammengesetzte Pfeile keine Zirkel bilden (Koch, 2000, 5.4.2).

Wenn alle Pfeile ausgehend von einem Zufallsereignis verfolgt und bearbeitet wurden, erhalten wir ein Teilnetz, in dem „Anfangspunkte" und „Endpunkte" bestimmt werden können. Solche (Teil-) Netze werden heute in vielen Bereichen benutzt, zum Beispiel in der Informatik und der Neurophysiologie. Die Anfangspunkte und Endpunkte werden als Typen oft mit *in* und *out* bezeichnet. Ein solches Netz haben wir in Abbildung 18.3 idealtypisch aufgezeichnet.

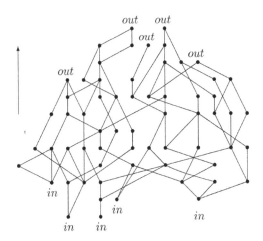

Abb. 18.3

Ein *Bayes*-Netz

W-Räume können an verschiedenen Stellen der Wissenschaftstheorie verwendet werden. Wir erinnern uns daran, dass alle wissenschaftstheoretischen Entitäten (Theorien, Netze, Modelle etc.) als Mengen betrachtet und verstanden werden können. Solche Mengen „gehören" zu Ereignissen. Damit lässt sich jedem wissenschaftstheoretischen Modell und jeder Komponente des wissenschaftstheoretischen Modells eine Wahrscheinlichkeit zuordnen. Ob wir dabei W-Räume der klassischen Art oder *Bayes*-Netze benutzen, hängt von der jeweiligen wissenschaftstheoretischen Anwendung ab. Um zum Beispiel die Kohärenz eines Theoriennetzes zu untersuchen, können wir die Theorien aus dem Netz in Sätze oder Aussagen verwandeln. Wir können aber auch den anderen Weg gehen und die Kohärenz direkt an den Fakten der Theorien verankern. In anderen Anwendungen wird der Anspruch einer einzigen Theorie wahrscheinlichkeitstheoretisch untersucht. Auch in solchen Anwendungen können Mengen von Faktensammlungen und Modellklassen in

Sätze oder Aussagen umgewandelt werden. Auch die Einbettung der Fakten eines einzigen Systems in ein Modell einer Theorie kann auf klassische Weise oder durch *Bayes*-Netze untersucht werden. In all diesen Fällen führt dies aber zu Fragen und Problemen, für die die Wissenschaftstheorie im Moment noch keine zufriedenstellenden Antworten und Lösungen bereitstellt.

Um diese Fragen und Probleme besser lokalisieren und klären zu können, stellen wir ein Theoriennetz eines wissenschaftstheoretischen Modells auf verschiedenen Ebenen dar. In Abbildung 18.4 haben wir vier Ebenen beschrieben. Wir sehen ganz oben ein Netz ND von Mengen von Faktensammlungen, in der von oben gezählten, zweiten Ebene ein Netz D von Faktensammlungen, in der dritten Ebene Grundmengen und Relationen einer Faktensammlung y und auf der untersten Ebene Ereignisse aus einem W-Raum. Modellmengen und Theorien $T_1 = \langle M_1, D_1 \rangle, \ldots,$ $T_s = \langle T_s, D_s \rangle$ sind hier nicht eingezeichnet. Eine Faktensammlung y hat die Form $\langle G_1, \ldots, G_\kappa, A_1, \ldots, A_\mu, R_1, \ldots, R_\nu \rangle$ mit Grundmengen $G_1, \ldots, G_\kappa$, Hilfsbasismengen $A_1, \ldots, A_\mu$ und Relationen $R_1, \ldots, R_\nu$ (Abschnitt 3). Die Hilfsbasismengen lassen wir aus Einfachheitsgründen hier weg.

In Abbildung 18.4 sehen wir auf der nächsten Seite ganz unten ein Raster von Boxen. Jede Box stellt ein mögliches Elementarereignis dar. Die rein möglichen Ereignisse, die noch nicht wahrgenommen wurden, sind durch das Symbol $\otimes$ gekennzeichnet. Jede andere Box enthält ein Elementarereignis, das durch die Wissenschaftler wahrgenommen wurde. Wir haben hier nicht alle wahrgenommenen Ereignisse bezeichnet, um die Abbildung nicht zu überladen. Zu sehen sind nur einige der Elementarereignisse, nämlich: $a_i, a_r, b_u, b_j, b_v, e^1_k, e^1_t, e^2_r, e^2_w$. Diese werden jeweils durch Pfeile nach oben auf die zuständigen Grundmengen und Relationen verwiesen.

In Abbildung 18.4 gibt es zwei Grundmengen G_1, G_2 und zwei Relationen R_1, R_2, die aus einer Faktensammlung stammen. Alle Elemente aus den Grundmengen sind in den Boxen unten zu finden. Wie diese unter den Boxen verteilt sind, bleibt hier unklar. Alle Elemente aus den Relationen R_1 und R_2 lassen sich weiter in Elementarereignisse unterteilen, die am Ende auch im Raster zu finden sind. Diese Analyse wurde bereits in Abschnitt 12 mit Hilfe der Typisierungen der Relationen genau erörtert. In Abbildung 18.4 ist zum Beispiel das Elementarereignis e^1_k in einer Box unten und auf der nächst höheren Stufe in der Menge $\{e^1_1, \ldots, e^1_o\}$ zu finden. Weiter oben ist das Resultat der Analyse zu sehen: das Elementarereignis e^1_k hat die Form eines Sachverhaltes $r_1(a_i, b_j)$. Und noch weiter oben ist auch die Typisierung τ_1 zu sehen, welche die Analyse erst ermöglicht.

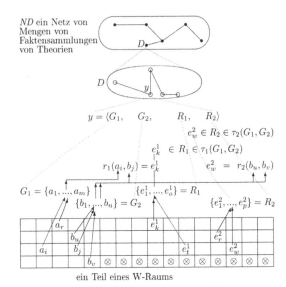

Abb. 18.4

Teil eines Theorien-
netzes, in mehreren
Ebenen analysiert

Ein Netz aus Mengen von Faktensammlungen ist oben durch schwarze Punkte dargestellt. Eine bestimmte Menge D von Faktensammlungen, die aus einer der implizit gehaltenen Theorien stammt, ist hervorgehoben. Diese Menge D wird wie in Abbildung 18.4 gezeichnet aufgeklappt, so dass D eine Stufe weiter unten ebenfalls als ein Netz zu sehen ist. Die weißen Kreise sind Faktensammlungen. Eine hervorgehobene Faktensammlung y wird weiter aufgeklappt, so dass y die mengentheoretische Form $\langle G_1, G_2, R_1, R_2 \rangle$ erhält.

In Abbildung 18.4 sehen wir, dass die Elementarereignisse, die in einem Theoriennetz und in den Komponenten des Netzes existieren, Grundbestandteile von Theorien sind. Andererseits können diese Grundbestandteile auch für den Aufbau von W-Räumen verwendet werden. Aus den Mengen $G_1, \ldots, G_\kappa, R_1, \ldots, R_\nu$ einer Faktensammlung $y = \langle G_1, \ldots, G_\kappa, R_1, \ldots, R_\nu \rangle$ kann ein W-Raum konstruiert werden.

Es ist hier wichtig, dass jedes Element aus den Mengen von $G_1, \ldots, R_\nu$ als Ereignis betrachtet werden kann (Abschnitt 1). Ereignisse werden durch die Wahrscheinlichkeitstheorie mit Wahrscheinlichkeiten verbunden. Wie bereits in Abschnitt 11 erörtert, werden die Ereignisse aus $G_1, \ldots, R_\nu$ als Elementarereignisse bezeichnet, Zufallsereignisse werden als Mengen von Elementarereignissen betrachtet, und den Zufallsereignissen werden Wahrscheinlichkeiten zugeordnet. Ereignisse können aber auch *bayes*ianisch als Aussagen dargestellt werden.

W-Räume werden in wissenschaftstheoretischen Modellen nicht nur für Grundelemente und Sachverhalte in Faktensammlungen verwendet. Sie werden auch in
den in Abbildung 18.4 weiter oben liegenden Ebenen eingesetzt. Wir stellen sechs
wichtige Verwendungen kurz dar. Dabei verzichten wir darauf, die jeweiligen
W-Räume genau zu beschreiben. Wir setzen stattdessen einen W-Raum voraus,
der jeweils für die Diskussion geeignet erscheint.

Bei einer ersten Art der Verwendung eines W-Raums in einem wissenschaftstheoretischen Modell geht es um die Beschreibung von Wahrscheinlichkeiten
möglicher Fakten und Ereignisse. Bis jetzt hatten wir Fakten in richtig, falsch oder
nicht überprüft eingeteilt und in gesichert, teilweise gesichert und vermutet. Mit
Hilfe der Wahrscheinlichkeitstheorie wird nun diese Unterteilung verallgemeinert.
Ein Faktum kann auch über eine Wahrscheinlichkeit verfügen. In der Literatur
werden solche elementaren Fakten oft als ein „Anker" angesehen, der eine Theorie an die Wirklichkeit bindet. Wir sahen bereits, dass Elementarfakten für eine
bestimmte Theorie oft nicht leicht zu bestimmen sind. Die vielen existierenden
Bestimmungsmethoden zeigen, dass eine Bestimmung oft nur approximativ er-
folgen kann. Auch nach dem Ende der Bestimmung liegt das Resultat oft in einem
Grenzbereich; es ist weder falsch noch wirklich richtig. Es ist nur mit einer gewissen
Wahrscheinlichkeit richtig.

In Abbildung 1.3 in Abschnitt 1 gibt es in einer Menge nicht nur Elemente,
sondern auch mögliche Elemente. Diese Unterscheidung kann auch auf W-Räume
übertragen werden. Mit einem bekannten Verfahren wird eine Menge zu einer
„unscharfen" Menge (einem *fuzzy set* (Höhle & Rodabaugh, 1999)) verallgemeinert.
Eine Funktion d wird benutzt, so dass den möglichen Elementen reelle Zahlen
α ($\alpha \in [0,1]$) zugeordnet werden. Wenn in Abbildung 1.3 durch die Menge ein
horizontaler Schnitt gelegt wird, sehen wir, mit welcher Wahrscheinlichkeit ein
Element innerhalb oder außerhalb der Menge liegt.

Abb. 18.5

Eine Menge als
fuzzy set X

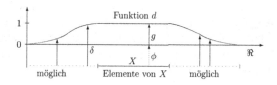

Die Funktionswerte, die gegen Null gehen, lassen sich hier direkt als Wahrscheinlichkeiten interpretieren. Am linken und am rechten Rand wird die Wahrscheinlichkeit,
dass ein Element in der Menge X liegt, gleich Null. Das heißt: die Möglichkeit wird

immer ungewisser, schließlich wird sie zur Unmöglichkeit. Wenn wir die Funktion *d* in zwei Funktionen aufteilen, nämlich in eine Zufallsvariable Φ und eine Dichtefunktion *g* ($d = g \circ \Phi$), sehen wir auch den direkten Zusammenhang zwischen Zufallsvariable und den Wahrscheinlichkeitswerten (Ü18-3).

Bei einer zweiten Verwendung eines W-Raums in einem Theoriennetz geht es um die Erklärung und Bestimmung von Wahrscheinlichkeiten von Ereignissen in einem intendierten System. Dieses Thema wurde in der Wissenschaftstheorie bisher kaum untersucht. In einer Faktensammlung *y* zum zugehörigen intendierten System liegen die Fakten, die Ereignisse beschreiben, in den Grundmengen oder in den Relationen. Ein Faktum, welches in einer Relation zu finden ist, enthält Namen oder Bezeichnungen für Objekte, die in den Grundmengen existieren. Ein solches Faktum stellt einen Sachverhalt dar. Es gibt aber auch Fakten, die lediglich Objekte beschreiben. Diese liegen in den Grundmengen. Je nachdem, ob ein Faktum in einer Grundmenge oder in einer Relation liegt, lässt sich die Wahrscheinlichkeit für das Faktum auf eine andere Weise bestimmen.

Bei Fakten aus einer Grundmenge lässt sich die Wahrscheinlichkeit der Existenz eines Objekts entweder direkt durch eine dazu bereitliegende Methode bestimmen oder (partiell) aus anderen Wahrscheinlichkeiten von Objekten ableiten. Im letzten Fall ist das Objekt auch in einen Sachverhalt einbezogen, der sich in einer Relation aus einer Faktensammlung *y* befindet. Wenn sich zum Beispiel die Wahrscheinlichkeit eines Sachverhalts vergrößert, vergrößert sich auch die Wahrscheinlichkeit, dass ein Objekt existiert, das in den Sachverhalt verwickelt ist. Wenn etwa der Sachverhalt *mag(Peter,Uta)* als Faktum in der Faktensammlung *y* auftritt, müssen auch die Namen *Peter* und *Uta* als Fakten in den Grundmengen von *y* zu finden sein. Wenn diese Fakten Wahrscheinlichkeiten haben, erhöht sich die Wahrscheinlichkeit, dass die Person namens *Peter* im System *y* existiert, wenn der Sachverhalt gerade wieder beobachtet wird.

Auch die Wahrscheinlichkeit eines Sachverhaltes lässt sich auf die Wahrscheinlichkeiten von anderen Sachverhalten und/oder Objekten zurückführen. Wenn sich zum Beispiel *Uta* und *Peter* verloben, steigt die Wahrscheinlichkeit, dass das Faktum *mag(Peter,Uta)* richtig ist. Solange wir aber keine Hypothesen ins Spiel bringen, sollten diese Wahrscheinlichkeiten auch unabhängig von der Veränderung anderer Wahrscheinlichkeiten überprüft werden. In Fällen, bei denen ein erster Sachverhalt den zweiten partiell verursacht, lassen sich auch Methoden aus dem Bereich der *Bayes*-Netze anwenden. Realistisch gesehen gibt es allerdings bei Anwendungen von *Bayes*-Netzen das Problem, dass sich oft Zirkel nicht vermeiden lassen. Oft sind zwei Bestimmungsmethoden nicht unabhängig voneinander – obwohl beide Methoden verschiedene Entitäten bestimmen.

Bei einer dritten Verwendung eines W-Raums wird nach der Wahrscheinlichkeit von Passung gefragt, ob eine Faktensammlung y zu einem gegebenen Modell x passt. In der Aussagenvariante lässt sich dies so formulieren. Mögliche Faktensammlungen werden zu einer Menge Y^m von Elementarereignissen zusammengefasst und eine binäre Zufallsvariable $\Phi : Y^m \to [0,1]$ wird formuliert. $\Phi_x(y) = 1$ besagt, dass eine mögliche Faktensammlung y zu x passt und $\Phi_x(y) = 0$, dass y nicht zu x passt. Wenn die bedingte Wahrscheinlichkeitsfunktion p^b benutzt wird, kann als Bedingung einfach „richtig" (T) gewählt werden. Es wird also nach der Wahrscheinlichkeit gefragt, mit der eine mögliche Faktensammlung y zum gegebenen Modell x passt: $p^b(\Phi_x(y) = 1 \mid \mathsf{T})$.

Um eine Antwort kurz zu halten, lässt sich vom Modell x die Menge Y^m aller möglichen Faktensammlungen y definieren, die Teilsysteme von x sind: $y \sqsubseteq x$. Für jede dieser Faktensammlungen y aus Y^m gibt es zwei Möglichkeiten. y kann zum Modell x passen oder nicht. Mit anderen Worten lässt sich die Menge Y^m aller möglichen Faktensammlungen in zwei Teile zerlegen: $Y^m = Y^+ \cup Y^-$.

Wenn das Modell x endlich ist, sind auch die Mengen Y^+ und Y^- endlich. In diesem Fall kann die relative Häufigkeit als Anteil der passenden Faktensammlungen unter allen möglichen Faktensammlungen betrachtet werden. Es wird gezählt, wie viele passende Faktensammlungen es relativ zu den möglichen Faktensammlungen gibt: $\aleph(Y^+) / \aleph(Y)$ (Ü18-4).

Dieser einfache Fall greift aber meistens nicht, wenn das Modell x „unendlich groß" ist. In diesem Fall muss eine Zufallsvariable benutzt werden, die durch eine Dichte definiert wird. Es gibt einfach zu viele mögliche Faktensammlungen, so dass die Wahrscheinlichkeit für eine einzige mögliche Faktensammlung gleich Null ist. An diesem Punkt verlassen wir den Bereich der endlichen Mengen (Ü18-5).

Bei der vierten Art wird nach der Wahrscheinlichkeit der Passung einer möglichen Faktensammlung y zu „irgendeinem" Modell x aus M gefragt. In dieser Formulierung wird auch das Modell x variabel gehalten. Die Elementarereignisse, deren Wahrscheinlichkeiten untersucht werden, haben in diesem Fall zwei Dimensionen. Wir können ein Elementarereignis e etwa so formulieren: eine mögliche Faktensammlung y passt zu einem Modell x. Das Ereignis besteht aus zwei Komponenten: $e = \langle y, x \rangle$. In der *Bayes* Variante werden zwei zunächst unabhängige Zufallsvariable, zum Beispiel Φ_1 und Φ_2 verwendet. In der ersten Dimension werden die Elementarereignisse auf der Faktenebene mit Φ_1 durch reelle Zahlen geordnet und in der zweiten Dimension werden dieselben Ereignisse von der Modellebene mit Φ_2 in andere reelle Zahlen übertragen. In der *Bayes* Statistik lässt sich die Wahrscheinlichkeit, dass ein variables Elementarereignis e passt, zum Beispiel so formulieren: $p^b(\Phi_1(e),\Phi_2(e)|\mathsf{T})$. Die Wahrscheinlichkeit einer Passung wird in zwei Komponenten aufgeteilt. Beide Komponenten lassen sich durch die

Zufallsvariablen Φ_1 und Φ_2 in einer 2-dimensionalen Zahlenebene lokalisieren. In diesem Zahlenraum lässt sich genauer darstellen, wie sich die Wahrscheinlichkeit eines Ereignisses $\langle y, x \rangle$ ändert, wenn die erste Komponente festgehalten und nur die zweite Komponente verändert wird.

An dieser Stelle sehen wir andeutungsweise, dass die Änderung der Wahrscheinlichkeit der Passung beider Komponenten letztlich an der Einbettung beider Komponenten festgemacht werden muss. Genauer wird eine Dichtefunktion definiert, mit deren Hilfe (durch den Integralbegriff) sich die gesuchte Wahrscheinlichkeit genau angeben lässt. Dies führt zu dem vollen wahrscheinlichkeitstheoretischen Begriffsapparat, den wir hier nicht darstellen können.

Bei einer fünften Verwendung des W-Raums wird gefragt, wie wahrscheinlich es ist, dass die Menge D der Faktensammlungen der gegebenen Theorie in die Menge M von Modellen dieser Theorie eingebettet werden kann. Die Menge aller Modelle einer Theorie ist immer unendlich groß. Trotzdem ist es gut, dass wir uns kontrafaktisch vorstellen können, wie man diese Frage bei einer endlichen Modellmenge beantwortet würde. Im endlichen Fall könnte man die Wahrscheinlichkeit durch eine relative Häufigkeit bestimmen. Die Menge F^m der möglichen Mengen von Faktensammlungen lässt sich in zwei Untermengen aufteilen: in die Menge F^+, die in die Modellmenge M eingebettet wird und die Menge F^-, die nicht in M eingebettet werden kann: $F^m = F^+ \cup F^-$. Wenn diese drei Mengen endlich wären, könnten wir die beiden relativen Häufigkeiten bestimmen und diese als Wahrscheinlichkeiten wählen. Da dies aber nicht möglich ist, muss wieder der theoretische Umweg über Zufallsvariable, Verteilungen und Dichten beschritten werden.

Diese gerade beschriebene Verwendung des W-Raums ist für die Wissenschaftstheorie besonders interessant. Die Frage, ob die Menge D der Faktensammlungen in die Modellmenge M eingebettet werden kann, wurde bereits in Abschnitt 8 ausführlich diskutiert. Dort wurde die Frage allerdings auf speziellere Weise formuliert. Es wurde dort gefragt, ob der wissenschaftliche Anspruch der Theorie richtig ist. Mit Hilfe eines W-Raums lässt sich diese Frage nun verallgemeinern. Der Anspruch ist nicht mehr richtig oder falsch, er ist in einem gewissen Grad wahrscheinlich.

Eine sechste Verwendung betrifft Netze von Theorien, Netze von Fakten und Netze von Modellen. In Abbildung 18.4 oben ist ein Netz von Faktensammlungen zu sehen, das aus einem Theorienetz stammt. Wir nehmen an, dass die Ansprüche der Theorien aus dem Netz wahrscheinlichkeitstheoretisch unterlegt wurden. Wir können dann die Veränderung der Wahrscheinlichkeit einer Theorie untersuchen, die sich aus Änderungen anderer Theorien ergeben. Dies führt zu zwei Themenbereichen.

Im ersten Themenbereich lässt sich die Veränderung von Netzen mit *Bayes*-Netzen darstellen. Die Theorien aus dem Netz bleiben insgesamt gleich, nur die Wahrscheinlichkeit einer bestimmten Theorie ändert sich. Es ändert sich zwar etwas auf der Faktenebene, die Änderung ist aber nicht groß genug, um die Identität der Theorie zu verändern. Im Theoriennetz lässt sich dann die Wahrscheinlichkeitsänderung bei einer Theorie an die anderen Theorien aus dem Netz weitergeben. Den dazu benötigten Begriff der bedingten Wahrscheinlichkeit haben wir oben kennengelernt.

Im zweiten Themenbereich wird eine neue Theorie zum Netz hinzugefügt, entfernt, oder wesentlich verändert. Wenn dabei Wahrscheinlichkeiten eine Rolle spielen, wird der W-Raum selbst verändert, was auch in die Gesamtstruktur des Netzes und des wissenschaftstheoretischen Modells eingreift. Dies führt uns zu einer letzten, vielschichtigen Verwendungsart eines W-Raums, der in der Wissenschaftstheorie bis jetzt noch kaum untersucht wurde.

In einem gegebenen W-Raum können sich die Elementar- und Zufallsereignisse nicht ändern. In *bayes*ianischer Betrachtung gilt dies für die Menge der Aussagen. Wenn sich Elementar- und Zufallsereignisse ändern, entsteht ein anderer W-Raum auch wenn dieser Punkt in der Netzwerk-Literatur oft nicht angesprochen wird. Wenn Veränderungen eines W-Raums dargestellt werden, müssen *Folgen* von W-Räumen betrachtet werden. In diesen Folgen wird die Zeit als Folgenindex benutzt. Sowohl Mengen von Zufallsereignissen und Mengen von Elementarereignissen, als auch Mengen von Aussagen lassen sich so ändern. Diese Änderungen finden normalerweise statt, weil sich etwas Neues in der wirklichen Welt ereignet hat. Hier wird die Zeitdimension wichtig. In den letzten Abschnitten haben wir unterschiedliche Arten von Änderung diskutiert. Ein Zufallsereignis kann als Ganzes neu sein. Oder das Zufallsereignis ist im Wissensbestand bereits vorhanden; es wird nur aktualisiert. Den dazu formal benötigten, komplexen Begriffsapparat können wir hier nicht skizzieren, siehe zum Beispiel (Bauer, 1974, Abschnitt X). Wir beschränken uns auf ein einfaches Beispiel, mit dem die inhaltlich wichtigen Punkte erklärt werden können.

Das Beispiel zeigt, dass die Änderung einer Wahrscheinlichkeit den gesamten, benutzten W-Raum betrifft. Irgendein Zufallsereignis und damit die Menge **A** der Zufallsereignisse (Ü18-6) hat sich geändert und damit normalerweise auch die Wahrscheinlichkeitsfunktion p. Wie bereits in Abschnitt 14 beschrieben, lässt sich eine Änderung nur mit Hilfe der Zeit realistisch darstellen. Dies gilt insbesondere, wenn sich der W-Raum ändert. Leider führt dies in der Wahrscheinlichkeitstheorie zu zwei Wegen, die wir hier beide nicht beschreiten möchten. Der erste Weg führt zu formal sauberen Begriffen, die aber erlernt sein müssen. Im zweiten Weg werden einfach Standardmethoden benutzt, die ohne echtes Verständnis zum Beispiel aus dem Internet übernommen und eingesetzt werden.

Allgemein können wir hier nur sagen, dass der „alte" W-Raum mit dem „neuen" W-Raum in eine klare Beziehung gesetzt wird. Die dabei benutzte, rudimentäre

Zeitordnung wird durch zwei zeitlich aufeinander folgende Zeitpunkte ausgedrückt. Bei einer Änderung gibt es also zwei W-Räume:

$$\langle \Omega_t, \mathbf{A}_t, p_t \rangle \text{ und } \langle \Omega_{t+1}, \mathbf{A}_{t+1}, p_{t+1} \rangle.$$

Die Menge Ω_t der Elementarereignisse und die Menge $\mathbf{A}_t$ der Zufallsereignisse kann vergrößert oder verkleinert werden oder auch gleichbleiben. Ein Zufallsereignis aus $\mathbf{A}_t$ kann hinzukommen oder wegfallen. Oder es wird vergrößert oder verkleinert. Eine solche Änderung führt aber meist zu vielen weiteren Änderungen, die durch bedingte Wahrscheinlichkeiten wie oben erörtert beschrieben werden können. In all diesen Fällen wird auch die Wahrscheinlichkeitsfunktion geändert.

Aus der „alten" Wahrscheinlichkeitsfunktion p_t wird eine neue Wahrscheinlichkeitsfunktion p_{t+1} bestimmt oder festgelegt. Wenn die Menge der Zufallsereignisse gleichgeblieben ist ($\mathbf{A}_t = \mathbf{A}_{t+1}$), wird die neue Wahrscheinlichkeitsfunktion p_{t+1} oft aus der alten p_t mathematisch definiert. Dabei wird oft eine mathematisch bekannte Funktion f benutzt, mit der die Funktion p_t in die Funktion $p_{t+1}(e) = f(p_t(e))$ überführt wird. Wenn auch die Menge der Zufallsereignisse geändert wird, führt dies oft zu komplexen Verfahren, mit denen die neue Funktion p_{t+1} aus der alten Funktion p_t mit Hilfe von Integralen berechnet wird.

Wir illustrieren diese verschiedenen Möglichkeiten durch ein einfaches, abstrakt gehaltenes Beispiel. Wir betrachten ein Elementarereignis, das im W-Raum in einem Modell als Möglichkeit existiert aber noch nicht untersucht wurde. Dieses Elementarereignis wird zu einem Zufallsereignis hinzugefügt.[73] In diesem Fall lässt sich die Änderung durch Formel (18.1) für die bedingte Wahrscheinlichkeit auf alle betroffenen Zufallsereignisse übertragen. Wenn die Wahrscheinlichkeiten als relative Häufigkeiten dargestellt werden können, lassen sich auch die zugehörigen Änderungen der Wahrscheinlichkeiten ohne technischen Apparat beschreiben.

In Abbildung 18.6 wird eine der Möglichkeiten von Anpassung in drei Phasen dargestellt; die Phasen sind durch drei Zeitpunkte $z + 1, z + 2, z + 3$ gekennzeichnet. Der W-Raum wird durch ein Raster von Boxen dargestellt, in dem kleine Punkte als Elementarereignisse zu sehen sind. Zwei Zufallsereignisse e_1 und e_2 sind hervorgehoben. e_1 enthält in der ersten Phase vier große weiße Kreise (Elementarereignisse) und e_2 acht kleinere weiße Kreise. Die Zufallsereignisse sind durch gestrichelte und gepunktete Rechtecke dargestellt. Im ersten Zustand $z + 1$ ist ein mögliches Elementarereignis $\otimes$ zu sehen, das zu keinem der beiden Zufallsereignisse gehört.

---

73 Komplementär dazu kann ein Elementarereignis auch aus einem Zufallsereignis entfernt werden.

In der nächsten Phase $z + 2$ wurde dieses Elementarereignis wahrgenommen und untersucht. Es wurde klar, dass es als Elementarereignis auch dieselbe Art wie e_1 hat. Das Elementarereignis $\otimes$ wurde durch einen weißen Kreis ersetzt und in das Zufallsereignis e_1 integriert. In der dritten Phase $z + 3$ wird schließlich auch das Zufallsereignis e_2 angepasst. Es wird klar, dass das Elementarereignis auch ein Teil von e_2 ist. Neben den graphischen Darstellungen haben wir auch die Wahrscheinlichkeitswerte und ihre Änderungen notiert.

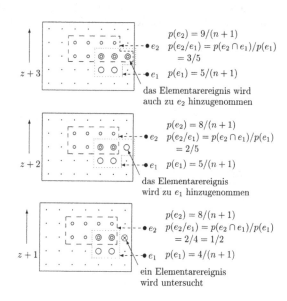

Abb. 18.6

Anpassung von Wahrscheinlichkeiten

Dieses einfache Beispiel zeigt, dass die Änderung einer Wahrscheinlichkeit den ganzen benutzten W-Raum betrifft. Irgendein Zufallsereignis und damit die Menge **A** der Zufallsereignisse hat sich geändert und damit auch die Wahrscheinlichkeitsfunktion p.

Inhaltlich betonen wir, dass sich die Anzahl der Fakten einer Theorie mit der Zeit so schnell ändert, dass es sich oft nicht lohnt, diese Zahl buchhalterisch zu jedem Zeitpunkt aufzuführen. Die Wissenschaftsforschung hätte zwar Interesse, aber es gibt keine zentrale Einrichtung, in der solche Zahlenlisten erstellt werden könnten. Die Bestimmung solcher Zahlen führt in verschiedenen Bereichen zu unterschiedlichen Entscheidungssituationen und dies führt wissenschaftstheoretisch gesehen zur Bestimmung von Anzahlen von Fakten mit verschiedenen Bestimmungsmethoden

(Abschnitt 9 – 11). Bei jeder Faktenart werden die Fakten mit einer anderen Methode erzeugt und bestimmt. Auch die Grenzziehung zwischen möglichen und tatsächlich existierenden Fakten ist oft schwierig zu bewerkstelligen. Oft werden Fakten aus juristischen Gründen heraus- oder nicht dazugenommen. Aus ökonomischen Gründen werden vielen Fakten nicht erhoben, obwohl die Erhebung keine methodischen Probleme bereitet. In Konkurrenzsituationen zwischen Forschungsgruppen können Fakten angezweifelt werden, auch wenn die Konkurrenten selbst schon die Fakten bestätigten. Bei der Zählung von Fakten kommt schließlich dynamisch betrachtet eine weitere Frage hinzu. Wie schnell verbreitet sich ein Faktum aus einer Gruppe und aus einer Theorie zu einer anderen Gruppe und zu einer anderen Theorie?

Ausblick

Die in diesem Buch dargestellte Theorie kann und sollte an vielen Stellen weiter ausgebaut werden. Diejenigen, die wir im Moment am wichtigsten finden, beleuchten wir kurz.

Die Wissenschaftstheorie sollte in die Handlungsebene hineinreichen. Nur wenn dies geschieht, kann die Wissenschaftsforschung Interesse für die Wissenschaftstheorie entwickeln. In dem hier verwendeten, strukturalistischen Ansatz endet die Beschreibung bei Fakten und Hypothesen. Wie entstehen aber Fakten und Hypothesen? Nur durch Handlungen. Forscher arbeiten zusammen und/oder kritisieren einander. Alle Forscher handeln. Manche dieser Handlungen haben direkt das Ziel, eine Theorie oder ein intendiertes System zu untersuchen, andere wissenschaftliche Handlungen haben teilweise auch andere Zwecke, zum Beispiel eine Arbeitsstelle zu finden.

Der Bereich der wissenschaftlichen Handlungen wird hauptsächlich in den Sozialwissenschaften erforscht. Es muss geklärt werden, was eine Person, eine Gruppe, eine Handlung, ein wissenschaftliches Projekt, eine Produktionsgemeinschaft ist. Handlungsziele von Forschern werden hauptsächlich in Psychologie, Soziologie, Politologie und Betriebswirtschaft untersucht. All dies führt von der „Außenwelt" ins Innere der Menschen.

Jede Person hat mindestens vier wichtige innere Bereiche, die in ihrem Körper gebildet und ausgebildet werden. Diese Bereiche werden mit den Worten *Überzeugung* (*belief*), *Wunsch* (*desire*), *Einstellung* (*intention*) und *Gefühl* (*emotion*) benannt. Jede Person hat andere Überzeugungen, Wünsche, Einstellungen und Gefühle. Diese resultieren aus der Lebensgeschichte der Person. Jede solche Geschichte, die als ein Ereignis angesehen werden kann, ist einzigartig (Abschnitt 1). Daher ist es wissenschaftlich schwierig herauszufinden, wie Überzeugungen entstehen. Aus Sinnesempfindungen, Gedanken, Wünschen und Einstellungen können Überzeugungen entstehen und aus Überzeugungen entwickeln sich Einstellungen, Wünsche und Gedanken. Diese dynamische Entwicklung bildet keine Schleifen

© Springer Fachmedien Wiesbaden GmbH, ein Teil von Springer Nature 2019
W. Balzer und K. R. Brendel, *Theorie der Wissenschaften*,
https://doi.org/10.1007/978-3-658-21222-3_20

oder Kreisläufe; sie lässt sich am besten durch Spiralen ausdrücken. Wir gehen davon aus, dass die Forscher ein sehr gut ausgebautes System von Überzeugungen haben, und dass diese hauptsächlich durch Sinnesempfindungen, Gedanken, Wünsche und Einstellungen in komplexen Prozessen gebildet werden.

Was eine Überzeugung eigentlich ist, lässt sich (bis jetzt) nicht eindeutig beantworten. Verschiedene Disziplinen haben verschiedene Sichtweisen – Theorien. Ist eine Überzeugung ein Gehirnprozess, oder ein Rahmen für Pläne für Handlungsschemata, oder eine Menge von Zellzuständen, die durch eine Menge von Formeln ausgedrückt werden, oder ein System von neuronalen Zuständen oder all dieses zusammen? Diese Vielfalt finden wir auch bei Wünschen, Einstellungen und Gefühlen.

Jeder Forscher drückt seine Überzeugungen von Ereignissen und von den Beziehungen zwischen den Ereignissen meist durch eine natürliche Sprache mit Sätzen, Wörtern und Aussagen aus. All diese Sätze und Beziehungen sind in der Person mit „Metabeziehungen" – Regeln – verbunden, sie lassen sich teilweise voneinander ableiten. Wenn solche Ableitungen nicht hundertprozentig richtig sind, werden sie mit den Regeln der Wahrscheinlichkeitstheorie approximativ durchgeführt. Teilbereiche eines Überzeugungssystems werden als *Bayes*-Netze dargestellt. Damit gibt es einen Weg, Überzeugungen – und damit Handlungen – auch in die Modelle der Wissenschaftstheorie einzubinden.

Kurz gesagt lassen sich aus einem Überzeugungsnetz eines Forschers diejenigen Überzeugungen des Forschers herausfiltern, die sich auf eine bestimmte Theorie *T* beziehen. Diese Überzeugungen werden durch Aussagen dargestellt. In einigen Aussagen finden wir auch Namen, Begriffe oder Hypothesen, die auch in der Theorie *T* zu finden sind. Weitere Aussagen lassen sich in Namen, Grundbegriffe oder Hypothesen der Theorie „übersetzen" oder in schwächerer Form verbinden. Das Resultat ist eine Menge von Aussagen, die mögliche Fakten und Hypothesen für die Theorie sein könnten.

Jeder Forscher hat eine mehr oder weniger vage Vorstellung, mit welcher Wahrscheinlichkeit seine Aussagen richtig sind. Forscher aus einer Gruppe kommunizieren miteinander, so dass diese Wahrscheinlichkeiten meistens angeglichen werden – Ausnahmen bestätigen die Regel. Die persönlichen Überzeugungssysteme und die dazugehörigen Wahrscheinlichkeiten werden durch ihre Diskussionen kohärenter. Uns interessiert, wie sich die Überzeugungen der Personen einer Forschergruppe durch Mengen von Aussagen verdichten lassen, so dass eine Menge von Fakten und eine Menge von Hypothesen entsteht.

Diese etwas blumige Formulierung weist auf zwei komplexe Punkte hin. Erstens gibt es viele Modelle, mit denen man Überzeugungssysteme darstellen kann. In der Logik gibt es Modalsysteme, in den Lebenswissenschaften neuronale Netze, in den Sozialwissenschaften soziale, politische, ökonomische Netze, in der Informatik gibt es BDI-Systeme („Belief – Desire – Intention"), im Internet gibt es „Big Data"-Systeme und Computernetze. In vielen dieser Modelle werden *Bayes*-Netze verwendet, die wir im letzten Abschnitt kennengelernt haben. *Bayes*-Netze können auch für die Modellierung von Prozessen verwendet werden, in denen es einerseits um Überzeugungssysteme, andererseits um Mengen von Aussagen über Fakten und Hypothesen geht.

Im wissenschaftstheoretischen Modell haben wir bereits in Abschnitt 17 erste Schritte in die Handlungsebene getan. Dazu wurden Personen und Wissenschaftsgemeinschaften hinzugenommen. In einem nächsten, einfachen Schritt könnte jeder Person ein Überzeugungssystem zugeordnet werden. Überzeugungen würden durch Aussagen beschrieben. Sätze, in denen Begriffe einer bestimmten Theorie T vorkommen, bilden eine Menge, aus denen wir durch statistische Methoden zu den Fakten der Theorie T kommen. Damit wäre es möglich, die Fakten der Theorie an die individuellen Überzeugungen der Wissenschaftler anzukoppeln. Insbesondere wäre es möglich, die Wahrscheinlichkeiten von Fakten und Hypothesen der Theorie mit subjektiven Wahrscheinlichkeiten von Überzeugungen der Forscher theoretisch zu verbinden.

Ein zweiter, für die Wissenschaftstheorie wichtiger Bereich, besteht aus dem Übergang von individuellen Überzeugungen zu Gruppen. Neben den individuellen Überzeugungen eines Forschers im Zusammenhang mit einer bestimmten Theorie T, gibt es für die Forschergruppe der Theorie T auch *gemeinsame Überzeugungen*.[74] Die Faktensammlungen einer Theorie T können, wie in Abschnitt 2 erörtert, grob in *gesicherte, teilweise gesicherte* und *vermutete* Faktensammlungen von T eingeteilt werden. Der Ausdruck „die Faktensammlung y für die Theorie T ist gesichert" bedeutet auch, dass dieser Ausdruck eine gemeinsame Überzeugung beinhaltet – nämlich, dass sich alle (oder die meisten) Forscher der Gruppe, welche die Theorie T untersuchen, zur Gruppe zugehörig fühlen.

Der Prozess der Entstehung gemeinsamer Überzeugungen über gesicherte, teilweise gesicherte und vermutete Faktensammlungen lässt sich mit Hilfe des hier dargestellten Begriffsrahmens teilweise in die wissenschaftstheoretischen Modelle integrieren. Die Idee ist, eine wissenschaftliche Produktionsgemeinschaft (Gläser, 2006), wie sie in Soziologie, Sozialpsychologie und in der Informatik genauer untersucht wird, mit den individuellen und gemeinsamen Überzeugungen einer Gruppe zu verbinden.

---

74 In englischer Sprache: *collective beliefs*; zum Beispiel (Tuomela, 2013). Eine weitere, auch für die Wissenschaftstheorie wichtige Art, sind „Überzeugungen" juristischer Personen. So kann zum Beispiel eine Institution als Projektentscheider tätig sein.

Ein dritter, für die Wissenschaftstheorie wichtiger Bereich betrifft den Prozess, in dem Handlungen bei der Entstehung, Formulierung, Bestätigung oder Verbesserung einer Theorie ausgeführt werden. Dabei spielen die Überzeugungssysteme der Forschergruppe eine zentrale Rolle. Verschiedene Handlungsarten werden unterschieden, wobei wiederum die Überzeugungen der Personen ins Spiel kommen. Die Handlungsarten werden durch Worte wie *Beobachtung, Bestimmung, Wiederholung, Produktion, Konstruktion* bezeichnet. In der Entstehungsphase einer Theorie werden verschiedene Bestimmungs- oder Messverfahren erprobt. Diese lassen sich auf der Handlungsebene meist in kleine Handlungsmodule aufteilen (Michie, 1979). Beispielsweise muss eine Substanz so erhitzt werden, dass ein Gas entsteht, welches dann weiterverwendet werden kann. In einem anderen Handlungsmodul wird ein Gas mit Druck in einen Behälter eingeleitet, so dass eine Wand des Behälters verschoben wird. Mit diesen und weiteren Modulen lässt sich eine Maschine – im Beispiel eine Dampfmaschine – konstruieren, die Bewegung erzeugt. Einige wenige Verfahren haben wir diesem Buch auch erörtert.

Wissenschaftstheoretisch ist wichtig, dass ein Modul, welches bei der Konstruktion einer ersten Bestimmungsmethode verwendet wird, normalerweise auch in vielen anderen Bestimmungsmethoden eingesetzt werden kann. Solche Handlungsmodule wurden schon vor langer Zeit untersucht und beschrieben. Zum Beispiel entwickelte *Bacon* (Bacon & Krohn, 1990) ein System von Handlungsmodulen das Einzug in die KI gefunden hat und das dann auch bei Computersimulationen verwendet wird (Langley et al., 1987), (Balzer, 2009, Abschnitt 4.4). Auch in der Wissenschaftstheorie wurden solche Module systematisch beschrieben (Hofer, 2015).

Inzwischen gibt es in diesem Bereich auch Entwicklungen, in denen sich spezielle Module für spezielle Disziplinen ausbilden. In diesem Bereich ist für die Wissenschaftstheorie viel zu tun. Dies gilt auch für die in den Abschnitten 9 – 11 dargestellten Mess- und Bestimmungsmethoden. Auch diese haben sich in viele spezielle Methoden verzweigt, die zunächst nur für eine spezielle Disziplin oder einen noch kleineren Teilbereich entwickelt wurden.

Ein vierter Bereich, der bis jetzt durch die Wissenschaftstheorie kaum untersucht wurde, betrifft die Geisteswissenschaften. Im Gegensatz zum englischen Sprachraum, in dem es neben den *sciences* (das heißt: Naturwissenschaften) nur die *humanities* (das heißt: die Restlichen) gibt, wird im deutschen Sprachraum in der Wissenschaft zwischen Natur-, Sozial- und Geisteswissenschaft unterschieden. In den Geisteswissenschaften werden geistige Gebilde (Sprache, Geschichte, Kunstwerke) untersucht. Diese Disziplinen haben auch ihre eigenen Methoden. Es ergibt kaum einen Sinn, die Methoden der Naturwissenschaft den Geisteswissenschaften „aufzuzwingen". Die Ereignisse, die in den Geisteswissenschaften untersucht werden, sind den naturwissenschaftlichen Messmethoden weitgehend verschlossen.

Dort lassen sich Bestimmungsmethoden nur auf eingeschränkte Weise ausführen. Viele Ereignisse, die in den Geisteswissenschaften untersucht werden, ereignen sich nur ein einziges Mal, ein zweites ähnliches Ereignis ist oft schwer zu finden. Zum Beispiel ist die sumerische Hochkultur, die in den heutigen Ländern Irak, Syrien und Teilen der Türkei und des Iran in der Periode von 5000 bis 3000 vor Christus existierte, völlig untergegangen. Durch Artefakte, vor allem durch Tontafeln, wird diese Kultur heute wiederentdeckt. Eine Tontafel kann wiederholt untersucht werden. Wie soll aber aus diesen Scherben die Praxis und Kultur sumerischer Gesellschaft erschlossen werden?

Wissenschaftstheoretisch führt dies zum Problem, an welchem Punkt Fakten, die eventuell sprachliche Symbole aus einer nicht mehr verwendeten Sprache ausdrücken könnten, in der heutigen Sprache inhaltlich richtig beschrieben werden. An diesem Punkt wird bei einer Beschreibung ein Faktum mit neuem Inhalt gefüllt das aus der heutigen, nicht weiter analysierten Sprache herrührt. Die philosophischen Fragen des Phänomenalismus, des Existenzialismus, der Hermeneutik und des Poststrukturalismus (Belsey, 2013), die hier warten, können wir nicht weiter erörtern.

Neben den Methoden, die wir gerade diskutiert haben, ist eine neue Methode entstanden, die aus der Informatik und von den Internetunternehmen stammt: *Big Data* (Mainzer, 2014). Mit dieser neuen Methode lassen sich zumindest Fakten durch den Rechner ordnen, zugänglich machen und systematisieren.

Ein fünfter Punkt betrifft die Frage, ob „der Computer" in der Wissenschaftstheorie als ein reines Werkzeug benutzt wird oder ob die wissenschaftstheoretischen Modelle durch den Computer selbst verändert werden (Balzer, 2015). Computersimulation spielt auch in der Wissenschaftstheorie eine immer größer werdende Rolle (Brendel, 2010). Schon in (Langley et al., 1987) werden Hypothesen durch den Computer neu „erfunden" oder neu entdeckt. Andere wissenschaftstheoretische Versuche finden sich zum Beispiel bei (Thagard, 1993) oder (Balzer & Manhart, 2014). Es ist nur eine Frage der Zeit, bis auch Lernalgorithmen, die heute in vielen Disziplinen verwendet werden, Einzug in die Wissenschaftstheorie finden.

Der in diesem Buch vorgestellte Ansatz zur Beschreibung und Formalisierung von wissenschaftlichen Theorien eignet sich unserer Ansicht nach auch hervorragend zur Repräsentation in Computersystemen. Das auf der Mengenlehre basierende, strukturalistische Theorienkonzept kann problemlos auf die Syntax und Semantik von Software übertragen werden. Wird eine zur symbolischen Programmierung geeignete Sprache wie *Prolog* (Deransart et al., 1996) verwendet, können sowohl numerische als auch nicht-numerische Entitäten einfach verarbeitet werden. Eine Faktensammlung kann als Menge von Mengen konzipiert werden und auch bei einer sehr großen Anzahl von Elementen problemlos in heutigen Computersystemen vorgehalten werden. Jede Komponente einer Theorie kann als syntaktische

Struktur repräsentiert werden. Durch Zusammensetzen der einzelnen Komponenten kann eine Theorie formal dargestellt werden. Deren Komplexität ist nur durch die Möglichkeiten des benutzten Computersystems beschränkt.

Mit geeigneten Methoden können Faktensammlung und Hypothesen in einen Zusammenhang gebracht werden. Ein Programmmodul *Passung* untersucht zum Beispiel, inwieweit die vorliegende Faktensammlung mit einer modellierten Hypothese übereinstimmt. Über einen numerisch ermittelten Wert wird der Grad der Passung ausgedrückt. Sollte dieser gering sein, kann zum Beispiel über eine symbolische Manipulation der repräsentierten Hypothese versucht werden, dieses Verhältnis zu verbessern. Da sich Faktensammlung und Hypothese in einem Computersystem befinden, sind den Variationsmöglichkeiten sowohl räumlich als auch zeitlich kaum Grenzen gesetzt. Die Repräsentation der Hypothese kann fast beliebig groß und komplex werden, die Überprüfung der Passung auf die Faktensammlung und auch andere Untersuchungen und Manipulation können für jede Variante in Sekundenbruchteilen vorgenommen werden.

Dies kann sogar so weit gehen, dass über zusätzlich abgelegten Messtheorien vom Computersystem Vorschläge für Experimente und Messungen gemacht werden. Mit den Ergebnissen der Messungen kann eine Faktensammlung komplettiert oder auch korrigiert werden. Dies erhöht den Anteil an gesicherten Fakten.

Das Vorhalten von vielen Faktensammlungen und Hypothesen stellt bei den heutigen Computersystemen kein Problem mehr dar. Es können auch alle Änderungen über die Zeit archiviert werden und so eine Historie sowohl der Faktensammlungen als auch der Hypothesen ermöglicht werden.

Mit mehreren im Rechner verfügbaren Theorien lassen sich Beziehungen zwischen den Theorien untersuchen. Es können Zusammenhänge und Hierarchien ermittelt werden und dadurch Netze von Theorien aufgebaut werden (siehe Abschnitt 16).

Wie von *Wajnberg* (Wajnberg et al., 2004) in einem ersten Ansatz bereits kurz skizziert, können durch das maschinelle Entdecken von wissenschaftlichen Gesetzmäßigkeiten Theoriennetze automatisch erstellt werden. Hierfür werden zuerst Hypothesen entdeckt (siehe Abschnitt 13), mit den Faktensammlungen überprüft und anschließend in einem Theoriennetz organisiert. Hypothesen sind in diesem Zusammenhang ausführbare, funktionale Programme die in einer Umgebung aus Faktensammlungen, intendierten Systemen und Modellen ausgeführt werden. Die Daten dieser Umgebung liegen im Rechner als Mengen von Definitionen vor. Eine erstellte Hypothese ist gültig, wenn ihr funktionales Programm ausführbar ist, die Ergebnisse größtenteils mit den Fakten der Faktensammlung übereinstimmen und zumindest eine Applikation aus den intendierten Systemen und Modellen abgedeckt wird.

Technisch gesehen werden zur rechnergesteuerten Veränderung und Anpassung der Hypothesen Operatoren und *Rewrite*-Mechanismen verwendet. Mit diesen Werkzeugen können zum Beispiel Generalisierungen, Approximationen und Konzepte erstellt werden. Ist die Software entsprechend hoch entwickelt, ist auch eine automatische Einführung von neuen Begriffen möglich. Die so entdeckten Hypothesen können über ein Ähnlichkeitsmaß und/oder in Abhängigkeit von der Faktenabdeckung als Theorien hierarchisch in ein Netz eingefügt werden.

Zur maschinellen Entdeckung von Hypothesen und dem automatischen Aufbau von Theoriennetzen sind einige Herausforderungen zu bewältigen. Hierzu gehört zum Beispiel die Erkennung von redundanten Hypothesen. Ebenso sind diejenigen Hypothesen zu eliminieren, die zwar alle Fakten abdecken aber inhaltlich tautologisch sind. Am Ende müssen vom System auch syntaktisch unterschiedliche Hypothesen erkannt werden, die wissenschaftlich gesehen aber identisch sind.

Schließlich sollte die Wissenschaftstheorie auch mehr die praktischen und technischen Disziplinen untersuchen. In der Medizin und der Rechtswissenschaft gibt es nur einzelne Artikel, zum Beispiel (Eleftheriadis, 1991), (Thagard, 2004), die mit strukturellen Fragen in Anwendung und Theorie zu tun haben. Risiko- und Sicherheitsfragen, die aus unserer Sicht ein Teil der Wissenschaftstheorie sein könnten, werden im Moment mehr betriebswirtschaftlich untersucht.

Literatur

Abreu, C., Lorenzano, P. & Moulines, C. U. (2013). Bibliography of Structuralism (1995-2012, and Additions). *Metatheoria* (3), 1–36.

Adams, B. & Roosevelt, T. (1907). *Das Gesetz der Zivilisation und des Verfalls.* Leipzig [u. a.]: Akademie Verlag.

Aristoteles & Wagner, T. (2004). *Topik* (Universal-Bibliothek, Nr. 18337). Stuttgart: Reclam.

Bacon, F. & Krohn, W. (1990). *Neues Organon. Lateinisch-deutsch.* Hamburg: Meiner.

Balzer, W. (1982a). *Empirische Theorien: Modelle – Strukturen – Beispiele. Die Grundzüge der modernen Wissenschaftstheorie* (Wissenschaftstheorie, Wissenschaft und Philosophie, Bd. 20). Wiesbaden: Vieweg+Teubner Verlag.

Balzer, W. (1982b). Finality and the Development of Logical Structures of Physical Theories. *Epistemologia, 5,* 257–268.

Balzer, W. (1985a). Incommensurability, Reduction, and Translation. *Erkenntnis, 23,* 255–267.

Balzer, W. (1985b). *Theorie und Messung.* Heidelberg: Springer.

Balzer, W. (1996). Theoretical Terms. Recent Developments. In W. Balzer & C. U. Moulines (Hrsg.), *Structuralist Theory of Science. Focal Issues, New Results* (Perspectives in Analytical Philosophy, Bd. 6, S. 139–166). Berlin und New York: De Gruyter.

Balzer, W. (2003). Wissen und Wissenschaft als Ware. *Erkenntnis, 58,* 87–100.

Balzer, W. (2009). *Die Wissenschaft und ihre Methoden. Grundsätze der Wissenschaftstheorie; ein Lehrbuch* (Alber-Lehrbuch, 2., völlig überarb. Aufl.). Freiburg: Alber.

Balzer, W. (2015). Scientific Simulation as Experiment in Social Science. *Philosophical Inquiry, 39* (1), 26–37.

Balzer, W. & Dreier, V. (1999). The Structure of the Spatial Theory of Elections. *The British Journal for the Philosophy of Science, 50* (4), 613–638.

Balzer, W., Kurzawe, D. & Manhart, K. (2014). *Künstliche Gesellschaften mit PROLOG. Grundlagen sozialer Simulation.* Göttingen: V + R unipress.

Balzer, W. & Kuznetsov, V. (2010). Die Tripelstruktur der Begriffe. *Journal for General Philosophy of Science, 41* (1), 21–43.

Balzer, W., Lauth, B. & Zoubek, G. (1993). A Model for Science Kinematics. *Studia Logica, 52* (4), 519–548.

Balzer, W. & Manhart, K. (2014). Scientific Processes and Social Processes. *Erkenntnis, 79* (S8), 1393–1412.

Balzer, W., Moulines, C. U. & Sneed, J. D. (1987). *An Architectonic for Science. The Structuralist Program.* Dordrecht: Reidel.

© Springer Fachmedien Wiesbaden GmbH, ein Teil von Springer Nature 2019
W. Balzer und K. R. Brendel, *Theorie der Wissenschaften,*
https://doi.org/10.1007/978-3-658-21222-3

Balzer, W. & Mühlhölzer, F. (1982). Klassische Stoßmechanik. *Zeitschrift für allgemeine Wissenschaftstheorie, 13* (1), 22–39.

Balzer, W. & Sneed, J. D. (1977). Generalized Net Structures of Empirical Theories. I. *Studia Logica, 36* (3), 195–211.

Balzer, W. & Sneed, J. D. (1978). Generalized Net Structures of Empirical Theories. II. *Studia Logica, 37* (2), 167–194.

Balzer, W., Sneed, J. D. & Moulines, C. U. (Hrsg.). (2000). *Structuralist Knowledge Representation. Paradigmatic Examples* (Poznań Studies in the Philosophy of the Sciences and the Humanities, Bd. 75). Amsterdam und Atlanta, GA: Rodopi.

Balzer, W. & Wollmershäuser, F. R. (1986). Chains of Measurement in Roemer's Determination of the Velocity of Light. *Erkenntnis, 25* (3), 323-344.

Barnes, B., Henry, J. & Bloor, D. (1996). *Scientific Knowledge. A Sociological Analysis.* London: Athlone.

Bauer, H. (1974). *Wahrscheinlichkeitstheorie und Grundzüge der Maßtheorie* (De Gruyter Lehrbuch, 2. erw. Aufl.). Berlin und New York: De Gruyter.

Becker, O. (1957). *Das mathematische Denken der Antike* (Studienhefte zur Altertumswissenschaft, Heft 3). Göttingen: Vandenhoeck & Ruprecht.

Belsey, C. (2013). *Poststrukturalismus* (Reclams Universal-Bibliothek, Nr. 19070: Reclam-Sachbuch). Stuttgart: Reclam.

Bethge, K. (1996). *Kernphysik. Eine Einführung; mit 24 Tabellen, 89 Übungen mit ausführlichen Lösungen sowie Kästen zur Erläuterung und einem historischen Überblick über die Entwicklung der Kernphysik* (Springer-Lehrbuch). Berlin [u.a.]: Springer.

Bloomfield, L. (1933). *Language.* New York: Holt, Rinehart, and Winston.

Böhme, G., Daele, W. van den & Krohn, W. (1973). Die Finalisierung der Wissenschaft. *Zeitschrift für Soziologie, 2* (2), 128-144.

Borsuk, K. & Szmielew, W. (1960). *Foundations of Geometry. Euclidean and Bolyai-Lobachevskian geometry, projective geometry.* Amsterdam: North-Holland.

Bortz, J. (1985). *Lehrbuch der Statistik. Für Sozialwissenschaftler* (Zweite, vollständig neu bearbeitete und erweiterte Auflage). Berlin [u. a.]: Springer.

Bourbaki, N. (1968). *Theory of Sets.* Berlin [u. a.]: Springer.

Bremer, M. E. (2005). *An Introduction to Paraconsistent Logics.* Frankfurt am Main [u. a.]: Peter Lang.

Brendel, K. R. (2010). *Parallele oder sequentielle Simulationsmethode? Implementierung und Vergleich anhand eines Multi-Agenten-Modells der Sozialwissenschaft* (Informatik, Bd. 88). München: Herbert Utz Verlag.

Burt, R. S. (1982). *Toward a structural theory of action. Network models of social structure, perception, and action* (Quantitative Studies in Social Relations). New York: Academic Press.

Carnap, R. (1928). *Der logische Aufbau der Welt.* Berlin-Schlachtensee: Weltkreis-Verlag.

Carnap, R. (1966). *Philosophical Foundations of Physics. An Introduction to the Philosophy of Science.* New York: Basic Books.

Cartwright, N. (1999). *The Dappled World. A Study of the Boundaries of Science.* Cambridge: Cambridge University Press.

Chomsky, N. (2002). *Syntactic Structures.* Berlin, New York: Mouton de Gruyter.

Davidson, D. (1985). *Handlung und Ereignis.* Frankfurt am Main: Suhrkamp.

Deransart, P., Ed-Dbali, A. & Cervoni, L. (1996). *Prolog: The Standard. Reference Manual.* Berlin, Heidelberg: Springer.

Diederich, W. (2014). *Der harmonische Aufbau der Welt. Keplers wissenschaftliches und spekulatives Werk.* Hamburg: Meiner.

Diederich, W., Ibarra, A. & Mormann, T. (1989). Bibliography of Strcuturalism. *Erkenntnis, 30,* 387–407.

Diederich, W., Ibarra, A. & Mormann, T. (1994). Bibliography of Structuralism II. (1989-1994 and Additions). *Erkenntnis, 41,* 403–418.

Diekmann, A. (2009). *Spieltheorie. Einführung, Beispiele, Experimente* (Rororo, 55701: Rowohlts Enzyklopädie, Orig.-Ausg). Reinbek: Rowohlt Taschenbuch.

Downs, A. (1957). *An Economic Theory of Democracy.* New York: Harper & Row.

Drosdowski, G. (1997). *Duden Etymologie. Herkunftswörterbuch der deutschen Sprache* (Der Duden: in 12 Bd, Bd. 7, Nach den Regeln der neuen dt. Rechtschreibung überarb. Nachdr. der 2. Aufl.). Mannheim: Dudenverlag.

Eleftheriadis, A. (1991). *Die Struktur der hippokratischen Theorie der Medizin. Logischer Aufbau und dynamische Entwicklung der Humoralpathologie* (Europäische Hochschulschriften Reihe 20, Bd. 330). Zugl.: München, Univ., Diss., 1989. Frankfurt am Main: Peter Lang.

Erwe, F. (1968). *Differential- und Integralrechnung I: Elemente der Infinitesimalrechnung, Differentialrechnung* (BI Hochschultaschenbücher, Bd. 30, 4. Aufl.). Mannheim: Bibliographisches Institut.

Euklid & Thaer, C. (Hrsg.). (1962). *Die Elemente.* Darmstadt: Wissenschaftliche VG.

Fahrmeir, L., Hamerle, A. & Tutz, G. (1996). *Multivariate statistische Verfahren.* Berlin und New York: De Gruyter.

Feyerabend, P. (1962). Explanation, Reduction and Empiricism. In H. Feigl & G. Maxwell (Hrsg.), *Minnesota Studies in Philosophy of Science* (Vol. III, S. 28–97). Minneapolis: University of Minnesota Press.

Fraenkel, A. A. (1961). *Abstract Set Theory* (Studies in Logic and the Foundations of Mathematics, 2. Aufl.). Amsterdam: North-Holland.

Fraunberger, F. (1965). *Vom Frosch zum Dynamo.* Köln: Aulis Verlag Deubner & Co.

Fraunberger, F. & Teichmann, J. (1984). *Das Experiment in der Physik. Ausgewählte Beispiele aus der Geschichte* (Facetten der Physik). Wiesbaden: Vieweg+Teubner Verlag.

Friedrichs, J. (1985). *Methoden empirischer Sozialforschung* (WV-Studium Sozialwissenschaft, Bd. 28, 13. Aufl.). Opladen: Westdeutscher Verlag.

Gähde, U. (1983). *T-Theoretizität und Holismus* (Europäische Hochschulschriften Reihe 20, Philosophie, Bd. 105). Univ., Diss. -- München, 1982. Frankfurt am Main [u.a.]: Peter Lang.

Gärdenfors, P. (2000). *Conceptual Spaces. The Geometry of Thought.* Cambridge, MA: MIT Press.

Gläser, J. (2006). *Wissenschaftliche Produktionsgemeinschaften. Die soziale Ordnung der Forschung* (Campus-Forschung, Bd. 906). Freie Univ., Habil.-Schr. -- Berlin. Frankfurt am Main: Campus-Verlag.

Glymour, C., Scheines, R., Sprites, P. & Kelly, K. (1987). *Discovering Causal Structure. Artificial Intelligence, Philosophy of Science and Statistical Modeling.* San Diego: Academic Press.

Goodman, N. (1955). *Fact, Fiction & Forecast.* Cambridge, MA: Harvard University Press.

Hacking, I. (1983). *Representing and Intervening. Introductory Topics in the Philosophy of Natural Science.* Cambridge, MA: Cambridge University Press.

Haken, H. & Wolf, H. C. (2000). *The Physics of Atoms and Quanta. Introduction to Experiments and Theory* (6. Aufl.). Berlin: Springer.

Heath, T. L. (1981). *A History of Greek Mathematics* (Dover Classics of Science and Mathematics). New York: Dover Publ.

Heidelberger, M. (1980). Towards a Logical Reconstruction of Revolutionary Change. The Case of Ohm as an Example. *Studies of History and Philosophy of Science, 11,* 103–121.

Heinrich, W. (1998). *Inexakte Messung und Datenkinematik. Eine wissenschaftstheoretische Untersuchung* (Europäische Hochschulschriften Reihe 20, Philosophie, Bd. 555). Frankfurt am Main: Peter Lang.

Heisenberg, W. (1971). Der Begriff der „abgeschlossenen Theorie" in der modernen Wissenschaft. In W. Heisenberg (Hrsg.), *Schritte über Grenzen. Gesammelte Reden und Aufsätze* (S. 87–94). München: Piper.

Hempel, C. G. (1974). *Grundzüge der Begriffsbildung in der empirischen Wissenschaft* (Wissenschaftstheorie der Wirtschafts- und Sozialwissenschaften, Bd. 5). Düsseldorf: Bertelsmann Univ.-Verl.

Hofer, L. (2015). *(Re)Produktion empirischer Szenarien.* Münster: mentis Verlag.

Höhle, U. & Rodabaugh, S. E. (1999). *Mathematics of Fuzzy Sets. Logic, Topology, and Measure Theory* (The Handbooks of Fuzzy Sets Series, Bd. 3). Boston, MA [u. a.]: Kluwer Academic Publishers.

Holland, P. W. & Leinhardt, S. (1971). Transitivity in Structural Models of Small Groups. *Comparative Group Studies, 2,* 107–124.

Hoppe, E. (1884). *Geschichte der Electricität.* Leipzig: J. A. Barth.

Huntington, S. P. (1996). *The Clash of Civilizations and the Remaking of World Order.* New York: Simon & Schuster.

Ingrao, B. & Israel, G. (1990). *The Invisible Hand. Economic Equilibrium in the History of Science.* Cambridge, MA: MIT Press.

Kant, I. (1966). *Kritik der reinen Vernunft.* Stuttgart: Reclam.

Kitcher, P. (1981). Explanatory Unification. *Philosophy of Science, 48,* 507–531.

Koch, K.-R. (2000). *Einführung in die Bayes-Statistik.* Berlin [u. a.]: Springer.

Köhler, H. (Hrsg.). (2010). *Wettbewerbsrecht, Markenrecht und Kartellrecht* (Dtv, 5009: Beck-Texte im dtv, Sonderausg., 31., neubearb. Aufl., Stand 1. Mai 2010). München: Deutscher Taschenbuch-Verlag.; Beck.

Krantz, D. H., Luce, R. D., Suppes, P. & Tversky, A. (1971). *Foundations of Measurement. Additive and Polynomial Representations* (Foundations of Measurement, Bd. 1). New York: Academic Press.

Krohn, W. & Küppers, G. (1987). *Die Selbstorganisation der Wissenschaft* (Report Wissenschaftsforschung, Bd. 33). Bielefeld: Kleine.

Krohn, W. & Küppers, G. (Hrsg.). (1990). *Selbstorganisation. Aspekte einer wissenschaftlichen Revolution.* Wiesbaden: Vieweg+Teubner Verlag.

Kuhn, T. S. (1970). *The Structure of Scientific Revolutions.* Chicago: University of Chicago Press.

Kuznetsov, V. (1997). *A Concept and its Structures. The Methodological Analysis.* (in russischer Sprache). Kiev: Institute of Philosophy of National Academy of Sciences of Ukraine.

Lakatos, I. (1982). *Die Methodologie der wissenschaftlichen Forschungsprogramme* (Philosophische Schriften). Wiesbaden: Vieweg+Teubner Verlag.

Langley, P. W., Simon, H. A., Bradshaw, G. & Zytkow, J. M. (1987). *Scientific Discovery. Computational Explorations of the Creative Processes.* Cambridge, MA: MIT Press.

Laupheimer, P. (1998). *Phlogiston oder Sauerstoff. Die pharmazeutische Chemie in Deutschland zur Zeit des Übergangs von der Phlogiston- zur Oxidationstheorie.* Darmstadt: Wissenschaftliche Verlagsgesellschaft.

Lévi-Strauss, C. (1963). *Structural Anthropology.* New York: Basic Books.

Levy, A. (1979). *Basic Set Theory.* Berlin: Springer.

Link, G. (2009). *Collegium Logicum. Logische Grundlagen der Philosophie und der Wissenschaften: Band 1*. Münster: mentis Verlag.

Link, G. (2014). *Collegium Logicum. Logische Grundlagen der Philosophie und der Wissenschaften Band 2*. Münster: mentis Verlag.

Lockemann, G. (1953). *Geschichte der Chemie* (Sammlung Göschen, Bd. 264). Berlin: De Gruyter.

Lorenzen, P. (1987). *Lehrbuch der konstruktiven Wissenschaftstheorie*. Mannheim: Bibliographisches Institut.

Ludwig, G. (1978). *Die Grundstrukturen einer physikalischen Theorie*. Berlin: Springer.

Luhmann, N. (1997). *Die Gesellschaft der Gesellschaft*. Frankfurt am Main: Suhrkamp.

Mainzer, K. (2014). *Die Berechnung der Welt. Von der Weltformel zu Big Data*. München: Beck.

Manhart, K. (1995). *KI-Modelle in den Sozialwissenschaften. Logische Struktur und wissensbasierte Systeme von Balancetheorien* (Scientia nova). Zugl.: München, Univ., Diss., 1995. München: Oldenbourg.

Maturana, H. R. & Varela, F. J. (1980). *Autopoiesis and Cognition. The Realization of the Living* (Boston Studies in the Philosophy of Science, Bd. 42). Dordrecht [u. a.]: Reidel.

McGrayne, S. B. (2014). *Die Theorie, die nicht sterben wollte*. Berlin [u. a.]: Springer.

Michie, D. (Hrsg.). (1979). *Expert Systems in the Micro-electric Age*. Edinburgh: Edinburgh University Press.

Mises, R. von. (1951). *Wahrscheinlichkeit, Statistik und Wahrheit. Einführung in die neue Wahrscheinlichkeitslehre und ihre Anwendung* (4. Aufl.). Wien und New York: Springer.

Moulines, C. U. (1979). Theory-Nets and the Evolution of Theories. The Example of Newtonian Mechanics. *Synthese, 41* (3), 417–439.

Moulines, C. U. (2010). The Cristallization of Clausius's Phenomenological Thermodynamics. In G. Ernst & A. Hüttemann (Hrsg.), *Time, Chance, and Reduction. Philosophical Aspects of Statistical Mechanics* (S. 139–158). Cambridge, MA: Cambridge University Press.

Moulines, C. U. (2014). Intertheoretical Relations and the Dynamics of Science. *Erkenntnis, 79*, 1505–1519.

Neumann, J. von & Morgenstern, O. (1944). *Theory of Games and Economic Behavior*. New York: John Wiley and Sons.

Newell, A. & Simon, H. A. (1972). *Human problem solving*. Englewood Cliffs (N.J.): Prentice-Hall.

Novikov, P. S. (1973). *Grundzüge der mathematischen Logik*. Wiesbaden: Vieweg+Teubner Verlag.

Pfanzagl, J. (1968). *Theory of Measurement*. Würzburg: Physica Verlag.

Popper, K. R. (1966). *Logik der Forschung* (Die Einheit der Gesellschaftswissenschaften, Bd. 4, 2., erw. Aufl.). Tübingen: Mohr.

Putnam, H. (1979). *Die Bedeutung von „Bedeutung"* (Klostermann-Texte: Philosophie). Frankfurt am Main: Klostermann.

Reiter, R. (1980). A Logic for Default Reasoning. *Artificial Intelligence, 13* (1-2), 81–132.

Rheinberger, H.-J. (2006). *Experimentalsysteme und epistemische Dinge. Eine Geschichte der Proteinsynthese im Reagenzglas* (Suhrkamp-Taschenbuch Wissenschaft, Bd. 1806, 1. Aufl.). Frankfurt am Main: Suhrkamp.

Richard, H. A. & Sander, M. (2008). *Technische Mechanik*. Wiesbaden: Vieweg+Teubner Verlag.

Roth, G. & Strüber, N. (2014). *Wie das Gehirn die Seele macht*. Stuttgart: Klett-Cotta.

Salmon, W. C. (1984). *Scientific Explanation and the Causal Structure of the World*. Princeton: Princeton University Press.

Scheibe, E. (1973). Die Erklärung der Keplerschen Gesetze durch Newtons Gravitationsgesetz. In E. Scheibe & G. Süssman (Hrsg.), *Einheit und Vielheit. Festschrift für Carl Friedrich v. Weizsäcker zum 60. Geburtstag* (S. 98–118). Göttingen: Vandenhoeck & Ruprecht.

Scheibe, E. (1997). *Die Reduktion physikalischer Theorien. Ein Beitrag zur Einheit der Physik. Teil I: Grundlagen und elementare Theorie.* Berlin [u. a.]: Springer.

Scheibe, E. (1999). *Die Reduktion physikalischer Theorien. Ein Beitrag zur Einheit der Physik. Teil II: Inkommensurabilität und Grenzfallreduktion.* Berlin [u. a.]: Springer.

Schmandt-Besserat, D. (1984). Before Numerals. *Visible Language, 18* (1), 48–60.

Schubert, H. (1964). *Topologie. Eine Einführung* (Mathematische Leitfäden). Stuttgart: Teubner.

Schurz, G. (1990). Paradoxical Consequences of Balzer's and Gähde's Criteria of Theoreticity. Results of an Application to Ten Scientific Theories. *Erkenntnis, 32* (2), 161–214.

Searle, J. R. (1995). *The Construction of Social Reality.* London: The Penguin Press.

Shoenfield, J. R. (1967). *Mathematical Logic.* Reading, MA: Addison-Wesley.

Sneed, J. D. (1971). *The Logical Structure of Mathematical Physics.* Dordrecht: Reidel.

Spengler, O. (2014). *Der Untergang des Abendlandes. Umrisse einer Morphologie der Weltgeschichte.* Berlin: Albatros.

Stegmüller, W. (1973). *Probleme und Resultate der Wissenschaftstheorie und Analytischen Philosophie* (Band IV). Berlin [u. a.]: Springer.

Stegmüller, W. (1979). *The Structuralist View of Theories.* Berlin [u. a.]: Springer.

Stegmüller, W. (1986). *Theorie und Erfahrung* (dritter Teilband). Heidelberg: Springer.

Strauss, M. (1972). Intertheory Relations I — General Problems. In M. Strauss (Hrsg.), *Modern Physics and its Philosophy* (Synthese Library, Bd. 43, S. 105–115). Dordrecht: Reidel.

Suppes, P. (1984). *Probabilistic Metaphysics.* Oxford: Blackwell.

Suppes, P. (2002). *Representation and Invariance of Scientific Structures* (CSLI Lecture Notes, Bd. 130). Stanford, CA: CSLI Publications.

Tarski, A. (1977). *Einführung in die mathematische Logik* (Moderne Mathematik in elementarer Darstellung, Bd. 5, 5. Aufl.). Göttingen: Vandenhoeck & Ruprecht.

Teichmann, J. (1974). *Zur Entwicklung von Grundbegriffen der Elektrizitätslehre, insbesondere des elektrischen Stromes bis 1820* (Arbor scientiarum Reihe A, Abhandlungen, Bd. 4). Hildesheim: Gerstenberg.

Thagard, P. (1993). *Conceptual Revolutions.* Princeton (N.J.): Princeton University Press.

Thagard, P. (2004). Causal Inferences in Legal Decision Making: Explanatory Coherence vs. Bayesian Networks. *Applied Artificial Intelligence, 18* (3-4), 231–249.

Tuomela, R. (2013). *Social Ontology: Collective Intentionality and Group Agents.* New York [u. a.]: Oxford University Press.

Tversky, A. (1977). Features of Similarity. *Psychological Review, 84* (4), 327–352.

Wajnberg, C.-D., Corruble, V., Ganascia, J.-G. & Moulines, C. U. (2004). A Structuralist Approach Towards Computational Scientific Discovery. In E. Suzuki & S. Arikawa (Hrsg.), *Discovery Science. 7th International Conference, DS 2004, Padova, Italy, October 2 – 5, 2004; Proceedings* (Lecture Notes in Computer Science / Lecture Notes in Artificial Intelligence, Bd. 3245, S. 412–419). Berlin [u. a.]: Springer.

Wegener, I. (2003). *Komplexitätstheorie. Grenzen der Effizienz von Algorithmus* (Springer-Lehrbuch). Berlin [u. a.]: Springer.

Wittgenstein, L. (1963). *Tractatus logico-philosophicus. Logisch-philosophische Abhandlung* (Edition Suhrkamp, 12). Frankfurt am Main: Suhrkamp.

Zenker, F. & Gärdenfors, P. (2014). Modeling Diachronic Changes in Structuralism and in Conceptual Spaces. *Erkenntnis, 79,* 1547–1561.

Glossar

(Liste der zentralen Grundbegriffe)

Approximation (Annäherung)   Die Ereignisse aus einer Folge von Ereignissen nähern sich einem Grenzereignis an und werden diesem immer ähnlicher.

(approximative) Passung   Eine Faktensammlung wird mit einem Modell (approximativ) zur Passung gebracht, wenn möglichst viele Grundelemente und Teile von Relationen des Modells mit den Fakten aus der Faktensammlung (approximativ) identisch sind.

Band   ist eine Beziehungsart, so dass einerseits alle Beziehungen dieser Art auf Modellmengen beruhen und so dass es andererseits eine Liste von Sätzen (Hypothesen) gibt, die jede Beziehung dieser Art mit diesen Sätzen korrekt beschreibt.

beschreiben   Ein Modell beschreibt ein Ereignis, wenn einige Grundelemente und Relationen des Modells die entsprechenden Teile des Ereignisses in richtiger Weise benennen können und wenn alle Grundelemente und Relationen des Modells sprachlich zu einer Einheit zusammengefügt werden.

Beziehung (von Ereignissen)   Einige Ereignisse stehen in einer Beziehung, wenn Menschen diese Ereignisse zusammengenommen als eine neue Einheit betrachten und die Beziehung selbst auch als ein Ereignis ansehen.

Beziehungsart   ist eine Menge von Beziehungen, die durch viele Menschen und durch wenige sprachliche oder bildliche Darstellungen wahrgenommen, bewahrt und mitgeteilt wird und die auf Ereignisarten beruhen.

dynamisches Theoriennetz   Ein dynamisches Theoriennetz ist ein Theoriennetz das sich mit der Zeit verändert.

© Springer Fachmedien Wiesbaden GmbH, ein Teil von Springer Nature 2019
W. Balzer und K. R. Brendel, *Theorie der Wissenschaften*,
https://doi.org/10.1007/978-3-658-21222-3

Ebene (von Mengen)   Ein Element Y einer Menge X kann selbst wieder eine Menge sein, kurz: $Y \in X$. X und Y liegen in verschiedenen Ebenen; die Ebene, aus der Y stammt, liegt unterhalb der Ebene, aus der X stammt.

Element   Ein Element ist ein Ereignis oder ein mögliches Ereignis, welches die Menschen wahrnehmen oder sich vorstellen können. Ein Element wird mit anderen Ereignissen zusammen betrachtet.

Ereignis   ist ein sprachlicher oder bildlicher, durch Menschen eingegrenzter Teil des Weltverlaufs. Ein Ereignis gibt es nur ein Mal.

Ereignisart   ist eine Menge von Ereignissen, die durch viele Menschen und durch wenige sprachliche oder bildliche Darstellungen wahrgenommen, bewahrt und mitgeteilt wird.

Faktensammlung   Eine Faktensammlung ist eine Menge von Fakten für ein bestimmtes, real stattfindendes Ereignis.

Faktum   Ein Faktum ist ein Grundelement oder ein Element aus einer Relation eines Modells, so dass das Element in gültiger Weise ein reales (das heißt: kein rein mögliches) Ereignis bezeichnet.

fundamentale Messung   Eine Größe eines Objekts oder einer anderen Entität wird bestimmt, indem eine Anzahl von Einheiten mit einer jeweils bekannten Ordnung aneinandergereiht und neben das Objekt gelegt wird.

Funktion   Eine Funktion ist eine spezielle Relation, deren Elemente die Form von Listen haben, so dass jede letzte Komponente einer Liste durch die restlichen Komponenten der Liste eindeutig bestimmt ist. Die letzte Komponente einer Liste wird als Funktionswert (der Funktion) bezeichnet.

Gleichheit   Zwei Mengen sind genau dann gleich, wenn sie die gleichen Elemente enthalten.

Grundelemente eines Modells   sind Elemente aus den Grundmengen oder aus den Hilfsbasismengen des Modells.

Hypothese Eine Hypothese ist ein wissenschaftlicher Satz, der viele verschiedene Grundelemente, Zahlen und Relationen in präziser Weise, sprachlich zu einer Einheit zusammenfügt.

intendiertes System Ein intendiertes System ist ein reales Ereignis, welches durch eine Menge von Faktensammlungen für eine Theorie beschrieben wird.

Komponenten (eines Modells) sind Mengen; sie werden in drei Arten unterschieden und als Grundmengen, Hilfsbasismengen und Relationen bezeichnet.

Menge Eine Menge ist eine Vielzahl von Elementen, die durch Menschen zu einer Gesamtheit zusammengefügt werden; die Menge wird sprachlich oder bildlich dargestellt.

Messmodell ist ein Modell, in dem eine Relation (oder ein Teil einer Relation) des Modells durch die restlichen Komponenten des Modells (und den Rest der Relation) und durch Hypothesen eindeutig bestimmt wird.

Modell ist eine Darstellung oder ein Abbild, die oder das zu einem Ereignis passt. Die Darstellung kann sprachlich, bildlich, durch Mengen oder durch Computerprogramme erfolgen.

Modellmenge ist eine Menge von Modellen, so dass genau diese Modelle durch eine Liste von Sätzen, sogenannten Hypothesen, korrekt beschrieben werden.

reelle Zahl Eine reelle Zahl stellt die Größe eines Objekts oder einer anderen Entität dar. Dabei gibt es keine größten und keine kleinsten Objekte, die Objekte können endlos weiter geteilt werden.

Relation Eine Relation ist eine Beziehung zwischen Elementen aus Grundmengen oder aus Hilfsbasismengen eines Modells.

Teil (eines Ereignisses) Ein Ereignis kann ein Teil eines anderen Ereignisses sein.

Theorie ist eine sprachlich formulierte Ansicht über eine Menge von tatsächlich stattfindenden, komplexen Ereignissen (intendierten Systemen), die durch eine Gruppe von Wissenschaftlern untersucht und dargestellt wird. Eine wissenschaftliche Theorie besteht mindestens aus einer Menge von Faktensammlungen und einer Menge von Modellen, so dass jede Faktensammlung zu einem Modell passt.

Theoriennetz ist eine Menge von wissenschaftlichen Theorien, die durch einige Bänder in einen Zusammenhang gebracht werden.

Wahrscheinlichkeit Die Wahrscheinlichkeit eines Zufallsereignisses A ist im einfachsten Fall als ein Quotient Zähler/Nenner von Zahlen festgelegt. Der Zähler gibt die Anzahl der Elemente aus dem Zufallsereignis A und der Nenner die Anzahl der Elemente aus der Basismenge wieder.

wissenschaftlicher Anspruch einer Theorie Ein Satz, der besagt, dass die Faktensammlungen der Theorie mit einer Teilmenge der Modellmenge approximativ zur Passung gebracht werden.

wissenschaftlicher Anspruch eines Theoriennetzes ist folgender Satz: Zu jedem Zeitpunkt können für jede Theorie des Netzes die Faktensammlungen der Theorie mit einer Teilmenge der Modellmenge der Theorie approximativ zur Passung gebracht werden und diese Passungen approximativ auch die Hypothesen der Bänder erfüllen.

Wissenschaftsentwicklung ist ein dynamisches Theoriennetz, dessen wissenschaftlicher Anspruch approximativ gültig ist und mit der Zeit besser und genauer wird.

Zufallsereignis ist eine Ereignisart, die sich von einer umfangreicheren Gesamtheit, einer Basismenge, abhebt, die auch mögliche Ereignisse umfasst. Der Ereignisart wird eine Wahrscheinlichkeit zugeschrieben.

Sachindex

A

Abbild 21, 65, 167
absolute Häufigkeit 143
Abstand 105, 123, 212
Abstandsfunktion 125, 206
abstrakt 7, 38
Addition 117
Ähnlichkeit 10, 231
Amplitude 131
ändern 22, 234
Änderung 182
Anfangsereignisse 22
Anomalie 182
Ansicht 18
Anspruch 25
Approximation 24, 106
Approximationsmethode 212
approximativ 14, 99, 240, 247
approximative Passung 240
approximativer Gehalt 102
äquivalent 206
äquivalente Darstellung 205
Äquivalenz 205
Äquivalenzklasse 10
Argument 72, 83, 114
atomarer Satz 69
atomarer Term 69
Atomart 180

Atomkern 180
Atomuhr 119
aufklappen 260
Ausdruck 45, 53
Ausprägung 58, 207
Aussage 251
Aussagenalgebra 252
Autodetermination 107, 108

B

Band 215, 248
Basisereignis 191
Basismenge 158
Basissprosse 159
Basistheorie 29, 221, 223
Bayes-Netz 257
bedingte Wahrscheinlichkeit 252
Begriff 53, 195, 207, 228, 247
begrifflicher Raum 53
Beschleunigung 167
Beschreibungsebene 37, 48
Beschreibungswechsel 38
Bestätigung 104
bestimmender Teil 125
Bestimmung 262
Bestimmungsmethode 98
bezeichnen 55
Beziehung 7, 236, 252

© Springer Fachmedien Wiesbaden GmbH, ein Teil von Springer Nature 2019
W. Balzer und K. R. Brendel, *Theorie der Wissenschaften*,
https://doi.org/10.1007/978-3-658-21222-3

L

Länge 117
Längeneinheit 117
Leidener Flasche 176
Leiter 175
Leiterkonstruktion 159, 160
Leitermenge 161, 168, 196, 203
Linie 215
Link 197, 215
Liste 115, 158, 208

M

machine discovery 183
Maß 142
Masse 26
Massefunktion 126
Maßeinheit 109, 111, 116, 121, 221
mathematischer Raum 70
Menge 13, 189
Mengenebene 11
Mengenlehre 47, 115
mengentheoretisch 66, 219
mengentheoretisches Prädikat 76
Messfehler 112
Messkette 123, 129
Messmethode 125, 221
Messmodell 109, 118, 125, 127
Messtheorie 125, 216, 217
Messwert 133
Methode 18, 174
Mikroökonomie 61
Mikrozeitpunkt 246
Modell 17, 21, 65, 263
modellgeleitete Bestimmung 126
Modellpfad 239
möglich 15, 138
möglicher Zustand 189
mögliches System 24, 89

Möglichkeit 162
Möglichkeitsraum 79, 90, 203
Molekül 180, 209

N

Name 58, 241
natürliche Sprache 43
natürliche Zahl 115, 157
negatives Faktum 92
Netz 258, 260
Netzgeschichte 236
nicht-satzartig 45
Nominalskala 70
n-stellig 215
Nutzenbegriff 60
Nutzenfunktion 61

O

Obermenge 78
Objekt 12
offene Theorie 20
Oligopol 192
ordnen 30
Ordnung 67, 140, 229, 239
ordnungstreu 80
Ort 131, 165
Ortsfunktion 130, 165

P

Paradigma 107
parakonsistent 46
partiell definiert 207
partielles potentielles Modell 78
Partikel 26, 126, 165
passen 23, 55, 133
Passung 23, 24, 56, 184, 226, 263
Passungsmethode 221
Periode 131, 246
Person 157, 241, 271

Printed in the United States
By Bookmasters